A la sombra ejemplar de los parrales

A LA SOMBRA EJEMPLAR DE LOS PARRALES

Cultura del vino en Galicia y otros espacios peninsulares

XAVIER CASTRO

EDICIONES TREA, S. L.

Este trabajo ha sido realizado con una ayuda del Ministerio de Ciencia y Tecnología, con la cofinanciación del FEDER, al proyecto de investigación «Entre la historia agraria y la historia social: producciones y consumos en Galicia (siglos XIII-XIX)» (BHA2002-03908. Septiembre del 2002), del que el autor es el investigador principal. Ha recibido también una ayuda complementaria de la Consellería de Innovación, Industria e Comercio de la Xunta de Galicia (Programa de Promoción Xeral da Investigación do Plan de IDIT).

LA COMIDA DE LA VIDA

Ediciones Trea, S. L.
María González la Pondala, 98, nave D
33393 Somonte-Cenero. Gijón (Asturias)
Tel.: 985 303 801. Fax: 985 303 712
trea@trea.es
www.trea.es

Dirección editorial: Álvaro Díaz Huici
Producción: José Antonio Martín
Cubiertas: Marina Lobo
Corrección: Mercedes Polledo
Maquetación: Patricia Laxague Jordán
Impresión: Gráficas Ápel
Encuadernación: Cimadevilla

Depósito legal: As. 3206-2006
ISBN: 84-9704-264-6

Impreso en España – Printed in Spain

Me basta el mirto, su sencilla gracia
que no requiere ornatos; él se sobra
a sí mismo, y a todos bien nos asienta.
A ti también, mientras me vas llenando,
a la sombra ejemplar de los parrales
mi copa una vez más… Esto sí es un lujo.

HORACIO: «A su paje: Elemental en las satisfacciones», *Odas*, libro I, oda 38

Para Narciso de Gabriel y Herminio Barreiro,
con muchos ferrados *de amistad.*

Sumario

Prólogo

Por Guillermo Campos

Si el vino es uno de los símbolos definitorios de la civilización mediterránea, su cultivo mediante el sistema de parrales vendría a ser la interpretación atlántica en el proceso de asunción y expansión del fruto y su transformación final y, por lo tanto, una contribución a la cultura universal de la vitivinicultura. Braudel identifica las grandes culturas del Mediterráneo por tener sus tierras meridionales una planta símbolo de civilización, la vid (también el olivo), mientras que las del norte tienen su totémico símbolo en un animal, el cerdo.

Puesto que ambos símbolos armonizan en Galicia formidablemente, la propuesta del historiador francés sintetiza y justifica la razón y el alcance de este libro que nos brinda Xavier Castro, un trabajo de recopilación meticuloso en el que no queda fuera de la contemplación documentada ninguno —no se me ocurre, ciertamente, ningún otro— de los vectores sociales en los que vid y vino participan de los usos y costumbres del ser humano en estas tierras del noroeste.

Pero a nuestro modo y manera, y esta es una de las razones de peso, si no la definitiva, que hacen a esta *Historia cultural del vino* una relación diferente, un documento exhaustivo y sin precedentes sobre cómo sintetizamos los gallegos, con el vino como eje y compañía de nuestro devenir, lo bárbaro y lo educado, lo pagano y lo cristiano, lo culto y lo plebeyo. Vaya, los trazos que definen una cultura, un xeito de civilización, una manera peculiar, diferente, de entender la vida… «a la sombra de los parrales», que es la perspectiva de la que parte el profesor Castro.

Las tierras vinícolas de Galicia conjugan con sabio mestizaje ética y estética y extienden las influencias del divino producto civilizador de griegos y romanos, así como la compartición de uso y costumbre a sus convecinas, casando en unción patria el cocho amigo. Pilares históricos de la despensa aborigen, las vides y el vino marcan mucho más los hechos y los días del hombre: establecen los ciclos de la vida campesina, protagonizan los paisajes creadores y recreadores y son texto y contexto de los latidos humanos, tal como se recopila, en puntillosa relación, en este libro: desde los tiempos de vendimia y lagaradas, a las algazaras, sazones y desazones de hombres y mujeres; desde los muy justificados o injustificados consumos —permisibilidad machista incluida— a las relaciones, hasta ahora poco confesadas, de la mujer y el vino; desde las coartadas costumbristas a través de la medicina popular y otras conveniencias afines, al eterno imaginario de borrachera, lujuria y acordeón.

Anticipo que la lectura de este volumen —esa es mi modesta impresión, tras su apresurada lectura— nos envolverá en un suave hervor de complicidades, del mismo modo que las cocciones a fuego lento —la simbología va por el autor, se la merece— impregnan de aromas propios, sigilosa pero perceptiblemente, el ambiente que nos rodea. Complicidad entre el conocimiento a través de la memoria histórica y la pasión que los mismos hechos nos motivan, complicidad entre arte y ciencia, binomio imprescindible para que la uva llegue a ser vino. También por estas zapas ha introducido Xavier Castro datos del tiempo vivido e historias permanentes con método académico.

Así constataremos impresiones sobre prácticas, convenientes y erróneas, del cultivo tradicional de la vid y su elaboración, con una precisión zonal lógicamente impracticable para el «indiscutible» precedente en este género, el ingeniero Marcilla en sus ya históricos tomos sobre la viticultura y la enología en España. Así nos aporta el autor, para constancia y aviso de presentes y futuros manipuladores, memoria y noticia de los procedimientos seguidos por el paisanaje en el intento de controlar el proceso de vinificación y, sobre todo, en el de conservación del preciado caldo, cuando no los de adulteración o falsificación, de los parámetros al uso de calidad (graduación, color, etcétera) y gusto del consumidor; no en vano, elaboradores e intermediarios tuvieron siempre presente aquella conocida respuesta del tabernero tras recibir del cliente la descalificación del vino servido: «¡claro que sí, home, o carallo é vender o viño malo; o bo véndeo calquera!».

Y es que esta historia cultural del vino es, de paso, al incluir protagonistas de dudosa conciencia y precisamente por eso, un libro de profundo contenido humanístico. Viene a recopilar los vectores mediante los que el vino crea, motiva y une al hombre y su circunstancia: a través del tiempo (el libro es un compendio etnográfico en cada uno de sus sucesivos capítulos), a través de los espacios geográficos —y es generoso en el ámbito— en los que liba con gula el investigador; a través del lenguaje que capta en el propio medio... a través, asimismo, del marco conceptual de subsistencia que nos proporcionan el vino y su circunstancia, para empezar en la economía doméstica, que es el ámbito en el que se recrea el ameno trabajo.

Ha sido tratado con cierta profusión el binomio «viño da cultura, cultura do viño», evocación de un mundo complejo, dentro a nuestro parecer de otro binomio: hombre y tierra, contextualizado en una geografía física (interviniendo en el paisaje y modelándolo) y, consecuentemente, en una geografía política y económica; no en vano los frutos resultantes determinarán voluntades y destinos, o sea, poder y economía. El vino es cultura porque es obra humana; lo hace, lo fabrica el hombre con independencia de los contenidos simbólicos, míticos o inmateriales que lo envuelven, la metafísica que lo arropa, acertadamente.

Convenimos en que este producto creado con todos los atributos materiales y simbólicos para su placer y sostén es, además y ahora, un símbolo de actualización y su consumo un rito de posmodernidad, un conocimiento que prestigia. Para que este comportamiento no se quede en simplista esnobismo, tengo por necesario entrar en el conocimiento tanto de sus básicos rasgos de multidisciplinariedad científica, como de sus raíces populares, una creación del hombre que fue creciendo en categoría desde la inicial y siempre cualitativa búsqueda, práctica y mejora de la cultura del paladar, el complemento alimentario y el hedonismo bien entendido. Hasta aquí están, fruto del minucioso estudio de Xavier Castro, las historias que conforman la cultura del vino tal como nos ha llegado y hemos digerido en Galicia, el imaginario popular. A partir de este libro, se irá escribiendo la historia de la posmodernidad, los novísimos estudios y técnicas, el I+D que aporta avances insospechados en el control defensivo y productivo de la planta, la conservación biológica de la uva —como si en los alicerces no se hubiera utilizado el abono orgánico o no se empleasen el «sulfato» y el «sulfito»— o, llegados a la virguería vanguardista, la vinificación por nitrógeno, en fin, nuevos tiempos de elevado nivel y difícil diferenciación entre la verdad o la propaganda. Pero estas son otras luces y sombras que ya proporcionan parrales diferentes.

Pontevedra, mayo de 2006

Agradecimientos

Quiero expresar de modo particular mi gratitud hacia Emilia Mondelo Rodríguez, por sus relevantes contribuciones para la elaboración de esta obra, entre las que se incluye la lectura crítica del manuscrito. También han resultado muy útiles y oportunas las sugerencias planteadas por María Castro Espiño, en especial en lo que concierne al capítulo del vino y la salud.

Me encuentro también en deuda de gratitud con todas las personas que realizaron entrevistas, o bien fueron entrevistadas, y aportaron de forma desinteresada su valiosa información. Han sido indispensables también las orientaciones y el apoyo de los bibliotecarios y archiveros de las instituciones que se relacionan en el libro.

En esta *tabula gratulatoria* no puedo menos que mencionar también la aportación recibida, de una u otra manera, de las siguientes personas: Cati Cotado, Pilar Blanco López, Narciso de Gabriel, Pilar Cagiao Vila, Magali Costas, Manuel Souto López, Miguel Cabo Villaverde, Jesús Blanco Rosas, Modesto Vivero Mijares, Merchi Fernández Gestido, Adolfo Gálvez, Xosé M.ª Lema, Gustavo Garrido, Chus Alonso Testa, Xosé Manuel Soutullo, Carmen Simón Palmer, Paco Gómez Segade, M.ª Dolores Reyes Dorelle, Daniel Lanero Táboas, José María Borrás, José Luís Vicario, Serge Salaün, Carlos Serrano, Esperanza Barrera Ramallo, Carmen Méndez Naya, Modesto Vivero Mijares, Jesús Curros, Antón Santamarina, Arturo Sánchez Cidrás, Afonso Fernández Rodríguez, Manolo Veiga Taboada, Gustavo Luca de Tena, Cristina Trigo Búa, Ignacio Beltrán Moraleda, Juan José Barcia García, Ángel Rodal Molares, Alfredo Erias Martínez y Dominique Fournier. A todos ellos, gracias.

Siglas y abreviaciones empleadas

ARG	Archivo del Reino de Galicia
AHDPP	Archivo Histórico de la Diputación Provincial de Pontevedra
AHDS	Archivo Histórico Diocesano de Santiago
AHUS	Archivo Histórico de la Universidad de Santiago
AHN	Archivo Histórico Nacional
AMB	Archivo Municipal de Bueu
AMC	Archivo Municipal de Cambados
AMS	Archivo Municipal de Santiago
APP	Archivo Provincial de Pontevedra
BPenzol	Biblioteca Penzol, de Vigo
BXUS	Biblioteca Xeral da Universidade de Santiago
FH-AHUS	Fondo HISTORGA. Archivo Histórico de la Universidad de Santiago
RANMM	Real Academia Nacional de Medicina de Madrid

INTRODUCCIÓN

En la perspectiva de la historia cultural del vino

> «La mejora del ramo de los vinos sería muy lisonjera para todos los amantes de la felicidad nacional.»
>
> LUCAS LABRADA: informe remitido al Real Consulado de La Coruña por José Miramontes, a comienzos del siglo XIX)

El objetivo de la presente obra de investigación consiste en desgranar algunos aspectos relevantes de la historia cultural del vino, particularmente en Galicia, pero también en muchos casos en el conjunto de España. Se ha expuesto su contenido empleando un tono narrativo y una voluntad de estilo que pretenden allanar el camino al lector, haciendo más fácil y grato su acercamiento al tema. Se pretende, pues, aunar en la medida de lo posible el rigor necesario en un trabajo de investigación con un tratamiento expositivo ameno, en el intento de elaborar una historia seria, pero legible, que resulte comprensible e incluso atractiva para cualquier lector interesado en esta temática.

El marco cronológico de la obra se ciñe preferentemente a los siglos XIX y XX, pero también se llevan a cabo, en distintas ocasiones, incursiones de cierta amplitud hacia épocas anteriores, *à la recherche* de las raíces y antecedentes de los hechos que aparecen como resultante histórica en la época contemporánea. Soy de la opinión de que, sin esta operación de recurso a la memoria histórica más remota, no sería posible entender cabalmente las cuestiones que se examinan en el período más reciente.

La pretensión de este estudio se atiene a un eje de coordenadas en el que se entrecruzan la narración y la interpretación, buscando, siempre que resulta posible, esclarecer a través de una concreta parcela de la historia —la de la bebida, claro está— cuestiones sociales más amplias, relativas a las mentalidades colectivas, la vida cotidiana, la relación entre las clases sociales y la dicotomía de género. Así pues, aunque la historia específica del vino se erige en el núcleo celular de esta pesquisa histórica, se pretende trascender este ámbito particular para adentrarse en un citoplasma más amplio. Por lo tanto, algunas cuestiones, cuando menos, se encuentran inscritas en el marco de la historia general de Galicia, sin renunciar asimismo a procurar una perspectiva contextual todavía más amplia, que se sitúa en el ámbito español y europeo.

Cabe destacar el recurso a diversas fuentes primarias —en gran parte, documentación de primera mano, inédita hasta el momento—, que constituyen la médula espinal de este trabajo, vertebrado además con bibliografía reciente de apoyo y contextualización, en lo que concierne al vino y su historia. Las fuentes documentales utilizadas son de muy variada índole y de naturaleza heterogénea y dispar: repertorios legislativos de los siglos XIX y XX, actas de gobierno, estudios de folcloristas y etnógrafos del siglo XIX y comienzos del XX, amén de otras muestras de la cultura popular de transmisión oral, como recopilaciones de cantares, romances, letrillas y proverbios populares. Ha sido necesario consultar, asimismo, recientes trabajos antropológicos, ordenanzas, informes y disposiciones municipales, tratados de medicina e higiene, que van a la par con otros orientados a la edificación moral (manuales para confesores), a la promoción de la urbanidad, los cuales se compaginan y contrastan con libros destinados al ama de casa y al hogar en general. No se desdeña tampoco el recurso a las memorias, autobiografías e historias de vida, redactadas no solo por personajes importantes, sino también por personas corrientes (que me han parecido, a su modo, muy significativas y reveladoras); ni la consulta de prensa, tanto general como especializada, en temas que incumben, naturalmente, a la historia del vino.

Las obras de literatura, pertenecientes a la alta cultura y, también, piezas de narrativa menor, muchas de ellas olvidadas ya por la historia noble de las *buenas letras*, de cuño costumbrista, realista, y en cualquier caso testimonial, me han parecido también una fuente histórica muy aprovechable y válida. De manera particular, en aquellos casos en que los novelistas describen la época en que se ha desarrollado su existencia y que, por lo tanto, conocieron con gran precisión. En conjunto, sumando sus singulares pinceles, han contribuido a recrear el friso de la sociedad gallega y española en épocas pretéritas, con mucha verdad e impagable y colorista plasticidad. Adentrándonos en el retablo que conforman estas obras, es posible percibir mejor la atmósfera que respiraban los protagonistas de los hechos que aquí se refieren. Estos son los autores más sobresalientes, de cuyas obras me he podido aprovechar: Emilia Pardo Bazán, Leopoldo Alas *Clarín*, Alejandro Casona, Benito Pérez Galdós, Ramón M.ª del Valle-Inclán, Pío Baroja y Gonzalo Torrente Ballester. También los cancioneros medievales han aportado su grano de arena (o de uva, por mejor decir).

Me ha parecido oportuno, asimismo, recurrir con profusión a la técnica de la entrevista, practicada con un grupo relativamente amplio de informantes, mujeres y hombres de diferentes edades y condiciones. Se ha tratado de buscar con preferencia a quienes contaban con dilatadas experiencias vitales y se ha dado en general prioridad a los que procedían, además, del medio rural. De este modo, ha sido posible obtener una relevante información cualitativa. Ahora bien, ha habido que guardar mucha cautela con los datos obtenidos por este canal, criticando y contrastando con la mayor aplicación dichas informaciones, procurando siempre ubicarlas ajustadamente en el período cronológico al que hacían referencia y en un espacio bien concretado, siguiendo en esto y en otros aspectos la rigurosa propuesta metodológica establecida por la *Oral History*.

«SIN VINO MAL TE HAS DE ARREGLAR» (O TÍO MARCOS D'A PORTELA)

El vino se ha venido considerando como un producto de primera necesidad. Hasta no hace mucho tiempo, el vino y las restantes bebidas alcohólicas (la caña) desempeñaban un amplio repertorio de funciones. Revestían, para empezar, notable importancia en calidad de alimento (suponían la posibilidad de ingerir calorías baratas). El fruto de la uva se empleaba como recurso calorífero para combatir el recio frío en el invierno y como un práctico refresco en el verano. Se lo tenía por ingrediente insustituible en el trato social, sin olvidar su condición de sustancia placentera o que, cuando menos, hacía un poco menos ingrata la existencia. No se concebía la fiesta sin el vino. Obraba como agente terapéutico en las manos de *menciñeiros* (curanderos) populares y de él se hacía también uso en la botica como producto medicinal. Esta polivalencia convertía al vino en un recurso vital del que resultaba difícil prescindir; un bien, pues, versátil donde los haya, amado y cantado por los poetas, enaltecido en los refranes y coplas populares.

Se abre este libro con un capítulo consagrado al vino y la salud. El vino era considerado como un vigoroso nutriente y como un producto muy saludable. No eran, en efecto, pocos los que lo tenían por el alimento más confortador y benéfico, al tiempo que lo estimaban como agradable medicina. Participaban de esta creencia en las propiedades saludables del vino las gentes «del común», pero también la élite ilustrada. Por su parte, los médicos daban asimismo crédito a las virtudes salutíferas del vino.

En efecto, médicos, moralistas y autoridades respetables aprobaban el consumo alcohólico con tal de que no estuviese adulterado —cosa muy frecuente antaño— y de que la dosis no fuese excesiva. Así las cosas, había muy pocas personas abstemias, especialmente entre los hombres. Se solía preferir, con fundada razón, el vino de casa al comercializado. Por razones higiénicas, parecía a menudo más saludable el vino que el agua, puesto que no era en absoluto infrecuente que esta estuviese contaminada.

Énfasis notorio se ponía en el requisito de la edad del vino. El vino nuevo parecía a los higienistas ingrato al paladar, de digestión penosa y generador, por ende, de «acedías e irritaciones gastro-intestinales». El vino higiénicamente potable debía tener por lo menos un año. Particularmente nocivos y detestables parecían a los médicos y a las autoridades municipales los vinos verdes o inmaduros. Por contra, se tenían por muy saludables y digestivos los vinos añejos, siempre que estuviesen bien elaborados. Tales vinos se recomendaban como idóneos para los ancianos. En lo concerniente a la graduación alcohólica, Arnaldo de Vilanova recomendaba que se escogiese el vino más flojo posible, por parecerle preferibles los vinos ligeros y de poca graduación. El aroma, la *fragrantia*, se consideraba un índice revelador del grado de excelencia de un vino, a la par que de su grado de salubridad. Era menester tener también muy en cuenta la estación del año, según se tratase de invierno o de verano, y asimismo la hora del día en que se tomara el vino; en especial, si se hacía en ayunas o para acompañar algún alimento.

Los médicos confiaban en las cualidades biosaludables del vino, pero tomaban en consideración factores tales como el temperamento de la persona a la hora de recetarle el vino que mejor le conviniera. Reparaban además en que los órganos que segregaban humores se hallaban sometidos al influjo de los planetas, motivo por el cual el carácter del ser humano estaba escrito en los astros que determinaban su existencia. Esta visión persistió en las centurias posteriores y llegó incluso hasta nuestros días, si bien ya despojada de la faceta astrológica: la medicina naturista actual preconiza un tipo de dieta en función de las peculiares características orgánicas de las personas, tomando en consideración el grupo sanguíneo al que pertenecen. Se contemplaban cuatro temperamentos humanos, por considerar que cuatro son los humores que se alojan en el cuerpo del hombre: flema, sangre, cólera y melancolía. Todos ellos hallaban su precisa correspondencia en los cuatro elementos constitutivos del universo, a tenor de la tradición griega: agua, aire, fuego y tierra. Flandrin sitúa esta cuádruple división de los temperamentos humanos en correlación con las cuatro grandes categorías de vinos: blancos, negros, tintos y claretes. El vino blanco, pese a su mayor graduación alcohólica, se conceptuaba como de tenue sustancia y «poco caluroso». En tanto que elemento «ligero», representaba el aire. En la medida en que es inmaterial, el vino blanco consigue disolver los humores crasos que *embarrassent* el organismo. Posee también una virtud «aperitiva», cuya función consiste en acelerar la digestión y las excreciones. Por contraposición, el vino negro sería la encarnación de la tierra. Colmado de materia cenagosa, el vino negro confiere pesantez a la persona, causa obstrucciones y deposita materias inasimilables que entorpecen la digestión.

En el siglo XIX se operó un reajuste de la teoría de los temperamentos. Se trataba de depurar esta noción de los atributos filosóficos, incluso mágicos, con que había sido revestida por la medicina de la antigüedad y del medioevo, a fin de establecer una versión más materialista y pragmática. Se establecieron entonces cuatro temperamentos simples: sanguíneo, linfático, nervioso y muscular.

El doctor Monlau hacía unas recomendaciones enodietéticas en función de la tipología de los temperamentos; empero, ateniéndose a las prescripciones de la antigua medicina, los combinaba con otros factores complementarios: estos eran, primordialmente, la edad, la actividad y la estación del año. Sostenía que el vino, y las restantes bebidas alcohólicas fermentadas, podían ser útiles en parca dosis, de igual modo que lo son los condimentos estimulantes, para los linfáticos, los de estómago perezoso, los viejos, los que ejercitan mucho sus fuerzas físicas, en tiempo de invierno o, por el contrario, en época de calores muy extraordinarios y enervantes, o bien cuando se han ingerido alimentos muy refractarios a la acción gástrica, etcétera. En cambio, resultaban muy perjudiciales para los nerviosos, biliosos y sanguíneos, como también para los jóvenes, para quienes disfrutasen de un estómago robusto o para aquellos que llevaran una vida sedentaria, o bien en tiempo primaveral, etcétera. Postulaba, además, que el vino tinto era el más conveniente para las personas nerviosas, por cuanto su acción resulta menos excitante que la del blanco.

La Escuela de Salerno consideraba que el buen vino remoza al viejo y, de manera antisimétrica, el malo avejenta al joven. El vino obraba en la senilidad como un tónico: «Vino de Jerez, no hay tal jarabe para la vejez», e incluso se le atribuía un efecto rejuvenecedor. Los higienistas sostenían que el vino añejo era el más conforme con la edad senil. Monlau observaba que el estómago fuerte del joven le permitía beber vinos recios, jóvenes, etcétera. Este médico nada tenía que objetar al siguiente proverbio popular: «Vino puro y ajo crudo, hacen al mozo agudo».

La variable sexual revestía gran importancia. A la *naturaleza* delicada y frágil de la mujer le convenían vinos más ligeros, de poco grado y en pequeña dosis. Eran los vinos dulces los que parecían mejor adaptados a la *constitución* femenina y sus cualidades anímicas. La mayor fuerza y vigor que se atribuía al sexo masculino reclamaba vinos más recios y en dosis más elevadas.

En lo que atañe al condicionante profesional, hay que señalar que —en el marco del rígido orden social del antiguo régimen—, en cierto modo confería carácter a la persona. La pertenencia, prácticamente inamovible, a un estamento llevaba aparejada un tipo de actividad intelectual y sedentaria o bien manual, y una determinada percepción del propio cuerpo. En función de sus peculiares necesidades fisiológicas, estrechamente vinculadas a su función social, se prescribían unos específicos regímenes dietéticos.

El gusto de la élite contrasta con el gusto popular, como también difieren sus necesidades nutricionales respectivas. Como ha señalado Pierre Bourdieu, el gusto en materia alimentaria depende de la idea que cada clase se haga del cuerpo y de los efectos que considere que ejerce una determinada *nourriture* sobre su constitución biológica.

En la Francia del *Ancien Régime*, los vinos blancos, delicados, eran conceptuados como idóneos para aquellos que vivían delicadamente. Tales vinos se consideraban apropiados para las personas encumbradas, de menguada actividad física, y para las gentes de espíritu, en tanto que los tintos parecían más idóneos para los labradores y cuantos vivían por sus manos. El ribeiro blanco era el preferido por los ingleses en la época gloriosa de este vino. En su hora de decadencia, los consumidores locales prefirieron el tinto. En la comarca del Salnés, el blanco, el albariño en particular, ha sido siempre el vino de los ricos.

La medicina antigua consideraba al vino como una de las formas líquidas de medicamento. Atribuir al vino propiedades terapéuticas parece formar parte del paradigma cultural occidental. Se consideraba que el vino favorece la digestión y estimula el apetito; también eran apreciados tanto los efectos diuréticos de algunas clases de vinos como las cualidades astringentes de otras especies. Entre otras funciones, se empleaba el vino como agente desinfectante y reconstituyente. También la medicina popular participaba de este criterio. Hasta una época bastante reciente se solía catalogar comúnmente a ciertos vinos como *medicamentosos*.

En el plano simbólico, resultan muy reveladoras las denominaciones comerciales empleadas por los vinos medicinales y afines en sus etiquetas. Se dibujaban con claridad dos vertientes semánticas. Por un lado, el recurso a resonantes nombres de héroes mitológicos o guerreros invencibles: Sansón, Aníbal, Titán, que obviamente connotan la idea de fortaleza y vigor, la que pretenden transmitir. Por otro lado, la invocación de los santos o santas, referente religioso que automáticamente suscitaba la asociación mental entre el preparado mágico y las curaciones milagrosas: Santa Catalina, por ejemplo. Algunos vinos medicinales de marca se comercializaban con un refuerzo nutricional constituido primordialmente a base de hierro y extracto de carne.

Un segundo apartado, a modo de esbozo de una relevante cuestión que habrá que abordar en otra ocasión con mayor extensión, está dedicado al paladar y el gusto.

La estimación en que se ha tenido a los vinos ha guardado estrecha relación con la zona de cultivo de que proceden, con sus cualidades organolépticas, etcétera. Pero sobre todo ha dependido de los valores y representaciones mentales que informan el imaginario colectivo de la sociedad, pues desde tales parámetros se juzgaba la bondad del vino. Es preciso tener en cuenta que este repertorio de variables estimativas ha ido cambiando con el transcurso del tiempo. De añadidura, no todo el conjunto social participaba de los mismos criterios. Pocas dudas caben de que, entre los menestrales y otros sectores populares, condicionados por una economía harto precaria, el criterio primordial no era otro que el bajo precio del vino.

Julio Camba aludía al hecho de que los cultivadores españoles se mostraban remisos a decantarse por variedades de cepas en las que primara la calidad sobre la cantidad, al considerar que los consumidores carecían de sensibilidad al respecto. El problema residía en su acusada falta de paladar. Gerald Brenan sostenía que el paladar de los españoles para apreciar el vino era por lo general considerablemente basto, pero les reconocía en cambio mucha sagacidad para aquilatar la calidad del agua.

Se solían preferir las vides que producían más abundantes frutos, que por lo regular eran las menos adecuadas para producir buenos vinos. A la postre, los labradores y menestrales solían preferir que el vino tuviese fuerza alcohólica más bien escasa, para poder así beberlo en mayor proporción sin sentirse inoportunamente embriagados. Flandrin considera que el gusto campesino se inclinaba por los vinos tintos bien coloreados, tánicos y ligeros, como cabía esperar en unos hombres que desarrollaban su labor *au grand soleil*. El sudor que generaba el trabajo al aire libre era un estímulo poderoso para inducirles a beber varios litros de vino al día.

A la temática del vino en relación con la mujer se consagra un capítulo de cierta extensión. Existen diferentes modos de realizar el rito social de la bebida y distintas prácticas sociales en consonancia. La historia social de la bebida debe tomar en consideración las diferencias de género, que son el fruto de una particular construcción social, y constituyen además la expresión de un determinado orden mental y cultural. Las mujeres debían atenerse a una patrón social de consumo de alimentos y bebidas distinto y discriminatorio con respecto al de los hombres. Los gustos y preferencias de unos y otros en favor de determinadas bebidas o el grado, modo y ocasión de consumirlas se hallan marcadamente condicionados también por la asunción de unas determinadas identidades de género.

No eran idénticas las actitudes de las mujeres que las de los hombres en relación con el consumo del vino. Las damas debían tener decoro y guardar las apariencias. Su ámbito de bebida primordial era el hogar. La taberna era un *no lugar* para las mujeres.

El reparto desigual de un bien exiguo, como a menudo era el vino, se enmarca en la discriminación general que afecta a la condición femenina a lo largo de la historia. Y más precisamente, se complementaba con la postergación que ha caracterizado a la alimentación femenina en el seno de la familia: la mujer tomaba una ración inferior de comida, no podía repetir, se le asignaban las partes de los alimentos menos apetecibles, etcétera.

Es posible observar, bajo una perspectiva de conjunto, que tanto en España como en los distintos países europeos las mujeres consumían alcohol, aunque en un nivel inferior al de los hombres. También era muy común que las mujeres, como los niños, tomaran el vino rebajado con gaseosa, sifón o agua.

Las normas sociales obstaculizaban y restringían severamente la ingesta alcohólica de la mujer. Para soslayar tan estrictas limitaciones, cuando esta sentía deseos de beber vino o alcoholes de mayor fuste, se veía obligada a guardar las apariencias, de modo que quedara preservado su decoro en cuantas ocasiones comprendiera que no se consideraba aceptable o correcto (que eran la mayoría). Así pues, la falta de libertad para beber a su arbitrio, de la que en cambio disponían los hombres, inducía a la mujer a desplegar un variado repertorio de estrategias que tenían como eje central la discreción y, como vía secundaria, el donoso arte del disimulo y el ocultamiento.

Es posible hacer un repertorio de las estrategias de enmascaramiento adoptadas por la mujer al realizar la compra de vino para su propio consumo sin que ello menoscabara su honra. En efecto, aprovisionarse de vino o aguardiente resultaba un problema para las mujeres que no tenían bodega en sus casas, en especial cuando no se hallaban a la sazón sus maridos. Hacían lo posible por adquirir la bebida en la tienda, tratando de quitarle importancia o recurriendo a algún pretexto de salud. Un problema que debía soslayar estribaba en que no la viesen por la calle con el recipiente de vino o de caña las *lenguas murmuradoras*. Lo usual era llevar lo botella escondida entre la ropa. En el cancionero popular español se pone de manifiesto este hecho: «Las señoritas de ahora / dicen que no beben vino; / debajo del polisón / llevan el jarro escondido». Por lo demás, cuando las mujeres no se atrevían a ir personalmente a comprar vino, enviaban por él a los niños. Esta era otra de sus estrategias habituales.

Existe otro recurso de legitimación de la bebida de la mujer que podríamos denominar «expediente enoterapéutico». Esta estrategia consistía en alegar un pretexto de salud que podía justificar el trago. En efecto, la sociedad en su conjunto, y particularmente los sectores populares, hacían un pródigo uso de vinos, aguardientes y licores como remedios caseros con los que aliviar o curar los padecimientos del cuerpo y las aflicciones del espíritu. Solían, así, aplicar sobre la piel diversos brebajes elaborados con vino para curar las heridas, o tomarlo caliente, acompañado de azúcar, para combatir los catarros. No se puede olvidar tampoco el hecho de que antaño se comercializaban vinos medicinales, de notable graduación alcohólica, que se presentaban además como excelentes digestivos. Y es que, para la mentalidad de la época, el vino ayudaba a hacer bien la digestión. Un médico revelaba que había mujeres en España que: «fingen un dolor de estómago; y para su remedio piden un trago de vino».

También confiaban en el aguardiente, y no hacían ascos, en algunos casos, al anís y al coñac, para aventar gripes y resfriados, aligerar pesadas digestiones o paliar el dolor de muelas. El aguardiente tampoco se dejaba de emplear en aplicaciones cutáneas, para desinfectar cortes o heridas, disipar el pesaroso dolor de cabeza o en friegas que servían de lenitivo para las dolencias musculares. Además, había mujeres que recurrían a la bebida para remediar pesares más o menos evanescentes, cuando no netamente ficticios, como el manido malestar de la matriz, la bajada de tensión o algún que otro desfallecimiento o vahído. Todos estos expedientes terapéuticos representaban otras tantas oportunidades de legitimación médica de la práctica de la bebida. Era posible aprovechar la imprecisa frontera que se dibuja a duras penas entre la necesidad y la excusa, ubicando la apetencia de beber en un punto indeterminado que tanto se podría hallar un poco más acá como un adarme más allá de tan ambigua geografía. Así, a mayor abundamiento, no podía faltar una olla de vino para favorecer el restablecimiento de la mujer tras el parto. Ni un jarro para afrontar con energía algunas tareas rudas, penosas o arduas, desde *sachar* las patatas hasta limpiar con empeñoso escrúpulo las tripas del cerdo tras la matanza. Tampoco en los momentos emocionalmente difíciles, como medicina del alma o socaliña oportunista, ante un grave pesar, una noticia aciaga o bien cuando era preciso lavar y amortajar un cadáver.

En el hecho constatable de la discriminación de la mujer en lo que concierne al consumo de alcohol, ha influido con seguridad su supeditación al ámbito de la privacidad y al *locus* doméstico. Para las mujeres eran sensiblemente menos abundantes las ocasiones apropiadas —si no estipuladas: fiestas, actos sociales concretos— de beber y, desde luego, también los lugares adecuados para tal consumo. De este modo, tenían prácticamente vedados los recintos primordiales en los que se efectuaban las libaciones en los pueblos y ciudades: la taberna y el café, escenarios privilegiados de la sociabilidad masculina. El hecho de que a las mujeres se les dificultase el acceso a las tabernas no fue únicamente un uso social admitido, sino que antaño se dictaron órdenes bien explícitas en tal sentido. En las instrucciones dadas por el gobierno para las tabernas de Madrid, en 1795, se establecía que en ninguna ocasión se permitiría que las mujeres pudiesen acceder a tal recinto.

Pero es asimismo cierto que los requerimientos de la fisiología de la mujer propiciaban un cierto número de ocasiones en las que la ingesta de vino parecía preceptiva: primordialmente la menstruación, el embarazo, el parto y la recuperación tras este. Esta especialidad femenina de bebida aminoraba la discriminación que padecía en el reparto del vino y los licores que se realizaba entre ambos sexos. Por lo demás, los vinos y las bebidas alcohólicas dulces se consideraban idóneos para el sexo tenido por débil y de amable naturaleza.

No eran pocas las mujeres cuya existencia se veía marcada por la bebida de los hombres. La embriaguez masculina y el alcoholismo acarreaban a veces malos tratos para las mujeres, en los que antaño nadie reparaba. Existía más consideración para con el bebedor que se excedía: no solo en el ámbito del Derecho la embriaguez era considerada como una circunstancia atenuante en los casos de delito, sino que esta era una creencia ampliamente generalizada en el conjunto de la sociedad. En la actualidad ha hecho su aparición una línea revisionista y dista de haber unanimidad al respecto.

Cambiando de tercio, se da paso a nuevo capítulo en el que se consideran las erróneas y torcidas prácticas tradicionales de cultivo de la vid y elaboración del vino. Es un hecho que el cultivo de la vid distaba de ser ejemplar en muchas comarcas de España. Se registraban ciertas prácticas de cultivo de la vid desafortunadas, o netamente erróneas, que tenían consecuencias negativas cuando llegaba la venturosa hora de la recolección. En el siglo XIX se produjeron ciertos avances en las técnicas de cultivo del viñedo, pero muchos cosecheros o bien los desconocían, o bien no se decidían a aplicarlos, por apego a la tradición y rutina. Solían, en cambio, copiar unos de otros sin tener en cuenta la diversidad de circunstancias que hacían al caso.

Señalaba el doctor Casares que «guiados los viñadores por una ciega rutina, sin otras reglas que las que oyeron á algun viejo propietario, tan ignorante acaso como ellos, trasladaron sin ecsamen los métodos de cultivo de unos paises á otros, diferentes en clima i calidad de tierra». No siempre se seleccionaban adecuadamente los terrenos idóneos para el ejercicio de la viticultura, tanto en lo que se refiere a la idiosincrasia de los suelos, es decir a sus condiciones edafológicas, como a los microclimas que les afectaban. Constituía un problema la irregular ordenación que se registraba en las plantaciones de viñedos de muchos lugares de España y, asimismo, el entreveramiento impropio de distintas variedades en un mismo terreno. Además, en algunas partes se toleraba indebidamente que la planta de la vid se alzase a muy escasa altura del terreno, y no siempre se acertaba con el abono adecuado para las viñas. De añadidura, uno de los *vicios* principales consistía en deshojar excesivamente la vid.

Los antiguos expertos en la problemática agrícola y enológica denunciaban con insistencia no pocos desaguisados que se cometían en la suerte de la vendimia. Uno entre ellos, Federico Vañó, manifestaba que la vendimia se solía realizar de manera imperfecta y sin gran concierto, pues «cada uno dispone a su antojo». En muchas ocasiones, la vendimia se verificaba «recogiendo indistintamente los racimos de todas las castas».

Muchas explotaciones poseían viñas en terrenos sometidos a cierta diversidad climática, lo que hacía que las uvas maduraran en distinto grado en función de su ubicación. Pues bien, ello no era óbice para que se vendimiara todo al mismo tiempo, con lo que al mezclarse la uva verde con la madura el vino resultante perdía inevitablemente calidad.

Otro de los malos usos de los vendimiadores consistía en arrancar, a veces con violencia, los racimos de las cepas o bien en cortarlos con navajas mal afiladas, lo que provocaba la caída de granos de uva por el suelo. Muchos de tales racimos desgranados se recogían después, pero manchados de tierra y sin que se pudiera evitar que portasen gérmenes nocivos. El pisado de la uva se solía realizar con poca higiene. Además, los operarios que realizaban la pisa solían hacerlo ininterrumpidamente y, desde luego, no se detenían para atender alguna urgencia fisiológica menor. Esto no dejaba de ejercer alguna influencia sobre el mosto.

El farmacéutico Castellet reconocía en 1865 «la falta de conocimientos científicos en que se hallan generalmente los cosecheros españoles». También precisaba que los caldos padecían de cierto descrédito por la desnaturalización de la vinificación española, habida cuenta la «común ignorancia en la elaboración de los vinos», amén de otro factor sobreimpuesto: el oídio. Concluía lamentando que, por tales motivos, «Los vinos buenos son, por desgracia, poco generales». Se constataba la existencia de una serie de factores perjudiciales para la deseable calidad de los caldos. Se consignaba la cuestión de la limpieza de los recipientes, que no siempre se realizaba o bien se hacía de modo poco conveniente. En varios pueblos de Castilla y de otras provincias de España, estaba muy extendido el uso de revestir cada dos o tres años el interior de las vasijas de fermentación con una capa de pez griega fundida, con el doble propósito de impedir que se derramase el mosto por las junturas de las duelas y de asegurar mejor la conservación del vino resultante. El gusto a pez solía desagradar a las personas dotadas de paladares refinados, pero tenía sus partidarios entre los antiguos cosecheros y otras gentes del país, que opinaban que *la pez hace beber otra vez*.

No pocas veces sucedía que se exageraba el tiempo de maceración del vino tinto, lo cual producía un efecto contrario al buscado: en un principio aumentaba el color, pero al transcurrir unos días de fermentación, el vino cedía color de nuevo a las pieles. Mucho tiempo de maceración producía además vinos más ásperos y astringentes.

Cuando tenían que afrontar el proceso de fermentación del mosto, los paisanos recurrían a toda suerte de fórmulas, con el propósito de superar con éxito este delicado trance. En algunas ocasiones, se practicaba la fermentación al descubierto, que hacía que la hez del vino, al quedar expuesta a la acción exterior del aire atmosférico, experimentara una fermentación ácida que comunicaba mal gusto al vino y, además, podía comprometer su conservación, aspecto este que era uno de los puntos débiles de los caldos gallegos.

Era una práctica muy extendida aguardar a que transcurriesen doce días para verificar el descube, con lo que los vinos quedaban expuestos a los peligros de las bacterias, entre otros perjuicios. Esto contravenía la recomendación de los enólogos, que insistían en que se procediese al descube tan pronto como el sombrerete comenzara a descender.

Ante las dificultades que presentaba la vinificación, se solía recurrir al yeso como expediente resolutivo. Con el enyesado se pretendía evitar la acetificación del mosto y disminuir la actividad de la fermentación. También se buscaba evitar la quiebra del vino y mejorar su coloración, haciéndola más oscura. Pero el resultado era un vino más impuro. En efecto, «El cosechero con la dosis del *inevitable yeso* y del polvo de la mostaza y el tabernero con sus *ingredientes varios* han convertido el vino puro del país en un potage, mas ó menos nocivo á la salud, que es el pasto ordinario de las clases proletarias de las capitales».

Otra de las prácticas desafortunadas de vinificación consistía en la pretensión de «bonificar» ciertos caldos mediante el empleo de sustancias aromáticas. Se buscaba obtener un vino con sabor afrutado y para ello se le echaban manzanas tabardillas «a cocer». Para darle perfume frutal, y de paso también azúcar, se le añadían también membrillos, pasas, madroños y otras frutas. Algunos no dudaban en añadirle un hueso de jamón o una buena porción de tocino para hacerlo «gordo» y mejorarlo. Tampoco faltaban quienes le sacrificaban un jamón entero, un cabrito, la sangre fresca de los animales, o quien le echaba unto (grasa de cerdo) con la pretensión de darle más cuerpo, aumentando su contenido en grasa y, eventualmente, lograr la supresión de los matices de sabor desagradable. Además, no era infrecuente tampoco la adición de claras de huevo para tratar de clarificar el vino.

En los ambientes populares, constituye todavía en nuestros días un tema polémico y litigioso el recurso popular a la «química», o la abstención de ella, en la elaboración del vino. Es verdad que han existido desde siempre viticultores con pocos escrúpulos a este respecto. Pero no es menos cierto que muchos paisanos declaraban espontáneamente que «el vino se hace en la viña», o bien dejaban entrever la marcada reticencia popular en relación con los vinos artificiales apelando a la expresión: «No hay mejor vino que el de la viña». Ahora bien, al verse precisados los cultivadores a sortear los numerosos obstáculos que se presentaban en el arduo camino de la consecución de un buen vino, en no pocas ocasiones se veían abocados a practicar un intervencionismo apresurado, improvisador y chapucero.

El encabezamiento de los vinos era una práctica muy general entre los bodegueros, que gozaba además de la aquiescencia de los enólogos y entendidos, quienes no solían cuestionar dicha manipulación como tal, sino tan solo su inadecuada realización. El encabezado solía consistir en la adición de alcohol con el propósito de aumentar su fuerza. Se pretendía, con este procedimiento, dotar de mayor resistencia al vino y, también, satisfacer al consumidor que gustaba de caldos con una buena graduación.

Ha sido una práctica inveterada en Galicia el azucaramiento de los vinos, siempre menguados de cuerpo, grado y fuerzas. Posada ha señalado el absurdo económico que ha representado la importación de un gravoso azúcar de caña para transformarlo en alcohol, que tiene un precio menor. Pero es que la elaboración del vino, con vistas a disponer de él en una época en que la importación resultaba difícil cuando no impensable, reviste en la cultura popular un significado que va más allá de la pedestre lógica del rendimiento económico. Resultaba difícil exportar los vinos flojos de alcohol a grandes distancias, puesto que «no pueden resistir impunemente los sacudimientos ni las altas temperaturas á que se hallan expuestos durante sus travesías». Esto les acontecía con mucha frecuencia a los caldos gallegos, de los que se decía que viajaban mal. No parecía haber, pues, otro remedio que el encabezamiento.

La adulteración del vino que se despachaba era un hecho frecuente, por lo que el asunto merece un epígrafe específico. Los médicos denunciaban que los vinos malos y adulterados que se vendían en Galicia ocasionaban muchas enfermedades. La falsificación del vino afectaba gravemente a todo el conjunto de España. Un *Manual de falsificaciones*, publicado en 1886, revelaba que las falsificaciones eran tan numerosas como variadas. Se le mezclaba agua, alcohol, compuestos químicos, materias colorantes para realzar el color, etcétera. Un médico ferrolano se refería a que con tantos «misterios químicos» y «manipulaciones» tan variadas, el vino, en ocasiones, no contenía ni una pizca de zumo de uvas.

Cierta prevención debió de existir en lo que respecta a la amenaza que representaba la adulteración de las bebidas. Algo tiene que significar el hecho de que la publicidad de las bodegas, y de algunas marcas de bebidas alcohólicas, haya tenido que hacer frecuentemente protestas de la pureza de sus productos.

Las distintas administraciones pusieron cierto empeño en evitar las mistificaciones de los vinos, ya desde la Edad Media. Pero los resultados no han sido ciertamente muy brillantes. Ha debido de contribuir a este estado de cosas el hecho de que las sanciones impuestas a los defraudadores no fuesen por lo común muy severas en la época contemporánea, aunque sí lo fueron en el Antiguo Régimen. Al menos, en teoría.

Los ayuntamientos poco más podían hacer que fiscalizar los fraudes de mezclas de distintas clases de vinos, en especial del vino nuevo con el viejo, hacer frente a la venta prematura del vino nuevo y tratar de impedir la adición de alcohol no vínico o de sustancias colorantes o peligrosas. Se esforzaban también en poner freno al engaño relativo al nivel de capacidad de los recipientes en que se envasaba y servía el vino puesto a la venta. En la antigüedad, a falta de mejores resortes de presión, las autoridades recurrían al juramento de que no se había adulterado el vino y al sellado de los recipientes. También se combatía el fraude mediante la prohibición de tener en el local diferentes cubas.

La adulteración del vino estaba provocada por el desaprensivo espíritu de lucro, la irresponsabilidad y la falta de escrúpulos. Monlau resumía así las adulteraciones más frecuentes: se utilizaba protóxido de plomo o *creta*, para disimular la acidez, y se le añadía *potasa*, para detener el proceso de fermentación. Se empleaba también el *alumbre*, para dotarlo de más color, y aguardiente, para darle mayor fuerza y realzar su sabor.

Se consideraba tradicionalmente nocivo para la salud el consumo del vino verde. Ello no obstaba para que, algunas veces, se vendiera de forma prematura el vino nuevo que se mezclaba con el viejo para que presentara mejor aspecto.

El enyesado tenía el cometido de mejorar la conservación del vino. También se añadía alcohol a los vinos ya elaborados con objeto de que alcanzaran mayor fuerza y se conservaran mejor. El aguardiente era empleado por los cosecheros, en las comarcas vitícolas gallegas, para reforzar los vinos de escasa graduación. El encabezado de los vinos tenía también por objeto mejorar la conservación y, en ocasiones, disimular la adición de agua. Resultaba muy relevante la clase de alcohol que se empleara por añadidura, que debería de ser siempre de tipo etílico. Sin embargo, como el metílico es más barato, ha habido desaprensivos que recurrieron a él, como sucedió en Ourense en una aciaga coyuntura, en la que resultaron muchas personas intoxicadas.

Había también adulteraciones y fraudes que no afectaban tanto a la salud del consumidor como a su economía; como, por vía de ejemplo, la práctica de aunar variedades de uvas de buena calidad con otras de rango inferior, haciendo pasar el vino resultante como de procedencia exclusiva o preferente de las mejores, sin serlo de hecho.

El «gusto del consumidor» ha sido un condicionante que generó una peculiar adulteración del vino, realizada con la pretensión acomodarlo a su paladar. Así, dada la preferencia popular por el vino muy tintado y denso, se añadían al vino diversas sustancias hasta conseguir un producto con tales características.

Con la pretensión de evitar fraudes, los propietarios de tabernas —e incluso, en ocasiones, los particulares, que solían agruparse para abaratar el desplazamiento— acudían a las bodegas de los cosecheros para adquirir su vino. Sin embargo, no era insólito que resultaran engañados por los cosecheros o quienes les despachaban el vino. Uno de estos fraudes posibles consistía en venderles el vino que pertenecía a una zona de poca monta como si en realidad procediera de otra localidad más prestigiosa.

La adición de agua para aumentar la cantidad de vino, el *aguado* del vino, era el fraude más habitual, particularmente en el despacho al por menor. Por lo general, se sometían al aguado los vinos muy alcohólicos. También era corriente que al aguado siguiesen ciertas operaciones previstas para disimular el engaño.

Las falsificaciones del vino no afectaban a todos los bebedores por igual. Perjudicaban en mayor medida a los consumidores pertenecientes a las clases populares, que tenían que comprar el vino a granel, frecuentemente más adulterado. En cambio, el embotellado, que adquirían las personas de posibles, ofrecía mayores garantías frente al fraude.

El libro concluye con un capítulo en el que se alude a un conjunto de cuestiones referentes a las parras y las vendimias.

La viticultura y la elaboración del vino constituyen vigorosas tradiciones artesanales tanto en Galicia como en el conjunto de España, alrededor de las cuales se articula todo un entramado de creencias orientadas a propiciar su desarrollo venturoso. Los parrales enaltecen y singularizan el paisaje. El cultivo entregado del viñedo mediante el procedimiento del emparrado obedece a la necesidad de alzar los racimos a prudente altura para protegerlos contra la humedad del suelo. Es el mismo principio de elevación que se aprecia en el hórreo. Con tal argucia, se pugna por preservar del moho los frutos que han de dar el vino y el pan. Al propio tiempo, con la parra se obtiene un mejor aprovechamiento de los rayos solares. Ahora bien, además de esta finalidad evidente, a la sombra ejemplar de los parrales se desarrollaban otra serie de funciones útiles asimismo para la cultura popular.

Umbrosos emparrados que amparaban al campesino que reparaba una herramienta, o a la aldeana que pelaba patatas, o a la familia que celebraba con toda la parentela una pantagruélica comida en el señalado día de la fiesta del santo de la parroquia. No cuesta mucho imaginarse al patrón bajando a la bodega en pos de una jarra de vino tinto fresco para compartir unos tragos con unos vecinos, sentados alrededor de una rústica mesa bajo una parra. Compone este mosaico un cuadro de resonancias clásicas, con hondas raíces en la cultura occidental del vino. A la memoria acude una estrofa de la oda de Horacio: «A su paje: Elemental en las satisfacciones», en que proclamaba su ideal de *vita beata* cristalizado en el lujo de beber y conversar al arrimo de la parra: «Me basta el mirto, su sencilla gracia / que no requiere ornatos; él se sobra / a sí mismo, y a todos bien nos asienta. / A ti también, mientras me vas llenando, / a la sombra ejemplar de los parrales / mi copa una vez más... Esto sí es un lujo».

Parras sombreando los caminos, ya desde el medioevo, tejiendo a veces sobre ellos un dédalo de vegetal verdor, como cumplidamente se puede apreciar en aldeas singulares. Pero sería equivocado pensar que las corporaciones municipales se sentían satisfechas con tal realidad. Es claro que el gusto estético ha ido cambiando con el paso del tiempo; antaño ha habido gentes influyentes que no han sabido apreciar tal belleza paisajística. Personas prácticas, poco dadas a embelecos, que solo tomaban en consideración el lado pragmático y funcional de las cosas. Quizá aquel espíritu suyo de pedestre filisteísmo, denostado por el dandismo esteticista de Oscar Wilde y Baudelaire, de Otero Pedrayo y Vicente Risco, haya sido uno de los vectores que condujeron al actual desorden territorial y al feísmo arquitectónico. Tales munícipes llegaron incluso a prohibir «tender viña por encima de los caminos públicos». Ahora bien, su actitud no carecía de motivación concreta. A ello nos referimos en su momento.

La vendimia concluía el ciclo de las cosechas agrícolas. En septiembre u octubre, llega la vendimia, «que es la última cosecha» y, en pos de ella, «viene la mejor cosecha para el labrador, que es la matanza de los cerdos». Coincide con otra bendición: la recolección del maíz. Un poco más tarde se puede contar con las castañas y todavía queda por entonces buena provisión de las patatas recogidas en junio y julio.

En el sistema de vida tradicional, el vino no solo era un recurso económico, sino un alimento para el cuerpo, un bien de inapreciable valor para la subsistencia, un remedio para las dolencias, un abrigo interior que preservaba del frío, y un recurso que aportaba calidad de vida: para contentar el ánimo, alegrar el corazón y ponerse a tono en los momentos de fiesta. Conviene reiterar esto para explicar por qué razón la recolección de la uva era tan esperada. Esta cosecha marca el comienzo del proceso de elaboración del vino, una de las facetas más destacadas en la tradición popular. Momento álgido de la sociabilidad: las dulces horas de la vendimia ilustran particularmente bien la naturaleza de las relaciones entre hombres y mujeres y constituyen ocasión propicia para los lances de amor.

Antaño eran las autoridades quienes fijaban la fecha de la vendimia. Los enólogos de hoy en día, a tenor del actual estado de los conocimientos, señalan que el momento preciso para la realización de la vendimia depende de la variedad de uva y del tipo de vino que se quiera elaborar. Es menester encontrar un punto de equilibrio entre la acidez y el azúcar. Si la uva todavía está verde, dará vinos ácidos y con escaso grado de alcohol. Si, por el contrario, madura en exceso, generará vinos muy alcohólicos, con tendencia al desequilibrio y poco frescos. Por ello, parece indispensable adoptar una actitud flexible.

Capítulo I

El vino y la salud

(O por mejor, y más extenso, decir: el vino sano, portador de virtudes terapéuticas, en el imaginario colectivo, el discurso médico y la medicina popular)

EL VINO, BEBIDA BIOSALUDABLE

El vino era considerado no solo como un vigoroso nutriente, sino también como un producto extraordinariamente saludable. Para muchos era el alimento más confortador y benéfico, al tiempo que agradable medicina. En cierto modo, la *summa sanitas*.

Participaban de esta creencia en las propiedades saludables del vino las *gentes del común*, por supuesto, pero también la élite ilustrada. Los médicos daban también crédito a las virtudes salutíferas del vino.

El vino, tenido por alimento sano por la gente de prosapia

La hidalguía y las restantes capas elevadas de la sociedad gallega opinaban de este modo, como lo testimonia el juicio de un significado representante de este ambiente, don Pedro Ventura de Puga, quien califica al vino, a la altura de 1830, como «Apreciable y salutífera bebida».[1] Podemos mencionar algunos otros ejemplos que sirvan de ilustración. Las órdenes religiosas se mostraban muy preocupadas por conseguir el suministro de un vino de calidad, no solo por la cuestión, nada desdeñable desde luego, de que sirviese de regalo al paladar, sino también, y primordialmente, por considerar que era muy ventajoso para su salud. En efecto, las religiosas del monasterio de

[1] Pedro Ventura de Puga: «Un plan de desarrollo para Galicia en 1832», *Boletín Auriense* (Orense) (1973), p. 157.

San Paio de Antealtares eran por esta razón muy escrupulosas en punto a la calidad del vino, que compraban generalmente en el Ribeiro. Desde allí lo hacían transportar al monasterio, beneficiándose de exenciones fiscales, como el pago de la sisa, lo que permitía que lo obtuviesen a muy buen precio. Si consideramos que su extracción social era esencialmente hidalga, podemos razonablemente pensar que también la hidalguía participaba del criterio expresado por un clérigo en un documento que reviste gran interés. En él se da cuenta de la existencia de un visitador de la orden de San Benito que dejó ordenado en un libro de visita del mencionado convento de San Paio, en 1650, algo que revela la amplitud que alcanzó la idea fuerza de que el vino era un producto dotado de propiedades salutíferas. Se trata de una indicación: para que «se ayude al regalo y mayor salud de las Sras. religiosas encargamos al p. vicario compre el vino mejor que conviniere y al traerlo por los daños que se experimentan y engaños que hacen los que lo traen venga con ello».[2] Valía la pena, pues, tomar precauciones.

Considerado sano por las gentes del común y no muy bien remediadas

Por las aldeas de todo el país, en el primer tercio del siglo xx, se oía frecuentemente esta sentencia: «El vino hace reír, hace dormir y hace los colores de la cara salir».[3] Esta creencia pervive en nuestros días. Podemos mencionar como ejemplo ilustrativo una composición rimada que exalta la idoneidad del vino para preservar la buena salud, obra de un poeta anónimo, residente en Pontevedra, según he podido averiguar en un bar popular en que se encuentra enmarcado el texto, colgado de una pared:

Santo Tomás de Aquino
Escribió con pluma y mano
Que el hombre para estar sano
Ha de beber un buen vino.
Por tanto, santo divino,

[2] Concepción Burgo López: «El consumo alimenticio del clero regular femenino en el Antiguo Régimen: el ejemplo de San Payo de Antealtares», *Studia Historica*, vol. v (1987), p. 233.

[3] Xesús Ferro Ruibal: *Refraneiro galego básico*, Vigo: Galaxia, 1987 (Biblioteca Básica), p. 595.

Siempre te tengo en memoria
Porque tú, con un buen vino
Fuiste derecho a la gloria
Sin perderte en el camino.[4]

La moderación requerida

Cuesta trabajo encontrar a alguien que se apartase entonces de este denominador común en el orden de las mentalidades: se consideraba un hábito de vida sano ingerir vino, pero con el requisito de hacerlo con la debida moderación. Existía un paradigma de morigeración en el imaginario popular de ingesta de vino, cohonestado con el *buen sentido* propio del sistema de valores que sirve de fermento al refranero. Tal es el sentido común que parece inspirar tanto el patrimonio paremiológico español, según nuestra propia constatación, como también el francés, según han observado en Francia François Loux y Philippe Richard, y así ha quedado plasmado en su obra: *Sagesses du corps. La santé et la Maladie dans les proverbes français*.[5] En consonancia con ello, un refrán recopilado en el siglo XVI recuerda: «Pan ha hartura, / y vino ha mesura».[6] La prudente ingesta del vino era un paradigma inscrito en la mentalidad popular de modo infrangible; también era, sin duda, un firme criterio sustentado por las capas altas de la sociedad. Había además en esto plena coincidencia con la opinión de la ciencia médica. Ya la preceptiva de la Escuela de Salerno, de honda influencia entre los médicos españoles, enfatizaba el ideal de moderación en la bebida; parecía necesario beber poco para disfrutar de salud cabal y perfecta: «*Parum bibere ut recte vivas*».[7]

[4] Composición poética anónima, en alabanza del buen vino, que se sirve en el bar y restaurante popular Casa Quintela, de Bueu. El texto, enmarcado y donado por el cliente y poeta, se encuentra colgado en la pared del establecimiento. Anotado por el autor en septiembre del año 2002.

[5] François Loux y Philippe Richard: *Sagesses du corps. La santé et la Maladie dans les proverbes français*, París: G.P. Maisonneuve et Larose, 1978.

[6] Recopilados por el Comendador Hernán Núñez (1555) y reproducidos por Juan Sorapán de Rieros, *Medicina española contenida en Proverbios vulgares de nuestra lengua*. Cit. por Juan Cruz Cruz: *Dietética medieval*, Huesca: La Val de Onsera, 1997, p. 130, n. 125. Este refrán existe también en gallego: «Pan, con fartura, / e viño, con mesura». *Refraneiro do viño*, Vigo: Castrelos, 1968, p. 29.

[7] CIX.-Parum Bibere ut Recte Vivas. Scholae Salernitanae, *De regimine sanitatis* (Anglorum Regi scribit Schola Salerni). Cito por la edición de Pedro Felipe Monlau: *Elementos de higiene privada ó arte de conservar la salud del individuo*, Madrid: Imprenta de Rivadeneyra, 1870, p. 635.

Ahora bien, las dosis que se consideraban moderadas antaño, o incluso hace cuatro décadas, no son exactamente las mismas que hogaño. Por vía de ejemplo, en los años sesenta, un manual dedicado a las amas de casa urbanas señalaba[8] que el vino tomado en pequeñas cantidades resultaba beneficioso; y la razón que invocaba hacía hincapié en el hecho de que el mosto proporcionaba un gran número de calorías al cuerpo. Precisaba M.ª del Pilar Comín, en su *Enciclopedia del Hogar Feliz*,[9] que cada gramo de alcohol suministraba 5,6 calorías al cuerpo, de manera que solo resultaba nocivo cuando se tomaba en una proporción superior a un gramo por cada kilogramo de peso. Por consiguiente, una persona que pesase 65 kilogramos podía tomar diariamente, sin perjudicarse, unos 650 gramos de vino tinto corriente. Estaba bien, pues, beber entonces algo más de medio litro diario. Hoy, en cambio, parecería mucho a la mayoría (quizá no a los cuates del rodal de Fernando Savater,[10] que ponen en cuestión tal cordura, ni tampoco a Otero Pedrayo y a Anxel Fole, en los pagos galaicos[11]).

Vino, producto sano en la preceptiva médica

Vayamos con la tesis de la medicina oficial. La Escuela de Salerno consideraba que el mejor vino engendra buenos humores.[12] Los médicos tenían al vino por muy sana bebida, con tal de que se hiciese un uso moderado de ella. El doctor Monlau, maestro de higienistas cuya obra ejerció una notable influencia y llegó incluso a traducirse al francés, lo consideraba de este modo,[13] pero con algunas cautelas y salvedades, a las que nos habremos de referir más

[8] M.ª del Pilar Comín: *Enciclopedia del Hogar Feliz*, Barcelona: Gassó Hermanos, 1962, p. 137.

[9] Ibídem.

[10] Fernando Savater: «Elogio de la embriaguez» y «Elogio de la taberna», en *Enciclopedia del Hogar Feliz*, Madrid: Espasa-Calpe, 1995, pp. 44-47. El distinguido filósofo sostiene también en su autobiografía este mismo punto de vista reticente ante la pudibunda ingesta moderada de vino. Cf. *Mira por dónde. Autobiografía razonada*, Madrid: Taurus, 2003.

[11] Son conocidas las composiciones poéticas de ambos escritores en loor de la «franca borrachera».

[12] CV.-Melius Vinum. Scholae Salernitanae, *De regimine sanitatis* (Anglorum Regi scribit Schola Salerni). Cito por la edición de Pedro Felipe Monlau: *Elementos de higiene privada ó arte de conservar la salud del individuo*, o. cit., p. 634.

[13] Ibídem, pp. 228-229.

adelante. Ítem más: el higienismo de las postrimerías del siglo XIX sostenía que, de todas las bebidas alcohólicas fermentadas, la más sana era el vino.[14] El médico municipal de El Ferrol y vocal de la Junta Local de Sanidad Pastor Nieto declaraba en un informe oficial, fechado en 1894, que para el trabajador el vino era un «tónico reparador a la par que digestivo».[15] Al igual que los demás médicos, reputaba al vino como alimento de primera necesidad, criterio que caló hondamente en el pueblo, que no tenía la menor duda al respecto. En efecto, en 1905 varios gremios de Vigo, acuciados por la carestía reinante a la sazón, se dirigieron al alcalde de la ciudad protestando por el precio del pan, que consideraban muy elevado en relación con sus menguados salarios. Precisaban además en su escrito que «Lo mismo ocurre con el vino [...] esto ocasiona graves perjuicios a la clase obrera por ser el pan y el vino artículos de primera necesidad para la subsistencia».[16] La publicación especializada en cuestiones agrícolas, *Prácticas modernas*, sintetizaba en 1908 los argumentos que, por entonces, se solían esgrimir tópicamente en torno a esta cuestión: «El vino, lo consideran los médicos en su aspecto higiénico como una bebida de cualidades beneficiosas. Su acción la refieren á los órganos de la digestión, al sistema nervioso, á su influencia en las grandes secreciones y á la nutrición. Ingerido en cantidades moderadas, la ligera excitación nerviosa que provoca, sobre todo en el sistema nervioso central, es altamente beneficiosa, como igualmente su influencia en las grandes secreciones, por sus efectos diuréticos y sudoríficos».[17]

En una obra literaria publicada en 1888, se recogía la prescripción de un médico que recomendaba el vino como bebida saludable, pero con la consabida moderación en la dosis: «A quien flaquear se sienta, / Dice, el doctor don José: / De vino de buena pinta / Un vasito se consienta / Que muy buen amparo es».[18] Claro que esta receta médica —recogida por el etnógrafo

[14] Antonio Surós: *Lecciones de higiene y economía doméstica. Para uso de las maestras de 1.ª enseñanza y madres de familia*, Barcelona: Plaza y Janés, 1998 [1.ª ed., 1892], p. 44.

[15] Pastor Nieto Rodríguez: *Memoria acerca de las condiciones higiénicas y estado sanitario de El Ferrol*, El Ferrol: Imprenta de El Departamento, 1895, p. 18.

[16] Jesús Giráldez Rivero: *El movimiento obrero en Vigo (1890-1914)*, tesina presentada en la Universidad de Santiago, 1984, pp. 50 y 332.

[17] M. S. T.: «La campaña de La Cierva. Su importancia para los vinicultores. I», *Prácticas modernas é industrias rurales* (La Coruña), año VI (1 de noviembre de 1908), p. 332.

[18] J. Pérez Ballesteros: «O Bebedor», *Foguetes*, La Coruña: Andrés Martínez, 1888, p. 81.

Pérez Ballesteros— debía practicarse con mesura para que no sucediese lo que señalaba una estrofa de esta poesía jocosa: «¡Es una broma Jacinta / Eso del amparo ¡doy fe! / Y ¡no habrá quien me desmienta! / Pues... ya bebí... más... de treinta / Y... no... puedo tenerme en pié».[19]

Recelos médicos

Progresivamente, fueron aumentando los recelos de la medicina oficial en relación con el impacto que ejercía el vino sobre la salud. El problema no era ya solo que los mostos se comercializaran con mucha frecuencia adulterados, lo que representaba un grave riesgo sanitario, sino el vino en sí mismo, aun presentado en su forma más pura. Ahora bien, algunos médicos y defensores del vino español querían atenuar la critica que comúnmente se solía hacer en contra del vino, al que atribuían graves responsabilidades y consideraban causante de determinadas patologías. Con ello, pretendían liberarlo de algún que otro sambenito que recaía sobre él, de manera infundada, según su criterio. De este modo, solicitaban que se afinaran más los diagnósticos para que fuese posible atribuir equitativamente las responsabilidades. Reivindicaban así, por ejemplo, que: «Las autoridades estimularán el celo de los médicos para que hagan bien el diagnóstico diferencial entre una cirrosis o diarrea puramente alcohólica y una diarrea o cirrosis tuberculosa o sifilítica, en que el alcohol puede ser una complicación, pero no la causa, contribuyendo así a la pureza de las estadísticas».[20]

Al cabo, al viejo espíritu de comprensión y amical confraternización con los fieles del dios Baco, sobrevino una etapa de reserva, cuando no de hostilidad manifiesta, en la que la clase médica —influida seguramente por el puritanismo calvinista de la medicina anglosajona, apoyada por las ligas de abstinentes en favor de la temperancia impuesta por vía coercitiva— frunció el ceño para amonestar a los bebedores, con gravedad conveniente. Guiándose por su criterio de entonces, los galenos les advertían de que ju-

[19] J. Pérez Ballesteros: «O Bebedor», o. cit., p. 82.

[20] Dr. D. Joaquín Decref Ruiz: *El vino y su valor alimenticio e higiénico* [Memoria presentada al Office International du Vin, por el Comité Científico Español para la Defensa del Vino, en la reunión celebrada en París el 12 de diciembre de 1928], Madrid: Dirección General de Agricultura, Ministerio de Economía Nacional, Imprenta de Julio Cosano, s. a., p. 21.

gaban irresponsablemente con su salud y se exponían a contraer graves dolencias, de índole cardíaca, hepática y algunas otras más.

Sin embargo, desde hace unos pocos años, parece haberse modificado un tanto este intransigente criterio. Con un sentido más ponderado de la cuestión, la indulgencia médica llega hasta considerar casi recomendable tomar un vasito diario de vino —tinto, a poder ser— con la comida, para disipar el estrés y activar el sistema circulatorio, por ejemplo.

Para vino sano, el de casa

Se tenía por especialmente sano el vino elaborado de forma *natural* en el propio lagar, con uvas cultivadas por el mismo cosechador. A. Vicenti, en sus «*Perfiles gallegos*», empleaba el adjetivo «saludable»[21] para calificar al vino «de la casa» que se elaboraba, cumpliendo estos requisitos, en la comarca del Ulla, en la que se había refugiado y de la que nos supo contar tan interesantes cosas. Xosé Posada estima que el agricultor gallego no cultivaba ningún otro producto con tanto cariño como sus viñas. El vino que elabora él mismo en su bodega y con sus propias uvas tenía que ser el mejor del mundo. Era un producto sin mediaciones, el espíritu de la casa de labranza, el jugo de la tierra en toda su pureza.[22] ¿Cómo no habría de considerarlo sano?

Desde luego, los campesinos parecen haberse esforzado más en hacer mejor vino, menos mistificado y, por tanto, más sano, cuando estaba destinaba al consumo doméstico. Es decir, para su propio coleto. De hecho, Posada advirtió que los viñateros que elaboraban el vino fundamentalmente para ellos y sus familias lo *sacaban* mejor que cuando lo hacían sobre todo para vender.[23] Y esto no es contradictorio, aunque a primera vista podría parecerlo, con el hecho de que en general los viticultores que vivían en mucha o buena parte de la venta de su vino, debieran reservar el mejor de la cosecha para el mercado, por ser el que más pingüe beneficio permitía

[21] A. Vicenti: «A orillas del Ulla (Perfiles gallegos)», en J. A. Durán: *Aldeas, aldeanos y labriegos en la Galicia tradicional*, Madrid: Ministerio de Agricultura, Pesca y Alimentación (Centro de Publicaciones), 1984, pp. 43-44.

[22] Xosé Posada: *Os viños de Galicia*, Orense: Diputación Provincial de Orense, 1978, p. 15.

[23] Ibídem, p. 84.

obtener, y quedarse con el más corriente para el consumo casero. Esto último sucedía con frecuencia hace décadas, cuando el nivel de vida del labrador era más apurado.

Ahora bien, en relación con el vino de la casa cabe hacer alguna matización. El paisano consideraba que el vino resultaba especialmente sano si se elaboraba con todo escrúpulo y sin añadirle «química». Solían decir: «es natural de la uva, nosotros no le echamos nada».[24] Es bien conocido un refrán que proclama que: «No hay mejor vino que el de la viña».[25]

Cierto es que los técnicos y *connaisseurs* en cuestión de vinos sostienen que tal cosa es un mito, puesto que la fermentación y el proceso general de la vinificación es, en sí mismo considerado, un conjunto de reacciones fisicoquímicas. Aducen, además, que el problema no reside tanto en el recurso o no al arsenal de procedimientos y técnicas de que dispone la química, a los procedimientos enológicos, lo que se tiene por indispensable, como en el acierto en las cantidades y la pericia en el manejo y gobierno de los procesos. Pero la opinión popular ha venido siendo obstinadamente discrepante: idealiza lo «natural» y execra «lo que tiene química», y no digamos ya si tiene «mucha química».

Existe el orgullo de hacer un producto casero, natural y sano. En la parroquia estradense de Couso, en la década de 1940, la gente se sentía muy satisfecha por hacer el vino «natural de todo», puesto que no le echaban metabisulfito ni ninguna otra cosa.[26] Conviene precisar que la mayor parte del vino que se elaboraba artesanalmente solía ser tinto, que solía resistir bastante mejor que el blanco, aunque no se le añadiese nada o apenas un poco de bisulfito.[27] Por lo tanto, la pretensión de los cosecheros puristas resultaba técnicamente posible, aunque, desde luego, muy arriesgada. De añadidura, un bodeguero de Cela (Bueu), Celso Estévez, se jactaba de hacer un vino completamente natural. Influía mucho en él el prestigio que tenía hacer el vino sin química y también la dificultad práctica en que se encontraba para determinar las dosis correctas que convenía echarle de ese pro-

[24] Xosé Posada: *Os viños de Galicia*, o. cit., p. 15.

[25] Xesús Ferro Ruibal: *Refraneiro galego básico*, o. cit., p. 595.

[26] Entrevista realizada por Xavier Castro a José Ribeira, su mujer Fina Varela y su hermana Jesusa, residentes en Couso (concello de A Estrada). Todos ellos nacieron alrededor de 1930.

[27] Entrevista realizada por Xavier Castro a Guillermo Campos. Pontevedra, 4 de agosto de 2005.

ducto. En el valle de Cela, donde se elaboran caldos de tradición artesanal y el vino, comercializado casi exclusivamente en la zona, se embotellaba sin etiquetar, el cosechero que le añadía bisulfito tenía buen cuidado de no decirlo, porque se consideraba como algo impropio.[28] Pensaban que incurrían en una suerte de deshonestidad los que le «echaban el producto». Equivalía casi, o sin casi, a hacer trampa.

También ciertas élites minoritarias, con ideología marcada por recia fibra casticista, cultivaban una suerte de mitificación local *(enxebrista)* que daba en enaltecer la pureza del «vino de la tierra» frente a la manipulación farmacológica. En la pieza teatral *A Lagarada*, Otero Pedrayo no duda en recurrir a su feraz imaginación literaria, bien nutrida por su excelente conocimiento del medio que describe, para hacer hablar a «una pipa de roble», la cual se lamenta de que «en la actualidad el bisulfito impera por las bodegas»[29] de la comarca del Ribeiro.

Existían también discrepancias sobre lo que se debía entender como vino natural. A comienzos del siglo XX estaba muy arraigada en el seno del pueblo la creencia en que los vinos corregidos, «es decir, los que no están exclusivamente preparados con uva»,[30] resultaban perjudiciales para la salud. Ahora bien, el director del Laboratorio Municipal de Orense aducía que esto era una suposición errónea, puesto que los vinos, para su elaboración y crianza, requerían alguna enmienda.[31]

Desconfianza del vino comercializado

Por otra parte, el vino de la casa era conocido y, por lo tanto, fiable. No se podía decir lo mismo acerca del que se adquiría, que generalmente se comercializaba a granel. Tradicionalmente la adulteración del vino traficado en España alcanzó cotas extremadamente elevadas, como se puede apreciar

[28] Entrevista realizada por Xavier Castro a Celso Estévez, albañil, constructor y pequeño bodeguero residente en Cela (Bueu).

[29] Ramón Otero Pedrayo: *A Lagarada*, Vigo: Galaxia, 1998, p. 72

[30] José Fernández Martínez: *Prácticas vinícolas*, Orense: Imprenta y Papelería de La Región, 1913, p. 38.

[31] Ibídem, pp. 38-39.

en la investigación realizada por Pan-Montojo[32] o en las respuestas al cuestionario de *La Crisis agrícola y pecuaria,*[33] obra publicada en 1887. Beber tales vinos constituía un riesgo serio para la salud. Lo advertía en 1838 un informe de la Sociedad Económica de Amigos del País, radicada en Santiago, que daba cuenta de las adulteraciones que se cometían con el vino del Ribeiro y consideraba que tales manipulaciones resultaban nocivas para el consumidor. Estaban, además, tan generalizadas, que la docta institución recomendaba a las personas que quisieran preservar su salud recurrir al vino de cosecha propia.[34] Por lo demás, el médico Monlau hacía la siguiente observación al promediar el siglo XIX: «El vino puro y natural es, puede decirse, un artículo raro: ¡tanta es, y tan generalizada está, la codicia de los especuladores para falsificarlo!».[35] También en la literatura vemos proyectada la estela trazada por este problema. Un hidalgo perfilado literariamente por Otero Pedrayo, de precaria salud, había abandonado su residencia en la costa «por no sentar bien a mi pobre cuerpo el vino de los maragatos».[36] Así, se resolvió a trasladarse a una parroquia del Ribeiro, donde podía tomar con todas las garantías el vino que allí se producía, ya que el que se comercializaba no le inspiraba confianza.

Se tenía por tan saludable al vino casero, que ni siquiera se lo consideraba virtualmente capaz de provocar *borrascas*, es decir, esas leves contrariedades para el cuerpo que representan las borracheras. Todavía recientemente el psiquiatra Emilio González se hizo eco de la costumbre de los paisanos de considerar que su vino, el que ellos hacían, no podía sentar mal: «Es de casa, no hace daño», acostumbraban a decir algunos de sus pacientes. Ni siquiera se admitía que pudiese provocar el daño de menor porte —a no ser que uno se lo infligiera con mucha frecuencia— de causar el extravío transitorio de la razón. En efecto, se pensaba que «Nadie se

[32] Juan Pan-Montojo: *La bodega del mundo. La vid y el vino en España (1800-1936)*, Madrid: Alianza Universidad, 1994.

[33] *La crisis agrícola y pecuaria (Publicación Oficial)*, Madrid: Sucesores de Rivadeneyra, 1887.

[34] *Informe dado por la Sociedad Económica de Amigos del País de la Ciudad de Santiago, sobre el modo y medios que pueden emplearse para promover y elevar al grado de que es susceptible la industria agricolo-mercantil de los Vinos y Aguardientes*, Santiago: Imprenta de la V. e H. de Compañél, 1838, p. 10.

[35] Pedro Felipe Monlau: *Elementos de higiene privada ó arte de conservar la salud del individuo*, o. cit., p. 232.

[36] Ramón Otero Pedrayo: A *Lagarada*, o. cit., p. 88.

emborracha con el vino de su casa»,[37] como tajantemente negaba un proverbio popular. Verdad es que esos vinos solían tener pocos grados, pero no lo es menos —y en ello no se solía reparar— que a base de porfiar e insistir en el trago…

El vino, más saludable que el agua

En la obra de Baltasar Gracián *El Criticón*, se reproduce un dicho popular de la época barroca que, a primera vista, podría causar asombro. Rezaba lo siguiente: «Donde no hay vino y sobra el agua, la salud falta».[38] Convendrá intentar aclarar el sentido de este dicho, que trae de la mano la cuestión del vino en tanto que bebida aparentemente más saludable que el líquido elemento.

Comencemos por constatar el hecho de que el vino ha sido, a menudo, una bebida en verdad más sana que el agua. Desde luego, era bastante habitual que se la tuviera por tal. Y esto no era así solo en España. A mediados del siglo XIX, en Francia, el vino aparecía como un complemento sano, en la medida en que venía a reforzar un régimen alimenticio deficiente y dado que además reemplazaba con ventaja al agua contaminada que la mayoría de la gente estaba obligada a beber.[39] Resulta un hecho escasamente difundido la existencia de una contaminación considerable, que afectaba a las aguas potables, con anterioridad a la era industrial. Y no digamos ya al adentrarnos en ella. Esta es la razón por la que el vino parecía no ser tan peligroso como el agua.

En España, una geografía médica publicada un poco antes de 1917 señalaba un aspecto que afectaba de manera particular a una localidad concreta, pero que de ningún modo era exclusivo de ella. Posee una validez más general. De hecho, es posible atribuir la deficiencia observada a buena parte del conjunto de las aglomeraciones rurales del país; en efecto, se indicaba que «los muladares y estercoleros, se establecen en las in-

[37] *Refraneiro do viño*, o. cit., p. 39.

[38] Juana García Campos y Ana Barella: *Diccionario de refranes*, Madrid: Espasa-Calpe, 1993, p. 354.

[39] Eugen Weber: *La fin des terroirs: la modernisation de la France rurale 1870-1914*, París: Fayard, 1983, p. 220.

mediaciones del poblado».[40] En algunas granjas, incluso se acumulaban tales inmundicias a la vera de las casas y ocasionaban filtraciones que afectaban a los pozos de agua. Además, no se cuidaban las aguas potables para evitar contaminaciones, por lo cual «en los tiempos lluviosos hácese imposible su uso».[41]

La situación de las fuentes públicas distaba de ser satisfactoria en términos generales. Una forma de contaminación que les afectaba en las ciudades y villas era la que se producía como consecuencia de lavar muebles y ropa en ellas (incluida la de los enfermos contagiosos). Las ordenanzas y bandos de policía urbana[42] hubieron de reiterar con obstinación la prohibición de esta práctica, como también la de arrojar en las fuentes el polvo de las viviendas. Es posible encontrar reverberaciones de tan poco higiénicas conductas en diversas manifestaciones de la cultura popular. Un proverbio que aparece en un repertorio de dichos, publicado en el siglo XIX, indicaba que había que tomar precauciones: «No me echeis agua en el vino, que andan guzarapas por el rio».[43] Un cantar del ayuntamiento de Trabada, todavía vivo en las últimas décadas, aportado por un informante que lo recordaba *par coeur*, daba cuenta de lo siguiente:

Agua pura de la fuente
madre de ranas y sapos,
donde vos laváis los trapos
¿queréis que la beba yo?
—No.
Vino puro y a menudo
de ese que beben los reyes,
el agua para los bueyes
que tienen el cuello duro.[44]

[40] *Apuntes para una geografía médica de Villamantilla. Villa de la provincia de Madrid*, RANMM, 1917, s. p.

[41] Ibídem.

[42] *Ordenanzas de Policía Urbana*, 1780-1900, AHUS, pássim.

[43] Pedro Felipe Monlau: «La higiene en los refranes castellanos», apéndice II, en *Elementos de higiene privada ó arte de conservar la salud del individuo*, o. cit., p. 676.

[44] Copla aportada por José Ramón Loureiro. Entrevista realizada por Xavier Castro.

También una copla de la comarca de la Limia Baixa, anotada con anterioridad a 1932, proclamaba lo siguiente:

> Dadme vino, dadme vino,
> que agua no puedo beber;
> cayó un bicho en la fuente,
> tengo miedo de fallecer.[45]

Todavía tenemos constancia de otro cantar popular en el que el anónimo protagonista reniega resueltamente del agua y solicita en su lugar vino. No es muy distinto el temor que expresa en relación con la potabilidad del agua:

> Yo quiero vino, mi amor,
> agua no sé beber,
> el agua tiene sanguijuelas,
> tengo miedo de fallecer.[46]

Vicente Risco evocaba así, en una de las semblanzas recogidas en *El Orense perdurable*, el penoso espectáculo que tuvo ocasión de contemplar en la fuente situada en una plaza de Ourense: «En el pilón de esta fuente, hace muchos años, vi ahogar dos ratas. Las traía una mujer en una gran ratonera colectiva, de alambre. Las ratas nadaban al borde del agua, y la mujer, con un palo, las apartaba de la orilla, con ensañamiento cruel, hasta que se cansaron y cayeron al fondo, una después de otra. Contemplé, con el corazón arrugado, la agonía de la primera. Estas cosas no se deben de hacer a la sombra de los árboles. Las mujeres tienen mal corazón».[47]

Como hemos podido constatar, la gente veía, pues, de vez en cuando en los acuíferos sanguijuelas, sapos, ranas, culebras, ratones, gusarapos, insectos, bichos de diversa suerte y catadura, amén de trapos y enseres varios. Nada tiene de particular que recelara de ella.

[45] Xaquín Lorenzo Fernández, *Cantigueiro popular da Limia Baixa*, Vigo: Galaxia, 1973, cantiga 694, p. 66.

[46] Resulta más eufónica en su rima original, en lengua gallega: «Meu amor eu quero viño, / a auga non sei beber, / a auga ten samesugas, / teño medo de morrer».

[47] Vicente Risco: *El Orense perdurable* (42 dibujos de Conde Corbal comentados por Vicente Risco), Orense: Gráficas Tanco, 1961, s. p.

En la prensa y en la literatura también se encuentran ecos referidos a esta cuestión. El autor del artículo publicado en un periódico de 1876 (probablemente Lamas Carvajal) comenta, en referencia a la ciudad de Ourense, que en cierta ocasión quiso tomar un *neto*[48] de vino, pero como su cuba estaba vacía, «tuve que beber agua, de la fuente de la Plaza *do Ferro*, que a fe mía viene muy sucia».[49] Marcial Valladares, en su obra *Maxina ou a filla espúrea*, presenta dos mujeres de viso en la romería del Pico Sacro, que tuvo lugar el 27 de mayo de 1866. Se encuentran con dos peregrinos que les piden prestado un vaso para beber en la fuente que allí había. Una de ellas les advierte que: «Quizá que haga daño el agua [...] Vino será mejor y hay también aquí». Y en razón de higiene y cortesía, la dama les ofrece gentilmente vino: «¿Quiere el señor probarle? ¿Quieren probarle entrambos?».[50]

Pocas dudas hay de que el criterio predominante antaño se decantaba en favor del vino. Ello se debía, en buena parte, a que el agua no parecía del todo fiable, como hemos podido ver. Pero, en realidad, la preferencia era intrínseca, más allá de las contingencias desfavorables que afectasen al líquido elemento. Es posible traer a colación a este respecto una sentencia popular que transparenta muy a las claras tal mentalidad: «Bueno es el vino cuando el vino es bueno; pero si el agua es de una fuente cristalina y clara, mejor es el vino que el agua».[51] Todavía hay otro que confirma la tesis de la neta preferencia popular por el vino, a través de un juego de palabras: «Bebí agua porque no hubo agua, que si agua hubiera, vino bebiera».[52] Su tono paradójico se explica como una alabanza del vino cuando, por falta de lluvia, su cosecha era escasa. Pero ¿sería posible que la gente antepusiera el peor vino a la mejor agua? El siguiente proverbio podría hacernos pensar que sí era posible: «Más vale vino maldito que agua bendita».[53]

[48] En Galicia, el *neto* o *cuartillo* es una medida de capacidad para líquidos que equivale a medio litro.

[49] «'Os Meus Compañeiros de Monteira», *O Tío Marcos d'a Portela. Parrafeos c'o pobo gallego*, Ano Primeiro. Parrafeo Trece. Ourense, 22 de agosto de 1876, p. 50.

[50] Marcial Valladares Núñez: *Maxina ou a filla espúrea*, Vigo: Galaxia, 1970, p. 116.

[51] Luis Junceda: *Diccionario de refranes: 2500 refranes comentados*, Madrid: Espasa-Calpe, 1997, p. 506.

[52] Ibídem, pp. 79 y 506.

[53] Ibídem, pp. 271 y 506.

Para proseguir, mencionaremos algunos otros testimonios que abundan en la extendida consideración del vino como bebida más higiénica que el agua, conforme lo expresa un antiguo proverbio, del que hay noticia de que ha sido recopilado en el siglo XIX: «Vino sine aqua, corpore triaca; aqua sine vino, corpore venino».[54] En latín macarrónico, el refrán parece dar a entender que el vino puro es un gran remedio. En cambio, el agua sin *sanear* con vino es un veneno. Monlau lo da por atinado.[55]

El primero de los testimonios proviene del relato del protomédico encargado de investigar una epidemia de fiebre tifoidea que se declaró en la ciudad de Vigo y sus aledaños, en el año 1793. Su informe revela que, imposibilitada la gente del sólito recurso del vino, calificado como «digestivo antipútrido» que obraría como barrera frente a las infestaciones, hubo de recurrir al agua contaminada. En efecto, en la época anterior a la proclamación de la epidemia les faltó a los habitantes de la localidad «[...] el digestivo antipútrido, por lo que usaron más de sus aguas impregnadas de la expresada podredumbre».[56]

No debía de ser en modo alguno infrecuente que las aguas destinadas al consumo padeciesen alguna suerte de contaminación. Hacía hincapié en este problema el doctor Joaquín Decref Ruiz, vicepresidente de la Sociedad Española de Higiene, en el año 1928.[57] Señalaba dicho experto, en una publicación oficial del Ministerio de Economía, que el vino, como producto asequible, abundante y de poca graduación alcohólica en general, «en muchas ocasiones en que las aguas de consumo se infectan, resulta altamente higiénico el que la sustituya».[58]

Mencionaremos, por último, un hecho que se sitúa en el ecuador del siglo XX. En efecto, hacia el año 1950 estaban prohibidas por el reglamento del Seminario de Santiago de Compostela las bebidas alcohólicas en las comidas. Los seminaristas —muchos de ellos de proveniencia campesina y

[54] Pedro Felipe Monlau: «La higiene en los refranes castellanos», o. cit., p. 676.

[55] Ibídem.

[56] Antonio Meijide Pardo, «Noticia de un brote epidémico ocurrido en la comarca viguesa en 1793», *Medicina Galaica*, 22 (julio-septiembre de 1983), p. 6.

[57] Dr. D. Joaquín Decref Ruiz: *El vino y su valor alimenticio e higiénico* [Memoria presentada al Office International du Vin, por el Comité Científico Español para la Defensa del Vino, en la reunión celebrada en París el 12 de diciembre de 1928],o. cit., pp. 20-21.

[58] Ibídem.

habituados a servirse de la bebida fermentada— reclamaban sin éxito que se sirviese vino a la hora de comer y de cenar. Pero un buen día vieron el cielo abierto. La oportunidad vino dada con ocasión de una indigestión padecida por un seminarista: cuando el médico que efectuó el reconocimiento, el doctor Daviña —según le parece recordar al informante que fue testigo del suceso—, observó que la indisposición había sido provocada por haber bebido agua en vez de vino. A la vista de lo cual, el rector del seminario, que se apellidaba Capón, decidió que en adelante se sirviese vino en la hora de la comida, al parecer blanco, con excepción de los viernes de Cuaresma.[59]

Llegados a este punto, conviene puntualizar que la ciencia médica —en concertado compás con el criterio popular, en muchos casos— tomaba en consideración cierto número de factores para conceptualizar como saludable el vino, además de los ya referidos atinentes a la indispensable cualidad de su pureza y a la inexorable parquedad en su ingesta.

Otros requisitos del vino saludable

Mejor puro que mezclado

El higienismo consideraba como saludable el vino puro, exento de aditamentos o sometido a mezclas que lo podrían desvirtuar. Como precisaba el higienista Monlau: «Toda mezcla de vinos es, por regla general, anti-higiénica». La única combinación que no le merecía apenas reparos era la de los vinos muy alcohólicos con los flacos o ligeros.[60]

Ahora bien, los médicos no solían poner reparos a la combinación de vino y agua. La tenían incluso por bebida más higiénica, sin más complicaciones y distanciándose del temor a ciertos fantasmas, como el que había inspirado un precepto del *regimine sanitatis* de la vieja Escuela de Salerno, según el cual parecía indispensable aguardar a que ambos elementos se hu-

[59] Entrevista realizada por Xavier Castro a Xosé Ramón Barreiro Fernández, catedrático de Historia Contemporánea y en la actualidad presidente de la Real Academia Galega.

[60] Pedro Felipe Monlau: *Elementos de higiene privada ó arte de conservar la salud del individuo*, o. cit., p. 236.

biesen mezclado bien, porque se temía que, si se bebía demasiado pronto, el vino aguado podía engendrar la lepra.[61]

Ni que decir tiene que el buen concepto en que los higienistas del siglo XIX tenían al vino mezclado con agua distaba de ser un criterio compartido por los buenos aficionados al vino, ni tampoco por buena parte de la opinión popular —por la masculina, de manera más conspicua—, que tildaba tal mezcla de bebida inocente, apta para tiernos infantes y damas escrupulosas. Pero los médicos parecían tenerlo muy claro; Monlau señalaba que «El vino puro apaga mal la sed, ó la apaga por poco tiempo; pero mezclado con mucho agua la apaga bien, y es á la par un buen disolvente de los alimentos».[62]

Bellas cualidades organolépticas del vino salutífero: claridad y limpieza

Por lo demás, para que el vino se considerase sano debía cumplir ciertos requisitos intrínsecos y poseer determinadas cualidades organolépticas. En primer lugar, se apreciaba su claridad y limpieza, cuestión obviamente muy relacionada con la preocupación por la pureza del mosto. Arnaldo de Vilanova, en su *Regimen Sanitatis*, preconizaba que el vino, «en su calidad, sea claro y delicado».[63]

Atendiendo a la densidad y transparencia del vino, Monlau sostenía que los mostos claros y limpios eran preferibles a los turbios o espesos, por considerar que estos contienen en general muchas impurezas y son de digestión laboriosa.[64] Tropezaba esta visión con la extendida creencia popular de que los mejores y más nutritivos vinos —tintos en especial— eran aquellos muy espesos y densos.

[61] CVII.-Vina Varia. Scholae Salernitanae, *De regimine sanitatis* (Anglorum Regi scribit Schola Salerni). Cito por la edición de Pedro Felipe Monlau, o. cit., p. 635.

[62] Pedro Felipe Monlau: *Elementos de higiene privada ó arte de conservar la salud del individuo*, o. cit., p. 237.

[63] Arnaldo de Vilanova, *Regimen Sanitatis*, c. 1470. Versión publicada por Jerónimo de Mondragón en 1606, con el título, *Maravilloso regimiento y orden de vivir*, actualizada ortográficamente y anotada por Juan Cruz Cruz: «Régimen de Salud», en *Dietética medieval*, Huesca: La Val de Onsera, 1997, p. 308.

[64] Pedro Felipe Monlau: *Elementos de higiene privada ó arte de conservar la salud del individuo*, o. cit., p. 234.

Color: *albus vel rubeum*

El color era otro aspecto relevante. En efecto, la Escuela de Salerno, que comenzó a darse a conocer a partir del siglo x, consideraba que el vino blanco *(albus)* era suave y nutritivo.[65] En lo concerniente al vino tinto *(vinum rubeum)*, sostenía que, bebido con algún exceso, constreñía el vientre y ponía la voz ronca.[66] Establecía además una subdivisión: discernía entre el *vinum rubens* 'vino rojo' y el *niger* 'negro'. Del vino *niger* señalaba que embriagaba con más rapidez,[67] provocaba estreñimiento de vientre, irritaba y dañaba las entrañas.[68] Además, «empereza» el cuerpo,[69] lo que significa que le produce un efecto de torpor.

En la centuria decimonónica se pensaba que el vino tinto era menos digerible que el blanco. Así, el doctor Monlau consideraba que los vinos blancos y claretes resultaban por lo general más digeribles que los tintos.[70] Le parecía que, al tener los vinos blancos mayor graduación alcohólica, «excitarían» —término que parece emplearse en el sentido de 'activarían'— más fácilmente la función digestiva del estómago. De este modo, según Monlau, los vinos amarillos o pajizos y secos se empleaban por esta cualidad excitante, como condimentos «para solicitar la accion del estómago».[71] Y, sin dejarse llevar por mentalidad chauvinista alguna, apuntaba que los menos excitantes de todos eran los del Rin y de Burdeos. A tenor de su criterio, estos vinos no embriagaban sino tomados en dosis muy considerables. A la postre, sostenía que eran, entre los secos, los que mejor convenían a las personas irritables.[72] Vemos repetido este argumento en un tratado popular de medicina de la década de 1930, redactado por un cuerpo de reputados médicos e higienistas, bajo la dirección del doctor Saimbraum. En él se señalaba que el

[65] CVII.-Vina Varia. Scholae Salernitanae, *De regimine sanitatis* (Anglorum Regi scribit Schola Salerni). Cito por la edición de Pedro Felipe Monlau, o. cit., p. 634.

[66] Ibídem, p. 635.

[67] Ibídem, p. 634.

[68] Ibídem.

[69] Ibídem.

[70] Pedro Felipe Monlau: *Elementos de higiene privada ó arte de conservar la salud del individuo*, o. cit., p. 233.

[71] Ibídem.

[72] Ibídem.

vino blanco era más excitante que el tinto por tener mayor riqueza alcohólica.[73]

Pero la acción excitante de los vinos blancos no convenía a todas las personas. Una profesora de la Escuela de Magisterio de Pontevedra se hacía eco, en 1929, de la consideración de los vinos blancos (más abundantes por lo común que los tintos en tartrato, ácido de potasio y calcio) como perjudiciales para los dispépticos,[74] es decir, para las personas que padecían la enfermedad crónica caracterizada por la digestión laboriosa e imperfecta.

A los vinos tintos y blancos se les atribuían asimismo otras cualidades diferenciales en lo que a la salud se refiere. El tratado del doctor Saimbraum señalaba que los vinos tintos predisponen al estreñimiento, en tanto que los blancos, más ácidos, «provocan más bien la diarrea».[75] En lo que concierne a los vinos tintos, era el tanino el agente que les comunicaba su estipticidad y aspereza, puesto que actuaba —se decía— como una potencia astringente.[76]

Recientes investigaciones de la ciencia médica[77] atribuyen al vino tinto especiales efectos benéficos, por su mayor riqueza en sustancias antociánicas. Pero también es cierto que, últimamente, algunos expertos médicos mantienen que existen indicios de que algunos vinos blancos, con ciertos requisitos y producidos de un modo bastante particular, presentan también propiedades biosaludables.[78]

El buen sabor: la acidez y la dulzura

En la cualidad del sabor no se insistía tanto. Quizá porque la Escuela de Salerno no concedía importancia al sabor a la hora de apreciar un *potu* fermentado, a no ser que entendamos como tal el requisito de «frigida», que

[73] Doctor Saimbraum: *Tratado popular de medicina*, Barcelona: Hymsa, s. a. [1935], p. 160.

[74] Felisa R. Saz y Álvarez: *Apuntes de economía doméstica para uso de las Escuelas Normales*, 2.ª ed., Pontevedra: Imprenta de Celestino Peón Villar, 1929, p. 186

[75] Doctor Saimbraum: *Tratado popular de medicina*, o. cit., p. 160.

[76] Juan Giné y Partagás: *Curso elemental de higiene privada y pública*, t. I: *Higiene Privada*, 2.ª ed., Barcelona: Imprenta de Narciso Ramírez y Compañía, 1871, pp. 221-222.

[77] José Serrano Cuadrillo: «El vino: pasado, presente y futuro», en «Unha prospección cara ó futuro», en Seminario de Estudos Galegos: *Os viños galegos no umbral do novo milenio*, Sada [La Coruña]: Ediciós do Castro, 1997, pp. 121-122.

[78] Ibídem, p. 122.

Monlau traduce como «fresco».[79] Arnaldo de Vilanova se inclinaba por el vino de sabor «sencillo y puro».[80]

Pero sí importaba mucho una cuestión muy directamente relacionada con el gusto del vino, condicionada por el grado de acidez que tuviese. En efecto, los vinos ácidos eran criticados por los higienistas, por entender que esta clase de vinos, «naturalmente ácidos o *agrillos*», como el chacolí y otros, son picantes y «muchas veces» producen cólicos, particularmente a las personas que no están acostumbradas a su consumo. Postulaba Monlau que las autoridades deberían prohibir severamente la expedición de los vinos acedados.[81]

El higienista Juan Giné y Partagás, en su obra *Curso elemental de higiene privada y pública* (aparecida en 1871), indicaba que el ácido acético puede neutralizar los álcalis del tubo digestivo que son indispensables para la elaboración de los elementos. Los vinos ácidos causaban irritaciones gastrointestinales y dispepsias; de ahí que fuesen considerados perniciosos.[82]

No se desatendía tampoco la cuestión del nivel de azúcar, según el cual se agrupaban los vinos en dulces o secos. El *Regimen Sanitatis* de la Escuela napolitana de Salerno,[83] que recogió la tradición anterior de la medicina y tuvo una perdurable influencia posterior, señalaba que «Los mostos dulces y suaves mueven la orina, inflan y sueltan el vientre», en tanto que los secos y austeros suprimen la orina, provocan flato y, además, obstruyen el hígado y engendran concreciones y cálculos.[84]

En opinión del médico Ignacio Pusalgas, autor de un *Compendio de higiene* publicado en 1839, los vinos dulces de España, como también los de Francia, Italia, Grecia, Hungría, etcétera, cuando estaban «bien fermentados y nada sofisticados» convenían mucho a los convalecientes y personas

[79] CII.-Vini Probatio. Scholae Salernitanae, *De regimine sanitatis* (Anglorum Regi scribit Schola Salerni). Cito por la edición de Pedro Felipe Monlau, o. cit., p. 633.

[80] Arnaldo de Vilanova, *Regimen Sanitatis*, c. 1470, o. cit., p. 308.

[81] Pedro Felipe Monlau: *Elementos de higiene privada ó arte de conservar la salud del individuo*, o. cit., p. 234.

[82] Juan Giné y Partagás: *Curso elemental de higiene privada y pública*, t. I: *Higiene Privada*, o. cit., pp. 221-222.

[83] Paul Oskar Kristeller: *Studi sulla scuola medica salernitana*, Nápoles: Istituto italiano per gli studi filosofici, 1986.

[84] CIII.-Mustum. Scholae Salernitanae: *De regimine sanitatis* (Anglorum Regi scribit Schola Salerni). Cito por la edición de Pedro Felipe Monlau, o. cit., p. 634.

de débil constitución. Pero era menester que se tomaran en parca dosis; de esta guisa «son muy buenos como medio medicatriz».[85]

Monlau, por su parte, sostiene igualmente un criterio favorable a los vinos azucarados y moscateles, considerándolos «bastante excitantes y nutritivos». Añade que los «vinos cocidos» se hallan, con muy corta diferencia, en el mismo caso que los dulces. Ahora bien, la visión del catedrático de la Universidad de Barcelona es más matizada. Señala, en efecto, que «los vinos dulces contienen un principio nutritivo que no se halla en los vinos secos». Empero, «se detienen más que estos en el estómago; no estimulan tanto esta viscera; empalagan en cierto modo, y empachan ó quitan el apetito». Según su docto criterio, los vinos dulces no convienen a los estómagos que digieren con lentitud. Además, como encierran partes todavía fermentescibles, pueden causar acedías. Se cuida también de advertir que la embriaguez que provocan va acompañada de indigestiones».[86] Destacan en este apartado los moscateles y malvasías. A la postre, estimaba que Grecia, Italia y España eran los países donde se cosechaban los vinos dulces más sobresalientes.[87]

Cierta cautela mostraba también Juan Giné y Partagás, en su libro *Curso elemental de higiene privada y pública* (1871). Argüía que la glucosa obra como alimento respiratorio y necesita, para ser digerida, el empleo de una parte estimable de las fuerzas del estómago y de los intestinos. Fundándose en ello, diagnosticaba que los vinos dulces solían ser pesados e indigestos.[88]

La edad del vino: inmaduros, jóvenes y añejos

Énfasis notorio se ponía en el requisito de la edad de vino. La Escuela de Salerno juzgaba que el vino nuevo da mayor calor al pecho, es diurético y se sube pronto a la cabeza.[89] Monlau sostenía que la distinta edad del vino ha-

[85] Ignacio Pusalgas: *Compendio de higiene*, 2.ª ed. corr. y aum., Barcelona: Librería de José Solá, 1839, pp. 84-85.

[86] Pedro Felipe Monlau: *Elementos de higiene privada ó arte de conservar la salud del individuo*, o. cit., p. 234.

[87] Ibídem.

[88] Juan Giné y Partagás: *Curso elemental de higiene privada y pública*, t. I: *Higiene Privada*, o. cit., pp. 221-222.

[89] CIV.-Vini Novi Efectus. Scholae Salernitanae, *De regimine sanitatis* (Anglorum Regi scribit Schola Salerni). Cito por la edición de Pedro Felipe Monlau, o. cit., p. 634.

cía que este obrase de muy diferente modo sobre la salud de la persona. El vino nuevo le parecía ingrato al paladar, de digestión penosa y generador, por ende, de «acedías e irritaciones gastro-intestinales».[90] En su opinión, «El vino higiénicamente potable debe tener por lo menos un año».[91] Abundando un poco más en esto, señalaba que «Los vinos de uno o dos años, claros, ligeros y poco alcohólicos, son los verdaderos vinos *usuales*, ó los que deben ser preferidos para el uso habitual, pero siempre mesurado».[92]

Particularmente nocivos y detestables parecían a los médicos y a las autoridades municipales (encargadas de la supervisión y control de los vinos en el ámbito del ayuntamiento) los vinos verdes o inmaduros. El representante más cualificado del higienismo español manifestaba que «Los vinos hechos con uvas inmaturas (vinos verdes) son ásperos, acerbos, carecen de perfume, y son tan malsanos como los vinos nuevos o recién preparados».[93] Daba también Monlau una receta para mejorarlos: «La aspereza del vino puede obviarse dejando evaporar el zumo de la uva, si es demasiado acuoso, y echando en él un poco de azúcar en bruto para reemplazar la materia sacarina que falta».[94]

Por contra, Monlau y los restantes higienistas tenían por muy saludables a los vinos añejos, siempre que estuviesen bien elaborados. Apuntaba, en efecto, este autor que los vinos añejos, o bien rancios, eran más claros, «más sápidos y más digeribles, más perfumados, y por todo estilo superiores á los nuevos».[95] Insistía particularmente este doctor en la cualidad de digestivos que tenían los vinos añejos,[96] pero encarecía que se procediera con suma moderación en su uso. Tenían también otra ventaja: la embriaguez ocasionada por la ingesta excesiva de vinos añejos no iba tan frecuentemente acompañada de indigestión, como sucede en el caso de los nuevos.[97] Por lo demás, Monlau recomendaba los vinos añejos como los idóneos para las

[90] Pedro Felipe Monlau: *Elementos de higiene privada ó arte de conservar la salud del individuo*, o. cit., p. 234.

[91] Ibídem.

[92] Ibídem, p. 237.

[93] Ibídem, p. 234.

[94] Ibídem.

[95] Ibídem, p. 235.

[96] Ibídem, p. 213.

[97] Ibídem, p. 235.

personas ancianas. Sostenía también que los vinos dulces y los cocidos (los elaborados con uvas pasas) «suelen probar bien á la vejez».[98] Jarabe de vino (vino con canela y hierbas) recetaba un médico rural a un viejo labrador enfermo, en la novela de Balzac *Los campesinos*, escrita en la década de 1830.[99] En efecto, el vino dulce podía obrar como un jarabe para los ancianos, según consigna el refranero español: «Vino de Jerez, no hay tal jarabe para la vejez».[100] Vemos, pues, que tanto los médicos como la mentalidad popular estimaban que los vinos apropiados para los viejos eran los muy hechos y los dulces.

Al cabo, cuando el anciano ya ni el vino era capaz de beber, ello significaba que había alcanzado el limite de la decrepitud, el final sin paliativos: «Cuando el viejo no puede beber, le pueden la sepultura hacer»,[101] apuntaba un refrán gallego, que tiene un equivalente en castellano del que existe constancia ya en el siglo XVI: «Cuando el viejo no puede beber, la huesa le pueden hacer».[102]

El grado de alcohol, la fragancia y el frescor

En lo concerniente a la graduación alcohólica, el médico Arnaldo de Vilanova recomendaba que se escogiese el vino más «flojo» posible, «que menos puede sufrir mezcla de agua».[103] Este era el criterio general de la medicina en relación con los vinos ordinarios: se deberían preferir los vinos ligeros y de poca graduación alcohólica. Otra cosa eran los que se denominaban, todavía no hace mucho, *medicinales* o *mendicamentosos*, de Málaga, hechos con quinina, etcétera. Estos constituían un capítulo aparte. Eran

[98] Pedro Felipe Monlau: *Elementos de higiene privada...*, o. cit., p. 525.

[99] Honoré de Balzac: *Los campesinos*, Barcelona: Planeta, 1984, pp. 196-197.

[100] Francisco Rodríguez Marín: *Más de 21.000 refranes castellanos no contenidos en la copiosa colección del Maestro Gonzalo Correas. Allególos de la tradición oral y de sus lecturas durante más de medio siglo (1871-1926)*, Madrid: Tip. de la *Revista de Archivos, Bibliotecas y Museos*, 1926, p. 508.

[101] Eladio Rodríguez González: «Bodega», en *Diccionario enciclopédico gallego-castellano*, t. I, Vigo: Galaxia, 1958, pp. 339-340.

[102] Cf. refranes recopilados por el Comendador Hernán Núñez (1555) y reproducidos por Juan Sorapán de Rieros: *Medicina española contenida en Proverbios vulgares de nuestra lengua*, o. cit., p. 130.

[103] Arnaldo de Vilanova: *Regimen Sanitatis*, c. 1470, o. cit., pp. 307-308.

apreciados por la medicina no tanto por su fuerte grado de alcohol como por su composición, dulzor y otra serie de aspectos merecedores de estima en tal suerte de caldos.

La fragancia del vino, su aroma, se consideraba un índice revelador del nivel de excelencia de un vino. Según la Escuela de Salerno, la «fragrantia», el buen olor, era un requisito de calidad y salubridad del vino.[104] El galeno Arnaldo de Vilanova abogaba por el vino de olor suave.[105] Por su parte, Monlau opinaba que los vinos con olor particular o perfume, muy agradables al olfato, suelen ser muy «sápidos, tónicos y reparadores». No, en cambio, los de olor ingrato o repugnante.[106]

El frescor era un requisito *sine qua non* para que un vino fuera conceptuado como bueno y, por tanto, saludable. Es conveniente recordar que, conforme al criterio de la Escuela de Salerno, para que un vino fuese considerado plausible debería cumplir cinco requisitos, que comienzan por efe: «Fortia, Formosa, Fragrantia, Frigida, Frisca».[107] Es decir, 'fuerte, *fermoso*, fragante, fresco y *frisco* (*prisco* o añejo)'. Pues bien, el *regimine sanitatis* de la *Scholae Salernitanae* sostenía que el vino rancio era perjudicial, por cuanto «reseca y quema» y, además, fomenta la bilis y ocasiona estreñimiento. Sin embargo, apuntaba una posible solución para remediar este problema: mediante la adición de una dosis moderada de agua se convertía en saludable.[108]

La temperatura y el gas carbónico

El higienismo decimonónico consideraba relevante la temperatura del vino por sus efectos sobre la salud: el vino caliente, bien solo, bien con azúcar, y más o menos cargado de especias y sustancias aromáticas, resultaba «más

[104] CII.-Vini Probatio. Scholae Salernitanae, *De regimine sanitatis* (Anglorum Regi scribit Schola Salerni). Cito por la edición de Pedro Felipe Monlau: o. cit., p. 633.

[105] Arnaldo de Vilanova: *Regimen Sanitatis*, c. 1470, o. cit., p. 308.

[106] Pedro Felipe Monlau: *Elementos de higiene privada ó arte de conservar la salud del individuo*, o. cit., p. 234.

[107] Esto, fundamentalmente, pero aún se contemplaban otros aspectos complementarios: limpio, posado, sutil, maduro, bien diluido, espumoso y que se cuele con moderación. CII.-Vini Probatio. Scholae Salernitanae, *De regimine sanitatis* (Anglorum Regi scribit Schola Salerni). Cito aquí por la edición de Pedro Felipe Monlau: o. cit., p. 633.

[108] Ibídem, p. 634.

excitante y peligroso que el vino á la temperatura natural».[109] Señalaba Monlau que en los países septentrionales estaba mucho más generalizado que en España el uso del vino caliente,[110] aunque habría que matizar que en nuestro país también se empleaba con bastante profusión, endulzado en ocasiones con azúcar o miel. Era un remedio popular del que se solía echar mano en invierno. De ello se puede inferir, por consiguiente, que la gente de infantería no mostraba al respecto la misma prevención que inquietaba al eminente higienista. Habremos de referirnos a ello en otro apartado. También era bien conocido el arraigo que tenía el *bishop* ('obispo' en inglés, lo que impulsaba a Monlau a creer que designaba a una bebida de prelado y, por tanto, de lujo) en Holanda y otros países del Norte. Venía a ser una «especie de ponche vinoso», que se consumía con profusión en los teatros, bailes y demás reuniones de diversión. Para su elaboración se recomendaba la utilización de un vino de calidad, que se calentaba y edulcoraba. También era bueno añadirle especias, tales como clavo, nuez moscada, corteza de naranja, etcétera.[111]

La preocupación por la salubridad del vino se hacía extensiva también al caso de que el vino estuviese provisto de gas carbónico. Los vinos espumosos, como el champaña, le parecían a Monlau muy estimulantes; propiedad en mucha parte debida, según su parecer, a la acción del gas carbónico.[112] Parece inferirse que la estimulación se refiere a la acción digestiva, lo que el higienista solía considerar de manera positiva. Por su parte, Juan Giné y Partagás sostenía un criterio coincidente: el gas carbónico estimula la mucosa del estómago y activa la digestión. Añadía que, además, dicho elemento pasa a la sangre, aumenta la fluidez de esta y estimulaba también poderosamente los centros nerviosos. Ahora bien, no dejaba de advertir que su uso continuado podía ocasionar temblor.[113]

[109] Pedro Felipe Monlau: *Elementos de higiene privada ó arte de conservar la salud del individuo*, o. cit., p. 236.

[110] Ibídem, pp. 236-237.

[111] Ibídem.

[112] Ibídem, p. 236.

[113] Juan Giné y Partagás: *Curso elemental de higiene privada y pública*, t. I: *Higiene Privada*, o. cit., pp. 221-222.

Factores condicionantes del vino saludable

Médicos e higienistas consignaban un repertorio de factores y circunstancias que influían en la condición saludable del vino, pero que no dependían de sus cualidades inherentes.

Representaba un papel notorio la estación del año, según se tratase de invierno o de verano. El médico catalán Arnaldo de Vilanova recomendaba a comienzos del siglo XIV que el vino que habría de tomarse en el verano debería ser blanco o clarete y en el invierno, «tinto o bermejo».[114]

Parecía fundamental la hora del día en que se tomara el vino, sobre todo, si se hacía en ayunas o bien para acompañar algún alimento. En efecto, la medicina del siglo XIX postulaba que los efectos del vino sobre la salud no eran iguales si se ingería a unas horas u otras. El vino tomado en ayunas parecía a los higienistas infinitamente más peligroso y perjudicial que bebido acompañando a las comidas.[115] Monlau sostenía que las bebidas fermentadas, cuando se ingerían en las comidas, y siempre en dosis moderadas, resultan positivas para el organismo, pues excitan el estómago, aumentando sus secreciones y activando en él la circulación. En síntesis: «ayudan y aceleran la digestión».[116] En cambio, fuera de las horas de comer, al estar el estómago desocupado, producen un efecto todavía más estimulante, de todo punto inútil y, por lo mismo, «altamente perjudicial».

En este mismo sentido, un estudio de Gustavo Garrido recoge la creencia popular en la conveniencia de evitar la ingesta de vino con el estómago vacío.[117] Se constata también en la práctica tradicional del consumo del vino que, cuando se tomaba fuera de las comidas, se hacía lo posible por acompañarlo, bien fuera con un trozo de pan, bien con alguna otra cosa de *picar* (lo que se denomina un *pincho* o *tapa*).

114 Arnaldo de Vilanova: *Regimen Sanitatis*, c. 1470, o. cit., pp. 307-308.

115 Pedro Felipe Monlau: *Elementos de higiene privada ó arte de conservar la salud del individuo*, o. cit., p. 237.

116 Ibídem, pp. 228-229.

117 Gustavo Garrido: «Alimentación e enfermedade: o viño e as uvas», *Ingenium: Cadernos de Historia das Ciencias e das Tecnicas* [publicación del Seminario de Estudos Galegos], 6 (1999), p. 135.

Teoría de los temperamentos

Cuando la *episteme* médica consideraba que las bebidas alcohólicas, en dosis moderadas, resultaban saludables y se podían emplear, además, como recurso terapéutico, ponía buen cuidado en examinar las características somáticas, psíquicas e incluso anímicas del sujeto, a fin de determinar su conveniencia en cada caso, cuáles le beneficiarían más y en qué dosis. Este análisis se realizaba con arreglo a ciertas categorías referenciales, los *temperamentos*, que servían para clasificar la idiosincrasia de los pacientes. Mantuvieron en buena medida su vigencia hasta no hace muchas décadas, a despecho del psicoanálisis freudiano, lacaniano *et alii* y de otras interpretaciones psicológicas modernas basadas en la conducta, el carácter y el tipo físico de los individuos.

La fisiología medieval estimaba que el cuerpo contenía cuatro fluidos o humores que condicionaban el temperamento de cada hombre o mujer, según su predominio relativo. Reparaba, además, en que los órganos que segregaban tales humores se hallaban sometidos al influjo de los planetas, motivo por el cual el carácter del ser humano estaba escrito en los astros que determinaban su existencia.[118] Esta visión persistió en las centurias posteriores y, *mutatis mutandis*, llegó incluso hasta nuestros días, si bien ya despojada de la faceta astrológica: la medicina naturista actual preconiza unas bebidas y, en general, un tipo de alimentación condicionada por las peculiares características orgánicas de las personas, tomando en consideración el grupo sanguíneo al que pertenecen. Remontándonos a épocas pasadas, hallamos que en el siglo XVII se contemplaban cuatro temperamentos humanos, por considerar que cuatro son los humores que se alojan en el cuerpo del hombre:[119] la flema (o pituita), la sangre, la bilis (cólera) y la bilis negra (melancolía). Todos ellos hallaban su precisa correspondencia en los cuatro elementos constitutivos del universo, a tenor de la tradición griega: el agua, el aire, el fuego y la tierra. De este modo, la preponderancia de uno u otro humor determinaba un temperamento flemático, sanguíneo, colérico o melancólico.

[118] James Hall: «Cuatro temperamentos», en *Diccionario de temas simbólicos y artísticos*, Madrid: Alianza, 1987, p. 103.

[119] *Le Thrésor de santé ou Mesnage de la vie humaine*, Lyon: Huguetan, 1607, pp. 61-63.

Pues bien, en opinión de Flandrin,[120] esta cuádruple división de los temperamentos humanos había que ponerla en correlación con las cuatro grandes categorías de vinos: blancos, negros, tintos y claretes, que se diferenciaban no solo por su color, sino también por su naturaleza física y sus diferentes propiedades medicinales;[121] el blanco y el negro se oponían por todos los conceptos.[122]

En efecto, el vino blanco, pese a su mayor graduación alcohólica, se conceptuaba como de tenue sustancia y «poco caluroso».[123] En tanto que elemento «ligero», representaba el aire. En la medida en que es inmaterial, el vino blanco consigue disolver los humores crasos que *embarrassent* el organismo. Posee también una virtud «aperitiva», en el sentido etimológico latino de *aperire*, abrir una vía, cuya función consiste en acelerar la digestión y las excreciones. El alcohol, que se denomina «espíritu del vino», lo contiene en mayor medida el blanco; esto es lo que hace que tal vino se «suba a la cabeza», enturbie la vista y también levante el ánimo («réjouit le esprit»). Por contraposición, el vino negro sería la encarnación de la tierra.[124] Colmado de materia cenagosa, el vino negro confiere pesantez a la persona, causa obstrucciones y deposita materias inasimilables que entorpecen la digestión.

Ahora bien, se sabía que la correspondencia entre las distintas clases de temperamentos y los diferentes tipos de vinos era de naturaleza compleja. En el tapiz que conformaban ambos elementos esenciales, se entreveraban así los hilos constituidos por diversa suerte de factores y experiencias.

En el siglo XIX se operó un reajuste de la teoría de los temperamentos. Se trataba de depurar esta noción de los atributos filosóficos, incluso mágicos, con que había sido revestida por la medicina de la antigüedad y del medioevo, a fin de establecer una versión más materialista y pragmática. En la versión ofrecida entonces por el paradigma de la medicina se consideraban

[120] Jean-Louis Flandrin: *Chronique de Platine. Pour une gastronomie historique*, París: Odile Jacob, 1992, p. 258.

[121] *Le Thrésor de santé ou Mesnage de la vie humaine*, o. cit., pp. 61-63.

[122] Jean-Louis Flandrin: «Vins d'hier, Fonctions et usages sociaux», *La vigne et le vin*, La Manufacture, Lyon & Cité des Sciences et de l'Industrie de la Villette, París, septiembre de 1988, p. 297.

[123] Jean-Louis Flandrin: *Chronique de Platine*, o. cit., p. 260.

[124] Ibídem, pp. 259-260.

tres, o bien cuatro *temperamentos* primordiales, apellidados a veces de manera más positivista como *tejidos*. En efecto, el catedrático de la Facultad de Medicina de la Universidad de Barcelona, Juan Giné y Partagás, en su influyente obra, varias veces reeditada, *Curso elemental de higiene privada y pública* (1871), señalaba —siguiendo la fisiología de Halle, quien consideraba esta cuestión bajo un punto de vista estrictamente descriptivo, despojado de toda veleidad esencialista— que la división general de los temperamentos se establecía en función del predominio en la persona «de uno ó mas de los sistemas orgánicos ó tejidos cardinales en que residen las propiedades específicas de la vitalidad».[125] Giné y Partagás[126] diferenciaba, en su moderna nomenclatura, el tejido vascular, el nervioso y el muscular. No obstante, como quiera que el sistema vascular se subdividía en sanguíneo y linfático, resultaban en último análisis cuatro temperamentos simples: sanguíneo, linfático, nervioso y muscular.

Sin embargo, no todo quedaba en esto: la teoría se completaba con el concepto de temperamento parcial, que viene dado por el predominio de alguno de los mencionados tejidos cardinales en algún órgano visceral de primera importancia o en alguna determinada región del cuerpo. Ahora bien, al propio tiempo, se complicaba también, habida cuenta de que parecía insólito que fuese uno solo el sistema predominante, teniendo en cuenta que el temperamento simple pocas veces se daba. Por lo regular, preponderaban en un mismo individuo dos o más sistemas sobre los demás, dando lugar a un temperamento mixto, según sostenía el doctor Juan Giné y Partagás.[127]

Monlau, conocedor de la diversidad de teorías sustentadas por las eminencias médicas de la época acerca de la sistemática de los temperamentos, se resolvió a asumir una terminología más clásica. Se decantó a favor de la división en cuatro temperamentos primordiales, establecidos en función del predominio del sistema nervioso, el sanguíneo-vascular, el digestivo o el linfático. A ellos habrían de referirse todos los demás temperamentos mixtos, parciales, individuales o idiosincrásicos que pudieran presentarse

[125] Juan Giné y Partagás: *Curso elemental de higiene privada y pública*, t. I: *Higiene privada*, o. cit., pp. 299-300.

[126] Ibídem.

[127] Juan Giné y Partagás: *Curso elemental de higiene privada y pública*, o. cit., p. 300.

en la realidad. Era en este eje de coordenadas donde habría que incardinar el temperamento particular de cada paciente, a fin de establecer las reglas higiénicas más adecuadas para él.[128]

Otros médicos tendían a emplear un enfoque más simplificado. En la obra de Antonio Surós *Lecciones de higiene y economía doméstica*,[129] cuya parte higiénica fue revisada por «distinguidos médicos», logró la aprobación oficial del gobierno como texto para las escuelas en 1880 y obtuvo a la postre un premio pedagógico, se aceptaba la teoría de los tres sistemas: nervioso, sanguíneo y linfático. Según este enfoque, el temperamento de una persona depende del predominio de uno de ellos: en el nervioso prevalece la irritabilidad de los nervios; en el sanguíneo impera el humor de la sangre, en tanto que en el linfático son hegemónicas la linfa y las materias grasas. Teniendo presente esta división, convenía administrar a cada cual un régimen dietético particular y unas bebidas diferentes.

Esta triple partición simplificada la encontramos también en un manual de divulgación higiénica del año 1909,[130] escrito por dos maestros pertenecientes a la escuela pública de Barcelona, Juan Ruiz y M.ª de los Ángeles Muncunill: *Breves nociones de higiene y fisiología humana*.

En la década de 1920, Roberto Nóvoa Santos consignaba las tres siguientes constituciones, pues tal es la terminología que se resolvió a emplear: asténica, apopléctica y linfática. Empero, cada una de estas constituciones se dividían en diversos temperamentos, ya muy técnicos. En general, la cuestión aparece revestida de mucha mayor complejidad. De añadidura, en su manual de patología general Nóvoa Santos recogió otra clasificación: la de Kretschmer, que le pareció todavía más sugestiva que la anterior, por considerar las relaciones entre alma y cuerpo. Estos eran los biotipos kretschmerianos: leptosómico, atlético, pícnico y displástico.[131]

[128] Pedro Felipe Monlau: *Elementos de higiene privada ó arte de conservar la salud del individuo*, o. cit., p. 530.

[129] Antonio Surós: *Lecciones de higiene y economía doméstica*, o. cit., p. 38 y nota 1.

[130] Juan Ruíz; M.ª de los Ángeles Muncunill: *Breves nociones de higiene y fisiología humana*, 3.ª ed.. Barcelona: Ruíz y Felíu, 1909, p. 15.

[131] Nóvoa Santos cita los cuatro, aunque este último, en realidad, es una combinación entre otros dos. Cf. Roberto Nóvoa Santos: *Manual de patología general*, t. I, 5.ª ed. revisada y puesta al día, Santiago: Tipografía El Eco de Santiago, 1930, pp. 384-386.

A cada temperamento, su vino

Vayamos con las recomendaciones alcohólicas apropiadas para cada uno de estos «tipos» humanos. El médico catalán Arnaldo de Vilanova apuntaba a comienzos del siglo XIV que «Para los cuerpos templados sanguíneos y coléricos, mejor les es beber el vino débil de su naturaleza, echando en él un poco de agua, que vino fuerte con mucha».[132]

A comienzos del siglo XVII, *Le Thrésor de santé*[133] sostenía que los vinos blancos, al aportar escaso calor y nutrimiento, resultaban saludables para las personas sanguíneas, al desobstruir sus canales circulatorios taponados por la bilis y, también, para las coléricas o por demás ardientes *(chauds)*, puesto que esta clase de vino no engendraba mucha sangre.[134] Además, estos «temperamentos» deberían abstenerse de tomar vinos rojos o negros, limitándose todo lo más a catar algún caldo de suave tintura aleonada *(fauve)* o rojiza *(rougeâtre)*.[135]

El doctor Monlau hacía unas recomendaciones enodietéticas en función de la tipología de los temperamentos, pero, ateniéndose a las prescripciones de la antigua medicina, los combinaba con otros factores complementarios: estos eran, primordialmente, la edad, la actividad y la estación del año. Sostenía que el vino y las restantes bebidas alcohólicas fermentadas podían ser útiles en parca dosis, de igual modo que lo son los condimentos estimulantes, para los linfáticos, los de estómago perezoso, los viejos, quienes ejercitan mucho sus fuerzas físicas, en tiempo de invierno o, por el contrario, en época de calores muy extraordinarios y enervantes, cuando se han ingerido alimentos muy refractarios a la acción gástrica, etcétera. En cambio, resultaban muy perjudiciales para los nerviosos, biliosos y sanguíneos, como también los jóvenes, quienes disfrutasen de un estómago robusto o aquellos que llevaran una vida sedentaria, o bien en tiempo primaveral, etcétera.[136] Propugnaba, además, el vino tinto como el más conveniente para las personas nerviosas, en razón de resultar menos excitante que el blanco.[137]

132 Arnaldo de Vilanova: *Regimen Sanitatis*, c. 1470, o. cit., p. 308.

133 *Le Thrésor de santé ou Mesnage de la vie humain*, o. cit., pp. 61-63.

134 Jean-Louis Flandrin: *Chronique de Platine*, o. cit., p. 260.

135 *Le Thrésor de santé ou Mesnage de la vie humain*, o. cit., pp. 61-63.

136 Pedro Felipe Monlau: *Elementos de higiene privada ó arte de conservar la salud del individuo*, o. cit., pp. 229-230 y pássim.

137 Ibídem, p. 233.

En términos generales, Monlau reconocía que, el vino, en dosis moderadas, «se hace utilísimo para los linfáticos, los escrofulosos, los viejos, los cloróticos, los convalecientes, los habitantes de los países pantanosos [para estos —señala en nota a pie de página—, entre otras ventajas, disminuye los peligros de intoxicación miasmática], de los climas frios y húmedos, para las clases que se alimentan casi exclusivamente de farináceos y trabajan mucho, durante los fuertes calores, etcétera.»[138]

Según el criterio expuesto por el higienista Giné y Partagás, cuya obra tuvo notable difusión en la segunda parte del siglo XIX, los temperamentos «sanguíneos» debían servirse de las bebidas alcohólicas con suma moderación.[139] En cambio, a los «linfáticos» les convenían las bebidas alcohólicas y las amargas para activar el lánguido movimiento de la sangre. Los «nerviosos» podían favorecer su digestión recurriendo al vino puro en corta cantidad. Para las personas de temperamento «muscular» o «atlético», parecía recomendable el agua y las bebidas acídulas, a fin de templar el vigor excedente de sus carnes.

Otros criterios para la determinación de la bebida: edad, sexo y profesión

Los médicos no dejaban de reparar en la edad del bebedor, a la hora de realizar sus prescripciones facultativas, como tampoco minusvaloraban el sexo o la actividad profesional.

La Escuela de Salerno consideraba que el buen vino remoza al viejo[140] y, de manera antisimétrica, el malo avejenta al joven.[141] Los higienistas sostenían que el vino añejo era el más beneficioso para la edad senil. Monlau observaba que el estómago fuerte del joven le permitía beber vinos recios, jóvenes, etcétera. Este médico nada tenía que objetar al siguiente proverbio popular: «Vino puro y ajo crudo, hacen al mozo agudo».[142]

[138] Pedro Felipe Monlau: *Elementos de higiene pública*, vol. 1, Barcelona: Imprenta de D. Pablo Riera, 1847, p. 466.

[139] Juan Giné y Partagás: *Curso elemental de higiene privada y pública*, o. cit., p. 305.

[140] CV.-Melius Vinum. Scholae Salernitanae: *De regimine sanitatis* (Anglorum Regi scribit Schola Salerni). Cito por la edición de Pedro Felipe Monlau: o. cit., p. 634.

[141] Ibídem.

[142] Pedro Felipe Monlau: «La higiene en los refranes castellanos», o. cit., p. 676.

La variable sexual revestía gran importancia. A la «naturaleza» delicada y frágil de la mujer convenían vinos más ligeros, de poco grado y en parca dosis. Eran los vinos dulces los que parecían mejor adaptados a la «constitución» femenina y sus cualidades anímicas. La mayor fuerza y vigor que se atribuían al sexo masculino reclamaban vinos más recios y en dosis más elevadas. Tratamos esta cuestión con mayor abundamiento en otro capítulo.

En lo que atañe al condicionante profesional, hay que señalar que, en el marco del rígido orden social del Antiguo Régimen, en cierto modo confería carácter a la persona. La pertenencia, prácticamente inamovible, a un estamento llevaba aparejada un tipo de actividad intelectual y sedentaria o manual, así como una determinada percepción del propio cuerpo. En función de sus peculiares necesidades fisiológicas, estrechamente vinculadas a su función social, se prescribían unos específicos regímenes dietéticos. Llegados a este punto, vendrán bien aquí unas breves consideraciones preliminares.

El orden conceptual: el vino blanco aparece como delicado y el tinto como grosero

Apuntemos que, en términos generales, la consideración de los blancos como vinos finos y delicados, en contraposición a los tintos, tenidos por groseros y burdos, es muy probable que haya sido un rasgo común presente en la mentalidad de las sociedades occidentales de arraigada cultura vinícola. El historiador Jean-Louis Flandrin ha observado que antaño era muy común en Francia atribuir la *grossièreté* a los vinos tintos (y negros) y el refinamiento, la *délicatesse*, a los blancos y claretes.[143] Esta conceptualización tenía, desde luego, implicaciones médicas, pero también se proyectaba sobre el ámbito de la gastronomía y de la sociología. Por de pronto, el hecho aparece con entera claridad en la influyente Francia, donde los vinos blancos se reputaban sin ambages como refinados y delicados. Así, Olivier de Serres calificaba en su *Théatre d'agriculture*[144] a los caldos que no eran

[143] Jean-Louis Flandrin: «Vins d'hier, Fonctions et usages sociaux», *La vigne et le vin*, o. cit., p. 298.

[144] Olivier de Serres: *Théatre d'agriculture et Mesnage des champs*, París, 1600, libro tercero, cap. VIII.

tintos como «délicats et savoureux», «excellents», «exquis», y «précieux». Ítem más: en unos términos muy semejantes se expresaba otra importante obra aparecida asimismo en la centuria del Barroco, *Le Thrésor de santé*.[145]

Deriva sociológica: vino blanco para los delicados nobles y tinto para los groseros campesinos

En el siglo XVII, los vinos blancos eran los preferidos por la aristocracia francesa,[146] lo cual venía sucediendo desde hacía varios siglos: en 1230 eran únicamente vinos albos los que ostentaban la dignidad suficiente como para comparecer en liza —en *La Bataille des vins*— ante el rey Felipe Augusto.

La reputación de que gozaba el vino blanco, tenido por refinado, distinguido y tal vez sublime, parece haber alcanzado también al estamento eclesiástico. Los clérigos y religiosos, en general, y los miembros de la jerarquía eclesiástica de modo particular, eran, al fin y al cabo, personas de espíritu. El vino blanco debió de parecerles el más en consonancia con su idiosincrasia, lo que tendría correspondencia lógica en su práctica de bebida. Esto pudo haber influido en la decisión que adoptaron al final de la Edad Media de dejar de lado el vino tinto para emplear solo el blanco en el sacrificio de la misa.

En España hay evidencias que muestran la vigencia de un parecido modo de entender la cuestión, aunque carecemos de monografías que examinen esto con profundidad. En la célebre polémica del Dr. Thebussen con el cocinero de palacio, se sugiere que los tintos no solían beberse en la mesa real. En efecto, resulta revelador que el cocinero de Alfonso XII le escribiera a Thebussem lo siguiente, refiriéndose a los banquetes del rey: «No hablaré de la proscripción de los vinos tintos que usted fulmina».[147] Se infiere también que, a fines del siglo XIX, aparecen reputados gastrónomos que ponen en cuestión el tabú.

[145] *Le Thrésor de santé ou Mesnage de la vie humaine*, o. cit.

[146] Jean-Louis Flandrin: «Vins d'hier: Fonctions et usages sociaux», *La vigne et le vin*, o. cit., p. 298.

[147] Un cocinero de S. M.: «Lengua Escarlata» (Carta dirigida al Dr. Thebussem «Desde las cocinas de S. M. el Rey Don Alfonso XII, á 13 de Abril de 1876), en Mariano Pardo de Figueroa (Dr. Thebussem): *La mesa moderna. Cartas sobre el comedor y la cocina cambiadas entre el Doctor Thebussem y un Cocinero de S. M.*, 2.ª ed., Madrid: Tipografía de los Huérfanos, 1888, pp. 36-37.

Por añadidura, los escritores, científicos y gentes de espíritu parecían compartir la idea de que los blancos se acomodaban mejor a sus particulares conveniencias. No parece que haya sido infrecuente en España que las personas dedicadas a los menesteres intelectuales tuvieran debilidad por el vino blanco, preferentemente de baja graduación. Un ejemplo lo constituye el caso del premio Nobel español Santiago Ramón y Cajal, quien ya en su etapa senil, pero todavía con vivacidad intelectual, se inclinaba por los caldos blancos: «En cuanto al vino, bebo medio vaso pequeño de un vinillo blanco, imitación del Sauternes y casi exento de alcohol».[148]

En lo que concierne a Galicia, en la época gloriosa del vino del Ribeiro, comprendida entre los siglos XVI y XVII, era el blanco el que más se apreciaba y mejor se exportaba: «la madre del vino en quilate subido», como lo denominó Molina.[149] Esto parece indicar cual era la preferencia de la élite que demandaba este tipo de vino en Gran Bretaña y en los restantes países europeos a los que se destinaba. Es posible conjeturar que la nobleza e hidalguía de la comarca vitícola orensana más ilustre prefería los caldos rubios. Lo que resulta seguro es que los labriegos y bodegueros de esta comarca, condicionados en parte por el gusto predominante entre los consumidores del resto de Galicia y hegemónico también en España, gustaban más del tinto, que fue el que pasó a cultivarse con más obstinación en los siglos posteriores. De añadidura, en la Tierra del Salnés, el vino blanco —sobre todo, el elaborado con cepas de albariño— era notoriamente escaso, destinado más que nada al consumo de los ricos, en tanto que los campesinos paladeaban los caldos tintos, espadeiro, caiño y de otras vides, y tan solo probaban el albo en alguna ocasión especial.

Esta sensibilidad parece resultar cercana a la de Álvaro Cunqueiro, quien confesaba su particular devoción por el vino blanco, elaborado con uva albariño y también —especialmente— con *treixadura*, a la que atribuía determinadas virtudes intelectuales y espirituales: «Yo gusto de los blancos que llevan más de una mitad de treixadura: son los vinos para aperitivo de estudiosos, del Padre Feijóo o del maestro Otero Pedrayo, y al caer la tarde,

[148] Santiago Ramón y Cajal: *Obras selectas: el mundo visto a los ochenta años*, Madrid: Espasa-Calpe, 2000 (Austral Summa), p. 820.

[149] Cit. por P. Samuel Eiján: *Historia de Ribadavia y sus alrededores*, ed. facsímil, Lugo: Alvarellos, 1981 [1.ª ed., 1920], p. 344.

preparan el alma para la contemplación de las brillantes estrellas».[150] El personaje literario creado por Cunqueiro que quizá más proyección haya alcanzado ha sido el mago Merlín. Pues bien, este tenía por costumbre «tomar unas once» de huevos revueltos y vino clarete.[151] Puede resultar revelador que el autor, de no imaginar a un mago, ilustrado y sabio, deleitándose con vino blanco, lo suponga aficionado al más afín: el clarete. En cualquier caso no lo concibe bebiendo tinto.

Distintos requerimientos fisiológicos de nobles y campesinos

Como ha señalado Pierre Bourdieu, el gusto en materia alimentaria depende de la idea que cada clase se haga del cuerpo y de los efectos que considere que ejerce una determinada «nourriture» sobre el organismo.[152] El gusto de la élite contrasta con el gusto popular, como también difieren sus necesidades nutricionales respectivas. Flandrin sostiene que no basta con oponer los buenos vinos bebidos por las élites a los malos *(piquettes)* trasegados por los paisanos. Distintas eran, indiscutiblemente, sus posibilidades respectivas, pero también los gustos de unos y otros diferían, así como sus supuestos requerimientos fisiológicos, en consonancia con el tipo de actividad u oficio que desempeñaba cada cual.[153]

Es posible atribuir la causa de las referidas preferencias a aspectos fundamentalmente somáticos o, por mejor decir, basados en la percepción del cuerpo *(soma)*, su fisiología y la acción que sobre ella ejerce el vino. Sin embargo, no podemos desconocer que esta realidad se encuentra muy condicionada por el estatus social (la sociología aparece inscrita en la biología y a veces también en la fisonomía de las personas, como ha señalado Eric Hobsbawn) y por la correspondiente actividad física del sujeto, que depende en gran medida de la profesión desempeñada.

Para entender cabalmente esta cuestión, resultará útil examinar ahora las implicaciones fisiológicas atribuidas por el saber médico de la época a las

[150] Álvaro Cunqueiro: A *cociña galega*, 3.ª ed., Vigo: Galaxia, 1980, p. 158.

[151] Álvaro Cunqueiro: *Merlín e familia*, Vigo: Galaxia, 1991, p. 22.

[152] Pierre Bourdieu: *La distinction. Critique sociale du jugement*, París: Les Éditions de Minuit, 1979, p. 210.

[153] Jean-Louis Flandrin: «Vins d'hier: Fonctions et usages sociaux», *La vigne et le vin*, o. cit., p. 298.

distintas clases de vinos. Como veremos, el diagnóstico realizado por los médicos españoles, del que dependía en gran medida la estimación relativa de los vinos blancos y tintos, no difería de la interpretación francesa, que los autores hispanos solían conocer cabalmente.

Un libro anónimo de comienzos del siglo XVII, ya citado, *Le Thrésor de santé*, consignaba del siguiente modo los efectos que provocaban los vinos blancos: «son de tenue substancia, regocijan los espíritus, cortan los humores crasos, purgan los riñones, humidifican y adelgazan, se cuecen y digieren facilmente, se distribuyen con rapidez por todo el cuerpo, aportan escaso calor y nutrimiento, hacen orinar por ser aperitivos, engendran poca sangre, más sutil»,[154] y tenían además la particularidad de subirse fácilmente a la cabeza. A tenor de este análisis, *Le Thrésor de santé* sostenía que los vinos blancos, conceptuados como delicados, del mismo modo que los claretes, resultaban idóneos para aquellos que vivían delicadamente, es decir, «les gens de repos».[155] En este planteamiento subyacía la idea de que las personas eminentes eran constitutivamente delicadas. Lo eran sus cuerpos, lo revelaban sus personas y lo manifestaban también sus maneras y modales. ¿Quién no recuerda la fábula de Andersen sobre la princesa y el guisante? Como bien sabía la reina madre, las verdaderas princesas —únicas dignas de merecer la mano del heredero real— advertirían la presencia de un guisante debajo de los veinte colchones que formaban el lecho en que deberían acostarse; serían incapaces de dormir sobre una molestia tan grande. Gente muy delicada, como se puede observar.

Esto era así en la Francia del *Ancien Régime*. Para conocer el criterio español recurriremos a un testimonio de la máxima cualificación: el de un médico de la villa de Arganda del Rey, Thomas de Aranguren, quien publicó en Madrid, cuando corría el año 1784, la *Carta físico-médica, en la que se explica que es vino, sus principios elementales, su variedad, los efectos que causa*.[156] El libro no fue editado en una imprenta cualquiera, sino que se ocupó de sacarlo de las prensas nada menos que Joachîn Ibarra, Impresor de Cámara de S. M. La obra se presentaba bajo un formato de carta escrita con

[154] *Le Thrésor de santé ou Mesnage de la vie humaine*, o. cit., pp. 61-63.

[155] Ibídem.

[156] Thomas de Aranguren: *Carta físico-médica, en la que se explica que es vino, sus principios elementales, su variedad, los efectos que causa…*, Madrid: Joachîn Ibarra Impresor de Cámara de S. M., 1784.

sencillez (o tal era la pretensión), para que el labrador supiera corregir su ignorancia y aprendiese a cultivar bien sus viñas y a elaborar correctamente el vino.

Pues bien, Thomas de Aranguren señalaba que el vino blanco «goza de qualidad incisiva, penetrante y diurética, facilita la perspiracion, abre las vias, y mueve con valentía la orina. No perjudica los nervios, no entorpece los sentidos, no grava la cabeza, mueve blandamente el vientre, disuelve los alimentos, limpia los vasos, atenúa lo craso, deshace lo compacto, quita las obstrucciones, no se detiene en el estómago sino lo preciso, no infla en vientre, ahuyenta los flatos, y con su penetrante virtud se introduce hasta los mas escondidos rincones de la naturaleza, prestándole el socorro que necesita».[157]

En este mismo sentido, Thomas de Aranguren juzgaba que el vino blanco «Se acomoda á los sanguineos, á los coléricos, á los pituitosos, en el estío, en toda region y con especialidad á los Literatos, á los Ciudadanos, á los Cortesanos, y á todos aquellos, en quienes por razon de sus empleos mentales no se verifica perfecta digestion; pues estos, por lo mismo que no digieren bien, acumulan impurezas en las entrañas, contraen obstrucciones, les faltan las debidas excreciones, se incrasan los humores, se debilita lo sólido, se para el espíritu, y todo se desordena; de cuyas morbosas disposiciones liberta el vino blanco haciendo de él el debido uso».[158]

Aranguren entendía que el vino blanco convenía a las gentes provistas de un determinado *ethos:* las provistas de espíritu robusto y de menguada actividad física. Por su naturaleza, este refinado vino parecía compaginar asimismo bien con quienes, por razón de edad, sexo o estado de salud, poseían una condición frágil o delicada y habían menester, por tanto, de un producto en consonancia con tal requerimiento. En razón de tal idoneidad, Aranguren puntualizaba —siguiendo el criterio de Hoffman— que el blanco «Puede beberlo sin rezelo el niño, el mancebo, la muger[159] parida, la embarazada, la menstruante, pues á todos se acomoda sin perjuicio».[160]

157 Thomas de Aranguren: *Carta físico-médica, en la que se explica que es vino, sus principios elementales, su variedad, los efectos que causa...*, o. cit., p. 20.

158 Ibídem, pp. 18-19.

159 Ibídem.

160 Ibídem, p. 20.

Ahora bien, distaba de haber al respecto uniformidad de criterios. Los médicos y un segmento ilustrado de las clases superiores tenían un concepto muy distinto al que imperaba en otros ámbitos sociales, mucho más nutridos. Así lo reconocía el doctor Aranguren: «Al oir V. S. estas expresiones, bien sé que ha de decir lo que dirian otros muchos si las oyeran: ¿Que es lo que leo? ¡El vino blanco encierra mejores propiedades, que el tinto! ¡El vino blanco es mas acomodado á los Literatos y Cortesanos, que el tinto! ¡El vino blanco mas universal en su bondad, que el tinto! (...) ¿Luego vivimos todos engañados? Ya lo ha dicho V. S. Todos proceden errados en este punto, excepto los perfectos Médicos, y alguna porcion de hombres sabios».[161]

Para mejor demostrar su tesis, gustaba de apelar a su experiencia en el ejercicio de la medicina. Refería, así, el caso de un paciente que había tenido: religioso de cincuenta años, temperamento linfático y vida sedentaria, «y dado con algun exceso al estudio, de resultas de unas tercianas mal reguladas vino á parar en una hidropesia». A la vista de lo cual, le recetó a guisa de remedio «que habia de beber por algunas mañanas un quartillo de vino blanco con la ligera infusion de la cebolla albarrana repartido en dos veces». Pero el paciente dio en entender que el meollo del remedio no residía en el hecho de que el vino fuese blanco o tinto, sino en la infusión de cebolla. El buen señor se había resuelto a tomar vino tinto, por ser el que tenía en su celda y por estar más familiarizado con él. Mas el resultado no fue el esperado. La hinchazón que padecía se hizo mayor y su estado empeoró, de suerte que, si antes de empezar a tomar el vino todavía podía levantarse del lecho, después que lo hubo ingerido ni aun de moverse en él era capaz. Sabedor el galeno de la inobservancia de su prescripción, le recalcó que tendría que ser blanco el vino que habría de tomar, puesto que «en esto estaba la valentía y eficacia del remedio». Cumplido este mandato, al cabo de cuatro días, ya se encontraba el paciente completamente curado.[162] Toda una historia ejemplar.

Olivier de Serres consideraba en su *Théatre d'agriculture*[163] que los vinos tintos y negros resultaban una bebida apropiada para las «gens de travail», y que este era el motivo por el que era buscada por ellas con tanto fervor.

[161] Thomas de Aranguren: *Carta físico-médica, en la que se explica que es vino, sus principios elementales, su variedad, los efectos que causa...*, o. cit., p. 23.

[162] Ibídem, pp. 26-27.

[163] Olivier de Serres: *Théatre d'agriculture et Mesnage des champs*, o. cit.

Los vinos «grossiers» convenían a las «gens grossiers». En este mismo sentido, *Le Thrésor de santé* sostenía que el vino rojo, en contraposición simétrica a lo que señala en relación con el blanco, «es más apropiado para quienes tienen una dura existencia: pues el trabajo y el ejercicio asiduo evitan las molestias que el vino rojo provoca».[164]

Por su parte, la *Carta físico-médica* del doctor Aranguren efectuaba el siguiente análisis del vino tinto: «consta de mayor porcion de tártaro que el blanco, y por lo mismo es mas pesado, ménos penetrante, nada diurético, y menos laxânte. Suspende toda evacuacion, se aceda con facilidad, infla el vientre, se detiene demasiado en el estómago, es mas cálido que el blanco, grava la cabeza, entorpece los sentidos, obstruye las vísceras, detiene las excreciones, y es comun opinion, que es mas perjudicial, y menos útil para el uso comun, que el blanco».[165]

En relación con el nivel respectivo de tártaro, se remitía a la autoridad de Lemer, Masar y otros autores. Lemer aseveraba en su curso de química que, cuando se elabora el blanco, se deja fermentar solo el mosto de las uvas blancas, mientras que en el caso del tinto es necesario dejar fermentar el mosto con las heces de las uvas tintas. No era otra la causa de que el «rubio» (así llama al tinto) estuviera más lleno de tártaro que el blanco y de que permaneciese más tiempo en el cuerpo al ser bebido.[166]

De añadidura, el médico de Arganda del Rey reproducía, sin vacilar en suscribirla, una observación de Tisot, según la cual «El Labrador, que naturalmente no es inclinado al vino tinto, le prefiere quando esta enfermo»;[167] y consideraba que esto era un error muy perjudicial, «porque el vino tinto es mas adstringente que el blanco, no mueve tanto las orinas, y aumenta la fuerza de los vasos, y la espesura de la sangre».[168] Por tanto, muy bien puede considerarse a Aranguren como un conspicuo exponente de la grey de los entendidos que recelaba por completo de las hipotéticas virtudes que la

164 Literalmente señala que el vino rojo «est plus prope à ceux qui vivent durement: car le travail et l'exercice assidu ôten les incommodités que le vin rouge apporte». *Le Thrésor de santé ou Mesnage de la vie humaine*, o. cit., pp. 61-63.

165 Thomas de Aranguren: *Carta físico-médica, en la que se explica que es vino, sus principios elementales, su variedad, los efectos que causa…*, o. cit., p. 20.

166 Ibídem.

167 Ibídem, p. 21.

168 Ibídem.

opinión corriente solía atribuir a los vinos rojos; en este sentido, advertía que «el vino tinto encierra otras qualidades, que si se llegaran á averiguar, quizás se mirara con menos aficion de la que se mira, y fuera menos extenso su uso, con notable beneficio de muchos que lo beben». En su afán por resultar persuasivo, tuvo este doctor por conveniente ilustrar su tesis aportando algunos ejemplos que pueden resultar muy reveladores. Indicaba en primer lugar que «Los que tratan en vinos confiesan, que el tinto les pone inservible la corambre, quemándola y corroyéndola en breve tiempo. ¿Que qualidades, pues, podrémos presumir que encierra un ente, que corroe y quema cuerpo tan duro y resistente como el de la corambre?[169] El vino tinto se cuece con casca, la qual consta de un ácido muy activo; y así se ve que puesta al calor, á las veinte y quatro horas ya está aceda: con que mezclada con el mosto, y fermentado con ella ¿quien dudará que sus qualidades las ha de participar el vino, y que de esta union ha de resultar un mixto, si no malo, al ménos sospechoso?».[170] Abundando en esta misma línea argumental, aducía que «Los que manejan vino tinto echan de ver, que las manos se les ponen ásperas, endurecidas, y aun á muchos se les forman grietas; quando por el contrario el vino blanco las pone suaves, mantecosas, limpiándolas de toda inmundicia or adherida que esté. ¿Que otra cosa se podrá, pues inferir de estos efectos, sino que en el vino tinto residen qualidades estípticas y desecantes; y en el blanco mundificantes y laxântes?».[171]

No quiere esto decir que el galeno Thomas de Aranguren quisiera desterrar el uso del vino tinto ni, menos aún, que lo considerase nocivo en términos generales. Se limitaba a manifestar ciertas reservas sobre él, creyendo en la conveniencia de tomar en consideración la peculiar idiosincrasia del bebedor: su temperamento, estilo de vida, actividad laboral, etcétera. Tenía, por consiguiente, en cuenta, «como asegura la experiencia, autoridad y razon», que el tinto era estíptico, astringente y pesado, por lo que le parecía que «solo se acomoda á los que se ocupan en trabajos corporales, á los rústicos, y á aquellos que por sus oficios sudan y se disipan, á los que son floxos de fibra, fáciles de vientre, y libres de pecho».[172] Por el con-

[169] Odre de cuero.

[170] Thomas de Aranguren: *Carta físico-médica, en la que se explica que es vino, sus principios elementales, su variedad, los efectos que causa…*, o. cit., p. 21.

[171] Ibídem, p. 22.

[172] Ibídem, p. 28.

trario, «[...] á los Cortesanos, á los empleados en trabajos mentales, á los Literatos, á los que son tardos de vientre, á los que adolecen de indigestiones, á los obstruidos, á los hipocondríacos, á los coléricos, á los sanguineos, á los ociosos, á los afectuosos de pecho, y á los que no se exercitan, no tan solamente no les conviene, sino que les perjudica notablemente».[173]

Tales virtudes atribuidas al vino bermejo parecían generarse ya en un escalón inmediatamente anterior, en dependencia directa de las características inherentes a la uva tinta y del modo en que se procesaba el mosto resultante de ella. Todos los autores convenían con Aranguren, al decir de este, en considerar a la uva tinta como estíptica y astringente. Ítem más, reiterando en líneas generales un argumento que ya hemos traído aquí a colación, insistía en que «como el vino tinto se haga con la mixtion de la casca, que es la que contiene la mayor porcion de la qualidad estíptica, y aun algunos de ellos con el escobajo, no queda duda en que goza de dichas qualidades». Se interrogaba, en consecuencia, cómo podía resultar provechoso el vino tinto para los cortesanos, ciudadanos y literatos, cuando por lo común «digieren mal, se llenan de obstrucciones, y apenas hacen digestion perfecta».[174] Esto les sucedía a las gentes que integraban dichas categorías sociales, «porque comen bien y se exercitan poco».[175]

EL VINO COMO AGENTE TERAPÉUTICO BAJO EL PRISMA DE LA MEDICINA OFICIAL

Atribuir al vino propiedades no solo salutíferas, sino además terapéuticas, parece formar parte del paradigma cultural occidental ya desde los tiempos bíblicos, en la medida en que en la simbología tradicional el vino y la uva representan la sangre de Cristo. Mariño Ferro reproduce un expresivo ensalmo en el que se citan las siguientes y clarificadoras palabras de Jesucristo:

[173] Thomas de Aranguren: *Carta físico-médica, en la que se explica que es vino, sus principios elementales, su variedad, los efectos que causa...*, o. cit.

[174] Ibídem, p. 24.

[175] Ibídem, p. 25.

Toma mi pan para que comas
mi sangre para que bebas;
con esto, hermano mío
ya te puedes hallar bueno.[176]

Carson I. A. Ritchie evoca en su libro *Comida y civilización*[177] la figura del buen samaritano que curó las heridas de un maltrecho viajero con vino y aceite, del mismo modo que siguen haciendo hoy en día los italianos y españoles —dice él—. También San Pablo invitó a Timoteo a beber un trago de vino para aliviar su dolor de estómago.

Por lo tanto, son abundantes las referencias que se pueden extraer de las Sagradas Escrituras para fundamentar con ellas la consideración del vino como recurso terapéutico de importancia. Así se hizo ya en épocas históricas remotas, lo que servía de pábulo a la fe en las virtudes salutíferas del mosto profesada por religiosos, galenos y profanos. El saber médico, basado en la especulación y en la experiencia, añadió nueva savia a tal creencia, que mantuvo todo su vigor a través de las posteriores etapas hasta que toda la tribu de los alcoholes fue puesta en cuestión, de manera progresiva, en el transcurso de la segunda mitad del siglo XIX.

Para el período medieval y las dos centurias posteriores, contamos con un haz de trabajos entre los que cabe destacar el estudio de Juan Cruz Cruz,[178] que puede servir como oportuno libro de bitácora para la difícil navegación por las procelosas aguas —surcadas por diferentes, y a veces intrincadas, corrientes— de la dietética y terapéutica de la época. Estos estudios ponen en evidencia que los diversos *Regimina sanitatis* editados en el medioevo y el Renacimiento, de tradición hipocrática o galénica, contemplan un mismo enfoque terapéutico del vino. Y así ha venido sucediendo después.

En efecto, la medicina oficial, no solo la popular, consideró antaño el vino como un recurso terapéutico de primer orden. Tomemos un ejemplo, aportado por Delfín García Guerra, que puede expresar el criterio sostenido

[176] X. R. Mariño Ferro: *La medicina popular interpretada*, Vigo: Edicións Xerais de Galicia, 1985, p.112.

[177] Carson I. A. Ritchie: *Comida y civilización*, Madrid: Alianza, 1986, p. 85.

[178] Juan Cruz Cruz: *Dietética medieval*, o. cit., pp. 30-34.

por la clase médica del Antiguo Régimen: en el capítulo de gastos del hospital compostelano, al promediar el siglo XVIII, sobresalía «el vino que se consume anualmente en las raziones de enfermos y Ministros, curación de unos y otros», que rondaba los veinte mil reales de vellón anuales, superando netamente el apartado de los cereales e incluso el de la carne.[179] En 1733 y 1734, cada paciente recibía una ración diaria de 183,76 mililitros. Esta dosis de alcohol (sumada a la de aguardiente y, tal vez, un poco de anís) representaba 109,30 calorías, que suponían el 4,67 % de las calorías totales.[180] Por lo demás, la utilización de vino en los hospitales europeos parece haber sido una práctica habitual, como lo pone de manifiesto Andrés Laguna, en referencia concreta a la Edad Moderna. Así sucedía, por ejemplo, en Italia, donde a veces para economizar se mezclaba con agua.[181]

Parece obligado reproducir el juicio emitido por Felipe Monlau, el maestro de los higienistas españoles de la centuria decimonónica, miembro de la Real Academia Española y de la de Ciencias Morales y Políticas, además de representante de España en conferencias sanitarias internacionales. Después de pasar revista a los beneficios prodigados por las bebidas fermentadas, llegaba a la siguiente conclusión: «Tenemos, por consiguiente, que el vino (mas no el aguardiente) es un artículo de primera necesidad para muchos, un condimento y un medicamento para todos».[182] Podemos espigar además el testimonio de una profesora de la Escuela Normal de Pontevedra, quien, en la década de 1920, revelaba que en la dieta de los enfermos se solían incluir «vinos muy puros y de poca graduación».[183]

Conviene corroborar las prescripciones teóricas del protomedicato con la praxis, es decir, el protocolo o modo de proceder habitual de los médicos corrientes. Es posible verificar que la virtud medicinal del vino no era algo que únicamente figurara en los tratados de higiene, terapéutica, medicina clínica

[179] Delfín García Guerra: *El Hospital Real de Santiago (1499-1804)*, La Coruña: Fundación Barrié, Atlántico, 1983, p. 447.

[180] Estimaciones realizadas por Antonio Eiras Roel y Enríquez Morales; cit. por Delfín García Guerra: *El Hospital Real de Santiago...*, o. cit., pp. 174-175.

[181] Andrés Laguna: *Viaje de Turquía*, cit. por Delfín García Guerra: *El Hospital Real de Santiago...*, o. cit., pp. 173 y 232.

[182] Pedro Felipe Monlau: *Elementos de higiene pública*, o. cit., p. 466.

[183] Felisa R. Saz y Álvarez: *Apuntes de economía doméstica para uso de las Escuelas Normales*, o. cit., p. 234.

y bromatología. Los médicos de a pie administraban la «dulce medicina», no pocas veces con criterio liberal. Son abundantes los testimonios referidos a terapeutas que recetaban a los enfermos una cierta ingesta vínica. Por lo demás, la publicación O *Tio Marcos d'a Portela* refería una anécdota que merece la pena reproducir. Cuando corría el año 1837, sucedió que un grupo de personas de la ciudad de A Coruña se encontró con un paisano. Les pareció cansado y con el semblante demudado, lo que les indujo a pensar que tal vez habría caminado mucho y que por esa razón se lo veía también sudoroso. Ellos no podían saber que, en realidad, su maltrecha apariencia era debida al agobio que le había provocado una pequeña estafa que acababa de padecer. En cualquier caso, preocupados por conseguir que el paisano recobrase lo más pronto posible el ánimo y la salud, le hicieron una recomendación que dice mucho acerca de lo que solían recetar los doctores: «Tome, tome, buen hombre / tome, tome, eche un trago /que este le es de aquella clase / que le llaman del Condado, / y a cualquiera que enferme / mandan los médicos dárselo».[184]

Pasaremos a señalar a continuación algunas de las propiedades terapéuticas que se le atribuían al vino.

Antonio Surós consignaba en sus *Lecciones de higiene y economía doméstica*, publicadas en 1892, que el vino «En pequeñas dosis favorece la digestión y estimula el apetito, y por esta razón se preceptúa á las personas débiles de estómago y degestión tardía, y á los ancianos».[185] Pasado el equinoccio del siglo XIX, el higienista Felipe Monlau, aunque se mostraba cauto con respecto a las bebidas excitantes y fermentadas, no dejaba de reconocer que podían servir para «remediar la languidez del estómago».[186] Como ya hemos tenido ocasión de mostrar, Monlau admitía el benéfico efecto digestivo que se le suponía al vino.[187]

Por lo demás, el *Tratado popular de medicina* del Doctor Saimbraum (1935) indicaba que el vino mezclado con otros elementos resultaba recomendable para la «lavativa alimenticia» intestinal.[188]

[184] «O Preiteante», O *Tío Marcos d'a Portela. Parrafeos c'o pobo gallego*, Ano sesto. Parrafeo décimo. Ourense, 6 de Xaneiro de 1884, p. 2.

[185] Antonio Surós: *Lecciones de higiene y economía doméstica*, o. cit., p. 44.

[186] Pedro Felipe Monlau: *Elementos de higiene privada ó arte de conservar la salud del individuo*, o. cit., p. 213.

[187] Ibídem, pp. 228-229.

[188] Doctor Saimbraum: *Tratado popular de medicina*, o. cit., p. 605.

También se valoraban los efectos diuréticos de algunas clases de vinos, como también las cualidades astringentes de otras especies, señaladamente aquellas dotadas de notable provisión de tanino.

Ya hemos mencionado la pujante creencia, durante el siglo XIX, en las propiedades antipútridas o antisépticas del vino. Una profesora de la Escuela de Magisterio de Pontevedra reflejaba una extendida opinión, en el año 1929, según la cual el vino poseía una acción preventiva o curativa en presencia de procesos infecciosos; aunque en verdad tenía para sí que no era tan grande como se solía considerar —matizaba con escrúpulo—, ya que al diluirse en el cuerpo las perdía, y no era recomendable valerse de él en grandes dosis, puesto que en tal caso «[...] sería tan perjudicial para los microbios como para las células».[189] También los tratados de terapéutica atribuían al vino la virtud de combatir los gérmenes infecciosos.

Se consignaba además la virtud que poseían los vinos espumosos de combatir los vómitos. En efecto, apuntaba la citada autora de la ciudad del Lérez, tales vinos, al contener azúcar y ácido carbónico, ejercían una acción antiemética.[190]

El vino ha gozado tradicionalmente de la consideración de ser un reconstituyente excepcional.[191] En el siglo XIX, los médicos de los hospitales empleaban en ciertos casos el vino para contribuir al restablecimiento de los enfermos tras las operaciones. Así solían hacer en el de Santiago de Compostela.[192] No podemos olvidar tampoco el empleo médico con fines reconstituyentes, en personas débiles o convalecientes de una enfermedad, de los vinos de alta graduación, tenidos por medicamentosos, quinados, de Málaga, Jerez, etcétera.

Muy subido crédito han tenido, en efecto, ante los ojos de los doctores, los vinos de Jerez y Málaga. El distinguido médico Fermín Aranda, a quien la ciudad de Jerez, con razón agradecida, le dedicó una de sus calles más céntricas, constituye un ejemplo conspicuo. Su alegato en favor de las virtudes medicinales del vino jerezano casi llega a alcanzar un cariz chauvinista. Esta era la recomendación que hacía: «Prescribo el vino de Jerez como

[189] Felisa R. Saz y Álvarez: *Apuntes de economía doméstica para uso de las Escuelas Normales*, o. cit., p. 186.

[190] Ibídem.

[191] Carson I. A. Ritchie: *Comida y civilización*, o. cit., p. 85.

[192] Debo a esta información a la amabilidad del investigador Gustavo Garrido.

medicamento antitérmico para la clorosis, la anemia, la postración, el linfatismo, colapsos y afecciones óseas».[193] Parecía obrar casi como una panacea, como podemos ver.

En Galicia, tuvo a este respecto notable importancia el legendario vino tostado del Ribeiro, vino dulce de elaboración artesanal que muy pocas veces alguna casa bodeguera llegó a comercializar con etiqueta formalizada. Una de estas escasas firmas fue la bodega de San Miguel, en O Rosal, propiedad del cosechero Ángel Martínez Novás, que vendía «Vinos Tostado y Blanco del Godesal». Por cierto que este bodeguero fue el abuelo del «petrucio adegueiro» Santiago Ruiz, pionero en la industrialización y difusión del vino Rosal, y promotor además de una bodega museo. Pues bien, su antecesor empleaba el argumento médico como fórmula de promoción de sus vinos tostados; consignaba, así, en la etiqueta lo siguiente: «Recomendados por varios Medicos como los mejores para enfermos y convalecientes».[194] Amén de esto, en la publicidad de otra bodega se ofrecía, en el año 1923, vino «Tostado del Ribero» y se señalaba su idoneidad para «enfermos y convalecientes».[195]

Estos vinos medicinales se empleaban también con otras finalidades. Su importancia ha sido verdaderamente muy considerable, dado el amplio uso social que se ha hecho de ellos. Merecen, por lo tanto, que les consagremos un apartado específico.

Vinos medicinales

En los años treinta, en que publica su libro el Doctor Saimbraum, la medicina consideraba al vino como una de las formas líquidas de medicamento destinado a la vía bucal.[196] Esta era la definición conceptual del

[193] Cit. por Paz Ivison Carrera: *Los vinos. Uso y protocolo*, Madrid: Temas de Hoy, 1989, p. 163.

[194] Eliseo Alonso: *Viños do Rosal e do Condado: denominación de orixe Rías Baixas*, Vigo: Nigra Imaxe, 1992, pp. 77-96

[195] Anuncio publicado en *Fiestas Patronales Compostela,* celebradas en la segunda quincena de julio de 1918, edición de Jesús Rey Alvite, Santiago: Imprenta de El Eco Franciscano, 1918. BPenzol, 9/21.

[196] Doctor Saimbraum: *Tratado popular de medicina*, o. cit., p. 389.

vino medicinal que ofrecía el médico mencionado: «Los vinos medicamentosos son preparaciones que resultan de la acción del vino sobre una o varias substancias medicamentosas que contienen principios solubles en este excipiente».[197]

Hasta una época bastante reciente, era habitual calificar a ciertos vinos, en bastantes casos de considerable graduación alcohólica —que solía oscilar entre 15 y 23°— como «medicamentosos». Ni siquiera médicos de gran reputación dudaban en suscribir tal epíteto; algunos de ellos avalaban con sus credenciales académicas las etiquetas publicitarias de dichos caldos. Esto también sucedía en Francia, donde, con la acreditación de las mayores celebridades médicas de la época, la publicidad pregonaba las excelencias tónicas, digestivas e higiénicas de tales o cuales vinos de alta graduación alcohólica.[198] Muchas personas recordarán todavía un sonsonete publicitario muy frecuente en la propaganda radiofónica española de los años cincuenta y sesenta: «Queremos vino Santa Catalina / [...] Vino quinado Santa Catalina, / que es golosina y es medicina». Lo evocaba no hace mucho Manuel Martín Ferrand, en una de sus intervenciones en este medio de comunicación.

La preceptiva médica recomendaba esta clase de vinos en calidad de reconstituyentes, digestivos y aperitivos y aún les atribuía algunas otras funciones. Parecía particularmente aconsejable el empleo de vinos medicinales en el caso de los adultos que necesitaban fortalecerse, en el de los niños de naturaleza enteca y en el de las mujeres, en especial tras el parto. El doctor Monlau señalaba que el vino generoso convenía a las gentes de letras, que a fines del siglo XIX empezaron a denominarse intelectuales, puesto que para ellos, según sus palabras, «Alguna parca dosis de vino generoso, será condimento adaptable para entonar un poco el ventrículo».[199]

En el plano simbólico, resultan muy reveladoras las denominaciones comerciales empleadas por los vinos medicinales y afines en sus etiquetas. Se dibujaban con claridad dos vertientes semánticas. Por un lado, el recurso a resonantes nombres de héroes mitológicos o guerreros invencibles: Sansón,

[197] Doctor Saimbraum: *Tratado popular de medicina*, o. cit.

[198] Didier Nourrisson: *Le buveur du XIX*e *siècle*, París: Alvin Michel, 1990, p. 157.

[199] P. F. Monlau: *Elementos de higiene privada ó arte de conservar la salud del individuo*, o. cit., p. 573.

Aníbal, Titán, que connotan fortaleza y vigor, idea que pretenden transmitir. Por otro lado, la invocación de santos o santas, referente religioso que automáticamente inducía la asociación mental entre el preparado mágico y las curaciones milagrosas: Santa Catalina, por ejemplo.

Se reputaban como más convenientes, en este orden, los vinos sanos, puros y, a ser posible, que procedieran de zonas vitivinícolas acreditadas: Ribeiro, Condado, Málaga, Jerez, etcétera. También parecían adecuados los dulces, generosos, tostados o mezclados con ingredientes de gran poder nutritivo, como podían ser los ponches y otros.[200]

Algunos vinos medicinales de marca se comercializaban con un refuerzo nutritivo constituido sobre todo a base de hierro y extracto de carne. Pero también se elaboraban artesanalmente, en las casas. Al filo de los años veinte de la pasada centuria, un compendio de medicina divulgativa auspiciaba, como recetario doméstico, el siguiente vino medicinal: «Vino de hierro y carne». Se elaboraba fundamentalmente con vino de Jerez al que se añadía extracto de carne, azúcar, citrato de hierro amoniacal y esencia de corteza de naranjas.[201]

En Francia, el *Répertoire général de pharmacie pratique*, del año 1893, mencionaba el nombre de un centenar de vinos de alta graduación alcohólica de uso medicinal: vinos de quinina, coca, kola, aguardiente, melisa, menta, etcétera. Y no era precisamente menguado el número de farmacéuticos de nuestro país que para documentarse recurrían a la bibliografía francesa.[202] Después de todo, era su obligación profesional, puesto que los vinos de esta clase se vendían también en las farmacias.[203]

Un tratado de medicina, concebido como enciclopedia para uso de las familias y aparecido en la década de 1920,[204] al tiempo que ponderaba las propiedades medicinales del vino de quina, ofrecía la fórmula de preparación de su farmacopea: había que dejar durante diez días una parte de corteza de quina machacada en treinta de vino de Málaga. Después se

[200] Doctor Saimbraum: *Tratado popular de medicina*, o. cit., pp. 390 y 481.

[201] I. Ghersi y A. Castoldi: *Recetario doméstico. 6690 recetas prácticas. Enciclopedia de las familias de la ciudad y el campo*, 6.ª ed., Barcelona: Gustavo Gili, 1923, p. 775.

[202] Didier Nourrisson: *Le buveur du XIXe siècle*, o. cit., p. 157.

[203] Entrevista realizada por Gustavo Garrido a un farmacéutico jubilado.

[204] I. Ghersi y A. Castoldi: *Recetario doméstico. 6690 recetas prácticas. Enciclopedia de las familias de la ciudad y el campo*, o. cit., p. 774.

filtraba. Ofrecía también la posibilidad de emplear tintura en vez de corteza de quina, en cuyo caso convenía utilizar vino blanco, canela y tintura de naranjas.

La producción de vino y alcohol destinado a la fabricación de medicinas revestía gran importancia en nuestro país, corolario bastante lógico del hecho de haberse erigido España en uno de los principales países productores vinícolas del mundo. Descollaban sobre todo por su elaboración las ciudades de Málaga y Valencia. Una de estas casas de vinos, la que elaboraba el Reconstituyente Sansón —«el mejor», según proclamaba la profusa publicidad que realizaba—, disponía de representantes en muchas plazas españolas de importancia. Tenía, por ejemplo, un representante en Santiago: Juan Álvarez, en los años 1923[205] y 1924.[206]

Estos vinos medicinales no se consumían únicamente en el mercado interno, sino que también se exportaban. Por vía de ejemplo, apuntemos que, en 1946, se facturaron 54,9 toneladas de vinos españoles «for medical purposes».[207] En 1947, algo menos: 41,1 toneladas.

No debían de ser mal negocio tales vinos. En su condición de medicinales, prácticamente medicamentos como cualesquiera otros de los que se despachaban asimismo en las boticas, gozaban de ciertos beneficios fiscales. No pagaban, por ejemplo, impuestos municipales. Según hemos podido constatar, todavía en el año 1941, los «vinos medicinales» quedaban exceptuados del pago del arbitrio establecido por el Ayuntamiento de Santiago sobre bebidas espirituosas y alcohólicas, que se cobraba en el fielato.[208] Esto mismo sucedería en muchas otras localidades.

Constituye un testimonio de la extraordinaria difusión de tales preparados el hecho de que aparezcan mencionados hasta en las zarzuelas. Concretamente, en un libreto zarzuelístico de comienzos del siglo xx, *La galleguita*,

[205] *Compostela y su Año Santo. Programa Oficial de las Fiestas Patronales. Programa Oficial dispuesto por la Liga de Amigos de Santiago y por el Excmo. Ayuntamiento*, segunda quincena de julio de 1923, BPenzol, 9/21, s. p.

[206] El representante del vino Sansón tenía su sede comercial en la calle Laureles, núm. 14, de Santiago. Anuncio publicado en *Fiestas Patronales Compostelanas*, 1924, monografía de Jesús Rey Alvite, Santiago: Tipografía Suc. Paredes, BPenzol, 9/21, p. 106.

[207] *The Handbook of Spain*, 1.ª ed. y reimp. revisada, Madrid: The Times of Spain y Editorial Biográfica Española, 1949, pp. 757 - 770.

[208] *Ordenanza número 47. Arbitrio Municipal sobre Bebidas Espirituosas y sobre Alcoholes*, aprobado por el Ayuntamiento de Santiago el 24 de marzo de 1941, AMS, fol. 119 v.

de José R. Lence y Ramón Fernández Mato, se plasmaba la opinión de un médico que se declaraba partidario de los «medicamentos sencillitos… inofensivos… agua de limón… vino de quina… y créame usted; nos va a todos mejor con el sistema».[209]

No fue sino hacia los años sesenta cuando los médicos dejaron de considerar estos vinos fuertes como medicinales. En la década de los noventa, y probablemente ya antes, es posible constatar que la etiqueta del vino quinado, o de cualquier otro de las múltiples variedades consideradas antes como medicinales, ya omite la más mínima referencia a su supuesto carácter «reconstituyente» o «medicinal». Si examinamos uno de estos preparados de entonces, advertimos que indica exclusivamente que se trata de una «Bebida aromatizada a base de vino. Dulce» y se recomienda como aperitivo. Señala también que posee 14°, lo que no es mucho considerando la graduación que solía tener esta clase de vinos: es muy posible que, con carácter general, se haya reducido la fuerza alcohólica de tales preparados.

Otra cosa es el cambio en la mentalidad popular, que se ha ido produciendo con mayor lentitud. Hay que considerar, además, que muchas personas se recetaban a sí mismas una medicina tan apetecible; o bien, se la recomendaban sus vecinos o eran los padres quienes se la daban a sus hijos. ¡O las abuelas, tan pendientes siempre del crecimiento y la salud de sus nietos! Varias informantes lo han evocado de este modo.

Hay que señalar, no obstante, la existencia de una corriente crítica con tales remedios vinícolas, que se manifiesta ya de modo perceptible a comienzos del siglo XX. Aunque es muy minoritaria, tiene el coraje de actuar a contrapelo de los intereses de la industria y el comercio. No pocos de sus miembros se reclutan entre los profesionales de la medicina que se erigen en propagandistas del movimiento antialcohólico. En efecto, en 1912, Vicente Amat publicó un *Manual de higiene de las bebidas*, que se presentaba paladinamente como *Librito de enseñanza antialcohólica*, en el que cuestionaba la función de abrir el apetito, o «aperitiva», como clave para lograr una mejor nutrición del sujeto, aumentando de esta forma su

[209] José R. Lence y Ramón Fernández Mato: *La galleguita. Zarzuela en un acto* (estrenada con gran éxito en el Teatro de la Comedia la noche del 22 de octubre de 1914), Buenos Aires: Imprenta La Aurora, 1914, p. 8.

fortaleza y sus defensas. Señalaba este autor que «No menos evidente es el error de los que atribuyen á ciertas bebidas alcohólicas, llamadas aperitivos, la eficacia de aumentar el apetito».[210] Le parecía que lo que producían a la larga era justamente el efecto contrario, aunque matizaba, benevolente, que «Ciertamente, tomadas alguna vez y en corta cantidad, ejercen una acción estimulante en el estómago».[211] Pero su utilización habitual se le antojaba, al cabo, contraproducente, puesto que «[...] repitiendo con frecuencia su uso, esta ligera estimulación se convierte en sobreexcitación, y de ella á la inflamación no hay más que un paso. Además, el estómago usa sus fuerzas en la digestión del líquido ingerido, y el apetito de los alimentos sólidos disminuye al paso que aumenta el deseo de beber. Esto aparte de que tales aperitivos, por su composición, por las substancias adicionadas en ellos de alcohol, tienen notablemente aumentado el valor tóxico de éste y sus perniciosos efectos».[212] Como se puede ver, el tenor de las críticas que se efectuaban a tales vinos solía ser generalmente moderado y muy rara vez llegaba al punto de condenarlos por entero.

Otros usos terapéuticos del vino y posición actual de la ciencia médica

El vino no solo se empleaba como un agente curativo para las dolencias de los hombres. También se consideraba adecuado para las de los animales, como se puede comprobar en el *Compendio de albeytería* publicado por Fernando Sande y Lago en 1729. El vino, tanto blanco como tinto, era, en efecto, un ingrediente infaltable en los antiguos tratados de albeitería. Tales obras le conferían un valor intrínseco y estimaban su esencia condensada: así, se estipulaba que se debería poner a cocer en compañía de otros ingredientes «hasta que la humedad del vino se consuma».[213] En algunas ocasiones se prescribía su utilización sin sufrir ninguna alteración; por

[210] Vicente Amat: *Manual de higiene de las bebidas (Librito de enseñanza antialcohólica)*, Barcelona: Industrias Gráficas Seix y Barral, s. a. [c. 1912], p. 17.

[211] Ibídem.

[212] Ibídem.

[213] Fernando Sande y Lago: *Compendio de albeytería*, Sada [La Coruña]: Ediciós do Castro, 1989, p. 237 [1.ª ed. Madrid, 1729].

ejemplo, para combatir la gangrena, se debería rociar el preparado «con el espiritu de vino».[214]

También conviene consignar la utilización del vino blanco por los antiguos veterinarios para ahogar en él las «cochinillas» y las lombrices, como paso previo a la puesta a secar al sol, inmediatamente posterior, para poder pulverizarlas seguidamente.

Cabe resaltar, asimismo, el empleo de vino, en lugar del agua, como vehículo para transportar ciertos preparados medicamentosos. Por ejemplo, los que habrían de ser ingeridos principalmente por los caballos.[215] Así, el hígado de buey, pulverizado y quemado, debía ser dado a beber con vino tinto, siguiendo la preceptiva de Plinio.[216]

La mentalidad de los ilustrados parecía estar también impregnada de la creencia en las virtudes terapéuticas del vino. La Academia de Agricultura de Galicia, cuya sede se encontraba en A Coruña, desde donde se esforzaba en difundir las Luces y el progreso material en toda Galicia, contaba entre sus integrantes con Vázquez Tamayo. Estaba este personaje muy preocupado por la mejora del cultivo de la miel, tema sobre el que había redactado unas *Instrucciones familiares* que mandó repartir entre sus compatriotas, donde recomendaba las colmenas de paja. Pues bien, para atajar la mortalidad de las abejas, que estaban siendo diezmadas por una dolencia que les ocasionaba diarrea, propuso poner dentro de las colmenas en que había abejas enfermas unas vasijas con «un cuartillo de buen vino» mezclado con miel, azúcar y flor de harina de habas.[217] Desconocemos si este remedio se llegó a aplicar o no, pero constituye un hecho significativo en sí mismo que tal fórmula se hubiera podido plantear seriamente ante un público ilustrado, sin suscitar rechazo.

[214] Fernando Sande y Lago: *Compendio de albeytería*, o. cit., p. 245.

[215] Ibídem, pp. 246-247.

[216] Ibídem, p. 256.

[217] Paula de Demerson y Jorge Demerson: «Una pionera: la Academia de Agricultura de Galicia, decana de las Sociedades Económicas de España», en *Homenaje a Pedro Sainz Rodríguez*, t. III, Madrid: Fundación Universitaria Española, 1986, p. 216.

«Un alimento bueno y saludable»

La ciencia médica de nuestros días no acepta que se pueda caracterizar epistemológicamente al vino como una medicina, como consideraba antaño, criterio en que coincidía con la medicina popular, sino como un «alimento bueno y saludable». Los dictámenes médicos aprueban, sin embargo, que puede tener efectos beneficiosos e incluso una cierta virtud terapéutica. Empleado con moderación, pues es bien conocida la insistencia de los galenos en que una misma sustancia tanto puede obrar como remedio o como veneno; es una simple cuestión de dosis, de oportunidad, y de que resulte adecuada a la idiosincrasia —o *temperamento*, como dirían sus colegas de antaño— del paciente. Abundando en ello, la prognosis médica advierte de que los efectos benéficos del vino solo se obtienen en situaciones de ingesta prudente, ya que de producirse en grado elevado, se generarían transformaciones en las vías de metabolización del alcohol que anularían las virtudes positivas del vino, mientras que permanecerían las indeseables. En suma, la medicina reciente mantiene una actitud de «prudente vinofilia», que supera otra posición bien distinta, inmediatamente anterior, más radical y reticente en su posicionamiento con respecto al vino, cuando el alcoholismo despertaba mayor alarma social. La medicina actual, como la filosofía antigua más plausible, parece apostar de algún modo por el epicureísmo de la razón y la morigeración de los placeres.

Los estudios más recientes en el campo de las ciencias de la salud atribuyen al vino diversa serie de efectos beneficiosos. Seguimos aquí primordialmente a José Serrano Cuadrillo, quien supo compendiar con ajustada capacidad de síntesis los principales.[218]

Una primera propiedad biosaludable del vino es la acción antienvejecimiento. Antes de nada rejuvenece los tejidos: técnicamente, las sustancias vínicas captan los radicales libres oxigenados e impiden así los efectos negativos que ejercen estos sobre las membranas celulares por oxidación de sus lípidos. Además, el vino contribuye a incrementar el nivel de vitamina E en la sangre, que es la molécula con mayores efectos antioxidantes en el

[218] José Serrano Cuadrillo: «El vino, pasado, presente y futuro», en VIII Xornadas Area de Ciencias Agrarias: *Os viños galegos no umbral do novo milenio*, Sada [La Coruña]: Ediciós do Castro, 1997, pp. 121-122.

organismo. Por cierto que, como consecuencia de lo anterior, se le adjudica un cierto efecto preventivo de la demencia senil y de la devastadora enfermedad de Alzheimer.[219]

Algo muy importante es el papel que se le atribuye al vino como reductor frente a la tendencia que presentan muchos organismos a la acumulación de lipoproteínas en la sangre. También flexibiliza las paredes de los vasos sanguíneos. Esto representa una protección cardiovascular, ya que la vasoconstricción y la concentración de lipoproteínas son claros factores de riesgo relacionados con las dolencias cardíacas.[220] Ciertos estudios recientes insisten en que la ingesta moderada de vino ejerce una función terapéutica en presencia de enfermedades cardíacas y cardiovasculares, previene incluso el infarto y resulta apropiada tras un episodio de este tipo. E incluso no parece mal que se tome algo más que una sola y triste copa.

Dada la importancia que revisten en la actualidad las cardiopatías y enfermedades circulatorias, valdrá la pena que nos remontemos a la década de 1950, en que se pudo constatar epidemiológicamente la diferente incidencia de la mortalidad generada por accidentes cardiovasculares entre, por una parte, los países consumidores de vino y, por otra, los que no lo eran. Esta comparación resultaba muy ventajosa para las sociedades situadas bajo la égida de Baco, como por ejemplo Francia. En estos países de arraigada cultura del vino, resultaba sensiblemente menor el índice de defunciones por infarto de miocardio. Como quiera que la ingestión de grasas animales era muy similar en todos los países de la muestra observada, se llegó a la conclusión de que el elemento primordial de diferenciación en la dieta era el vino (no el alcohol, puesto que los estados considerados —Dinamarca, Alemania, Reino Unido— lo consumían si bien *sub altera specie*). Esta constatación recibió la denominación de *paradoja francesa*.[221]

Hacia el año 1982, Masquelier determinó cuales eran las sustancias contenidas en el vino que revestían propiedades cardioprotectoras: resultaron ser los compuestos fenólicos constituyentes de los taninos (catequinas y procianidinas).

[219] José Serrano Cuadrillo: «El vino, pasado, presente y futuro», o. cit.

[220] Ibídem.

[221] Ibídem, p. 121.

De añadidura, un equipo internacional de investigadores encabezado por Kenneth Mukamal, perteneciente al Beth Israel Medical Center de Boston (Massachusetts), tras un seguimiento realizado durante doce años a un grupo de 38 077 hombres, concluyó que los hombres que beben moderadamente alcohol padecen menos ataques al corazón. En dicho estudio se encontró que los sujetos más protegidos eran aquellos que bebían alcohol al menos tres veces por semana, debido al efecto del alcohol como disolvente de los coágulos sanguíneos que producen los ataques cardíacos. Esta propiedad dura poco tiempo en el organismo, por lo que la protección era mayor poco después de consumir la bebida.[222] Ítem más: un catedrático de Farmacia de la Universidad de Santiago, Francisco Orallo Cambeiro, ha profundizado en el estudio de una sustancia llamada resveratrol, que se concentra en los tejidos del organismo y posee efectos positivos en la prevención de las enfermedades cardiovasculares. Incluso ejerce una acción protectora frente a determinados tipos de cánceres, pues el resveratrol actúa como un agente antioxidante y antimutágeno. Esto significa que inhibe la proliferación de células tumorales.[223] Este compuesto abunda especialmente en las uvas cultivadas en zonas húmedas, particularmente en los vinos tintos, ya que en estos el proceso de fermentación se verifica con la piel de la uva.

Además de estos efectos terapéuticos, se estima que el vino realiza una función antiinflamatoria, bactericida y antivírica.[224] Y una buena nueva para quienes amen los placeres de la existencia tantas veces contraindicados y puestos en solfa por algunos mandarines de la medicocracia, cuyas sañudas admoniciones nos pueden inducir a pensar que el simple hecho de vivir (con satisfacción) perjudica seriamente la salud: parece demostrado que el vino actúa como protector contra las radiaciones solares y las ionizantes.[225]

[222] Estudio realizado por un equipo internacional de investigadores encabezado por Kenneth Mukamal, perteneciente al Beth Israel Medical Center de Boston (Massachusetts), publicado en la revista *New England Journal of Medicine* de enero del 2003.

[223] Ibídem, pp. 121-122.

[224] José Serrano Cuadrillo: «El vino, pasado, presente y futuro», o. cit., pp. 121-122.

[225] Ibídem.

EL VINO CONSIDERADO COMO AGENTE TERAPÉUTICO POR LA MEDICINA Y LA PRÁCTICA POPULAR

Filgueira Valverde ha glosado el carácter curativo y preventivo que se le atribuía al mosto en la Baja Edad Media. En la cantiga marial 351 aparece una referencia a un vino milagrero que sanó a los enfermos y los hizo «mui sâos seer». El prodigio lo obró la Virgen María haciendo que se colmase de vino una cuba que estaba a punto de agotarse, en el transcurso de una romería. Esto, dada la mentalidad de la época, podía provocar un gran descontento en la gente. He aquí lo que sucedió en ese preciso y crítico momento:

> E os que antes choravan / começaron de ryir
> e beveron daquel viño / e juraron, sen mentir,
> que nunca atal beveran; / e os enfermos guarir
> foron, quantos del beveron / e pois mui sâos seer.[226]

De añadidura, otra cantiga de Santa María refiere el caso de una mujer cordobesa, devota de María, que obtuvo la curación de la dolencia de garganta («a que chaman lamparôes») de su hija, que los médicos no habían podido remediar. Lo consiguió mediante la milagrosa intercesión de la Virgen, obrada tras haber bebido «el viño de la viña que se faz sangre de Deus»,[227] directamente del cáliz consagrado que se hallaba sobre el altar.

En el sistema de creencias tradicionales, el vino ha desempeñado un rol terapéutico indudable desde el más remoto pasado. Es posible constatar esto en los proverbios que tratan sobre cuestiones de medicina e higiene. Precisemos, al propio tiempo, que estas formulaciones son creaciones populares, que proceden generalmente de la observación directa, pero distan de ser algo químicamente puro. Muchos de ellos provienen de reglas oídas a médicos de renombre y conectan con los aforismos hipocráticos, las sentencias galénicas y las prescripciones avicénicas.[228] Pues bien, algunos refra-

[226] X. Filgueira Valverde: *Estudios sobre lírica medieval*, Vigo: Galaxia, 1992, p. 141.

[227] Alfonso X el Sabio: cantiga número 321. *Cantigas de Santa María*, cit. por Manuel María (ed.): *Sursum corda. Poesía galego-portuguesa ao viño*, Santiago: Laiovento, 2000, pp. 19-20.

[228] Cf. sobre esto Antonio Castillo de Lucas: *Refranero médico*, Madrid: CSIC, 1944, XII.

nes evidencian con nitidez, como decíamos, las propiedades medicinales que el vulgo atribuía al vino. Existe uno que hace hincapié en los productos biosaludables que obran en cierto modo en calidad de medicina preventiva, entre los que desde luego se encontraba el vino: «No hay mejor cirujano / Que el buen pan, la buena carne y el buen trago».[229] Este otro es más específico: «El aceite de las cepas cura muchas enfermedades».[230] Algunos proverbios castellanos son asimismo muy elocuentes a este respecto: «Vino de Illana (Guadalajara), todo mal me sana»[231] y, también: «Vino de Madrigal (Ávila), me quita todo mal».[232]

Relatos alusivos al efecto sanador del vino, por lo común tinto, circulan profusamente por plazas y caminos de la Galicia rural y periurbana. Como, verbigracia, el del siguiente tenor, que cualquiera puede escuchar todavía en la actualidad. Una persona de clase media, con aficiones artísticas, residente en Coiro (Cangas), refería un caso reciente, expresivo de la confianza popular en las virtudes benéficas del vino: una señora se encontraba internada en un hospital en Zúrich, en estado de agonía o preagónico. Tenía esta paciente un hijo que confiaba en ciertas fórmulas terapéuticas tradicionales que gozaban de mucha aceptación popular en su país. Valiéndose del ingenio, ideó un procedimiento con el que consiguió burlar la estricta vigilancia del personal sanitario suizo, e introdujo en el recinto una botella de vino tinta femia. A pequeños sorbos, se la fue dando a beber a su madre sin que esta le hiciera ascos. Al cabo de poco tiempo empezó a reanimarse, revivió en cierta medida «y aún tiró así meses».[233] A mayor abundamiento, un relojero de Goián, en O Rosal, llamado Ricardo, cantaba una expresiva canción popular que daba cuenta de la confianza en las virtudes terapéuticas del vino: «Es el vino del Rosal, del Rosal; es el vino de Goián,/ de Goián,/ es la cura radical,/ radical,/ cura todo mal».[234]

[229] *Refraneiro do viño*, o. cit., p. 28.

[230] Xesús Ferro Ruibal: *Refraneiro galego básico*, o. cit., p. 596.

[231] Francisco Rodríguez Marín: *Más de 21.000 refranes castellanos no contenidos en la copiosa colección del Maestro Gonzalo Correas. Allególos de la tradición oral y de sus lecturas durante más de medio siglo (1871-1926)*, o. cit., p. 508.

[232] Ibídem.

[233] Entrevista realizada por Xavier Castro a Camilo Camaño Xestido (Coiro [Cangas], c. 1950).

[234] Cantiga recogida por Eliseo Alonso: *Viños do Rosal e do Condado. Denominación de orixe Rías Baixas*, o. cit., p. 28.

Alguien tan ilustrado como el Padre Feijóo, y tan obstinadamente empeñado en combatir las milagrerías y supercherías vulgares, creía beatamente en las propiedades curativas del vino, dándonos idea de hasta que punto estaba arraigada tal creencia en el imaginario colectivo vigente en el siglo XVIII. Así, en sus *Cartas eruditas y curiosas* comenta un caso muy sintomático: «Sé de tres sujetos de mi Religión retirados del umbral de la muerte dándoles a beber bastante porción de vino, por el cual durante toda la dolencia habían suspirado».[235] La cuestión nos recuerda una chanza que gustaba contar en sus clases el profesor Moreno Báez cuando hablaba de unos frailes que ayunaban y se permitían solo tomar vino. Se mantenían de «vitiminas», ironizaba el catedrático.

Se concedía crédito a la «fuerza catártica» del vino: en el plano físico, en calidad de agente purificador de los gérmenes, virus o partículas nocivas que pudiese albergar el organismo, o bien que pudiesen introducirse en él; se creía también que esta virtud purificadora del producto de la vid operaba asimismo en la esfera de la psique. Es posible que lo haya percibido de tal modo Otero Pedrayo, puesto que se resolvió a atribuir a Frei Don Veremundo de Rebordechán, prior de los sanjuanistas de Beade en su obra *O desengano do prioiro*, la creencia «en la fuerza catártica»[236] del vino. Este autor le atribuye incluso al zumo de la vid, por su virtud purificativa y depuratoria, cierta capacidad de servir de antídoto contra las sustancias o elixires tóxicos. En la obra teatral antes citada cobra vida un personaje, el rey don Sancho, del que nos dice que era «El de la manzana emponzoñada, según las Crónicas». Y añade seguidamente que: «Si hubiera zampado un par de tintos despues —¡bien se ve que no había nacido en el Ribeiro!— hubiera quedado el veneno destituído de su poder».[237]

Víctor Lis Quibén señala en *La medicina popular en Galicia*[238] que para la curación de las enfermedades, en general, había por toda Galicia «brujos» que hacían una cocción a base de hierbas diversas, vino y también aguar-

[235] Fray Benito Jerónimo Feijóo: *Cartas eruditas y curiosas*, t. IV, carta XVII. Cito por la selección de Eduardo Blanco Amor: *Antología popular*, Buenos Aires: Ed. Galicia, del Centro Gallego, 1966, p. 264.

[236] Ramón Otero Pedrayo: *O desengano do prioiro*, Vigo: Galaxia, 1998, p. 113 (1.ª ed., 1952).

[237] Ibídem, pp. 114-115.

[238] Víctor Lis Quibén: *La medicina popular en Galicia*, Madrid: Akal, 1980, p. 299.

diente. Recoge la receta de un curandero de Santiso (A Coruña), conocido por Pepe do Boi, quien hacía hervir por espacio de varias horas un preparado a base de hierbas: *pulitaina*, *herbamoura*, *carbueira* y *rateira*. Luego le añadía miel, grasa de cerdo, excremento de gallina, *chofre*, canela e higos, aguardiente y, para concluir cumplidamente, cuatro *netos* de vino. Cuando este brebaje se había reducido a la tercera parte, se dejaba enfriar y se administraba al enfermo, trago a trago, «hasta que reviente o sane».[239]

Se empleaba el vino en enfermedades de sintomatología diversa, con frecuentes trastornos digestivos y etiología compleja, que oscilaba entre lo psíquico y lo somático, aspectos ambos frecuentemente interrelacionados en el imaginario popular vinculado con las cuestiones de la salud.

Las lombrices se solían combatir con un preparado vermicida en el que intervenía el aguardiente. Pero también se le atribuían al vino propiedades vermífugas: se consideraba posible expulsar las lombrices con una infusión de hierba lombriguera hecha en vino.

Los curanderos (*menciñeiros*) tenían que habérselas con dolencias proteicas, caracterizadas por debilidad del organismo y malestar general o por perturbaciones digestivas. A veces, también se manifestaban bajo la apariencia de afecciones de la piel. Se denominaba este conjunto de síntomas, trastornos y dolencias con la expresión *mal del aire*, influjo negativo que procede de un astro o bien emana de un determinado lugar, una persona o un animal, tanto vivo como muerto.[240] Para remediarlo, en muchas partes de Galicia se recurría a fórmulas terapéuticas en las que estaba presente el vino, aunque en general no era preciso ingerirlo; lo que no era óbice para que muchas veces se pusiera énfasis en la calidad del vino, que convenía fuese del Ribeiro. En efecto, tanto Víctor Lis Quibén[241] como X. R. Mariño Ferro, en *La medicina popular interpretada*, aluden al procedimiento de curación del mal del aire que se aplicaba en Forcarei, donde disciplinaban la parte enferma azotándola en modo leve, con tres ramitos de hinojo, mientras recitaban el ensalmo: «Te bendigo, te disciplino / con tres ramitos de hinojo / y vino tinto del Ribeiro. / Por la gracia de Dios...».[242] La misma

[239] Víctor Lis Quibén: *La medicina popular en Galicia*, o. cit.

[240] Ibídem, p. 31.

[241] Ibídem, p. 47.

[242] Tomo estos dos datos de X. R. Mariño Ferro: *La medicina popular interpretada*, o. cit., pp. 129-130.

exigencia con el origen del vino se constata en Bearíz y Lalín. Menos escrupulosos con la calidad del mosto parecían ser en cambio en Padrenda (ayuntamiento de Meaño) y Baiona.[243] Y también en Redondela, donde el hisopo vegetal con que salpicaban el vino tinto se confeccionaba con hinojo y una rama de ajo. Por lo común, había que dar ligeros golpecitos con estas ramas una vez al día, durante nueve seguidos, antes o después de la salida o puesta del sol.[244]

En un plano más específico, el de los resfriados, catarros y gripes, se constata la utilización pertinaz y asidua de la terapéutica vinícola: «Al catarro / dale con el jarro»,[245] prescribía un proverbio. Varios etnólogos, entre ellos Taboada Chivite,[246] mencionan también el empleo del vino para combatir los catarros.

Un testigo nacido en la localidad de Ares en el año 1895 recordaba la terrible epidemia gripal que se declaró en las postrimerías de la segunda década del siglo XX. Subrayaba que, en dicho trance, el vino desempeñó un importante papel en el repertorio de recursos populares empleados para combatir el mal. En efecto, señalaba este relator que «El vino es muy buena cosa. En la epidemia del dieciocho se curaba la gente con alcohol. Mi tío vino enfermo y le dio el médico medicina, pero no la tomó y bebió y transpiró mucho, y al día siguiente estaba mejor y el médico le dijo que siguiese con la misma medicina».[247] La «dolça metzina», como gustaba de decir el poeta J. V. Foix.

La grasa de cerdo hervida en vino tinto servía para hacer frente sobre todo a los catarros, pero también a los dolores de muelas. Tampoco resultaba infrecuente el recurso a un jarabe compuesto a base de tomillo hervido con vino y azúcar.[248] Fórmulas parecidas, en las que tanto podía intervenir el azúcar como la miel, han sido recopiladas por Víctor Lis Quibén en *La*

[243] X. R. Mariño Ferro: *La medicina popular interpretada*, o. cit., p. 113.

[244] Víctor Lis Quibén: *La medicina popular en Galicia*, o. cit., p. 47.

[245] *Refraneiro do viño*, o. cit., p. 42.

[246] Xesús Taboada Chivite: *Etnografía galega. Cultura espiritual*, Vigo: Galaxia, 1972, p. 89.

[247] Entrevista realizada por Fernando García González a Eugenio Martínez Rey, nacido en Ares (La Coruña) en el año 1895. (FH-AHUS).

[248] Entrevista realizada por Xavier Castro a José Ribeira, su mujer Fina Varela y su hermana Jesusa, residentes en Couso (Concello de A Estrada). Todos ellos nacieron alrededor de 1930.

medicina popular en Galicia.[249] Por los demás, se pensaba que para los resfriados y la gripe iba mejor el tinto.[250]

Conviene abrir aquí un paréntesis para recalcar que, en general, al vino tinto se le atribuían mayores virtudes sanadoras y terapéuticas que al blanco, por lo que resulta perfectamente explicable que su presencia en la «farmacopea» de la medicina popular de Galicia, y de otras partes, haya sido muy sobresaliente. Este rasgo del imaginario popular aparece refrendado en el *Diccionario de símbolos*,[251] de Juan-Eduardo Cirlot. Se puede apreciar en esta obra que las referencias que se solían hacer al vino rojo como agente de curación eran particularmente abundantes y significativas. Existe además otra razón de peso: el vino tinto era mucho más abundante que el blanco, y también más barato y popular. Esto último en un doble sentido: el tinto gustaba más al trabajador o al paisano y además se pensaba que le alimentaba más cumplidamente y le resultaba, al cabo, más conveniente. Ya se ha visto esto con mayor profundidad en un apartado anterior.

Particularmente bien remediado quedaba el griposo con el vino caliente. «Se tomaba hirviendo y pasaba la gripe»,[252] observaba un informante que añadía que se bebía así, sin más, pues no era imprescindible endulzarlo. Aunque también había quien le echaba a este vino caliente, contenido en una taza, una o dos manzanas asadas.

Pocos había que no confiaran en el efecto terapéutico de una buena taza de vino tinto con azúcar y pan. Este combinado parecía a la gente un excelente alimento fortalecedor al que se le atribuían propiedades reconstituyentes. Lo tomaban los adultos cuando precisaban recobrar fuerzas y se lo daban también a los niños por idénticos motivos y para que además llegasen al colegio con buen ánimo y con calor en el cuerpo. Eran las celebradas sopas de caballo cansado que, en ocasiones, se empleaban también en la alimentación de los animales, para que repusiesen energías. De ahí provendría el nombre. Según refiere Eliseo Alonso, los arrieros, sobre todo aquellos que se dedicaban al transporte de pellejos de vino, daban a sus bestias (principal-

[249] Víctor Lis Quibén: *La medicina popular en Galicia*, o. cit., p. 296.

[250] Entrevista realizada por Xavier Castro a Antonio Pereiro, marinero nacido en Bueu en el año 1936.

[251] Juan-Eduardo Cirlot: *Diccionario de símbolos*, 6.ª ed., Barcelona: Labor, 1985, p. 464.

[252] Entrevista realizada por Xavier Castro a Antonio Pereiro, marinero nacido en Bueu en el año 1936.

mente mulas) cuando estaban cansadas raciones de sopas en vino, de donde procedería la expresión «sopas de burro o caballo cansado».[253] Todo parece indicar que este recurso nutricional se ha empleado desde tiempos antaños. Resulta significativo que aparezcan mencionadas en un antiguo romance, recogido por Alfonso Hervella Courel en 1909, que cuenta además con una versión portuguesa. Canta la muerte de Valdoviños en empeñada lucha con los moros, situándose en el contexto de los enfrentamientos que tuvieron lugar en la mudable frontera que deslindaba la España cristiana de la musulmana. El padre del caballero muerto responsabilizaba al caballo por no haberle respondido bien a su hijo en el momento crucial de la retirada: «Non lle dou culpa ós mouros polo meu fillo matare; / doull'e a culpa ó cabalo por non se saber retirare». Pero el equino parecía tener, por su parte, sus propias razones, que por un prodigio divino pudo alcanzar a exponer: «Pola gracia de Deus Padre veu o cabalo a falare: / —Eu pedinlle sopa en viño; nunca ma quixera dare; / apertábam'as *espuelas* largábam'o peiturale / i a cebada qu'el me daba ninguén a podía tragare».[254]

En el ciclo del carnaval, concretamente en el domingo *corredoiro*, se representaba en Viana do Bolo,[255] en el siglo XIX, una mascarada denominada *la mula y el maragato*, que muy probablemente estaba inspirada en una práctica habitual. En la representación, la mula simulaba ponerse enferma, se negaba a andar y acababa acostándose en el suelo. Salía en ese momento de la taberna un improvisado albéitar provisto de un gran cuenco de madera en el que mezclaba unos cuartillos de vino con trozos de *pantrigo*. Le añadía azúcar, que revolvía con la mano, y ofrecía el cuenco a los guasones que con sus cuerpos doblados formaban la mula. Con esta medicina sanaba el animal y volvía a ponerse en pie.

Aporta otro testimonio el ingeniero industrial Federico de Castro, quien dejó constancia escrita en su remembranza de que en Vigo «Había una taberna en la mitad de la cuesta [que subía hasta las Traviesas] en la que los coches se paraban, los caballos no daban un paso más aunque se les fustiga-

[253] Eliseo Alonso: *Viños do Rosal e do Condado. Denominación de orixe Rías Baixas*, o. cit., p. 36.

[254] Cit. por Xosé Ramón Mariño Ferro y Carlos L. Bernárdez: *Romanceiro en lingua galega*, Vigo: Edicións Xerais de Galicia, 2002, pp. 34-35.

[255] Nicolás Tenorio: *La aldea gallega*, Vigo: Edicións Xerais de Galicia, 1982, pp. 129-130.

se. El tabernero les tenía acostumbrado a una sopa de vino».[256] Se refería en especial a los nobles brutos que transportaban los féretros en los entierros.

Ciertamente, había otros animales que se beneficiaban también, aunque probablemente en menor medida, de este agradable reconstituyente. En Abelendo (Moaña) había algunas mujeres que daban sopas de burro cansado a las gallinas cuando se hallaban en el mejor momento de la puesta de huevos.[257]

Los ponches eran empleados, asimismo, como excelentes reconstituyentes. A las paridas, a los convalecientes y a los niños sin apetito y, eventualmente a las personas que realizaban trabajos fuertes, se les daba un ponche. Mariño Ferro precisa que se componía de vino corriente, jerez o quinado (o también leche, claro está) con uno o más huevos batidos y azúcar.[258] Cuando se realizaban tareas agrícolas a jornal, el ofrecimiento del ponche era un modo de implementar el esfuerzo laboral y, al propio tiempo, de recompensar el trabajo cualificado. En el momento de efectuar la maja, en San Mamede de Viana (Viana do Bolo), al que se encargaba de hacer el *palleiro* (trabajo de cierta cualificación) le llevaban un ponche dentro de un porrón, elaborado con de vino tinto, yema de huevo y azúcar. A los demás que trabajaban en dicha faena se les ofrecía vino sin más.[259]

Cuando el informante tenía doce o trece años, recuerda que su abuela, de origen asturiano, le preparaba un ponche a base de *jerezquina* (denominado comercialmente Jerez Quina, o bien con un guión en medio[260]), que a él le gustaba más que el vino quinado normal, porque le parecía más dulce. Le añadía dos huevos batidos, leche y azúcar. Su abuela estaba convencida de que este preparado casero era mejor que lo que vendían en las farmacias[261] y le decía a su nieto que tenía que tomarlo porque estaba creciendo y debía fortalecerse.

[256] Federico de Castro: *Vigo puerto de escala y centro industrial*, Bilbao, 1956, p. 38

[257] Entrevista realizada por Xavier Castro a Juan Barcia García, terapeuta experto en medicinas alternativas, residente en Coiro (Cangas).

[258] Xosé Ramón Mariño Ferro: «Antropoloxía da alimentación», en *Galicia. Antropología*, t. XXIII [cap. 6, «Bibliografía»], La Coruña: Hércules, 1997, p. 470.

[259] Entrevista realizada por Xavier Castro Pérez a Catalina Cotado Galán (Viana do Bolo [Ourense], 1957).

[260] Por ejemplo, el Jerez Quina Ruíz y Cía, anunciado por sus fabricantes Ruíz y Cía, de Jerez. *Vida Gallega*, 400 (1929), s. p.

[261] Entrevista realizada por Xavier Castro a Herminio Barreiro Rodríguez (Dorrón [Sanxenxo], 1937).

En los medios populares, esto era considerado como un auténtico lujo. Un miembro de una familia de la villa de Foz, donde transcurrió su infancia en la década de 1930, señalaba que «si estabas un poco flojo y tal, pues te daban un huevo bebido, la yema, con una copa de vino de jerez» ;[262] pero precisaba también que «¡Eso si te lo daban!».[263] Era, en efecto, el ponche, terapia más propia de griposos acaudalados que de gente de bronce y moco corriente. Álvaro Cunqueiro indicaba que constituía un pedido de gente muy delicada un caldito de pichón con una yema de huevo y media copita de jerez.[264] Un personaje suyo, Botelus, cuando se hallaba convaleciente, bebía yemas de huevo en vino dulce.[265] Se cuidaba... Gozaba esta medicina también de predicamento en los medios urbanos. Tenemos constancia de que en ámbitos sociales acomodados del municipio de Vigo y de la ciudad de Pontevedra, en los años sesenta, se les daba a los niños y chavales un reconstituyente casero, que denominaban *sabayón*.[266] Consistía en el típico ponche con jerez, oporto o vino quinado, pero se completaba con leche y, algunas veces, le añadían las claras de los huevos batidas a punto de nieve.

[262] Entrevista realizada por X. R. Veiga Alonso a José Díaz Mendez (Foz [Lugo], 1925) (FH-AHUS).

[263] Ibídem.

[264] Álvaro Cunqueiro: *A cociña galega*, o. cit., p. 115.

[265] Álvaro Cunqueiro: «Retratos y vidas. Las gulas del clérigo que leía etrusco», en *Vida y fugas de Fanto Fantini*, Barcelona: Orbi, 1984, p. 140.

[266] Entrevista realizada por Xavier Castro a Teruca Conde-Pumpido.

Capítulo 2

Gusto y paladar

CUESTIÓN DEL PALADAR

Menguado paladar y primacía de la baratura

La estimación que se ha venido haciendo de los vinos, tanto gallegos como de otras partes, ha guardado estrecha relación con la zona de cultivo de que procedían, con las cualidades organolépticas que poseen, como el color, el sabor o las eventuales notas de acidez, y, por supuesto, con el grado de alcohol. Ahora bien, sobre todo ha dependido de los valores y representaciones mentales que informan el imaginario colectivo de la sociedad, en relación con el concepto de lo que deben ser la viticultura correcta, los alimentos idóneos, el canon corporal y la buena salud; pues desde tales parámetros se juzgaba la bondad del vino. Es preciso tener en cuenta que este repertorio de variables estimativas ha ido cambiando con el transcurso del tiempo. De añadidura, no todo el conjunto social participaba de los mismos criterios. La gente corriente y los sectores privilegiados que gozaban de ilustración han ido fraguando gustos, sentires y paladares dispares. Y, por supuesto, existe además —y ha existido siempre— el gusto personal.

Pocas dudas caben de que, entre los menestrales y otros sectores populares, condicionados por una economía harto precaria, el criterio primordial no era otro que el bajo precio del vino. Pegerto Saavedra apunta que la desaparición de algunos mercados en los que gozaban de buen predicamento los vinos gallegos afectó en especial a las comarcas que elaboraban vinos de calidad —señaladamente el Ribeiro—, en las que se operó una reconversión, cuando no un descepe puro y duro, de las viñas de más calidad.[267]

En cambio, los vinos «ácidos y flojos»[268] de las Mariñas de Betanzos o de la comarca de la Ulla se vendían con facilidad en el siglo XVIII en razón de su baratura en los mercados «regnícolas». Resulta, asimismo, muy revelador el apunte realizado por el doctor Antonio Casares, en sus «Observaciones sobre el cultivo de la vid en Galicia» (1843): «Nuestros paisanos, con un paladar menos delicado en este punto que el de los extranjeros, no supieron distinguir las diferentes clases de vino i a todas les señalaron igual precio. Desde entonces los cosecheros no se esmeraron en coger buen vino, sino mucho, para compensar con la cantidad lo que perdían en la desestimación de la calidad».[269]

Parece claro que, en el siglo XX, la mayor parte de la gente comprendida en la infantería de la sociedad, con una vida que se desarrollaba en los umbrales de una supervivencia difícil, no tenía tampoco un paladar educado: «El público [...] debe educar el paladar y no dar la preferencia á vinos que tengan tan solo tal ó cual carácter (generalmente se fijan en la capa) mal elaborados y frecuentemente artificiales, adulterados ó defectuosos».[270] Algunas evidencias indican que los comerciantes, y probablemente también en alguna medida los productores, adaptaban el gusto y hechura de los vinos al baremo que regía el poco exigente paladar de los consumidores. Así lo revelaba un colaborador de la revista *Prácticas modernas*, en el año 1908. Haciendo referencia a los vinos de dudosa calidad, señalaba algo que reviste un gran interés: «Estos vinos más bien que gratos al paladar están acomodados á los resabios de este por los vendedores, que conociéndolos, encuentran terreno abonado para la imposición de su criterio siempre interesado».[271] También el escritor arosano Julio Camba aludía, en *La casa de Lúculo o el arte de comer* (1937), al hecho de que los cultivadores españoles se mostra-

[267] Pegerto Saavedra: «La economía vitícola en la Galicia del Antiguo Régimen», *Agricultura y sociedad* (Madrid) (enero-marzo de 1992), p. 147.

[268] Ibídem, p. 144.

[269] Cit. por Pegerto Saavedra: «La economía vitícola en la Galicia del Antiguo Régimen», o. cit., p. 147.

[270] M. S. T. : «La campaña de La Cierva. Vinicultores y adulteradores. II», *Prácticas modernas é industrias rurales* (La Coruña), año VI (15 de noviembre de 1908), p. 340.

[271] Ibídem, p. 340.

ban remisos a decantarse por variedades de cepas en las que primara la calidad sobre la cantidad, puesto que consideraban que los consumidores carecían de sensibilidad al respecto por una acusada falta de paladar.[272] A mayor abundamiento, el escritor inglés Gerald Brenan tuvo a bien instalarse a vivir en Andalucía, en el período comprendido entre 1919 y 1936. De sus años de estancia extrajo la impresión de que el paladar de los españoles para apreciar el vino era por lo general considerablemente basto, pero les reconocía, como contrapartida, una demostrada sagacidad para juzgar con refinamiento la calidad del agua.[273]

La cantidad antepuesta a la calidad

El doctor Antonio Casares se hacía eco a mediados del siglo XIX de la extraordinaria importancia que se solía atribuir a la tintura del vino, lo cual inducía a los propietarios de viñas a dar prioridad a los «vidueños mui esquilmeños»;[274] es decir, a aquellos que producían más abundantes frutos, que por lo regular eran los menos a propósito para producir buenos vinos, puesto que este género de cultivo se orientaba primordialmente a la cantidad, con mengua de la calidad.

En 1832, Pedro Ventura de Puga presentó un informe en la Real Junta de Comercio de La Coruña, en el que se refería al vino producido en las extensas riberas del Miño, Sil y Avia y los valles de Lemos y Monterrei. Subrayaba en él que dichas localidades perdieron el mercado que habían obtenido fuera de Galicia, primordialmente por las dificultades de transporte. Mencionaba también el hecho de que los cosecheros solo se preocupaban por incrementar el número de *medidas*, «no poniendo el mayor cuidado en la calidad sino en el parecer exterior de mucha tinta, por requerirlo así el gusto grosero y paladar insípido de los arrieros, olvidando la parte espitosa [sic], que es la más esencial y que constituye la generosidad de esta apreciable y salutífera bebida, pues poca más estimación se le da a un vino superior que al común

[272] Julio Camba: *La casa de Lúculo o el arte de comer (Nueva fisiología del gusto)*, 8.ª ed., Madrid: Espasa-Calpe, 1979 [1.ª ed., 1937], p. 80.

[273] Gerald Brenan: *Al sur de Granada*, 3.ª ed., Barcelona: Tusquets, 2001, p. 109.

[274] Antonio Casares: *Observaciones sobre el cultivo de la vid en Galicia,* Santiago: Imprenta de la Viuda e Hijos de Compañél, 1843, p. 18.

regular».[275] Abundaba en esto mismo Ángel Muro, quien, en su diccionario culinario, reprobaba la elaboración de los vinos españoles, argumentando que «se atiende sólo á la cantidad y apenas se da importancia á la calidad».[276] No resultaban ser, en su opinión, los cosecheros los responsables de tal desaguisado, por lo que cabe colegir que las culpas recaerían sobre los descuidados consumidores o los avisados comerciantes.

ENCOMIO DEL VINO TINTO CARGADO DE COLOR

Había cuando menos algún norte que guiaba la brújula del paladar popular: la preferencia por el vino tinto, muy espeso y cargado de color, considerado más nutritivo e incluso saludable. Esta parece haber sido también la clase de vino que más abundaba, afirmación que no resulta difícil de demostrar. Apelaremos a un testimonio escogido entre otros muchos posibles: señalaba Alberto Insúa en sus memorias, al evocar su existencia en el postrer lustro del siglo XIX, que Galicia le había olido siempre a borona caliente, «al vino tinto del Ribeiro, que mancha las tazas, y a aquel vaho del pote con berzas y unto hirviendo sobre una trébede en el llar».[277] El autor extraía estas impresiones de sus andanzas, sobre todo por la costa de la provincia coruñesa. Por su parte, el químico Antonio Casares, decía expresamente, al promediar el siglo XIX, que la mayor parte del vino que se consumía era tinto, «i los compradores dan comunmente la preferencia al mas cargado de color».[278] Y redondeaba su impresión sobre la mentalidad enológica imperante en la centuria decimonónica, señalando que «Es casi inconcebible que, principalmente en nuestro país, se juzgue de la bondad de un vino por su color, sin tener apenas en cuenta su aroma y sabor».[279] Reprochaba tam-

[275] Pedro Ventura de Puga: «Un plan de desarrollo para Galicia en 1832», *Boletín Auriense* (Orense) (1973), p. 157.

[276] «Vino», Ángel Muro: *Diccionario de cocina*, Madrid: José María Faquineto, 1892, t. II, p. 1016.

[277] Alberto Insúa: *Memorias I. Mi tiempo y yo*, Madrid: Tesoro, 1952, p. 92.

[278] Antonio Casares: *Observaciones sobre el cultivo de la vid en Galicia*, o. cit., p. 18.

[279] Sociedad Económica de Amigos del País de la Ciudad de Santiago. *Informe acerca del modo de descubrir la adulteracion de los vinos por la Fuchsina, emitido por una Comision compuesta de*

bién que se menospreciara otra relevante cualidad del vino, cual era la fortaleza.

El trabajo del químico Antonio Casares ponía de relieve el gusto popular de la época, en lo que ya ha reparado Pegerto Saavedra —quien compagina de forma muy plausible las fuentes estadísticas con las de índole cualitativa—,[280] pero también el criterio de las clases acomodadas urbanas y, en particular, de sus sectores más ilustrados. Existía, en efecto, en Galicia, una élite social cuyos exponentes más visibles y también probablemente más conspicuos han sido Antonio Casares y Ventura de Puga. Ambos sostenían unos parámetros de valoración más ponderados y refinados sobre los mostos, conscientes de que «la fortaleza, el buen gusto y la fragancia» debían ser cualidades apetecidas en los vinos. En el polo opuesto se situaba una mayoría popular inclinada a apreciar aquel vino que más se asemejara a la sangre.

Podría parecer paradójico que tanto quienes traficaban con los vinos como sus creadores, campesinos y todos cuantos vivían por sus manos tuviesen por cosa de poco mérito su fortaleza, al decir de Casares,[281] o lo que es lo mismo, aunque enunciado de otro modo, el grado alcohólico del vino. Y que, en cambio, sí haya sido notablemente apreciada dicha cualidad por las élites urbanas.[282] Puede desde luego sorprender que quienes realizaban trabajos de fuerza minusvalorasen tal condición, que les tendría que haber venido muy bien en el desempeño de sus faenas, para decantarse en favor de un vino flojo y de exiguo gradiente alcohólico; y que, por el contrario, haya sido estimada tal pujanza por quienes tenían derecho al tratamiento de don, que tan pocas energías empleaban en el ejercicio de sus profesiones (esto, en el supuesto de haber tenido alguna, caso de que no se hubiesen consagrado a la —en otro tiempo— prestigiosa holganza). Existe, sin embargo, una posible explicación que acaso pueda desentrañar esta aparente aporía.

---

los Socios Excmo. Sr. D. Antonio Casares y Sr. D. César Fernandez Garrido, y aprobado en sesion de 31 de Enero de 1877, Santiago: Establecimiento tip de El Diario, 1876, p. 4.

280 Pegerto Saavedra: «La economía vitícola en la Galicia del Antiguo Régimen», o. cit., p. 147.

281 Sociedad Económica de Amigos del País de la Ciudad de Santiago:. *Informe acerca del modo de descubrir la adulteracion de los vinos por la Fuchsina*, o. cit., p. 4.

282 Cit. por Pegerto Saavedra: «La economía vitícola en la Galicia del Antiguo Régimen», o. cit., p. 147.

Los labradores y menestrales solían preferir que el vino tuviese una fuerza alcohólica moderada, o más bien escasa, para poder así beberlo en mayor proporción sin sentirse inoportunamente embriagados, puesto que no eran los mareos subsiguientes a la ingesta, acaso un tanto descomedida, de alcohol convenientes para gobernar labranzas y manufacturas. Esta es la hipótesis explicativa que nos propone Jean-Louis Flandrin, cuya verosimilitud histórica parece encontrar refrendo en el contraste con la realidad de la sociedad rural francesa. En efecto, Flandrin considera que el gusto paisano se inclinaba por los vinos tintos bien coloreados, tánicos y ligeros, como cabía esperar en unos hombres que desarrollaban su labor *au grand soleil*. El copioso sudor que generaba el trabajo al aire libre, en particular en la estación estival, era un estímulo poderoso para inducirles a beber varios litros de vino al día.[283]

Es muy probable que la decantación del gusto popular en favor del vino que no embriagase (salvo en las contadas ocasiones en que la embriaguez se tenía por conveniente) haya sido una constante también en los campesinos de la antigüedad. En un epigrama de Marcial, dirigido a su sobrino, en que preconiza un ideal de moderación, donde el ser humano llevase una existencia alejada de la agitación y estuviese «contento siempre de su estado», logrando así un sueño «que la noche haga pequeña», en una localidad exigua pero bien situada, de fértil suelo y cielo bien templado, cultivando el trato humano con «gente conversable y que no harte», etcétera, se abogaba por el «Vino que no emborrache, mas que contente».[284] Al cabo, por lo que a las élites se refiere, su preferencia por el vino de buen grado condice con la postulada temperancia en su uso (aunque no siempre haya sido esa la práctica real de muchos patricios, ni mucho menos) y con la competente y *sage* valoración ecológica de lo que había de ser un vino estimable.

[283] Jean-Louis, Flandrin: *Chronique de Platine. Pour une gastronomie historique*, París: Odile Jacob, 1992, p. 263.

[284] «Nox non ebria, sed soluta curis; / Non tristis torus, attamen pudicus». Marcial: «Ad Lulium Martialem». Reproducido por D. Pedro Felipe Monlau: *Elementos de higiene privada ó arte de conservar la salud del individuo*, 4.ª ed., Madrid: Imprenta de Rivadeneyra, 1870 [1.ª ed., 1846], p. 681.

Capítulo 3

El vino y la mujer

A MODO DE INTRODUCCIÓN: DIFERENCIAS DE GÉNERO

Según ha observado Jean-Paul Aron en su estudio sobre el consumo alimentario francés en el siglo XIX,[285] a pesar del efecto de imitación que suscita el modelo difundido por las élites, existen diferentes modos de realizar el rito social de la bebida y distintas prácticas sociales en consonancia. Cada grupo socioprofesional, cada clase de edad e, incluso, también cada sexo poseen su propio modo de consumo y sus peculiares formas de sociabilidad, con sus lugares, momentos, ritmos y ritos particulares.

Por consiguiente, la historia social de la bebida debe tomar en consideración las diferencias de género, que son el fruto de una particular construcción social y cultural y constituyen además la expresión de un determinado orden mental. Este se asienta en las particulares contexturas corporal e intelectual de ambos sexos, descritas como realidades naturales, de modo que quedan así fraguadas unas pautas identitarias que operan como bases legitimadoras de un sistema de jerarquizaciones asentado en la primacía y dominación del hombre sobre la mujer.[286] No puede extrañar, pues, que las mujeres debieran atenerse a una patrón social de consumo de alimentos y bebidas distinto y también discriminatorio con respecto al de los hombres. Los gustos y preferencias de unos y otros en favor de determinadas bebidas,

[285] J.-P. Aron: *Essai sur la sensibilité alimentaire à Paris au XIXe siècle*, París: Armand Colin, 1967. También de este mismo autor, cfr.: *Le mangeur du XIXe siècle*, París: Payot, 1989.

[286] Thomas Laqueur: *La Fabrique du sexe: essai sur le corps et le genre en Occident*, París: Gallimard, 1992.

así como el grado, modo y la ocasión de consumirlas, se hallan marcadamente condicionados también por la asunción de unas determinadas identidades de género.[287]

Conviene precisar que, en la práctica social de la bebida, se registran diferencias que sería reduccionista considerar como exclusivamente sexuales. Son, en rigor, distinciones de género. En el terreno conceptual, la sociología —de modo conspicuo la de cuño anglosajón— considera que las diferencias de sexo aluden estrictamente a las desemejanzas biológicas entre los cuerpos, mientras que bajo una perspectiva de género es menester reparar primordialmente en las asimetrías psicológicas, sociales y culturales que dividen a los hombres y a las mujeres.[288] Por consiguiente, el concepto de *género* —que será el que tomemos en consideración aquí—, a diferencia del de *sexo,* que atiende solo a las especificidades biológicas y anatómicas, hace referencia a la manera en que la cultura y la sociedad han construido las diferencias de sexo, otorgando a cada cual unos roles particulares y unas cualidades jerarquizadas.

DISCRIMINACIÓN DE LA MUJER EN LA BEBIDA

Vino, marido, que me fino

Tanto en la sociedad gallega como en la de todo el conjunto de España, a la hora de referirse a la bebida, el factor de género resulta relevante, del mismo modo que lo son también los de clase, grupo de edad, etcétera. De esta forma, constatamos que antaño era socialmente aceptable que las mujeres pudiesen tomar alcohol, pero debemos anticipar que también se consideraba conveniente que lo ingiriesen en menor cantidad, hecho que también ha sido puesto de manifiesto por Pierre Bourdieu en referencia a la sociedad francesa.[289] No parecía haber especial reparo en que la mujer ex-

[287] Pierre Bourdieu: *La distinction. Critique sociale du jugement*, París: Les Éditions de Minuit, 1979, p. 210.

[288] Mike O'Donnell: *A new introduction to sociology*, Hong Kong: Nelson and Sons, 1992. Teodoro Hernández de Frutos: *Para comprender las estructuras sociales*, Estella [Navarra]: Verbo Divino, 1997, p. 223.

[289] Bourdieu ha puesto de manifiesto este mismo hecho en el marco de la sociedad francesa. Pierre Bourdieu: *La distinction. Critique sociale du jugement*, o. cit., p. 217.

presara, con la debida ponderación, la apetencia de beber vino: se conocen refranes del siglo XVII, recopilados por Gonzalo Correas, como los siguientes: «Vino, marido, que me fino», o bien: «Vino, marido, que no lino».[290]

La licitud del vino para la mujer se explica, de entrada, en el hecho de que el producto de la vid gozaba comúnmente de la consideración de un alimento,[291] y no menguado, como se puede constatar, por ejemplo, en este proverbio: «el vino es pan y medio».[292] Como tal, parecía especialmente indicado para la mocedad, necesitada de buenos nutrientes para poder crecer y fortalecer el cuerpo. Una informante nacida en los años treinta lo reconocía así e indicaba que la propia familia podía estimular la ingesta de vino por parte de las mujeres. De este modo, una tía suya, ya mayor, solía decir: «bebed, bebed hijitas», que el vino tinto «pone las mozas guapas y fuertes»;[293] en este mismo sentido, acostumbraba a recurrir a otras variantes del mismo tenor: «pone buenas a las mozas y coloradas» y «pone buenos colores».[294] La paremiología popular expresa con claridad este aspecto benéfico del vino: «El vino hace reír, hace dormir / y hace los colores a la cara salir».[295] También Otero Pedrayo se hacía eco de esta mentalidad. En su obra *Os camiños da vida*, refiriéndose a Bibiana, una joven que cada día que pasaba parecía más agraciada, señalaba que «fue echando un cuerpo majo y unos colores en los que tanta parte tenía el vino [...]».[296] Es posible recurrir, por fin, al relato biográfico de Carmen Cornes, quien evoca su vida en la segunda década del siglo XX, en una aldea de la comarca del Salnés. Desgrana en él un comentario que resulta extraordinariamente elocuente a este respecto. Refiere, en efecto, que cuando era una niña, «¿Sabes que me gus-

[290] Gonzalo Correas: *Vocabulario de refranes y frases proverbiales (1627)*, Madrid: Castalia, 2000, p. 815.

[291] Cf., a título de ejemplo, C. Lisón Tolosana: *Antropología cultural de Galicia*, Madrid: Siglo XXI, 1971, p. 162.

[292] Xesús Ferro Ruibal: *Refraneiro galego básico*, Vigo: Galaxia, 1987 (Biblioteca Básica), p. 597. Esta compilación de refranes se basa en la colección paremiológica acopiada, antes de 1949, por Eladio Rodríguez González: *Diccionario enciclopédico gallego-castellano*, 3 t., Vigo: Galaxia, 1958-1961.

[293] Entrevista realizada por Rosa Luengo Castrillejo a Carmen González Soto (Francelos [cerca de Ribadavia], 1932).

[294] Ibídem.

[295] *Cantigas do viño: recollidas do pobo*, 3.ª ed., Vigo: Castrelos, 1974 [1.ª ed., 1968], p. 18.

[296] Ramón Otero Pedrayo: *Os camiños da vida*, Vigo: Galaxia, 1990, p. 172.

taba hacer cuando volvía de trabajar? Ni bien llegaba del campo me llenaba una taza con pan de maíz y lo remojaba bien con bastante vino. Esa era mi merienda. Por eso cuando me dicen que tengo mucha fuerza, les contesto: Porque yo fui criada con vino, no con leche».[297] Y lo decía en serio, naturalmente.

Mujer vinosa, mujer lujuriosa

Existía, bien es cierto, más prevención o recelo en relación con el hecho de que la mujer pudiese tomar vino. En el caso del varón, esto se aceptaba mucho mejor. Hay desde luego refranes que reprenden en el hombre la inclinación (más bien, cuando era excesiva) al vino, pero los referidos a las mujeres son especialmente abundantes y por demás contundentes, al cabo. Veamos algunos que denuncian tal vicio como el súmmum de los males: «Mujer vinosa, desastrosa»,[298] «Mujer vinosa, no hay en el mundo peor cosa».[299] Existen también sentencias populares, desde luego maliciosas, que descienden al terreno más concreto y enjundioso de la crítica libidinal: «Mujer vinosa, mujer lujuriosa»,[300] señala una; todavía otra muestra un mayor recelo por contagio, situando a la mujer en el plano inclinado de la depravación: «Mujer que al vino se da, ¿a qué vicio no se dará?».[301] Lo peor es que no es ella la única perjudicada por su incontinencia: «Mujer que se aficiona al vino, ¡pobre casa y pobres hijos!».[302] Varios proverbios expresan una clara actitud misógina en relación con la bebida, pues carecen de un correlato masculino específico; este por ejemplo: «La mujer que mucho bebe, tarde paga lo que debe».[303] Por consiguiente, es posible imaginar al sentencioso y un poco cazurro varón, bien metidas las manos hasta los co-

[297] Beatriz López: *Hasta la victoria siempre... Testimonio de Carmen Cornes, emigrante gallega y militante de la vida*, Sada [La Coruña]: Ediciós do Castro, 1992, p. 18.

[298] Luis Martínez Kleiser (comp.): *Refranero general ideológico español*, 1.ª ed., Madrid, 1953, p. 499.

[299] Ibídem.

[300] Ibídem.

[301] Ibídem.

[302] Ibídem.

[303] Xesús Ferro Ruibal: *Refraneiro galego básico*, o. cit., p. 406.

dos en el refranero, dictar esta sentencia, al tiempo de santiguarse: «A la mujer que fuma o bebe, el diablo se la lleve; y si además mea en pie; *libera nos, Domine*».[304] Poco tendría de extrañar que, si en tal caso se viera, no dudaría en santiguar las costillas de su esposa por juzgarla *non sancta*.

Consta la existencia de escritos de moralistas en los que se recusaba específicamente la bebida femenina, todavía con mayor énfasis en el caso de que se apreciaran muestras de avidez por el alcohol, teniéndolo como un signo de corrupción de las costumbres y de decadencia. Uno de los más resaltables pertenece al escritor casticista Diego de Torres Villarroel (1694-1770); se trata del capítulo «Visión y visita decimatercia. Las comidas y cenas», inserto en *Visiones y visitas de Torres con don Francisco de Quevedo por la Corte* (1743). Veamos un fragmento de esta obra —cuyo carácter literario esperamos que justifique su extensión no del todo breve—, para percibir la mentalidad que trasparece en él:

> Acabaron el baile, despidiéronse unos y quedáronse otros; llegó el tiempo de cenar, fueron requeridos los criados. Con esto entraron al punto seis o siete ministros de la gula, auxiliares de la destemplanza, terceros de la ahitera y alcahuetes de la borrachez. Extendieron sobre largas mesas delicadísimos manteles; distribuyeron un haz de servilletas, cuchillos, platos, cucharas y tenedores. Tocóse a degollar la razón, a desgarretar la salud, a desenvolver el recato, a espolear la lujuria y a desarrebujar el secreto. Sentáronse todos; empezaron a venir ensaladas de todas las naciones; engulléronse un huerto con aceite y vinagre; siguióse variedad de carnes; desde aquí comenzó la humareda de los mostos a cegar el juicio y a dejar a tientas el alma. Tan impaciente se miraba la voracidad de todos, que más parecía embestir que comer. Cada dos bocados eran colaterales de media azumbre. Tragáronse a la Extremadura en jamones, a Salamanca en pavos; desparecióse San Martín a sorbos, y se enjugó Lucena a buches. Tan presto quería la gula verter los platos en el vientre, que desechando la diligencia del mascar, nos dieron a entender que se podían sorber los perdigones y beberse las pollas. Corrían desguazados por los gaznates de las hembras los ríos de peralta. Aquí fue donde no pudo enmudecer don Francisco; y volviéndose, me dijo:
>
> —Éste es el teatro donde me has representado con más viveza la corrupción de las costumbres de tu siglo. Basta el informe de este desordenado ban-

[304] Luis Martínez Kleiser (comp.): *Refranero general ideológico español*, o. cit., p. 499.

> quete para conocer el estado lamentable de las cosas. ¿Cuándo la moderación de las mujeres en España consintió tan destemplado desorden en el uso del vino? Ya creo que las hembras son apóstatas de la honestidad, cuando este licor es ídolo de sus apetitos. En mi tiempo era agravio de pureza, no digo beberlo, sino el desearlo.
>
> —El nuestro es tan infeliz —le dije al difunto—, que bendicen a Noé tan afectuosas las mujeres como los hombres. En nuestra era los infantes se crían a los pechos de las cubas, los jóvenes repiten el vino como el agua, y las mujeres lo cuelan como el chocolate.[305]

También el Arcipreste de Talavera expresaba un criterio esencialmente similar en el *Corbacho*. En su opinión, no era propio de la mujer hacerse a beber vino sin mesura; «que non es muger, sy en el vino beviendo tome plazer».[306] Advertía, por lo tanto, que la mujer no debería ser aficionada al vino. Si bebía mucho, contravendría su naturaleza y se embriagaría sin remisión. Describía pormenorizadamente las descomposturas físicas en que incurrían las mujeres que diesen en emborracharse, y subrayaba, además, una consecuencia grave de tal desmán: «faziendo va la çancadilla, a vezes amenazando a todos, brava como leona, que non catarya reverencia a marido nin a señor [...]».[307] Vemos, pues, con claridad la preocupación por la actitud de rebeldía y, a la postre, la insumisión de la mujer que podría traer consigo la embriaguez.

¿Por qué los hombres beben vino y las mujeres agua?

El ámbito preferente, cuando no exclusivo, de la bebida femenina era el hogar, puesto que la mujer tenía vedada la taberna. Pero aún en sus casas los hombres solían beber una dosis mayor de vino que las mujeres. Cuando escaseaba mucho lo tomaban exclusivamente ellos y las mujeres tenían que contentarse con beber agua. Esto no solo acontecía en España. Virginia

[305] Diego de Torres Villarroel: «Visión y visita decimatercia. Las comidas y cenas», en *Visiones y visitas de Torres con don Francisco de Quevedo por la Corte*, Madrid: Espasa-Calpe, 1976 [1.ª ed., 1743], pp. 95-96.

[306] Cit. por José Posada: *Metafísica del vino*, Orense: Irmandade dos Vinhos Galegos, p. 214.

[307] Ibídem.

Woolf, cuando reflexionaba sobre las causas de que hubiera tan pocas mujeres escritoras, encontraba que este fenómeno se debía a la obligación que tenían de ocuparse de los menesteres domésticos y de la prole, a que carecían de un cuarto propio en el que aislarse y poder escribir y, de un modo general, a su subordinación y mayor pobreza. Recurría a esta interrogación para resumir la situación discriminatoria de la mujer: «¿Por qué los hombres beben vino y las mujeres agua?».[308]

En las comarcas en las que no se cultivaba la vid y había que comprar el vino con esfuerzo, son abundantes los testimonios de que las mujeres se veían marginadas a la hora del reparto. Un relator recordaba que en la villa de Foz, antes de 1953, «prácticamente era raro que alguna mujer tomara un vaso de vino»; interrogado sobre si tampoco bebían en las fiestas, respondió: «Nada. Alguna que otra tomaba, a lo mejor, un chorrito de vino con gaseosa. Pero ni lo tomaban, cuando lo tomaban».[309]

Testimonios de que las mujeres bebían menos vino

El reparto desigual de un bien exiguo como a menudo era el vino se enmarca en la discriminación general que afecta a la condición femenina a lo largo de la historia. Y más precisamente, se complementaba con la postergación que ha caracterizado a la dieta femenina en el seno de la familia: la mujer tomaba los alimentos de la víspera, una ración inferior de comida, no podía repetir, se le asignaban las partes de los alimentos menos apetecibles (cuando no era ella misma quien se privaba, imbuida de espíritu de sacrificio en aras de su marido e hijos...), etcétera.[310] Este hecho reviste una gran importancia, por lo que habrá que referirse a él con mayor extensión en otra oportunidad. Pero ahora, por de pronto, conviene centrarse en el vino.

Es posible observar, bajo una perspectiva de conjunto, que tanto en España como en los distintos países europeos las mujeres consumían alcohol,

[308] Virginia Woolf: *Un cuarto propio*, Madrid: Júcar, 1991, p. 47.

[309] Entrevista realizada por X. R. Veiga Alonso a José Díaz Mendez (Foz [Lugo], 1925). (FHAHUS)

[310] V. una teorización sobre este hecho, en relación con la sociedad francesa, en Pierre Bourdieu: *La distinction. Critique sociale du jugement*, o. cit., pp. 214 y 217.

aunque que en un nivel inferior al de los hombres.[311] No resulta difícil ilustrar esto con algunos ejemplos ceñidos a una escala local. En efecto, los vendimiadores de Valdeorras, a comienzos del siglo XX, recibían como pago complementario en especie cuatro litros de vino al día.[312] Las mujeres solían conformarse con bastante menos, cosa que se advierte por doquier. Esta discriminación de las mujeres en el pago en especie en bebida tenía una doble significación: por una parte lo usual era que las mujeres cobrasen menos salario, entre la mitad y la tercera parte, y por otra, se suponía que no bebían tanto. El hecho se producía también en Francia,[313] como veremos en otro apartado.

Cuando las familias de Bueu, en los años 1950, llevaban algún «cuartillo de vino para casa», por las fiestas del santo de la parroquia o bien por Navidad, primero era para el hombre; después, ya se vería si quedaba algo para los demás. «Había un respeto al jefe de la casa», puntualizaba un informante.[314] En Zas, el vino era un producto escaso, que solo se consumía con ocasión de la comida de algún día muy especial, como la fiesta del patrón. Pues bien, una mujer recordaba que en su casa, en el periodo comprendido entre los años veinte y el primer franquismo, el vino se reservaba para el «patriarca».[315]

Por lo demás, refería una mujer entrevistada que las chicas y mujeres de la costa no tomaban vino o tomaban menos «porque era cosa de hombres» y «era muy fuerte».[316] Quiere esto decir que, según el criterio tradicional predominante en la sociedad campesina —del que participaba desde luego el sexo femenino—, la mujer debía tomar poco vino, porque era un producto considerado muy fuerte para su naturaleza delicada. Tal vez un diálogo

[311] François Boudot: «Boissons et buveurs aux XIXe et XXe siècles», *Orientations de Recherche (Bulletin d'histoire moderne et contemporaine)* (París), 13 (1982), p. 128.

[312] Santiago Álvarez: *Memorias I. Recuerdos de infancia y de juventud (1920-1936)*, Sada [La Coruña]: Ediciós do Castro, 1985, p. 20.

[313] Didier Nourrisson: *Le buveur du XIXe siècle*, París: Alvin Michel, 1990, pp. 26, 34 y 151.

[314] Entrevista realizada por Xavier Castro a Antonio Pereiro, marinero nacido en Bueu en el año 1936.

[315] Entrevista realizada por Xavier Castro a Marián Vidal Fraile, efectuada en Vigo el 26 de julio de 1999.

[316] Entrevista realizada por Xavier Castro a Angustias Cacabelos Domínguez (nacida en 1919) y sus hermanas Mercedes (nacida en 1926) y Ramona (nacida en 1931). Las tres son originarias de Cambados, localidad en la que residen.

entre dos hermanas de Cambados pueda contribuir a aclarar mejor la cuestión. Mercedes reconocía que en la actualidad, cuando tomaba unas sardinas, «[...] a lo mejor tomo uno, dos o tres vasos de vino...». A la vista de esta inoportuna confesión, su hermana mayor, Angustias, rápidamente, le enmienda la plana: «Bebes una taza de vino, pero no bebes dos, tres vasos, que te emborrachas».[317] Mercedes le replica: «Yo no digo mentira, si tomo unas sardinas asadas y unas patatas aparte, tomo unos vasos de vino», y trata de tranquilizarla diciéndole: «No me emborracho, mujer, que ya ves que yo como bien».[318]

Existe una copla popular en la que un varón da a entender a otro que su mujer come y bebe en demasía. Es decir, más de lo que le correspondería en función del tradicional reparto discriminatorio. En cierto modo, se queja de ello. He aquí la copla: «Mi mujer, Farruco, / es una *comprimenteira;* / bebió un jarro de vino, / comió una bolla entera».[319] *Comprimenteira* procede de *cumprimento*, que quiere decir 'perfección en el modo de obrar'. Significa esto que el buen señor se hallaba descontento porque su mujer se lo comía todo, no renunciaba a nada. Era un modo elíptico de indicar que tal manera de comer y beber no se ajustaba a los patrones de morigeración y sumisión, quebrantando el principio de que era el hombre quien tenía derecho a mejor y más cumplida ración; o sea, a ser, él sí y sin derecho de réplica, *comprimentero.*[320] Resulta difícil de imaginar un comentario de este mismo tenor, pero realizado entre mujeres.

En el estamento religioso se percibe asimismo el diferente nivel de consumo alcohólico entre los profesos de diferente sexo. Tenemos datos del consumo real de vino en el monasterio de San Paio de Antealtares, a finales del siglo XVIII, que expresan una diferenciación bastante notable entre

[317] Entrevista realizada por Xavier Castro a Angustias Cacabelos Domínguez (nacida en 1919) y sus hermanas Mercedes (nacida en 1926) y Ramona (nacida en 1931).

[318] Ibídem.

[319] He aquí el texto original en gallego: «A miña muller, Farruco, / éche unha comprimenteira; / bebeu un xerro de viño, / comeu unha bola enteira». Xaquín Lorenzo Fernández, *Cantigueiro popular da Limia Baixa,* Vigo: Galaxia, 1973, cantiga 153, p. 37.

[320] Este término no es muy frecuente, pero se usa alguna vez en el español escrito. Se encuentra, por mencionar un caso, en la prosa de Josep Pla; cf. Josep Pla: *Dietarios (Volumen II. Notas para Sílvia / Notas del crepúsculo)*, Madrid: Espasa, 2002, concretamente en *Notas del crepúsculo*, p. 702.

los religiosos, según su pertenencia al género masculino o femenino. He aquí el cuadro elaborado por Concepción Burgo:[321]

Consumo femenino	
5 religiosas consumen	0,256 l/día
6 religiosas consumen	0,196 l/día
20 religiosas consumen	0,128 l/día
5 religiosas consumen	0 l/día
Consumo masculino	
Vicarios consumen	1,53 l/día
Capellán consume	0,939 l/día
Priores consumen (cuando visitan el monasterio)	1,256 l/día

La abstinencia de las mujeres

Hasta no hace mucho tiempo, las bebidas alcohólicas desempeñaban un amplio repertorio de funciones en tanto que alimentos (calorías baratas), agentes terapéuticos, recursos caloríferos para combatir el frío, ingredientes insustituibles en el trato social y, por supuesto, sustancias placenteras o que, por lo menos, hacían un poco menos ingrata la existencia. Esta polivalencia hacía de ellas un recurso vital del que resultaba difícil prescindir. No existía, además, ninguna corriente de opinión contraria a la ingestión alcohólica. Médicos, moralistas y autoridades respetables aprobaban el consumo alcohólico, con tal de que no fuese excesivo. Todo esto nos induce a pensar que habría muy pocas personas abstemias. Ahora bien, como veremos, dentro de esta estrecha franja social abundaban más las mujeres que los hombres.

El «sexo fuerte» no parecía que pudiera permitirse prescindir de una sustancia que aportaba fuerza y prestigio varonil. El abstemio era un ser que inspiraba recelos. En efecto, parecía estar tan arraigada la creencia popular en la

[321] Concepción Burgo López: «El consumo alimenticio del clero regular femenino en el Antiguo Régimen: el ejemplo de San Payo de Antealtares», *Studia Historica*, vol. v (1987), p. 234.

virtud vigorizante de las bebidas alcohólicas, que el doctor Pedro Felipe Monlau se vio en la obligación de aclarar que «Los individuos abstemios no son débiles, ni están descoloridos y caquécticos, como se ha querido suponer».[322]

Pocos se sustraían a la opinión, incluso *convicción* —en el sentido orteguiano fuerte de creencia en la que las muchedumbres estaban instaladas— que vinculaba la identidad masculina con las bebidas alcohólicas. Los hombres que eran auténticamente tales debían beber alcohol. Y, *a contrario sensu*, la negativa a la ingesta alcohólica podía levantar la sospecha de afeminamiento del abstinente.

Existe un impagable texto de Emilia Pardo Bazán que muestra esta realidad de manera paladina. La escritora coruñesa perfila en *Los pazos de Ulloa* la figura del capellán don Julián, a quien retrata en estos términos: «Julián pertenecía a la falange de los pacatos, que tienen la virtud espantadiza con repulgos de monja y pudores de doncella intacta», y precisa más adelante su estampa con una serie de trazos que lo emparentan con el paradigma que imperaba en el siglo XIX acerca de la idiosincrasia femenina: «la endeblez de su temperamento linfático-nervioso, puramente femenino, sin ardores ni rebeldías, propenso a la ternura, dulce y benigno como las propias malvas, pero no exento en ocasiones de esas energías súbitas que también se observan en la mujer, el ser que posee menos fuerza en estado normal y más cantidad de ella desarrolla en las crisis convulsivas».[323]

Pues bien, cuando al poco de llegar el clérigo a los pazos, el abad y el marqués le convidaron a tomar un vino tostado de la zona, similar al mejor jerez, que no empalagaba ni se volvía puro azúcar con el paso del tiempo, cosa que le acontecía a los de las otras bodegas, según decían, el tímido capellán declaró no entender de vinos puesto que bebía habitualmente agua. Pero, «[...] al ver brillar bajo las cejas hirsutas del abad una mirada compasiva, de puro desdeñosa, rectificó: "Es decir..., con el café, ciertos días señalados, no me disgusta el anisete". A esto replicó el rústico abad de Ulloa de manera contundente y sentenciosa: «El vino alegra el corazón... El que no bebe, no es hombre».[324]

[322] Pedro Felipe Monlau: *Elementos de higiene privada ó arte de conservar la salud del individuo*, 4.ª ed., Madrid: Imprenta de Rivadeneyra, 1870 [1.ª ed., 1846], p. 219.

[323] Emilia Pardo Bazán: *Los pazos de Ulloa*, Barcelona: Bruguera, 1967, pp. 58 y 59.

[324] Ibídem, pp. 52 y 53.

Únicamente los varones cabalmente razonables, en verdad racionalistas empedernidos que cultivaban la probidad y las buenas costumbres, se decidían por la moderación calculada, que podía incluir la abstinencia ocasional de vino. Su actitud de temperancia se enmarcaba en una posición fijada por Rousseau, quien la denominaba «epicureísmo de la razón» —si bien él entendía por tal el hecho de abstenerse como estrategia para gozar más— que consistía en la abstinencia incompleta y de corta duración, lo que al doctor Monlau parecía táctica muy favorable para la salud.[325]

Ciertamente, la mujer podía beber o no beber vino. Lo normal en el hombre era que bebiese. Como quiera que resultaba difícil de concebir que las mujeres pudiesen beber en tanto que los hombres no, la literatura popular, encarnada en una copla que a continuación reproduciremos, puede permitirse jugar con el efecto de comicidad por reducción al absurdo que todos sabrían apreciar en un planteamiento de inversión lógica: «El rey me mandó una carta / dentro de una husada / que las mujeres beban vino / y, los hombres, agua putrefacta».[326]

Como decíamos, la abstinencia se aceptaba en general mal. Parece, sin embargo, que existía un poco más de comprensión cuando se trataba de una mujer; pero la cuestión adquiría una modulación diferente según la clase social a la que perteneciera. En los medios populares, la compulsión para que la mujer bebiese habrá sido probablemente mayor que en los más elevados. Por lo demás, esta exigencia resultaba aún más apremiante con ocasión de las fiestas en las que la bebida parecía un requisito indispensable, un elemento insustituible en el modo de festejar, casi un rasgo consustancial al espíritu festivo. En una de las novelas de Zola, concretamente la que describe la realidad de la taberna, con ocasión de una fiesta organizada por Gervaise, una de las mujeres, Madame Putois, pidió agua, lo que le ocasionó el vivo reproche de un hombre. Este le preguntó irónicamente si era agua lo que solía beber la «gente decente», y le aseguró que con eso criaría ranas en el estómago.[327]

325 Pedro Felipe Monlau: *Elementos de higiene privada ó arte de conservar la salud del individuo*, o. cit., p. 182.

326 La copla tiene más gracia en la lengua gallega original: «O rei mandoum'unha carta / dentro d'unha *maroca* / que, as mulleres, beban viño / e, os homes, auga *choca*». José Pérez Ballesteros: *Cancionero popular gallego*, 3 t., ed. facsímil, Madrid: Akal, 1979 [1.ª ed., 1886], p. 42.

327 Cit. por Jean Claude Bologne: *Histoire morale et culturelle de nos boissons*, París: Robert Laffont, 1991, p. 92.

En realidad, para la mujer labradora o perteneciente a los sectores populares, la abstinencia radical debía resultar poco factible, puesto que pocas dejarían de tomar alguna dosis de vino cuando se hallaban enfermas o menguadas de fuerzas, después del parto, pongamos por caso, considerando que el vino intervenía en múltiples preparados terapéuticos de la medicina popular. Podemos conjeturar que, en términos generales, soslayando los casos extremos que no resultan representativos, lo que históricamente más bien se habría podido producir es una abstinencia femenina del *vicio de beber*, es decir, privarse de él en las circunstancias corrientes.

La negativa a ingerir bebidas alcohólicas podía ser en el caso de las mujeres una cuestión de gusto personal. Sin embargo, parece que también guardaba relación con el fervor religioso y el rigorismo moral de las mujeres muy volcadas en las prácticas pietistas católicas; encontramos muestras de puritanismo alcohólico vinculado a la piedad en las órdenes religiosas femeninas. Tenemos así constancia de que en un monasterio compostelano existían grupos de profesas que se abstenían de beber vino.[328] Igual comportamiento observaban las mujeres muy devotas, consideradas comúnmente como beatas, en especial de edad madura o provecta, que colaboraban en la catequesis y en la beneficencia, asistían asiduamente a misas y rosarios, y solían encuadrar su práctica religiosa en asociaciones tales como las Hijas de María o la Adoración Nocturna; todo parece indicar que eran en mayor medida abstemias. Así lo pone de relieve Blanco Amor, en el muy sugestivo tapiz de la vida social orensana a comienzos del siglo XX que resulta ser *La catedral y el niño*.[329] En esta novela, el autor rememora su infancia y se refiere reiteradamente a estas damas sin que en ninguna ocasión haga alusión a que tomasen bebidas alcohólicas, cosa que sí hacen personajes de otro estilo. No resulta difícil encontrar informantes que reporten hechos de este mismo tenor: una mujer, nacida en Cabanas (Vimianzo) en 1940, se acordaba de unas tías suyas que eran personas muy religiosas y también de moral estricta, las cuales, significativamente, solo bebían agua.[330] A la postre, con-

[328] Concepción Burgo López: «El consumo alimenticio del clero regular femenino en el Antiguo Régimen: el ejemplo de San Payo de Antealtares», o. cit., p. 234.

[329] Eduardo Blanco Amor: *La catedral y el niño*, 4.ª ed., Vigo: Galaxia, 1997 [1.ª ed., Buenos Aires, 1948].

[330] Entrevista realizada por M.ª Teresa García Domínguez a Dosinda Vázquez (Cabanas [Vimianzo], 1940) (FH-AHUS).

viene reparar también en que en el caso antes citado del monasterio de San Paio de Antealtares,[331] donde había entre las religiosas un importante número de abstemias, no se registraba en cambio ningún caso entre los profesos varones.

Es muy probable que la abstinencia de vino y otras bebidas alcohólicas se registrase con más frecuencia entre las mujeres de elevado rango social. Aunque bien es cierto que las que lo deseasen podrían permitírselo con más facilidad, sin embargo las normas de conducta decorosa eran mucho más estrictas, lo que induciría a algunas a retraerse. El médico Miguel Servet apuntaba en el siglo XVI que las mozas de buena familia en Villanueva de Sijena (localidad próxima a Sariñena) se abstenían de vino y deformaban su rostro con colirios, munio y cerusa. En cualquier caso, siempre parece haber existido mayor número de mujeres que de hombres que no probaban el alcohol. Todavía hoy en día sucede esto, como resulta posible constatar en nuestro entorno social.

Todo parece indicar que a los hombres no les desagradaba en absoluto la abstinencia de sus mujeres. Más bien todo lo contrario. Verían probablemente en ello una forma más de recato y contención, puesto que se consideraba que el vino podría facilitar otras licencias; del mismo modo que los viejos republicanotes de credo volteriano se casaban muy gustosos con mujeres de muy distinto jaez, que se pasaban el día besando santos (pues más valía… ¡No fuera a ser!). De hecho, existen en el folclore gallego canciones populares que expresan la solicitud hecha por hombres a sus mujeres para que no probasen el vino. Resulta, por el contrario, francamente arduo encontrar textos que planteen esta relación de género en un sentido inverso. Un cantar de Pedrafita do Cebreiro glosaba este rasgo de la mentalidad popular: «Ay mi mujer no bebas vino / que te he de comprar unos zuecos / ay, no, no, mi maridito, no / que piés tuertos / no quieren zuecos / y venga vino para nuestros cuerpos»;[332] así, a pesar de la insistencia del esposo en regalarle distintas prendas en compensación por su abstinencia, la mujer porfiaba en tomar vino.

[331] Concepción Burgo López: «El consumo alimenticio del clero regular femenino en el Antiguo Régimen: el ejemplo de San Payo de Antealtares», o. cit., p. 234.

[332] Dorothé Schubarth y Antón Santamarina: *Cantigas populares*, Vigo: Galaxia, 1983 (Biblioteca básica da cultura galega), pp. 56 y 57.

BEBIDAS ADECUADAS PARA LA MUJER

Bebidas dulces: idóneas para las mujeres

Según François Boudot, en Francia, hasta la primera guerra mundial los vinos dulces y los licores fueron considerados como bebidas de mujeres. Esto parece haber sido muy parecido en toda Europa; Thomas Mann pone de relieve en *La montaña mágica,* novela realista ambientada a comienzos del siglo XX, que se juzgaba al oporto como una bebida «para señoras».[333] Esta percepción del asunto fue desvaneciéndose progresivamente durante el período de entreguerras y, de modo más decidido, en los años setenta, a medida que relevantes grupos de mujeres se fueron decantando en favor de bebidas más *raides*.[334] También en España es posible constatar este mismo fenómeno, aunque con mayor retraso en la cronología.

Se aprecia muy bien este hecho en el terreno de los vinos de alta graduación. En general, los ajerezados (jereces dulces), tostados, resolios, portos, quinados y otros de esta índole se tenían por idóneos para el sexo considerado débil; también, como magníficos reconstituyentes para la infancia. No hace mucho, todo el mundo parecía convencido de que las bebidas dulces resultaban particularmente apropiadas para el sexo femenino, probablemente por la concomitancia entre este rasgo amable de ciertos alcoholes y la faceta similar que se tenía por característica y peculiar del temperamento femenino —si no de su naturaleza—. Quizá, también, porque la bebida dulce resultaba más suave y fácil de beber. Y tal vez, al fin y a la postre, porque su aparente inocencia alcohólica y ligereza parecía condecir con el gusto que cabía esperar en una mujer «como Dios manda». Pero había una peculiar categoría de profesionales, la de los bármanes y camareros, que por imperativo del oficio estaba obligada a tener un criterio particularmente firme y seguro sobre esta cuestión. Sus oficiantes necesitaban haber asimilado correctamente el código de valores y normas sociales vigentes, dado que estaban obligados a aplicarlos con estricto rigor, como si de auténticos jueces se tratara, según hace observar Pierre Bourdieu. De este modo, viene

[333] Thomas Mann: *La montaña mágica,* Madrid: Edhasa, 2005, p. 711.

[334] François Boudot«Boissons et buveurs aux XIXe et XXe siècles», *Orientations de Recherche (Bulletin d'histoire moderne et contemporaine)*, o. cit., p. 128.

sucediendo desde hace unos pocos años que, por fidelidad a tal código, los camareros traicionan los gustos de sus clientes: sirven la copa de ginebra al señor y la de málaga a su acompañante, cuando se da el caso de que su petición era exactamente la contraria. Esto acontece en aquellas ocasiones en que los clientes infringen el código cultural que define las preferencias e idoneidades de género.[335] Y es que las cosas han cambiado mucho, y como casi todo en España, con mucha rapidez. En efecto, en nuestros días, como quiera que las mujeres pueden expresar con libertad y franqueza sus verdaderos gustos, las preferencias femeninas resultan ser muy diversas. Hay así un número no pequeño de mujeres que se inclinan por las bebidas secas y fuertes, porque resulta que son las que les apetecen y saben que ahora pueden pedirlas sin el menor rubor. Del mismo modo, también los hombres se han visto liberados de la impositiva norma cultural que les obligaba a preferir las «bebidas propias de hombres», y se sienten libres de mostrar públicamente su inclinación por los tragos dulces, cuando tal es su gusto.

Pero retornemos nuevamente a la historia para conocer con cierto detalle el modo en que la mentalidad sexista condicionaba la bebida. Marcial Gondar encuentra en su estudio antropológico sobre la muerte, *Romeiros do alén*, que, en los banquetes fúnebres, como esquema general, se servía aguardiente a los hombres y vino dulce a las mujeres.[336] Podríamos multiplicar los ejemplos de esta preferencia femenina por el vino dulce que era tanto una opción de ellas como una formulación de género derivada de la estimación social general, en la que la impronta masculina resultaba determinante. No hay, en efecto, ninguna duda de que los hombres entendían que las bebidas dulces se ajustaban como anillo al dedo, en este caso, a la naturaleza y, diríamos, al alma de la mujer. Así, un informante, nacido en Vedra en el año de la gripe (1918), indicaba que los vinos quinados dulces, como el Sansón, eran las «bebidas de las mujeres».[337]

Mencionemos una obra intitulada *¡A besta!*, definida como «novela de costumbres gallegas», lo que expresa su pretensión de reflejar la realidad social; publicada por vez primera en 1899, su autor era Xan de Masma. Se

[335] Pierre Bourdieu: *La distinction. Critique sociale du jugement*, o. cit., pp. 210-217.

[336] Marcial Gondar Portasany: *Romeiros do alén*, Vigo: Edicións Xerais de Galicia, 1989, p. 117.

[337] Entrevista realizada por Jesús López Moure a Ramiro Moure López (Tomonde [Vedra], 1918).

perfila en ella un personaje que reviste mucho interés: una moza que, después de un trance apurado para su honra, «tomó una tacita de caldo, y bebió a puro ruego de Matías, una copita de vino tostado».[338] En este caso concreto se advierte patentemente que no solo el vino dulce era una preferencia femenina, sino que también los caballeros lo tenían por idóneo para su peculiar condición. Es posible apreciar asimismo tal hecho en una obra de Emilia Pardo Bazán, *Insolación*, novela de resonancias autobiográficas en la que la docta escritora coruñesa hace que el conquistador andaluz, al que denomina pintorescamente «el meridional», considere apropiado a la circunstancia invitar a vino de jerez a Asís, que así se llamaba la dama a la que hacía la corte.[339] Recurramos ahora a una prueba *a contrario:* solo a un inglés se le podría ocurrir ofrecer una copa de ginebra a una chica que vive un momento de congoja. En el poema «Preciosa y el aire», del *Romancero gitano* de Federico García Lorca, una mujer sobresaltada por un acto de acoso sexual busca refugio en la casa de un extranjero, situada entre unos pinos, y allí «El inglés da a la gitana / un vaso de tibia leche, / y una copa de ginebra / que Preciosa no se bebe».[340] Como era de esperar.

En el campo de las bebidas destiladas, se repite el patrón que correlaciona el grado de dulzor o de carencia de tal rasgo (o, si se quiere, de sequedad) con el universo femenino y el masculino respectivamente. El azúcar, la suavidad, lo dulce, poseen claras connotaciones femeninas. De este modo, el seco y a veces áspero sabor del aguardiente parecía acomodarse mejor a la representación mental de la identidad varonil, en tanto que el anís se tenía por mejor acoplado a la «esencia» femenina. Como ya hemos apuntado, no pocas personas —entre ellas innumerables mujeres— tenían la prejuiciosa creencia de que las bebidas alcohólicas dulces, por serlo, no resultaban tan fuertes; se hacían la ilusión de que no contenían tanto alcohol como las secas y recias. Por ello les parecían más propias de mujeres.

En la época de Rosalía de Castro y Emilia Pardo Bazán, el aguardiente parecía tan poco pertinente para las mujeres de cierto viso como la literatura. Clarín puso la cuestión sobre el tapete en *La Regenta:*

338 Xan de Masma: *¡A besta!*, Vigo: Galaxia, 1993, p. 228.

339 Emilia Pardo Bazán: *Insolación*, 7.ª ed., Madrid: Espasa-Calpe, 2002 (Colección Austral), p. 80.

340 Federico García Lorca: *Romancero gitano*, Madrid: Alianza, 1983, p. 53.

Además la falsa devoción de la niña venía complicada con el mayor y más ridículo defecto que en Vetusta podía tener una señorita: la literatura. Era éste el único vicio grave que las tías habían descubierto en la joven y ya se le había cortado de raíz.

Cuando doña Anuncia topó en la mesilla de noche de Ana con un cuaderno de versos, un tintero y una pluma, manifestó igual asombro que si hubiera visto un revólver, una baraja o una botella de aguardiente. Aquello era una cosa hombruna, un vicio de hombres vulgares, plebeyos. Si hubiera fumado, no hubiera sido mayor la estupefacción de aquellas solteronas. «¡Una Ozores literata!»[341]

Los hombres pertenecientes a diferentes medios sociales consideraban que la bebida anisada era la que convenía a las damas. «Las mujeres sólo tomaban su vino dulce y el anís, y ponche. Era la bebida de ellas», declaraba un trabajador nacido en Foz en el año 1925.[342] Y desde el ángulo de mira de ellas, la opinión era coincidente. Podemos mencionar a este respecto las declaraciones de una mujer nacida en el año 1913, quien reconocía que las mujeres preferían tomar anís.[343] Testimonio que confirma otra señora más joven, que aseguraba que el anís «era la bebida de mujeres» y ofrecía, además, una explicación del porqué de tal preferencia: «Las mujeres tomaban mucho anís, porque es suave, ¿viste?, es más suave, más agradable».[344] No le faltaba razón a esta informante para realizar tal aserto: las bebidas destiladas que preferían las mujeres tenían una graduación alcohólica más baja, como ya hemos subrayado. Pero ahora daremos una nueva precisión: en los años treinta, el anisado solía tener de media 65 % de alcohol, según indicaba un tratado de medicina de la época.[345] El aguardiente de los hombres llegaba teóricamente a 90 % (ahora bien, tanto el aguardiente como el anisado hecho en casa por los campesinos —e incluso, en determinados casos, por el aguardentero o *potero*— tenía una graduación bastante inferior al que se producía industrial-

[341] Leopoldo Alas *Clarín: La Regenta*, Madrid: Sarpe, 1984 [1.ª ed., 1884], p. 107.

[342] Entrevista realizada por X. R. Veiga Alonso a José Díaz Mendez, ya cit.

[343] Entrevista realizada por Margarita Vergara Viudez a Rosalía Otero Martínez (Vincios [Gondomar], 1913) (FH-AHUS).

[344] Entrevista realizada por Juan A. González a una informante nacida en 1928 en Tebra (Tomiño) (FH-AHUS).

[345] Doctor Saimbraum: *Tratado popular de medicina*, Barcelona: Hymsa, s. a. [1935], p. 161.

mente y se podía encontrar en los comercios, que es el que considera el mencionado tratado de medicina). Ahora bien, para todo hay excepciones, y a esta mujer a la que nos hemos referido, en particular, no le agradaba el anís, porque decía que «me cae mal». Por ello recurría a otras bebidas también muy femeninas: el vino Sansón y otro cuyo nombre no recordaba, pero que «es parecido»; y también al ponche, que le gustaba francamente mucho.[346] De añadidura, una «sacristana» concebida por la musa de Valle-Inclán, en una de sus *Comedias bárbaras*, *Cara de plata*, explicaba que sus preferencias se inclinaban por la bebida dulce, y así se daba a beber anís doble, al que ensalzaba sin temor a la hipérbole como «¡Un resolio que mejor no lo bebe la reina de España!». Como quiera que, en determinado momento, los críos hubieran roto con sus trastadas el pichel de anís, la madre resolvió mandar a su hija a por más. Cuando esta le inquirió si lo prefería de «holanda o anisado», aquella le replicó sin asomo de duda que se lo trajera anisado.[347]

Lo más habitual entre las mujeres que residían en ambientes urbanos, de condición social acomodada, era tomar anisete. La tía Genoveva, señora de algún abolengo en la obra de Alejandro Casona *La casa de los siete balcones*, se niega a probar el aguardiente que le ofrece su doncella, a la que le había solicitado que le diese alguna bebida. Le reprocha su error diciéndole que «las señoras solo toman anís dulce». Por su parte, Torrente Ballester pone de manifiesto en *Filomeno, a mi pesar* la correlación que se solía establecer entonces: las prostitutas bebían aguardiente,[348] en tanto que las damas, anisado. De buena marca, a poder ser.[349] Muy sugestivo resulta el personaje que nos describe Baroja en *La sensualidad pervertida:* una viuda con buena hacienda, que había abandonado el romanticismo para asumir posturas vitales de «un sensualismo un tanto epicúreo»; administraba su vida como mejor le parecía, era perezosa y glotona, le gustaba comer bien, beber copas de anisete y de benedictino después de comer… y así por este tenor. Hasta que cometió la imprudencia de volver a casarse y, a partir de ese momento, su marido la tenía «en un puño».[350]

[346] Entrevista realizada por Juan A. González a una informante nacida en 1928 en Tebra (Tomiño), ya cit.

[347] Ramón M.ª del Valle-Inclán: *Cara de plata: comedia bárbara*, 5.ª ed., Madrid: Espasa-Calpe, 1980 [1.ª ed., 1946], pp. 115-116.

[348] Gonzalo Torrente Ballester: *Filomeno, a mi pesar*, Barcelona: Planeta, 1988, p. 412.

[349] Ibídem, p. 407.

[350] Pío Baroja: *La sensualidad pervertida*, Madrid: Caro Raggio, 1993 (Las ciudades), p. 376.

Esta bebida parecía agradar especialmente a las damas maduras o de edad provecta, que la saboreaban preferentemente en el ámbito doméstico. Una buena ocasión era después de las comidas, sobre todo en días de celebración, como nos muestra Eduardo Blanco Amor en *La catedral y el niño*, recreando una comida familiar de excepción, con la presencia de algunos invitados, situada a comienzos del siglo XX. Escribe el autor que, tras los postres, una señora perteneciente a la burguesía orensana «boquilleaba con ligeros sorbitos su anisete».[351] Entre las jóvenes damiselas de esta misma condición social corrían también las copitas de anisado, si bien con algo más de restricción, ya que sus madres consideraban que «las niñas» debían ser modositas y no convenía que pareciese que se propasaban con el alcohol, para no dar pie a comentarios indecorosos. Una joven de los años cuarenta, perteneciente a una distinguida familia compostelana, tomaba en su casa, algún domingo por la tarde, una copita de anís de buena marca, Marie Brizard.[352] Recordaba que, en cambio, en la casa de unos tíos suyos, gente bien remediada del pueblo de Maceda, las mujeres preferían licor café y guindas en aguardiente.[353] Y es que era bebida de mucho prestigio: «¿Qué quería, Leocadia? ¿Anisete de Brizard, eh?»,[354] protestaba con un deje de histerismo la celosa mujer del confitero de un pueblo, en una novela de Pardo Bazán, *El cisne de Vilamorta,* al ver que la maestra del pueblo acudía con frecuencia a su establecimiento para proveerse del licor de calidad.

En lo que concierne a las mujeres de condición popular, el anís era una bebida a la que también podían tener acceso, aunque con arreglo a un estándar inferior, tanto en calidad como en posibilidad de franco y frecuente acceso a él, con respecto a las mayores oportunidades de que disponían aquellas que disfrutaban de un nivel económico superior. Las más pobres lisa y llanamente «no se lo podían permitir», como señalaba una señora entrevistada.[355] Las mujeres campesinas de modesto pasar, incluso

[351] Eduardo Blanco Amor: *La catedral y el niño*, o. cit., p. 127.

[352] Entrevista realizada por Xavier Castro a María de los Ángeles Pérez Bobillo (Santiago, c. 1926).

[353] Ibídem.

[354] Emilia Pardo Bazán: *El cisne de Vilamorta*, en *Obras completas (Novelas y cuentos)*, 3.ª ed., Zaragoza: Aguilar, 1964; t. II, p. 223.

[355] Entrevista realizada por Uxía Rubianes a Fina Vilas en Santiago el 11 de diciembre de 1992 (FH-AHUS).

algunas que pertenecían a familias francamente humildes,[356] sí podían probar alguna copita, aunque fuese de tarde en tarde, pero pocas veces de una botella de anís «de marca», tales como Anís de la Asturiana[357] o Anís del Mono, por citar dos ejemplos muy conocidos entonces. Lo más habitual era que se limitasen a consumir bebidas de anís que se vendían a granel, de inferior calidad, pero mucho más asequibles. Así, en Ames, los días de fiesta, «a lo mejor traían un litro de anís, pero de ese corriente, que no era embotellado, era sí anís que había suelto».[358] Valle-Inclán nos muestra que, en un hogar popular, el anisado se consumía por pichel,[359] no por botella,[360] lo que significa que había de ser comprado a granel en la tienda o en la taberna. O bien en la farmacia, en la época en que se vendían sin reparo en tales despachos vinos y licores «medicinales»; donde tampoco resultaban muy caros, por cierto, según revelaba Emilia Pardo Bazán en *El cisne de Vilamorta:* este era el tenor del diálogo que mantenían, en la obra, la maestra Leocadia con su criada, un tanto respondona, según se puede apreciar:

> —Yo no compro más licor: allá tú: yo no.
> —¿Qué dices, mujer? ¿Qué te sucede?
> —Que si te gusta darle al Ramón, el de la dulcería, veinticuatro reales por una botella de anisete, habiéndolo a ocho en la botica, bien; pero yo no voy a meterle los cuartos en la mano a ese ladrón: a ver cómo no te pide cinco duros por cada frasquito.[361]

Por lo demás, no era de ningún modo infrecuente que el anís se elaborase también en las casas, del mismo modo que el aguardiente y el licor café,

[356] Entrevista realizada por Antonio Mayo Ardións a Benilde Caamaño (San Martiño de Broño [Negreira], 1907) (FH-AHUS).

[357] Anuncio publicado en *Fiestas Patronales Compostelanas*, 1924, monografía de Jesús Rey Alvite, Santiago: Tipografía Suc. Paredes, BPenzol, 9/21, p. 90.

[358] Entrevista realizada por Eva Liñares Fernández a Josefa Domínguez Beade (Bentín [Viduido, en el ayuntamiento de Ames], 1918). (FH-AHUS).

[359] Así define el pichel el diccionario de la RAE: «Vaso alto y redondo, ordinariamente de estaño, algo más ancho del suelo que de la boca y con su tapa engoznada en el remate del asa».

[360] Ramón M.ª del Valle-Inclán: *Cara de plata: comedia bárbara*, o. cit., pp. 115-116.

[361] Emilia Pardo Bazán: *El cisne de Vilamorta*, en *Obras completas (Novelas y cuentos)*, o. cit., p. 206.

como acontecía en la de una mujer que nació en una aldea de A Estrada, en 1911.[362]

Cualquier trabajador español, por iletrado que fuera, sabía qué bebida había que ofrecer a una mujer, llegado el caso. Dolores Ibárruri, cuando ya era una anciana pero seguía estando muy lúcida, recibió en su casa de Moscú a Carlos Castilla del Pino. La Pasionaria le confesó la emoción que había sentido al recibir una botella de anís que le había enviado como regalo un jornalero de Rute, pueblo de la provincia cordobesa.[363]

A mayor abundamiento, el gastrónomo Manuel María Puga y Parga, más conocido como *Picadillo*, alude en su célebre libro de cocina, publicado en 1905, a las mujeres de las clases populares urbanas, uno de cuyos exponentes eran las criadas y cocineras de «zapatillas de estambre a cuadros verdes y negros, falda corta, vientre saliente y pañuelo de flores encarnado atado atrás». Pues bien, atribuye a tales damas la costumbre de tomar «la matinal copa de anís».[364] Valle-Inclán, por su parte, tiene el escrúpulo verista de cuidar, en *Divinas palabras*,[365] de que hubiese aguardiente anisado en la modestísima casa de un sacristán. Blanco Amor, en el «cuento escénico» *A medosa Blandina*, alude a una moza aldeana, que en una ocasión festiva se había permitido la licencia de tomar unas copas de anisete.[366] Ítem más: entre la «gente de aquí y de acullá», que recreó Álvaro Cunqueiro, se encontraba la tabernera de Castro, «que era una mujer muy alegre, muy blanca, carnal, risueña, amiga del anís, muy lozana en sus cuarenta cumplidos».[367] Francamente apetecible, la verdad. Gustaban del anisete, pues, las mujeres del medio rural, prácticamente de cualquier edad. Pero parece que recurrían a esta bebida en especial las viejas, como apunta Valle-Inclán en *Cara de plata*. En un pasaje de esta obra, una anciana de

[362] Entrevista realizada por Carlos Morais Álvarez a Virginia Ruibal Puente (Berres [A Estrada], 1911) (FH-AHUS).

[363] Carlos Castilla del Pino: *Casa del olivo*, Barcelona: Tusquets, 2004, p. 325.

[364] Manuel M.ª Puga y Parga: *La cocina práctica*, 15.ª ed., Santiago: Librería Editorial Gali, 1972 [1.ª ed., 1905], p.171.

[365] Ramón M.ª del Valle Inclán: *Divinas palabras*, en *Obras escogidas*, 5.ª ed., Madrid: Aguilar, 1976; t. II, p. 1148.

[366] E. Blanco Amor: *A medosa Blandina*, en *Teatro pra xente*, Vigo: Galaxia, 1974, pp. 163-164.

[367] Á. Cunqueiro: *Xente de aquí e de acolá*, Vigo: Galaxia, 1971, p. 49.

baja extracción social «apura el pichel, morosa y deleitada [...] Es anís doble».[368]

Transitamos ahora hacia otro apartado en el que es posible constatar cómo la bebida anisada se enseñoreaba de la existencia de las mujeres, de manera particular, en los días de fiesta. Ya hemos anticipado, de manera tangencial, alguna referencia en este sentido tomada de una obra de Eduardo Blanco Amor.[369] En este orden de cosas, un hombre entrevistado sostenía en el curso de una entrevista que «la mujer más bien lo que bebía era anís... anís dulce, un día de fiesta».[370] Otro informante, que vivió en el medio rural de la provincia de Pontevedra, declaraba que en su casa, que gozaba de un nivel de modesta medianía, solo entraban los licores con ocasión de la celebración de la Nochebuena. En tal fecha se compraba «[...] una botellita de jerez del más barato, o una botellita de anís, que tenía que durar a lo mejor hasta la siguiente Nochebuena».[371] Naturalmente, también se prodigaba este dulce trago en las bodas, como lo muestra Gonzalo Torrente Ballester en su obra *Dafne y ensueños;*[372] alude en ella a un casamiento de señoritos de El Ferrol, que habían tenido el gusto de celebrarlo en la aldea, y allí se bebieron rosolios y anisetes. Por lo demás, hemos podido averiguar, de boca de varias informantes, que en los banquetes de boda que se celebraban en Cambados, con la llegada de los postres se servía la caña blanca, la de hierbas y, además, anís, que era lo que —nos decían— más bien tomaban las mujeres.[373]

Rara vez son las cosas negras o blancas. En la gama de grises encontramos una variopinta pléyade de varones aficionados a los dulzores anisados. Hombres, pues, con dulces inclinaciones. No por ello necesariamente afeminados, o de remilgada condición, como en efecto era Don Julián, el inefable capellán pergeñado por doña Emilia Pardo Bazán en *Los Pazos de Ulloa,* dado a

[368] Cito por el libro de M.ª del Carmen Porrúa *La Galicia decimonónica en las comedias de Valle-Inclán*, Sada [La Coruña]: Ediciós do Castro, 1983, pp. 202-203.

[369] Eduardo Blanco Amor: «A medosa Blandina», o. cit., pp. 163-164.

[370] Entrevista realizada por Jesús López Moure a Ramiro Moure López (Tomonde [Vedra], 1918), ya cit.

[371] Entrevistas realizadas por Margarita Vergara Viudez a Antonio Viudez Hernández (San Miguel de Tabagón [O Rosal, Pontevedra], 1910) y a Rosalía Otero Martínez, ya cit.

[372] Gonzalo Torrente Ballester: *Dafne y ensueños*, Madrid: Alianza, 1998., p. 101.

[373] Entrevista realizada por Xavier Castro a Angustias Cacabelos Domínguez y sus hermanas, ya cit.

saborear el anisete, del que echaba un poco en el café, pero solo en las ocasiones señaladas.[374] La maestra de Vilamorta ofrecía anisete de Marie Brizard a su joven galán.[375] Es verdad que este era poeta, y se solía considerar que tales personajes tenían gustos más bien melifluos. Hombres, en cualquier caso, como aquel tío de Adolfo Marsillach, al que alude el dramaturgo en su autobiografía *Tan lejos, tan cerca*. En cierto momento recuerda el actor, un tanto enternecido, que de pequeño su pariente lo sostenía en sus brazos cuando se bañaba en el mar de Castelldefels. Había muerto de una pasión —correspondida— por el anís dulce. Le gustaba con un poco de hielo.[376] En cualquier caso, bien es verdad que todos ellos no eran sino excepciones.

Mujeres que bebían también distintos preparados de aguardiente con azúcar

Otra bebida que también tomaban las mujeres de antaño era el aguardiente dulcificado con azúcar. Era relativamente común pedir en un café como bebida: agua, azucarillos y aguardiente. Hay una conocida zarzuela de Chueca que lleva tal título, que, por cierto, Baroja menciona en sus memorias. En una de las obras de Benito Pérez Galdós, *Cánovas*, se apuntaba que el «agua (fresca) con azucarillos y aguardiente»[377] se despachaba en verano, quizás en calidad de bebida refrescante, en los puestos de bebidas instalados en el concurrido paseo madrileño del Prado.

En ocasiones, a la caña azucarada se le añadían además algunos otros ingredientes, como canela, hierbas aromáticas, etcétera. Tales bebidas se denominaban mistelas (o mixtelas); Vicente Risco nos comenta que en algunas casas gallegas solían tomarse con ocasión de las fiestas navideñas.[378] Cabe consignar, además, que aún existía otra variante de mistela, que se elaboraba añadiendo al mosto una cantidad no muy elevada de alcohol, de

[374] Emilia Pardo Bazán: *Los pazos de Ulloa*, o. cit., pp. 52 y 53.

[375] Emilia Pardo Bazán: *El cisne de Vilamorta*, en *Obras completas (Novelas y cuentos)*, o. cit., p. 223.

[376] Adolfo Marsillach: *Tan lejos, tan cerca: mi vida*, Barcelona: Tusquets, 1998, p. 37.

[377] Benito Pérez Galdós: *Cánovas*, en *Obras completas*, 9.ª ed., Madrid: Aguilar, 1968; t. III, p. 1318.

[378] Vicente Risco: «Etnografía. Cultura espiritual», en Ramón Otero Pedrayo (dir.): *Historia de Galiza*, v. I: *A Terra, O Home-I*, Buenos Aires: Nós, 1962, p. 603.

modo que se evitara el proceso de fermentación. Y esto era todo: no precisaba la adición de ninguna otra sustancia.[379]

La mistela se asemejaba mucho —si es que no eran sencillamente la misma cosa— al rosoli, bebida muy mentada en la literatura costumbrista de hace cien años. Señal inequívoca de que conoció gran difusión popular. En efecto, en las fiestas y romerías aldeanas era muy frecuente el consumo de una variedad dulce de aguardiente llamada resolío, resoli o rosoli, según recoge Eladio Rodríguez González en su diccionario,[380] en que recopiló un gran caudal léxico y paremiológico situable en las tres décadas anteriores y posteriores al umbral de 1900. Precisaba este autor que tal bebida consiste en un tipo de licor compuesto de aguardiente al que se le agregan azúcar, canela, anís y otros ingredientes olorosos. Abundan notablemente los testimonios de que las *rosquilleiras* servían copas de esta bebida en ferias, romerías y cuantos festejos se celebraban en el país. Así, por traer a colación un ejemplo, Heraclio Pérez Placer recrea, en uno de sus *Contos da terriña*, los vistosos fuegos de artificio nocturnos que tenían lugar en la plaza del Obradoiro de Santiago la víspera del día del Apóstol, a finales del siglo XIX. Pues bien, no olvida mencionar la presencia allí de las hileras de puestos atiborrados de *risolio* y agua con azucarillo que diligentemente atendían las rosquilleras.[381]

Mujeres con vergonzante afición al aguardiente

Un viejo trabajador nacido en una parroquia de Guitiriz en el año 1929 declaraba que las mujeres, por regla general, no tomaban licores.[382] Y menos, secos. Pero no se conoce ninguna regla que no admita excepciones. De este modo, nos encontramos con cierto número de mujeres que tomaban aguardiente, sobre todo en los medios populares. Algunas de ellas, porque era la bebida que tenían a mano (¡qué se le iba a hacer!, pensaría alguno que tuviera noticia de tal hecho). Otras mujeres, por afición —necesaria-

[379] Vicente Risco: «Etnografía. Cultura espiritual», o. cit.

[380] Eladio Rodríguez González: *Diccionario enciclopédico gallego-castellano*, Vigo: Galaxia, 1960-1961, t. III, p. 273.

[381] Heraclio Pérez Placer: *Contos da terriña*, La Coruña: Andrés Martínez, 1895 (Biblioteca gallega), p. 222.

[382] Entrevista realizada por Alejandro de Arce Andratschke a Jaime López López (Guitiriz [Lugo], 1929) (FH-AHUS).

mente vergonzante—, ya que las uniformidades absolutas no son propias de este mundo y no parece razonable pensar que todas habían de participar del gusto que se tenía por canónico para su sexo.

Concluiremos, pues, que indudablemente se registraban algunas salvedades con respecto a la pauta referida que desaconsejaba la ingesta de aguardiente por parte de la mujer. En efecto, diversos testimonios revelan que las mujeres gallegas tomaban también bebidas de alta graduación alcohólica, de manera conspicua destiladas, como el aguardiente. Luis Domínguez apunta que en la comarca de Ribadavia, en el siglo pasado, también las mujeres acompañaban con aguardiente su desayuno de bica por las mañanas.[383] Asimismo, una mujer nacida en 1911 en una aldea de A Estrada respondió al preguntarle que, según su experiencia, las mujeres ingerían también alguna copa de aguardiente.[384] Por lo demás, tenemos constancia cierta de que en el año 1963, una mujer de cincuenta años de edad, vecina del pueblo de Laxe, resultó afectada por la célebre adulteración del metílico, como también le ocurrió a su marido. Lo que motivó el percance dramático fue la costumbre que ambos tenían de tomar un poco de aguardiente en el desayuno.[385] Y no fue este el único caso, según la investigación realizada por Fernando Méndez:[386] en la provincia de Ourense hubo en total veinticinco muertos, de los cuales once fueron mujeres. Resultaron además otras cinco personas con lesiones; entre ellas había una mujer. En la provincia de A Coruña, de los siete fallecidos cinco fueron mujeres y se produjeron, por añadidura, dos casos más de hombres lesionados. En conjunto, la proporción de mujeres afectadas fue notoriamente elevada, lo cual resulta bastante expresivo de la verdadera índole de las prácticas alcohólicas... discretas. Pero reales. Proyecta, asimismo, mucha luz sobre esta cuestión el hecho de que casi todas estuvieran casadas y tuviesen descendencia, sin que dejara de haber también alguna viuda. Ello viene a significar que tenían ya cierta edad. Además, excepto dos afectadas, que vivían en Ourense, las restantes residían —o resultaron intoxicadas— en pueblos y aldeas.

383 L. Domínguez Castro: *Transformacions agrarias na comarca do Ribeiro nos séculos* XIX *e* XX, Santiago: Universidad de Santiago, 1991, p. 232.

384 Entrevista realizada por Carlos Morais Álvarez a Virginia Ruibal Puente, ya cit.

385 Carlos Fernández: *El franquismo en Galicia*, La Coruña: La Voz de Galicia, 1992, p. 185.

386 Fernando Méndez: *Historia dun crime. O caso do metílico*, Vigo: Galaxia, 1998, pp. 225-230.

Como dato anecdótico y muy trágico, por cierto, cabe señalar que los insensatos licoreros que practicaron la adulteración letal tuvieron la siniestra idea de reproducir en la etiqueta de una de las marcas de las aciagas botellas comercializadas un poema de Rosalía de Castro. ¿Cuál fue el que escogieron? Justamente uno perteneciente a los *Cantares gallegos* más conocidos, aquel en que un emigrante se despide de la Tierra: «Adiós, ríos, adiós, fuentes; / adiós, arroyos pequeños; / adiós, vista de mis ojos. / No sé cuando nos veremos».[387] La estrofa poética tuvo aquí el valor de una premonición trágica. En efecto, varios de los afectados quedaron ciegos como consecuencia de la intoxicación.

Ahora bien, en todo caso, era sin duda menor el número de mujeres que mantenía familiaridades con el aguardiente. Tampoco cabe dudar de que la cantidad de aguardiente que tomaban en promedio las escasas consumidoras de tal género era nítidamente inferior a la que solían trasegar los bebedores varones con análogas inclinaciones. Hemos constatado ya este fenómeno en relación con el vino, pero en lo que concierne al aguardiente, el desfase resultaba mucho mayor, puesto que la reprobación social de la mujer bebedora de aguardiente era mucho más severa que la que se aplicaba a la que se limitaba a consumir vino. Amén de que ni los hombres —en especial, de cierta posición— ni tampoco las propias mujeres consideraban idónea la caña para la condición femenina.

No resulta fácil encontrar estadísticas en España que pongan de manifiesto los hechos expuestos. En el paraíso de las encuestas históricas, Francia, Nourrisson deduce que el consumo alcohólico femenino se situaba entre la tercera parte y la mitad que la de los hombres. En Normandía, por vía de ejemplo, se concretaba esta superior tasa de ingesta masculina en un promedio de consumo cifrado entre 0,10 y 0,15 litros de aguardiente por día, en tanto que el de la mujer solo se situaba en 0,05.[388]

A falta de información sistematizada en nuestro país —inexistente en este orden de cosas—, podemos recurrir a los testimonios de valor cualitativo. Estos ponen de relieve la realidad de la ingesta inferior de alcoholes destilados por parte de la mujer. Veámoslo. En la parroquia de Portas, una informan-

[387] F. Méndez reproduce en su libro una fotografía de esta etiqueta. Cf. Fernando Méndez, o. cit., p. 173.

[388] Didier Nourrisson: *Le buveur du XIXe siècle*, o. cit., pp. 151-152.

te nacida en 1914 tenía constancia de que «[había] mujeres que tomaban, venga caña también. Las mujeres a la mañana una copita de caña y un pedacito de pan y muchas de ellas ya iban a trabajar; ya no querían el caldo, ni leche, ni nada. Preferían una copita de caña».[389] Esto era percibido así por una mujer nacida en 1914, pero puede resultar significativo que un hombre de edad coetánea (con una diferencia mínima de dos años) y perteneciente a la misma localidad rural respondiera de manera mucho menos clara. En efecto, al ser interrogado sobre el consumo de aguardiente por las mujeres, decía lo siguiente. «Las mujeres no recuerdo si la tomaban o no, pero seguramente, alguna que se le antojaba...».[390] La dubitativa respuesta bien podría ser consecuencia de la cauta discreción con que las mujeres solían consumir el aguardiente y también, desde luego, de la menor frecuencia con que solían hacerlo. En este orden de cosas, una mujer entrevistada, nacida también en el ayuntamiento de A Estrada en 1932, pero en una aldea distinta a la anteriormente citada, precisaba que el aguardiente no lo tomaba a diario.[391]

Las mujeres que tomaban caña lo hacían, pues, de modo menos habitual y, en términos generales, en cantidad inferior (excluyendo a la mujer marginal y dipsómana: la pedigüeña —del estilo de la Mari-Gaila, de Valle-Inclán,[392] por vía de ejemplo, que presenta otra pauta). Así lo declaraba expresamente Josefa Domínguez Beade (Ames, 1918). Cuando cavaban el maíz, trabajando a jornal, veía cómo a los hombres jornaleros, que estaban trabajando en la finca, les llevaban un cuartillo de caña con un trozo de pan de maíz *(broa)* a las once, pues solían faenar desde las seis de la mañana y el trabajo era duro. En cambio, «a las mujeres no, nada; la que quería beber un chupito si no quería beber una copa, bebía un chupito, le daban un chupito. Tú comías un pedazo de aquel pan, porque tenías hambre, tenías que volver a cavar el maíz, porque eran muchas horas y, entonces, si acaso, le decías: «echáme aquí un chupito», pero una gota en el fondo, porque pelaba mucho, picaba mucho».[393]

[389] Entrevista realizada por Isabel Mondragón Lueiro a Celina Pérez (Portas, 1914) (FH-AHUS).

[390] Entrevista realizada por Isabel Mondragón Lueiro a Francisco Lueiro Fontán (Portas, 1914). Familia labriega de mediano nivel. (FH-AHUS).

[391] Entrevista realizada por Carlos Morais Álvarez a Lina Puente Ruibal (Oca [A Estrada], 1932) (FH-AHUS).

[392] Ramón M.ª del Valle Inclán: *Divinas palabras*, en *Obras escogidas*, o. cit., p. 1154.

[393] Entrevista realizada por Eva Liñares Fernández a Josefa Domínguez Beade, ya cit.

Bebidas suavizadas y ligeras para la mujer. Vino rebajado con sifón, gaseosa o agua

Las mujeres tomaban con más frecuencia que los hombres el vino rebajado con gaseosa, sifón o agua. Por un lado, era una manera de estirar su vino; pero también parecía más apropiado para su sexo que tomaran un vino más ligero, rebajado en grados. Este privilegio masculino se advertía en Bueu: cuando las familias, en la década de 1950, llevaban un poco de vino a casa, con ocasión de alguna fiesta, comúnmente los hombres tomaban el vino solo y las mujeres, a poco que anduviese escaso, lo acompañaban con gaseosa.[394] En una aldea de Guitiriz, en los años cuarenta y cincuenta, mozos y mozas hacían una merienda fuera de casa; llevaban, además de vino, gaseosa, que era para las chicas, y después bailaban todos juntos unas piezas.[395] Tenemos constancia de que en Foz, antes de 1953, se añadía en ocasiones gaseosa al vino que habían de beber las mujeres. Era, en efecto, una costumbre más bien femenina rebajar el vino con gaseosa. Otro tanto declaraba un hombre nacido en una parroquia de Guitiriz en el año 1929, pero matizando que también se hacía al revés: el vaso regularmente lleno de gaseosa se coloreaba con un poco de vino tinto.[396]

A tenor de un testimonio recogido en el ámbito marinero, eran las mujeres quienes solían ocuparse de llevar a cabo la vendimia, que tenía lugar en un modesto predio. Daban comienzo a la faena hacia las tres de la tarde. Transcurridas unas horas, hacían un alto para merendar: pan, queso con membrillo, chorizo y *alcriques*. Llevaban botellas de vino mezclado con gaseosa o bien separado para luego mezclarlo; esto último, más bien en el caso de que participara algún hombre, que bebía el vino solo.

Antaño era muy corriente emplear una bebida gaseada, denominada popularmente *sifón*. Como indica el diccionario, consistía en una «botella, generalmente de cristal, cerrada herméticamente con una tapa por la que pasa un sifón, cuyo tubo tiene una llave para abrir o cerrar el paso del agua cargada de ácido carbónico que aquella contiene». Un médico informante, natural de Fonsagrada, afirmaba que antes era más corriente mez-

[394] Entrevista realizada por Xavier Castro a Antonio Pereiro, ya cit.

[395] Entrevista realizada por Alejandro de Arce Andratschke a Jaime López López, ya cit.

[396] Ibídem.

clar el vino con sifón que con gaseosa y se hacía sobre todo para las mujeres y los niños.[397]

Una práctica bastante común consistía en echar un chorro de vino tinto —una nubecilla— para colorear el vaso de agua de las mujeres y los niños. Todavía no hace muchas décadas, era esta una costumbre habitual que practicaban las familias en sus hogares. Lo hacían también algunas mujeres casadas, ya en la Francia de 1665.[398] Demos ahora un salto en el tiempo. Vayamos con una situación observada por el autor en el curso de un viaje realizado en el estío del año 2002. En un vagón de tren, que hacía el recorrido de A Coruña a Hendaya, viajaba un matrimonio maduro, que hablaba en gallego, con aire de ser personas de economía modesta pero no apurada, residentes probablemente en un pueblo. A la hora de comer, la señora sacó a relucir una botella de vino tinto, sin etiquetar, un botellín de agua mineral y dos vasitos de plástico. Sirvió vino en el vaso de su marido y, en cambio, llenó por la mitad el suyo y lo completó seguidamente con agua.

Entre las clases altas residentes en el medio urbano, parece haber existido en la década de los 40 la idea de que, en el caso de que la mujer tomara alguna bebida alcohólica, era preferible que fuese cerveza. En efecto, en una obra destinada a la mujer, la autora no se refería a ella como si tratara exactamente de una bebida propiamente alcohólica, sino que la consideraba eufemísticamente como *refresco* y, por lo tanto, la consideraba apropiada para tomar en los actos sociales en los que se registraba la participación de la mujer, como podían ser los bailes. También resultaba adecuada en el supuesto de que un caballero la invitara a entrar en un café. Además, la cerveza aparecía todavía revestida de mayor inocencia al recibir el epíteto de bebida nutritiva. Véase si no: «La cerveza tomada con prudencia es un refresco favorable. Es estimulante del organismo y se recomienda como más nutritiva que el vino a las flacas».[399] Ahora bien, el ligero amargor del gusto de la cerveza no coincidía con el canon de dulzura que se suponía en mejor armonía con el paladar de la mujer.

[397] Entrevista realizada por Xavier Castro a Enrique Devesa Turia.

[398] Testimonio de un viajero reproducido por Jean-Louis Flandrin: *Chronique de Platine. Pour une gastronomie historique*, París: Odile Jacob, 1992, p. 277.

[399] Josefina Bolinaga: *Yo tendré un hogar*, Madrid: Librería de Victoriano Suárez, 1943, p. 109.

TRIBULACIONES DE LA MUJER EN SU ANHELO DE BEBER VINO

La mujer y su discreto beber. Obligación de guardar el decoro y las apariencias

Las normas sociales obstaculizaban y restringían severamente la ingesta alcohólica de la mujer. Para soslayar tan estrictas limitaciones, cuando sentía deseos de beber vino o alcoholes de mayor fuste, se veía obligada a guardar las apariencias, de modo que quedara preservado su decoro en cuantas ocasiones fuese conocedora de que no se consideraba aceptable o correcto (que eran la mayoría). Así pues, la falta de libertad para beber a su arbitrio, de la que en cambio disponían los hombres, inducía a la mujer a desplegar un variado repertorio de estrategias que tenían como eje central la discreción y, como vías secundarias, el donoso arte del disimulo y el ocultamiento.

Estrategias de disimulo en la compra

Aprovisionarse de vino o aguardiente resultaba un problema para las mujeres que no tenían bodega en sus casas. Su reputación podía quedar en entredicho en el acto, aparentemente inocente, de la compra de provisiones en la tienda. Si estaba casada, o había hombres en su casa, no tenía problema. Pero si su marido se hallaba en la emigración y vivía ella sola con sus hijos, o bien estaba viuda, la adquisición de víveres podía revestir el carácter de una confesión en toda regla. De su vicio, nada menos. En tal supuesto, la mujer que quería adquirir vino o aguardiente para su consumo sabía que estaba poniendo en juego su prestigio, por lo que se encontraba en una situación psicológica francamente incómoda. En un verdadero brete. Para no menoscabar su honra, solía entonces alegar pretextos, recurrir a coartadas... que parecerían más o menos convincentes a la suspicaz tendera, quien tantas oportunidades tenía de comentar el hecho con otras mujeres. Uno de los trucos más utilizados —según nos comentaban algunas informantes— consistía en tratar de quitarle importancia a la compra de la bebida alcohólica, aparentando que el tema apenas le interesaba. La compradora simulaba así que se acordaba en el último momento, y, como quien no quiere la cosa, soltaba por fin: «Ah!, que ya me olvidaba, y ponme también un litro de aguardiente». Era asimismo muy común tratar de quitar hierro a la petición, después de todo, delatora, especialmente cuando la clienta creía observar un destello de desconfianza o reproche en la mirada de la tendera, con algún pretexto de refuerzo. Pretexto de esta o parecida laya: «No es para beber, no creas, que es para darles unas friegas en la espalda a los niños»; o bien: «Me hace falta para hacerme unos enjuagues en la boca, que tengo un dolor de muelas que me está matando». O para la matriz, o para lo que fuera... En cualquier caso, es de temer que de poco serviría, pues la tabernera algo se maliciaría, pensando en el adagio latino «excusatio non petita, accusatio manifesta» (desde luego, en una formulación en román paladino, servida por algún oportuno refrán castizo).

Un segundo problema que debía soslayar la mujer era que la viesen por la calle, con el recipiente de vino o de caña, las «lenguas murmuradoras». Tenemos constancia del caso de una mujer de Cambados que se encaminaba a la taberna tienda llevando una botellita pequeña escondida en un bolsillo interior de la falda (o mandilón), para traerla de vuelta repleta de aguardiente. «Lo llevaba de extranjis», precisaban las informantes. Añadían que dicha mujer optaba por la caña en vez de por el vino, porque, prudentemente, consideraba que al tener mayor graduación no necesitaba tanta cantidad. El vino tenía el inconveniente que hacía más bulto y se notaba más.[400] Otra informante, en este caso de Bueu, menciona una situación parecida de la que tuvo conocimiento en los años veinte. Tenía esta mujer una vecina que también solía ir a comprar vino o caña a la taberna, con una botella disimulada debajo del mandil. Después bebía en su casa procurando que nadie se enterase y, seguidamente, se echaba a dormir la borrachera.[401]

Las fuentes orales señalan que este tipo de situaciones eran más corrientes en las mujeres ancianas, que se encontraban solas, abandonadas, o —como decía una informante— «aburridas»[402] (lo que podría traducirse por 'deprimidas'). Sin embargo, no deja de ser cierto que conseguir vino para beber era

[400] Entrevista realizada por Xavier Castro a Angustias Cacabelos Domínguez y sus hermanas, ya cit.

[401] Entrevista realizada por Xavier Castro a Josefa González Rúa, nacida en Banda do Río, Bueu, en 1914.

[402] Entrevista realizada por Xavier Castro a Angustias Cacabelos Domínguez y sus hermanas, ya cit.

un problema para todas las mujeres, fuera cual fuese su edad. Bien de manera regular, bien en alguna etapa específica de su vida, la mujer que sintiese deseos de beber tenía que diseñar alguna estrategia para obtener el vino. Desde luego, hay informaciones que sugieren que las mujeres jóvenes también recurrían al expediente del disimulo. Existe en el cancionero popular una copla de intención denunciatoria alusiva al ocultamiento de que se valían las mozas celosas de preservar su crédito público para efectuar la compra de vino. Veámosla seguidamente: «Las mozas de Vilanova / dicen que no beben vino / y debajo del mandil / llevan el jarro escondido».[403] Existe también una versión muy similar en el cancionero popular español: «Las señoritas de ahora / dicen que no beben vino; / debajo del polisón / llevan el jarro escondido».

Por lo demás, cuando las mujeres no se atrevían a ir personalmente a comprar vino, enviaban por él a los chavales.[404] Esta era otra de las estrategias habituales. Efectivamente, las mujeres que tenían hijos aprovechaban esta circunstancia para servirse de ellos con vistas a obtener la bebida deseada. Era algo muy común que los niños hiciesen esta clase de recados, por lo que el hecho no despertaba sospechas y, por tanto, se evitaban las habladurías. Como enseguida veremos más extensamente, Valle-Inclán nos muestra en una de sus *Comedias bárbaras* a la mujer de un sacristán que enviaba a su hija con unos ochavos a «por un cortadillo» de anisado.[405] Así hacía también la madre de una persona entrevistada, en tiempos aún recientes.[406] En el caso de que no tuviesen hijos, acababan encontrando igualmente alguna solución. En la década de 1960, una vieja viuda vivía en San Xoan de Filgueira, un barrio de los arrabales de El Ferrol que, según la informante, funcionaba entonces casi como una pequeña aldea. Como no tenía descendencia, enviaba a los niños del barrio a por vino dulce a una tienda cercana, del tipo denominado garnacha (solía ser un vino tinto aguado o elaborado con dicha variedad de uva, que llevaba además miel y

[403] *Cantigas do viño: recollidas do pobo*, o. cit., p. 40. Cantiga recogida también por Buenaventura Aparicio Casado: *A tradición oral en Poio*, Pontevedra: Diputación Provincial de Pontevedra, 1992, p. 142.

[404] Entrevista realizada por Xavier Castro a Josefa González Rúa, ya cit.

[405] Ramón M.ª del Valle-Inclán: *Cara de plata: comedia bárbara*, o. cit., pp. 115-116.

[406] Entrevista realizada por Xavier Castro a una informante que no desea que se revele su nombre.

especias).[407] Nunca faltaban chavales que aceptasen el encargo a cambio de una modesta propina.

En distintas localidades rurales de la provincia de Pontevedra en las que residió Antonio Viudez, este pudo constatar[408] hacia los años veinte y treinta del siglo XX, que los niños podían ir a comprar bebidas alcohólicas a las tiendas sin ningún problema, siempre que sus padres les diesen dinero para pagarlas. En Ames, Josefa Domínguez (1918), recordaba que «por ahí a los diez años u once años» ya se solía enviar a los niños a la taberna para que compraran el vino. En efecto, en su casa: «[...] ya se tomaba tal vez dos litros de vino, por ejemplo un domingo, y los iban a buscar a la Moniña, y tenían diez años. Iban todos contentos cuando le daba los cuartos para ir a buscar el vino. Así un domingo [...] o así una chilindrada... Después la cosa de la comida [...] no les mandaba, únicamente podía ser un kilo de azúcar [...], que la cosa de la comida la traía yo».[409]

También la mujer en la sociedad francesa se veía obligada a practicar una cultura de la bebida bastante similar a la nuestra: resulta muy significativo que tuviesen reparo en ir ellas mismas a comprar el aguardiente a la tienda. Por eso solían enviar a algún hijo a buscarlo *chez l'épicier*. Por cierto que tal encomienda ofrecía una oportunidad a los niños para que bebiesen un poco por el camino. Las niñas también gozaban de tal posibilidad, como está documentado en un informe médico referido a la zona de Seine-Maritime.[410]

Melindres y cautelas a la hora de aceptar una invitación a beber

Las señoras no podían aceptar lisa y llanamente una invitación a beber. Como tendremos ocasión de ver e ilustrar, no estaba bien visto que la mujer dejara transparentar su gusto o afán por la bebida; no digamos ya en forma tal que este deseo pudiera parecer inmoderado o apremiante.

407 Entrevista realizada por Carmen Pereira Pazos a M.ª Iglesias Rey, nacida en (Campolameiro [en las inmediaciones de Pontevedra], c. 1920), quien se trasladó a vivir San Juan de Filgueira, en los arrabales de El Ferrol, cuando contaba 18 años de edad.

408 Entrevista realizada por Margarita Vergara Viudez a Antonio Viudez Hernández (San Miguel de Tabagón [O Rosal, Pontevedra], 1910) (FH-AHUS).

409 Entrevista realizada por Eva Liñares Fernández a Josefa Domínguez Beade, ya cit.

410 Citado por Didier Nourrisson: *Le buveur du XIXe siècle*, o. cit., pp. 153-157 y 165.

En efecto, lo más aconsejable que para una señora «de verdad» era que, de buenas a primeras, rechazase la invitación. Resultaría de «mal tono» que aceptase sin más tal ofrecimiento. Todavía peor que lo hiciese permitiendo con espontánea franqueza que se transparentasen sus muestras de satisfacción: parecería francamente reprochable que aprovechara la oportunidad para libar unas copas entre alharacas de deleite, o con pronto y exaltado júbilo. Aun en el caso de que su apetencia fuera mucha, se esperaba que al menos se hiciese de rogar un poco, o bien que dijera de entrada que no, aunque fuese con la boca pequeña, para inmediatamente después (con cierta presteza, no fuera a desaprovechar la oportunidad) desdecirse: «Bueno, y si no, tomaré un poquito, que quizá me siente bien para la tensión (o el estómago, la matriz, etcétera)». En una obra de Torrente Ballester, *Filomeno a mi pesar,* el autor muestra a una profesora muy preocupada por la moral, que gozaba de cierto prestigio intelectual en la ciudad. Había sido invitada, en compañía de un canónigo, a visitar la casa de un señorito rico de Villavieja. Cuando fueron cumplimentados por el anfitrión, mientras el clérigo aceptó de buen grado el aguardiente del país, la dama declinó la invitación en favor de un anisete de nombre francés, que, según ella, le caía bien al estómago. «¡Es que no hay como el Marie Brizard para una digestión tranquila, sobre todo cuando tiene una que hablar!»,[411] explicaba.

Antaño se daba por supuesto que lo que condecía con la *natural* modestia y comedimiento de la mujer era hacer pública expresión de alguna reserva o escrúpulo al respecto. Resultaba, en fin, más decoroso y correcto que antes de aceptar una invitación a beber pusiese algún reparo e incluso quedaba bien que hiciese gala de ciertos melindres. El protocolo de la urbanidad exigía que manifestara, aunque tuviese que hacerlo con un ápice de remilgada insinceridad o un cierto deje de hipocresía, que no solía beber casi nunca, de modo que la presente ocasión no era sino una señalada excepción; que no sabía si, por lo tanto, le sentaría mal o le haría marearse un poco, dada su falta de costumbre... y otras expresiones de este o parecido tenor.

Cuando la mujer se encontraba «en sociedad», eran, pues, obligados los remilgos antes de beber, en el momento en que se producía la invitación. La mujer «digna» debería hacer protestas de este tenor: «Bueno, ya que

[411] Gonzalo Torrente Ballester: *Filomeno, a mi pesar,* o. cit., p. 407.

insiste, sírvame, pero solo una copita, por favor, que si no luego se me va la cabeza. O mejor aún, media». Y aún debería exclamar al ver que le servían una minucia más: «¡Tanto no!, por favor». Hace todavía pocos años tuve ocasión de presenciar una escena parecida, en el transcurso de una visita a un amigo, al que vino a verlo su madre —viuda de clase media que reside en un pueblo de la costa de Galicia— en compañía de otra dama, amiga y pariente suya a la vez. Cuando se les ofreció una copa de vino dulce (de Oporto, para más señas), la acompañante de la madre consideró un deber hacer protestas de moderación: dijo que la aceptaba solo con la condición de que se le sirviera una dosis muy menguada. Y al ver que mi amigo le llenaba la copita, le interrumpió, con un gesto acuciante, que pudo parecer brusco, repitiendo que no le sirviera tanto. Hablando ya en términos generales, este tipo de representación debía continuar tras probar algún sorbo, o bien al finalizar la copa: era el momento de recalcar que no le había gustado, o bien que temía que pudiera sentarle mal o producirle un mareo, «porque *realmente* no estaba acostumbrada». Álvaro Cunqueiro aludía al caso, que expresa un refrán del que tenía conocimiento, de las señoras monjas de Chouzao del Miño, que tras beber el vino se sentían en la obligación de ponerle peros al jarro.[412] Por lo demás, era también menester que las señoras de posición bebieran despaciosamente su copa, a pequeños sorbos y sin prisas.

En los medios populares, la mujer podía obrar con más franqueza, pero tampoco con descaro. Solo las mujeres marginales, que aparecen muy bien reflejadas en las *Comedias bárbaras* de Valle-Inclán, expresaban sus anhelos etílicos con desfachatez y podían beber con ansia y fruición. Ellas sí se podían atizar al coleto, de un trago, una generosa taza bien mediada de vino o, quizá, la copita de resolio o anisado, exhalando después un fuerte ¡aaaahh! Inmediatamente después, la costumbre imponía la cortesía de que procediesen a limpiarse los labios… con un pico del mandilón.

[412] Álvaro Cunqueiro: «La buena cocina», en José María Castroviejo y Álvaro Cunqueiro: *Viaje por los montes y chimeneas de Galicia. Caza y cocina gallegas*, 3.ª ed. rev. y amp., Madrid: Espasa-Calpe, 1978 (Austral), p. 210.

Consumo a escondidas o de noche. O bien cuando el marido se hallaba fuera

Cuando las mujeres no vivían solas, tenían que ingeniárselas para beber alcohol *ad libitum*, puesto que no podían beber con franqueza y descaro. Debían aguardar el momento y la oportunidad propicios. Así, en ocasiones, consideraban prudente beber a escondidas o bien al amparo de la noche, cuando nadie las viese. Una canción popular desvelaba esta argucia: «ay, si bebí, si bebí por el jarro, / ay, si bebí, si bebí, hice bien; / ay, si bebí, si bebí por el jarro / era de noche y nadie me vio».[413]

Había mujeres que bebían en sus domicilios aprovechando la ausencia de los maridos, como hacía la prójima de un sacristán valleinclanesco.[414] Recordaba también una informante que cuando todavía era una niña y se encontraba a solas con su abuela, esta le decía a veces: «vamos a tomar las dos una copita»; que venía a ser un vaso de Duralex, de tamaño pequeño, pero bien repleto de vino tinto.[415]

Valle-Inclán, como ya hemos apuntado, concibe en *Cara de plata* un personaje femenino, la mujer de un sacristán, algo vieja ya y encanecida, que cuando se hallaba en casa, en compañía de sus hijos, aprovechaba la ausencia del marido y «se alumbraba» bebiendo «morosa y deleitada» anís, por un pichel pringoso. Ofrece luego la bebida a su hija mayor, ya moza cumplida. Pero esta opone en principio reparos, pues le inquietaba el temor de que «Luego los mozos me sienten el aliento». La madre le replica que se dejara de historias y que bebiese, pero, eso sí, que «se *desapartase*» de los jóvenes, pues como «se arrimase» a alguno que le hiciese una barriga, «vas para fuera de casa».[416] La escena refleja ajustadamente la preocupación de las mozas casaderas, que debían ser más cautas y obrar con mayor discre-

[413] Con la traducción se pierde la rima de esta cantiga, que es así en su lengua original: «Ai, si bebín si bebín polo xerro, / ai, si bebín si bebín fixen ben; / ai, si bebín si bebín polo xerro / era de noite e non me viu ninguén». Cantiga que cantaban las mujeres en las Rías Bajas, recogida en diferentes compendios: en la revista *NÓS*, núm. 131-132 (noviembre-diciembre de 1934), p. 175. También recopilada en *Cantigas do viño: recollidas do pobo*, o. cit., p. 24. Aparece asimismo en la recopilación de Xaquín Lorenzo Fernández, *Cantigueiro popular da Limia Baixa*, o. cit., p. 76.

[414] Ramón M.ª del Valle-Inclán: *Cara de plata: comedia bárbara*, o. cit., p. 114.

[415] Entrevista realizada por Xavier Castro a M.ª Teresa Martínez Rodríguez (La Coruña, 1971).

[416] Ramón M.ª del Valle-Inclán: *Cara de plata: comedia bárbara*, o. cit., p. 114.

ción, puesto que, de no hacer tal, su cotización en el mercado matrimonial podría verse gravemente menoscabada. Al final, la moza se resuelve y «con remangue toma el pichel que le ofrece la vieja, y tras de catarlo, se frota los labios con el pañuelo majo que lleva al pecho».[417]

«Dices que no bebes vino / y yo bien te lo he visto beber»

No eran pocas las mujeres que, puestas en el trance de tener que responder a la incómoda pregunta de si habían bebido alcohol, negaban tal hecho. O bien, si tenían que rendirse a la evidencia, concedían que habían tomado una cantidad muy pequeña y que además lo habían hecho presionadas por la insistencia de alguna persona. Veamos un ejemplo del primer supuesto. Un cantar publicado en la centuria antepasada por Pérez Ballesteros refleja de manera colorista el caso de una bebedora cogida en falta por su muy atenta y fiscalizadora vecina: «Desde mi ventana bien vi / lo que no quisiera ver; / dices que no bebes vino / y yo bien te lo he visto beber».[418] Por lo demás, Blanco Amor, en un cuento escénico, *A medosa Blandina* (La miedosa Blandina), que sitúa en las primeras décadas del siglo XX, alude a una joven aldeana, costurera de profesión, que en un día de fiesta aparentemente «se vio forzada» a tomar unas copas de anisado. La escena revela la conveniencia de alegar circunstancias atenuantes que hiciesen aceptable este tipo de ingesta alcohólica femenina. En el relato, la moza comenta, con pretensiones de seducción, los calores que sentía casi como si la asaltaran y, ante la poco pertinente observación de su desavisado acompañante, de que quizás se debiesen al vino que había tomado, hubo de responder prestamente: «¿Al vino? Si ni siquiera un trago bebí, que ni me gusta ni me presta. Todo lo más fueron dos copas de anís escarchado que me hizo beber casi a la fuerza mi tío, y donde van ya; fue al salir de misa [...]».[419] También en la novela *¡A Besta!*,[420] del escritor

[417] Ramón M.ª del Valle-Inclán: *Cara de plata: comedia bárbara*, o. cit.

[418] Recogida en Abegondo (Betanzos) por José Pérez Ballesteros: *Cancionero popular gallego*, o. cit., p. 267. También fue recogida esta copla en *Cantigas do viño: recollidas do pobo*, o. cit., p. 25.

[419] Eduardo Blanco Amor: *A medosa Blandina*, o. cit., pp. 163-164

[420] Xan de Masma: *¡A besta!*, o. cit., p. 228.

costumbrista Xan de Masma, se perfila un personaje que reviste a este respecto notable interés: se trata de una chica que bebe una copa de vino tostado «a puro ruego» de su acompañante.

Las mujeres entrevistadas para la realización de este trabajo han tenido a bien mostrar cierta reserva a la hora de sincerarse acerca de su práctica real en relación con la bebida. De hecho, esto ha constituido una dificultad bastante seria con la que tropezamos. Sin embargo, hemos de reconocer que tenían razones más que sobradas para mostrarse cautelosas. En cualquier caso, ha sido posible constatar que prácticamente ninguna mujer se atrevía a confesar que tomaba bebidas que tuviesen una marca masculina tan clara como podía ser el coñac. Por lo tanto, podríamos llegar a pensar que realmente no las tomaban nunca. Ahora bien, algunas veces ocurren sucesos extraordinarios, en este caso muy penosos, que suscitan una investigación a fondo de los hechos. De este modo, se han llegado a descorrer algunos de los velos que ocultaban la auténtica realidad de la bebida femenina, que tan críptico asunto ha resultado ser. Un hecho de consecuencias catastróficas, ya aludido, ha permitido comprobar que, incontestablemente, algunas mujeres sí bebían coñac. Por lo menos de vez en cuando, por gusto personal (aunque no coincidiese con lo que se suponía que debería ser la bebida canónica de la mujer; después de todo, ¡lo importante era que nadie llegara a enterarse!) o porque lo tenían a mano, en el caso hipotético y nada infrecuente, de que lo bebiese su marido. En efecto, en el juicio celebrado con motivo de la adulteración metílica, que tuvo lugar en la Audiencia de Orense, en 1967, la hija de María Pérez Freire, vecina de Pontedeume, declaró que su madre había muerto después de haber tomado una copa de coñac.[421] Por lo demás, el hecho de que muchas personas pensasen que el coñac era una de las bebidas más sanas entre las destiladas, pudo constituir un factor que animase a algunas mujeres a tomarlo. Así lo señalaba explícitamente Pilar Comín, en una obra dirigida precisamente al sexo femenino, por entender que de todos los licores: «El más sano de todos es el coñac, que, como viene del vino, procede de la vid».[422] Como además sostenía que los licores «dulzo-

[421] Fernando Méndez: *Historia dun crime. O caso do metílico*, o. cit., p. 205.

[422] M.ª del Pilar Comín: *Enciclopedia del Hogar Feliz*, Barcelona: Gassó Hermanos, 1962, p. 149.

nes» ensuciaban el estómago, non parecía dejar muchas alternativas. Ahora bien, Pilar Comín se guardaba lógicamente muy mucho de recomendar a la mujer que bebiese coñac.

Justificar la bebida alegando pretextos de salud o médicos

El paradigma de la medicina antigua, tanto en su vertiente oficial como en la popular, incluía un repertorio amplio de bebidas alcohólicas admitidas por sus virtudes terapéuticas. Este expediente medicinal hacía posible que la mujer pudiese ensanchar un poco más sus oportunidades de ingerir bebidas alcohólicas. En efecto, podía servirse de ellas bien cuando se hallaba acuciada por determinadas dolencias, bien cuando las fingía, a modo de pretexto o coartada para satisfacer su apetencia de alcohol, orillando así las interdicciones establecidas. Este uso ya lo hemos esbozado al hacer referencia a la justificación de la compra de alcohol.

Como se pormenoriza en otra parte, la sociedad en su conjunto, particularmente los sectores populares, hacía pródigo uso de vinos, aguardientes y licores como remedios caseros con los que aliviar o curar los padecimientos del cuerpo y las aflicciones del espíritu. Solían, así, aplicar sobre la piel diversos brebajes elaborados con vino para curar las heridas, o tomarlo caliente, acompañado de azúcar, para combatir los catarros. No se puede olvidar tampoco de que antaño se comercializaban vinos medicamentosos, de notable graduación alcohólica, que se presentaban además como excelentes digestivos. Y es que, para la mentalidad de la época, el vino ayudaba a hacer bien la digestión. Un médico revelaba que había mujeres en España que «fingen un dolor de estómago; y para su remedio piden un trago de vino».[423]

También confiaban en el aguardiente y no hacían ascos tampoco, en algunos casos, al anís y al coñac, para aventar gripes y resfriados, aligerar pesadas digestiones o paliar el dolor de muelas. El aguardiente tampoco se dejaba de emplear en aplicaciones cutáneas, para desinfectar cortes o heridas, disipar el pesaroso dolor de cabeza o en friegas que servían de lenitivo para las dolencias musculares.

[423] Felipe Monlau: *Higiene del matrimonio*, París: Garnier Hermanos, s. a. [c. 1865], p. 460.

Además, había mujeres que recurrían al alcohol para remediar pesares más o menos evanescentes, cuando no netamente ficticios, como el manido malestar de la matriz, la bajada de tensión o algún que otro desfallecimiento o vahído. Mencionaremos un ejemplo de esta estrategia de legitimación médica de la práctica de la bebida, puesto que otra cosa no era el recurso a un pretexto concreto relacionado con la salud para acceder al vedado trago. Una informante recuerda el caso de una señora de Cangas que, cuando tenía invitados en su casa, se sentía obligada a darles una explicación creíble que hiciera parecer aceptables sus licencias con el vino: «es que a mí el médico me manda beber vino para subir un poquito la tensión»,[424] les decía. Era posible aprovechar la imprecisa frontera que se dibuja a duras penas entre la necesidad y la excusa, ubicando la apetencia de beber en un punto indeterminado que tanto se puede hallar un poco más acá como un adarme más allá de tan ambigua geografía. Así, y a mayor abundamiento, no podía faltar una olla de vino para favorecer el restablecimiento de la mujer tras el parto; ni un jarro para afrontar con energía algunas tareas rudas, penosas o arduas, desde *sachar* las patatas hasta limpiar con empeñoso escrúpulo las tripas del cerdo tras la matanza; ni tampoco en los momentos emocionalmente difíciles, como medicina del alma, ante un grave pesar, una noticia aciaga o bien cuando era preciso lavar y amortajar un cadáver. La literatura de testimonio nos muestra que, en efecto, parecía algo «natural» que la mujer necesitara confortar su espíritu en ciertas ocasiones difíciles. Valle-Inclán alude en *Divinas palabras* a una mendiga que, de camino a la romería, se sintió súbitamente aquejada de una grave dolencia. Lo primero que se le vino a la mente fue pedir sin rebozo el consuelo del alcohol para sobrellevar sus dolores: «¡Un trago de anisado dábame la vida!»,[425] exclamaba. Por su parte, Torrente Ballester refiere en una obra de hechura autobiográfica, *Dafne y ensueños*,[426] que en las romerías aldeanas, algunas mujeres ascendían al santuario de rodillas, bebiendo únicamente agua. Pero cuando alguna se desmayaba, los acompañantes consideraban oportuno darle aguardiente.

[424] Entrevista realizada por Xavier Castro a Belén García Graña, residente en Cangas.

[425] Ramón M.ª del Valle Inclán: *Divinas palabras*, en *Obras escogidas*, o. cit., p. 1.112.

[426] Gonzalo Torrente Ballester: *Dafne y ensueños*, o. cit., p. 122.

Otros ardides o justificaciones de la bebida: se ha de combatir con ella el frío o el calor

Un ardid muy habitual consistía en justificar la bebida invocando los rigores climáticos. Una taza de vino fresco o bien una cerveza de la nevera, ya en época más tardía, no solía encontrar reparos cuando acuciaba el calor. Ni menos aún el vino caliente o la copa de anisado o de caña, en las más frecuentes ocasiones en que el frío laceraba las carnes. Más proclives al empleo de tal subterfugio parecían ser las frioleras mujeres de avanzada edad, cuyos destemplados organismos inexcusablemente parecían requerir el aporte calórico del alcohol. En este supuesto, la bebedora no despertaba suspicacias, pues todos convenían en que se trataba de una cuestión de necesidad. Perentoria incluso. Ciertamente, tal era el parecer de la anciana obrera de la fábrica coruñesa de tabacos, personaje de la novela de testimonio *La Tribuna*, de Emilia Pardo Bazán. Conversando con unas compañeras más jóvenes, que no acababan de aprobar su empeño en empinar el codo a base de caña, les vaticinaba que «Y eso que a mis añitos, hiiijas, ya os gustará calentar el estómago, que se pone como la pura nieve».[427]

La mala conciencia de la mujer bebedora

La mencionada panoplia de subterfugios y estrategias permitía a la mujer acceder a la bebida, pero al precio de situarse en un terreno penumbroso y resbaladizo. Por tal motivo, cierta sombra de inquietud gravitaba sobre la mujer que recurría a dicha serie de ardides. Sentía cernirse un peligro sobre su cabeza: podía ser descubierta (recordemos la copla en que este riesgo eventual se torna en un hecho) o bien, en el supuesto de tener mejor fortuna, temía que se suscitaran sospechas y desagradables habladurías que menoscabarían su honra. Estaba muy mal visto que una mujer fuese aficionada al vino; pero todavía era peor si se mostraba devota de la caña, y no digamos ya si, de tarde en tarde, abusaba un tanto del trago. En tal caso la tildaban de «borracha», estigma que le hacía perder el respeto público. Por lo demás, los vapores etílicos podrían anestesiar momentáneamente sus escrú-

[427] Emilia Pardo Bazán: *La Tribuna*, Madrid: Cátedra, 1978, p. 164.

pulos morales, pero, disipados estos, la mala conciencia no dejaría de escocerle. En efecto, las mujeres participaban inevitablemente del *ethos* dominante que estipulaba con rigor las modalidades, horas y ocasiones en que la bebida resultaba socialmente aceptable para cada uno de los sexos. Cuando no se atenía a dicha pauta y se erigía en transgresora de tabúes, se veía muy probablemente atribulada por la desazón, el sentimiento de pecado y el temor a las lenguas murmuradoras. Ahora bien, reflexionemos: ¿Acaso esta pesadumbre y tales remordimientos no se convertirían en nuevos factores retroalimentadores de su inclinación a la bebida? Una divertida anécdota recogida por Eliseo Alonso, de boca de un paisano del Rosal, ejemplifica este estado de animo desazonado de la mujer bebedora: «había una viejecita en mi pueblo, muy buena, porque la gente que bebe vino no es ruin, pero cogía unas talanqueras de solemnidad. Cuando estaba con ella, se abrazaba a un crucero que tenía ante la puerta de casa y le rogaba a Cristo: "Ay, Jesusiño, sácame estas ganitas de vino que yo tengo". Y luego, poniendo voz ronca, respondía ella por el Cristo: «No puede ser, no puede ser».[428]

LOCUS Y DISCRIMINACIÓN

En el hecho constatable de la discriminación de la mujer en lo que concierne al consumo de alcohol, ha influido con seguridad su supeditación al ámbito de la privacidad y al *locus* doméstico. Y aun en este, con toda claridad, de puertas adentro. En verano, en los barrios populares de Madrid —tal como tuvo ocasión de constatar en 1936 el dirigente comunista Santiago Álvarez—,[429] las amas de casa solían sentarse en las aceras, ante las puertas de sus modestas casas, provistas con sus botijos de agua, para trabajar haciendo punto y cosiendo. Naturalmente, aprovechaban también para conversar y entretenerse «pasando revista» a las vecinas. En las barriadas casi toda la gente se conocía y lo último que se les podría ocurrir era exhibirse bebiendo vino.

[428] Cantiga recogida por Eliseo Alonso: *Viños do Rosal e do Condado: denominación de orixe Rías Baixas*, Vigo: Nigra Imaxe, 1992, p. 128.

[429] Santiago Álvarez: *Memorias II. La guerra civil de 1936/1939*, Sada [La Coruña]: Ediciós do Castro, 1986, p. 15.

Así pues, para las mujeres eran, en efecto, mucho menos abundantes las ocasiones apropiadas —si no estipuladas: fiestas, actos sociales concretos— para beber y, desde luego, también los lugares adecuados o, cuando menos, posibles, para realizar tal consumo. De este modo, tenían prácticamente vedados los recintos primordiales en los que se efectuaban las libaciones en los pueblos y ciudades: la taberna y el café, escenarios privilegiados de la sociabilidad masculina (a la par que la barbería y el casino o liceo).

Las mujeres tenían, por lo tanto, restringidos los ámbitos posibles para la ingesta de vino, que se circunscribían ante todo a la casa[430] o, de modo menos significativo, los espacios en los que se celebraba, muy de vez en cuando, alguna fiesta, feria o romería. Resultaba admisible que las mujeres —y los curas— pudiesen entrar a beber en una taberna cuando iban de viaje o bien se hallaban en tránsito hacia tales eventos. Asimismo, podían tener venturoso trato con el vino en el *locus* laboral: la proletaria, en el taller o la fábrica —casi siempre transgrediendo el reglamento de la factoría— y la labradora, haciendo un alto en las labores ordinarias del campo o en los quehaceres de la industria rural doméstica, de manera muy especial en las hiladas, majas y deshojas. Cabe señalar que las reuniones que tenían lugar con ocasión de estos trabajos en común *(endeitas)* revestían enorme importancia en la articulación de la sociabilidad popular, siendo la ocasión privilegiada para el intercambio de información y la relación amorosa.[431] Y en todo esto, como no podía por menos, intervenía la bebida.

Sobre todo, las mujeres podían beber vino en su casa —en zonas en las que se cultivaba el viñedo— en las horas de las comidas. O fuera de ellas, si se hallaban a solas. En medios urbanos, las mujeres pertenecientes a la aristocracia o a la burguesía tenían la posibilidad de consumir bebidas en el hogar, cuando se visitaban por placer social, tomando juntas sencillamente un chocolate con bizcochos o picatostes, acompañado con algunas copitas, o celebraban alguna reunión para departir sobre sus cosas, como algún asunto piadoso o caritativo, o bien para coser, bordar, calcetar o ver un muestrario de telas. Especial juego daban, para esta forma de sociabilidad femenina, las casas de las viudas, más o menos jacarandosas. En los agasajos de la época barroca, las damas de importancia recibían a sus visitas en un

[430] Entrevista realizada por M.ª Teresa García Domínguez a Dosinda Vázquez, ya cit.

[431] Ramón Otero Pedrayo: *Os camiños da vida*, o. cit., pp. 224, 232 y 238.

ambiente de confort e intimidad. No admitían la presencia de los hombres, tal vez para beber con tranquilidad bebidas destiladas de frutas y flores, como los rosolis y mistelas.[432]

La mujer de condición popular tenía también la oportunidad de beber en el lugar de trabajo. Según un informante de A Franqueira, localidad donde la mayoría de los vecinos no producía vino, las mujeres solo lo tomaban, además del día de fiesta, cuando tenían que hacer la labranza y otros trabajos fuertes, que se efectuaban de manera comunitaria.[433] Era muy común, como acredita un testimonio de Cabanas (Vimianzo), que las mujeres bebiesen en las meriendas que hacían cuando iban a trabajar las tierras.[434] En efecto, por lo general resultaba aceptable que las labradoras bebiesen *in situ* cuando realizaban tareas duras. Con la bebida recobraban fuerzas y, además, sobrellevaban de mejor manera la poquedad del alimento. En la práctica, estaba establecido que había que darles también de beber a las jornaleras, contratadas en la época de arar la tierra, de recoger el cereal o de realizar la vendimia. Se les pagaba, además de una menguada pecunia, con una porción de pan de maíz *(broa)* y con vino o una copa de anís o de caña, que tomaban cuando ya habían realizado una parte del trabajo, para coger nuevo aliento. También las criadas, cuando debían ir al río a lavar toda la ropa de las familias, antaño numerosas, una vez a la semana, y además tenían que colaborar en las tareas agrícolas, en las épocas de mayor actividad en el campo, recibían una copa de jerez, aunque no del bueno; lo evocaba así una trabajadora: «las criadas cuando van para la huerta tomaban jerez dulce, que además se vendía a granel».[435]

La maja del cereal era también un momento propicio para beber, aprovechando la circunstancia de que las mujeres se encontraban fuera de casa. Así, una mujer nacida en una aldea de Negreira declaraba[436] que, a comien-

[432] Cit. por Manuel M. Martínez Llopis: *Historia de la gastronomía española*, Madrid: Alianza, 1989, p. 295.

[433] Entrevista realizada por Xavier Castro a Jaime, trabajador de 68 años, ya jubilado, nacido en A Franqueira, (municipio de A Cañiza, Pontevedra). Desde mediados de los años sesenta reside en Cangas.

[434] Entrevista realizada por M.ª Teresa García Domínguez a Dosinda Vázquez, ya cit.

[435] Entrevista realizada por Teresa García Domínguez a Rosa y Nieves Fernández Buján, nacidas en Corcubión en 1921 y 1919, respectivamente.

[436] Entrevista realizada por Antonio Mayo Ardións a Benilde Caamaño, ya cit.

zos del siglo xx, con ocasión de las majas, en el particular ambiente que se creaba en este trabajo comunal, las mujeres podían pedir el vino con más descaro y beber sin reparos. Entonces se trabajaba mucho y de modo continuado, pero también se hacían pausas para comer y beber, en las que se divertían con ganas y se vivía un ambiente festivo muy especial, en el que eran posibles las licencias eróticas:[437] en ocasiones, cuando la maja era grande, toda la cuadrilla quedaba a dormir en la era para reanudar el trabajo al día siguiente...[438]

En este marco de los trabajos y los días hay que referirse a las hiladas *(fiadeiros)*. En ellas, las mujeres se ponían a hilar al atardecer y fácilmente se podían juntar cinco o seis. Como recuerda Benilde Caamaño que acontecía en algunas parroquias de Negreira, al correr de las primeras décadas del pasado siglo, la anfitriona, que después de todo se beneficiaba del trabajo de las demás, ofrecía una botella de vino a las visitantes.[439] Un poco más tarde, iban llegando los hombres y normalmente se organizaba una fiesta con cantos, bailes y enredos amorosos. En la obra de Otero Pedrayo son abundantes las referencias a la atmósfera erótica en la que se desarrollaban las hiladas, como se puede constatar en *Os camiños da vida*.[440] Hiladas que, por cierto, se celebraban en hogares de variada condición social, como permite apreciar el testimonio de un cura al promediar el siglo antepasado: «Y ninguna persona de cualquiera calidad que sea tenga en su casa de noche hiladas publicas».[441] Por lo demás, con el vino, la canción, el baile al son de la gaita y la diversión general se creaban las condiciones idóneas para que se expresasen las rencillas entreveradas con las rivalidades amorosas. De este modo, no eran infrecuentes los conflictos y reyertas, como se ponía de manifiesto en el *Diccionario* de Pascual Madoz, a mediados del siglo xix. En efecto, allí se señalaba que se solían producir frecuentes contiendas entre los gallegos en las «filazones ó reuniones nocturnas de las jóvenes para hilar y hacer otras labores, á las cuales concurre el otro

[437] Entrevista realizada por X. R. Veiga Alonso a José Díaz Mendez, ya cit.

[438] Así lo relata Juan Neira Cancela en *Montaña de Orense*, Madrid: Imprenta de Idamor Moreno, 1905, p. 85.

[439] Entrevista realizada por Antonio Mayo Ardións a Benilde Caamaño, ya cit.

[440] Ramón Otero Pedrayo: *Os camiños da vida*, o. cit., pp. 220 y 238.

[441] Representante del arciprestazgo de Bama y Ferreiro, *Escritos preparatorios del Sínodo Eclesial del Arzobispado de Santiago del año1735*.

sexo, de donde provienen repetidas contiendas de zelos, á que propenden mucho los gallegos».[442]

La mujer rural cataba también el vino en las reuniones de trabajo en las que se efectuaba la deshoja (*esfolla* o *escasula*) y el desgranado (*debulla*) de la espiga de maíz. El desgranado tenía por objeto extraer los granos de la mazorca. Era una labor posterior a la deshoja, consistente en retirar las hojas a las espigas de maíz, lo que se acostumbraba a hacer por la noche, en un local cerrado. Las espigas destinadas al hórreo se despojaban por completo de las hojas, en tanto que las que se debían colgar en las *solainas* o en las vigas del techo de la planta alta (*sobrado*) se descubrían también, pero dejándoles algunas hojas para poder colgarlas atadas por las puntas. Acudían a la faena comunitaria (*endeita*) las jóvenes, que recibían, cuando el dueño tenía posibles, una cena; se sumaban luego algunos viejos y los mozos que las cortejaban entre cantos, danzas y no poca juerga, hasta la media noche, en que finalizaba esta fiesta aldeana.[443]

En efecto, después de segar el maíz, los labriegos llevaban las espigas cargadas en carros, «reventando de contentos», en dirección al pajar (*palleira*), donde se hacía por la noche la deshoja, según refiere O Fidalgo de Monterrey[444] en el relato costumbrista *N-a miña aldea*. En este escenario, quien se beneficiaba de la labor, el tío Pedro, que era el más rico de la aldea, amén de alcalde, «[...] les fue a buscar a los que trabajan —entre los que estaba su hija— un canado de vino que en un ¡Jesús! lo hicieron desaparecer».[445] Y cuando acabaron, volvió a aparecer el dueño, que por cierto no colaboraba en la tarea, y se fue a la cocina cabe el lar, desde donde seguía la marcha del trabajo que, de vez en cuando, iba a supervisar, aprovechando para ofrecer más vino. Al cabo, antes de cumplimentar la costumbre de quitarle la hoja a la última espiga, en calidad de dueño de la casa, mandó traer nuevamente vino y todos bebieron a su salud. Incluidas también las chicas, naturalmente.

442 Pascual Madoz: *Diccionario Geográfico-Estadístico-Histórico de España y sus posesiones de ultramar*, Madrid, 1845; vol. II, p. 353.

443 Eladio Rodríguez González: «Escasula», en *Diccionario enciclopédico gallego-castellano*, o. cit., p. 245.

444 O Fidalgo de Monterrey: *N-a miña aldea*, Orense: Imprenta La Industrial, s. a., pp. 49-58.

445 Ibídem.

También la mujer obrera podía, en algunas ocasiones, beber vino en el taller; era esta una práctica social que, en el siglo XIX, prohibían muchos reglamentos de trabajo en las fábricas. A pesar de lo cual, se contravenían no pocas veces. Flaubert describe, en *La educación sentimental,* un taller de porcelana en el que faenaban obreras miserablemente vestidas; una de ellas, «[...] con un codo apoyado en la mesa y con el otro brazo caído, estaba mirando hacia el campo, a lo lejos. A su lado había una botella de vino y unos embutidos. El reglamento prohibía comer en los talleres, como medida de limpieza para el trabajo y de higiene para los trabajadores».[446] En la fábrica de conservas de Massó, en Cangas del Morrazo, donde las operarias recibían bastante mejor trato que en las restantes, hasta bien avanzados los años setenta no se concedió el descanso de veinte minutos, a media mañana, para tomar el bocadillo. Era muy difícil que pudiesen beber vino. Tenían que tomar algo disimuladamente; o bien lo traían de casa, o bien aprovechaban los mejillones dispuestos para el envasado, tratando de evitar que las viese el encargado. Algunas mojaban una corteza de pan, que llevaban oculto en un bolsillo, en el aceite de oliva de las conservas, según refería otra informante que reconocía que gracias a este alimento su cuerpo dio un estirón, pues con la penuria que pasaba no acababa de desarrollarse. En el puesto de trabajo, en el que estaban inmovilizadas, no podían comer porque les decían que si caía alguna miga de pan en la lata de conserva provocaba la descomposición del pescado y consiguientemente la estropeaba. Una chica hacía el servicio de repartir porrones de agua por las mesas de trabajo.[447] Emilia Pardo Bazán, por su parte, hace referencia, en *La Tribuna,* al consumo femenino de aguardiente en la fábrica de tabacos coruñesa.

Las romerías constituían una ocasión en la que las familias campesinas comían y bebían con abundancia. La literatura de Neira Cancela evoca, en un interesante fresco costumbrista, una romería celebrada en una localidad de la provincia de Ourense, a fines del siglo antepasado, en el que implícitamente revela que las mujeres, en compañía de sus familiares, bebían tam-

[446] Gustave Flaubert: *La educación sentimental,* 2.ª reimp., Madrid: Alianza, 1987 [1.ª ed., 1981], p. 266.

[447] Entrevista realizada por Xavier Castro a Josefa Gonzalez Sotelo (Cangas del Morrazo, 1931).

bién con liberalidad en tales momentos. En *Montaña de Orense* (1905) nos muestra unos paisanos celebrando una cena al aire libre la víspera del día de la fiesta, en el que pensaban asistir a la misa de la Virgen de los Remedios que tendría lugar al amanecer: «Todo respira goce y bullicio, bienestar y alegría; sobre la tostada alfombra del pavimento, en respetable círculo, con las piernas formando un lazo, cena la patriarcal familia campesina, iluminada por una vela de sebo, riéndose, hablando todos á un tiempo, arrojándose pedacitos de pan a la cara, y bebiendo sin limite, sin medida, hasta que la bota queda como cutis de vieja, arrugada y flácida».[448]

Marcial Valladares se refería, en *Maxina ou a filla espúrea*, a la romería de San Sebastián del Pico-Sagro, que tenía lugar el último domingo de mayo. El autor se centra en la descripción de la que se celebró en el año 1866: la gente subía al monte para homenajear a San Sebastián por medio de ofrendas, rezarle y oír misa en la ermita. La concurrencia era muy numerosa; mozos y mozas sudaban por mor del calor que a duras penas soportaban, «y en la Casa-blanca, no lejos del pié de la costa, había vino largo de venta para refrescar a los que quisiesen; una pipa grande en un carro que casi no se veía, rodeado cual estaba, de apasionados».[449] Alrededor del carro había «un grupo de hombres y mujeres que charlaban y bebían; estaban alegres».[450]

También la poetisa Rosalía de Castro reflejó en uno de sus poemas, recogidos en *Cantares gallegos*, la alegre participación de las mujeres en estas ocasiones festivas. Unas buenas dosis de vino contribuían a su animación.

En los puestos ambulantes de las ferias, a modo de tabernas provisionales o *bochinches*, las mujeres tenían acceso a la bebida. Lo habitual era que tomasen vino o una copa de anís; una marca muy común era el de las Cadenas, «unas botellas que no eran como hoy, entonces tenían dentro las ramitas de anís».[451] Por lo general, acudían en grupo, o bien, si se trataba de mujeres casadas, iban con sus maridos.[452]

[448] Juan Neira Cancela: *Montaña de Orense*, o. cit., p. 64.
[449] Marcial Valladares Núñez: *Maxina ou a filla espúrea*, Vigo: Galaxia, 1970, p. 113.
[450] Ibídem, p. 114.
[451] Entrevista realizada por Xavier Castro a Antonio Pereiro, ya cit.
[452] Ibídem.

La taberna: un no lugar para las mujeres

Por lo demás, a las mujeres se les prohibía expresamente hacer uso de la taberna. Pero esto no fue únicamente un uso social admitido, sino que antaño se dictaron órdenes bien explícitas en tal sentido. En las instrucciones dadas para las tabernas de Madrid en 1795,[453] se establecía que «[…] en ninguna ocasion se permitirá se detengan las mugeres en la citada Taberna». Esta prohibición debía figurar bien a la vista en todas las tabernas, como consignaban paladinamente las instrucciones del Gobierno: «Y últimamente se manda que esta Instruccion la ha de tener fixada en una tabla en el sitio mas público de dicha Taberna, guardando puntualmente lo que se previene y manda; pues en caso de contravencion á alguno de sus capítulos en todo ó en parte, será castigado el Tabernero segun y como estime la Sala».[454]

La taberna era, pues, por ley y por costumbre, un espacio vedado para la mujer. En la Galicia del siglo XIX era insólita la presencia de mujeres en tales locales. Un manual para uso de confesores, del año 1844, no menciona a las mujeres como frecuentadoras de tabernas, de lo que se colige —si falta hiciera— que en tal época solo acudían los hombres.[455] Solo era imaginable que se dejaran ver excepcionalmente y acompañadas por hombres. Una persona entrevistada, que regentaba un establecimiento público en Compostela, en el que también se servían comidas, precisaba que «antes no venían las mujeres como vienen ahora, porque ahora ves, uy, chicas y eso, que llegan y piden un vaso de cerveza o de vino como si fueran…».[456] Como si fueran hombres, ni que decir tiene. Ni siquiera en carnaval, cuando el orden de valores se subvierte, las chicas podían entrar en la taberna, como se evidencia en la localidad de Laza, a fines del siglo XIX, según un

[453] Instrucción firmada por Juan Diego Martinez, Madrid, 26 de Marzo de 1795. Sección de Consejos. Sala de Gobierno, legajo 3597, núm. 3-4-5. AHN.

[454] Ibídem.

[455] J. Gaume: *Manual de los confesores*, Madrid: Imprenta de D. José Félix Palacios, 1844; vol. 2, p. 337

[456] Entrevista realizada por Uxía Rubianes a Fina Vilas en Santiago el 11 de diciembre de 1992 (FH-AHUS). El ambiente sexista que existía en los bares de entonces se hacía patente también en el hecho de que únicamente fuesen las niñas de la familia propietaria quienes tenían que ocuparse de fregar la loza, barrer el establecimiento, etcétera. Cf. Entrevista con Fina Vilas, en Xosé Cermeño: *A cociña dos Vilas*, Vigo: Edicións Xerais de Galicia, 1993, p. 36.

testimonio aportado por O Fidalgo de Monterrey en su relato *N-a miña aldea*.[457]

Ahora bien, aunque raramente, una mujer casada podía acudir a una taberna o bar, en algún día festivo, siempre que fuese en familia o estuviera al menos acompañada por su marido. Cabe consignar también algún caso del que tenemos constancia en que una joven soltera acudía a una taberna del brazo de su novio, pero esto no dejaba de ser una imprudencia que afectaba a su reputación. Unas palabras muy expresivas de un entrevistado resumen el sentir de aquella época en relación con este tipo de situaciones: «¿Las mujeres iban a las tabernas? No, no... Entonces no iba ninguna, no, no... ¡Dios nos libre que fuese una mujer con el novio a una taberna! ¿Y sola? ¡Buff...!».[458] En el caso de que hubiera concertado una cita con su novio para ir, por ejemplo, a un baile o al cinematógrafo, procuraba que la acompañara alguna persona de su familia (un hermano pequeño, por ejemplo) o bien una amiga, pues se consideraba indecoroso que una moza soltera anduviera sola en compañía de su pretendiente, sin *carabina*. Por lo tanto, lo más habitual y aceptado era que las chicas fuesen a todas partes, incluida a la taberna, en grupo o pandilla.[459]

Reviste indudable interés reparar en que, en las contadísimas ocasiones en las que las mujeres acudían a una taberna, debían observar un comportamiento en ella distinto al de los hombres. Por de pronto, no podían ir con el declarado propósito de beber por el deleite de hacerlo, como proclamaban sin ningún recato los hombres. No se trata solo de que no pudiesen declarar paladinamente tal intención; es que tenían que evitar por todos los medios que la gente pudiera recelar tal cosa. El mero hecho de que una mujer acudiese sola a una taberna, bar o café, podía despertar la turbia sospecha de que pretendía tomarse licencias con el vino: «Estaba mal visto ir sola a un café; si te veían ir sola a un café ya es que pensaban que ibas a emborracharte»,[460] apuntaba una informante. Las más prudentes dirían alto y claro que acudían a tal local únicamente por acompañar a su pareja. En el

[457] O Fidalgo de Monterrey: o. cit., p. 63.

[458] Entrevista realizada por Jesús López Moure a Ramiro Moure López (Tomonde [Vedra], 1918), ya cit.

[459] Entrevista realizada por Xavier Castro Pérez a Ramón González y Fraga (Cuba, 1927). A los cinco años lo llevaron a Foz, en donde residió hasta 1955, desempeñando el oficio de pescador.

[460] Entrevista realizada por Guadalupe Prieto Ribeiro a Guadalupe Ribeiro Silva (Vigo, 1935).

interior de la taberna carecían además de la libérrima facultad que se arrogaban los hombres de estar a su aire, sin preocuparse por la descompostura, de poder moverse, gesticular, cantar, disputar, enzarzarse en reyertas e incluso blasfemar. Y desde luego, tampoco podían beber como los varones: ni las mismas dosis ni muchas veces tampoco idénticas bebidas. Lo correcto era que permaneciesen tranquilamente sentadas, modosas y recatadas. Y que ingiriesen la bebida alcohólica con la preceptiva moderación. En efecto, una mujer, natural de Tebra, en el Bajo Miño, recordaba que en los años treinta, las cosas sucedían de esta guisa: «a la taberna a tomar la chiquita iban los hombres, las mujeres, no. Muy difícil que fueran. Bueno, si querías ir, tomabas siempre una gaseosa o algo así, pero las chiquitas, los hombres siempre y na más».[461] Prácticamente —proseguía con su evocación esta mujer—, la única excepción era algún día especial de fiesta, en el que acudían acompañando a su pareja, pero tampoco se estilaba que bebiesen gran cosa en tal ocasión: «cuando había una fiesta o así, la patrona, iban... iban a acompañar a su marido o a su novio... por acompañarlo; pero beber no, en ese sentido no eran..., por lo menos que yo me acuerde... beber no».[462]

En el caso, más bien raro, de que entrase alguna mujer en una taberna, lo más común era que estuviera bien custodiada y que solicitara una copita de anís o vino con mucha moderación, preferentemente rebajado con sifón o gaseosa o, mejor aún, gaseosa sola o bien algún refresco. También era posible que no bebiesen absolutamente nada. Este es el caso que se recoge en la revista *Nós:* con motivo de la celebración de la Pascua se había celebrado una fiesta en la taberna de una pequeña localidad, pero incluso entonces la mujer debía guardar las formas conforme lo exigía su papel, y no debía beber aunque tuviese muchas ganas de celebración. Solo los hombres podían hacer tal cosa. Incluso estos se permitían poner a prueba la firmeza de las convicciones femeninas ofreciéndoles vino que ellas deberían rechazar: «de noche se hace fiesta en la taberna: los mozos beben y ofrecen vino a las chicas que no aceptan, pero en la disputa galante se dejan manchar de vino para mostrar a la salida como fueron tentadas insistentemente a beber».[463]

461 Entrevista realizada por Juan A. González a una informante nacida en 1928 en Tebra (Tomiño). (FH-AHUS).

462 Ibídem.

463 *NÓS*, núm. 131-132 (noviembre-diciembre de 1934), o. cit., p. 175.

Ahora bien, la realidad social es siempre compleja y matizada. Hilando fino, conviene señalar que existían algunas excepciones al planteamiento general que hemos apuntado. Las mujeres podían entrar en una taberna, aun estando solas, cuando iban de camino y hacían un alto para tomar un refrigerio o comer. El viajero inglés Aubrey F. G. Bell lo testimonió así: «En Cabral, las mujeres de nariz griega que vuelven del mercado de Vigo entraban en la taberna para una comida de sardinas frías, pan y vino».[464] Dos mujeres informantes, al correr de la década de 1930, llevaban sobre sus cabezas cestas de pescado para hacer trueque con los campesinos por productos del campo. Algunas veces se permitían entrar, para recuperar fuerzas, en la taberna de Carracho, situada en el camino que conducía a Leiro. Pedían un *chopiño* (chupito) de vino de misa, moscatel, «que era barato». Si el tiempo lo permitía, comían un bocadillo o alguna otra cosa, sentadas en los bancos de piedra que había fuera.[465] Como ya hemos anticipado, también podían adentrarse en el ámbito de la taberna con ocasión de la celebración de una fiesta, feria o romería.

Conviene precisar también que, más bien en los pueblos, las mujeres de algún miramiento o posición podían adentrarse en tales locales de ocio con motivo de alguna velada social, recreativa, caritativa o cultural —espectáculo teatral o cinematográfico— que, a falta de un local más adecuado, se celebrase en una taberna, aprovechando la polivalencia y multifuncionalidad social que esta solía tener. Esto también acontecía en Francia[466] y un poco en todas partes. Pero hay que imaginarlas a ellas muy modosas y atentas a lo suyo. Asimismo, con ocasión —también muy infrecuente— de algún banquete de boda o comida fúnebre era posible ver un grupo de mujeres, que formaban parte de la familia, parentela u otro grupo de invitados. Cuando menos en los banquetes fúnebres, las mujeres solían comer con los niños en una mesa distinta de la que ocupaban los hombres.[467]

[464] Aubrey F. G. Bell: *Galicia vista por un inglés*, La Coruña: La Voz de Galicia, 2005 [ed. original, 1922], p. 123.

[465] Entrevista realizada por Xavier Castro a Angustias Cacabelos Domínguez y sus hermanas, ya cit.

[466] Didier Nourrisson, o. cit., p. 154.

[467] Xavier Castro: *Ayunos y yantares: usos y costumbres en la historia de la alimentación*, Madrid: Nivola, 2001 (versión en gallego: *A lume manso*, Vigo: Galaxia, 1998).

Otra de las excepciones posibles viene condicionada por el hecho migratorio. Luis Bello reparó, en su *Viaje por las escuelas de Galicia*, en determinados casos muy curiosos en los que se toleraba que una mujer pudiese entrar a beber en una taberna sin que nadie la acompañase. Se refería el autor a cierto tipo de situaciones en las que las mujeres se encontraban solas por tener a su marido en la emigración o bien por ser la viuda de un marinero. En tales supuestos, como la mujer trabajaba como un hombre, podía beber como un hombre. En efecto, puntualizaba Bello que:

> [...] me dijeron que en ciertos sitios la mujer que maneja la azada, el dalle, el legón o la hoz, al acabar entra en la taberna.
>
> —Será el caso muy raro— pregunté.
>
> —Sí, raro. Pero no es difícil verlo. Va porque trabaja como un hombre.
>
> —¿Y los niños?
>
> —No. Sólo bebe el que gana.[468]

Por lo demás, la mujer también podía acudir a la taberna en días corrientes, pero solo a comprar los variados productos que en las tiendas de las tabernas rurales se acostumbraban a vender. Torrente Ballester plasmó en *Dafne y ensueños* una estampa aldeana de esta índole, situada en la década de los veinte: unas mujeres que transportan agua entran en la taberna a hacer compras y ven allí a los hombres fumando.[469] Esto era algo inevitable, ya que las mujeres eran las encargadas de hacer la compra y en no pocos casos las tabernas de aldeas, pueblos y barrios de las ciudades, formaban una importante red de distribución minorista de diversos artículos, en especial alimenticios. Una copla popular refleja el hábito de ir a comprar a la taberna: «Mi madre y la tuya / juntas fueron a la taberna; / mi madre me trajo vino, / la tuya te trajo hierba».[470] Pero lo que resultaba inimaginable en tales ocasiones era que las mujeres se sentaran a beber por el gusto de hacerlo y con tiempo por delante.

[468] Luis Bello: *Viaje por las escuelas de Galicia*, Madrid: Akal, 1973, p. 202.

[469] Gonzalo Torrente Ballester: *Dafne y ensueños*, o. cit., p. 115.

[470] El cantar tiene más gracia en gallego: «Miña nai e maila túa / xuntas foron á taberna; / miña nai tróuxome viño, / a túa tróuxoche herba». *Cantigas do viño: recollidas do pobo*, o. cit., p. 36.

FACTORES QUE HAN FAVORECIDO LA BEBIDA DE LAS MUJERES

En lo que respecta a la condición femenina de la época, el padre Sarmiento establecía una tipología tripartita. Según ella, habría en Galicia tres clases de mujeres: las señoras, las de «plaza y calle» y las rústicas aldeanas; las integrantes de este último grupo, si eran de puerto do mar, solían alternar los trabajos en el campo con los arenales.[471]

En relación con todas ellas la terapéutica médica partía de la premisa de que era necesaria una atención específica, diferente de la que resultaba indicada para el hemisferio varonil. Había que tomar en consideración la mayor fragilidad y debilidad de las mujeres. En palabras de un respetado médico del siglo XIX, el doctor José López de La Vega, autor de *Lo necesario a las madres. (Modo de evitar una muerte segura)* era menester tener en cuenta que «Es la mujer, por su constitucion física y moral, delicada como el más armonioso instrumento».[472] Esta filosofía de base inspiró unas recomendaciones *sui generis* sobre el empleo del vino como recurso medicinal para las hembras de cualquier condición. Por punto general, se aconsejaba para ellas un uso más ponderado y parco del alcohol.

Vino dulce, medicamento apropiado para la mujer

En España, como también en Francia, los vinos dulces se consideraban un medicamento especialmente apropiado para las mujeres. De este modo, y con la ilusión de tomar a la vez un líquido de sabor agradable, al tiempo que fortificante y medicamentoso, tomaban vino de quinina, de Málaga, de Madeira o de Samos, que tenían un grado de alcohol próximo a los 20°. Algunas acababan alcoholizadas, sin apenas percatarse, de manera inconsciente.

Esta terapia dulce era preferentemente utilizada por las damas de un cierto nivel económico. Para las mujeres pobres, muy poco o apenas nada.

[471] Cit. por Pegerto Saavedra: *La vida cotidiana en la Galicia del Antiguo Régimen*, Barcelona: Crítica, 1995, p. 127.

[472] Dr. D. José López de La Vega: *Lo necesario a las madres (Modo de evitar una muerte segura)*, Madrid: Imprenta de la Viuda é Hijos de M. Álvarez, 1870, p. 13.

En la zona de Ames, una mujer nacida en 1918 en el seno de una familia campesina muy modesta, señalaba que las familias de pocos posibles no podían permitirse comprar bebidas alcohólicas dulces, a no ser en alguna ocasión excepcional: «cuando una persona estaba muy mal, y tenía así una anemia, se le traía, eso ya había que hacer un sacrificio muy grande, una botella de jerezquina, que era como el Sansón, y tomaba una copita a cada hora: una a la mañana, otra a las doce y otra a la noche. Pero ya era mucho, ya había que hacer mucho sacrificio».[473]

Requerimientos de la fisiología femenina

Las peculiares exigencias biológicas de la naturaleza femenina tenían también unos requerimientos que se trasladaban al dominio del consumo alcohólico. Tales condicionantes de la fisiología femenina hacían, así pues, recomendable la ingesta alcohólica en determinadas ocasiones. De este modo, se compensaba en parte la inferior dosis que se solía asignar a la mujer en consonancia con su pretendida condición de sexo débil. En lo que concierne, por ejemplo, a las dificultades, dolores o desarreglos menstruales, algunos médicos del siglo XIX prescribían distintos vinos de cierta graduación. Así, en dicha época, cuando una joven atravesaba el período de la menstruación y era de constitución débil, anémica o poco robusta, se le aconsejaba una alimentación tónica, excitante y reparadora, y un poco de vino generoso; también se podían emplear como recursos terapéuticos coadyuvantes los vinos amargos y los aromáticos.[474]

Hasta no hace mucho tiempo, en que empezó a estar disponible —o a tener conocimiento la interesada— una farmacopea *ad hoc*, se seguía empleando la bebida como sedativo cuando la mujer padecía los rigores del período, o, como diría Cunqueiro, «cando andaba de tempo». En una obra pensada para las amas de casa del medio urbano, *El libro de la casa* (c. 1960), que contiene recomendaciones acerca de belleza, cocina, limpieza, medicina casera, etcétera, se indicaba que «Una copa de coñac es suficiente para cortar

[473] Entrevista realizada por Eva Liñares Fernández a Josefa Domínguez Beade, ya cit.

[474] P. F. Monlau: *Elementos de higiene privada ó arte de conservar la salud del individuo*, o. cit., p. 501.

radicalmente todos los síntomas de cólico».[475] Servía, por lo tanto, para remediar el acceso doloroso provocado tanto por la causa indicada como por una etiología diversa. Todavía a finales de la década de los sesenta, a una chica que estrenaba casi pubertad, perteneciente a la clase media profesional de Vigo, su madre le permitía tomar una copita de anís para sobrellevar mejor los dolores de la regla.[476] Y se trataba de la hija de un farmacéutico.

Vino para aligerar la gravidez del ser

Los médicos de antaño daban por sentado que la mujer en estado de gravidez debía observar determinados cuidados. En materia de bebidas recomendaban que tomase las que fuesen poco estimulantes, pero no excluían por completo las que contuviesen alcohol. Veremos seguidamente cómo matizaban esta cuestión, pero antes convendrá que la enmarquemos en el cuadro general de prescripciones referentes a los cuidados que habría de tener la mujer embarazada.

Las obras literarias podrían resultar perturbadoras; de ahí la fobia antiliteraria de algunos higienistas. Monlau, en su obra *Elementos de higiene privada,* se mostraba resueltamente contrario a que las embarazadas leyesen novelas, por considerar que podrían crearles «contensiones» en su espíritu.[477] En pos del mayor sosiego posible, deberían evitar los bailes, los olores fuertes y todo «cosmético del olfato». Nada de perfumes, pues, y nada de coitos tampoco o, a lo sumo: «usará de él con suma moderación», puesto que las «familiaridades conyugales son peligrosas durante el embarazo: no viene á hacer más, como dice Raulin, que remover la tierra cuando está sembrada y empieza á germinar el trigo».[478] El doctor Monlau, como la práctica totalidad de sus colegas de entonces, se adhería a una concepción restrictiva de la sexualidad, como una función meramente reproductiva, por lo que concluía: «Huirá de las pasiones como de su más mortal enemigo».[479]

[475] *El libro de la casa: consejos para la mujer,* 1.ª ed., Madrid: Talleres Gráficos EASO-Wad-Ras, s. a. [c. 1960], p. 37.

[476] Entrevista realizada por Xavier Castro a Lola Castro Pérez (Vigo, 1953).

[477] Pedro Felipe Monlau: *Elementos de higiene privada ó arte de conservar la salud del individuo,* o. cit., p. 503.

[478] Ibídem.

[479] Ibídem.

En otra obra en la que abordaba estas cuestiones con mayor extensión, *Higiene del matrimonio* (c. 1865), Monlau comienza por prohibir taxativamente las bebidas alcohólicas para las mujeres preñadas, pero enseguida aclara que se refiere sobre todo a los licores. Con el vino era mucho más condescendiente: «Agua, cortada con un tercio de vino puro, seco y ligero, es la bebida más higiénica que se puede recomendar, salvo las excepciones que aconsejen el temperamento, la constitución ó los hábitos de la embarazada».[480]

Las posibilidades de ingesta alcohólica de la mujer en estado podrían aumentar en cierto modo ad líbitum, por la vía de los «antojos». Estos deberían ser atendidos, tanto en general como en lo que se refiere a los alimentos y las bebidas que apeteciese, sin otra restricción —apostillaba el puntilloso galeno— que los dictados dimanados de la sensatez y la prudencia, que lógicamente deberían inducirla a evitar aquellas satisfacciones que le resultasen nocivas.[481]

Hasta bien entrado el siglo XX, la medicina oficial no se pronunció drásticamente en contra de que las mujeres gestantes pudiesen tomar bebidas alcohólicas. Cabe inscribir esta nueva actitud beligerante en el marco general de la batalla contra las bebidas alcohólicas que las autoridades médicas libraron enarbolando el pabellón de la preservación de la salud. De esta actitud se hacía eco M.ª del Pilar Comín en su obra *Enciclopedia del Hogar Feliz*, publicada en 1962, cuando sostenía que estaba contraindicado que las embarazadas pudiesen ingerir bebidas alcohólicas.[482]

La difícil hora del parto: el vino como anestésico, desinfectante y reconstituyente

Anestésico para el parto

Las bebidas destiladas y fermentadas se empleaban con frecuencia para hacer frente a dolencias femeninas muy reales, tales como las reglas agobiantes,

[480] Felipe Monlau: *Higiene del matrimonio*, o. cit., p. 362.

[481] Pedro Felipe Monlau: *Elementos de higiene privada ó arte de conservar la salud del individuo*, o. cit., p. 503.

[482] M.ª del Pilar Comín: *Enciclopedia del Hogar Feliz*, o. cit., p. 306.

como ya hemos o visto, o los dolores del parto. Conviene mencionar primeramente un hecho, muy patético, por cierto: en el siglo XIX era relativamente habitual que las mujeres falleciesen en el arduo y peligroso trance del parto, a causa de las fiebres puerperales. A menudo, se trataba de infecciones provocadas por el hecho de que quienes las atendían no se lavaban las manos con agua, por desconocimiento de la acción de los gérmenes patógenos. La literatura plasma muy bien este hecho: Cervantes, en la mujer de un oidor, del que tiene noticia *Don Quijote*, Clarín, en la madre de la *Regenta*, Baroja, en la protagonista de *El árbol de la ciencia*, etcétera. Cabe, pues, imaginar la angustia con que muchas parturientas se enfrentaban al alumbramiento de sus criaturas. Para aliviarla y hacer más llevaderos los dolores del parto, a falta de anestésicos, se daba no pocas veces a las mujeres vino o bien algún licor. Con tal de que los sobrellevaran mejor había médicos que no se oponían a su empleo o que estaban incluso dispuestos a prescribir tal sedativo.

Un trabajo de campo realizado en la parte meridional de Galicia ha constatado que el alcohol se encontraba entre los elementos que usualmente se consideraba necesario disponer en las casas de cierto acomodo para atender a las parturientas. En su defecto, se recurría al aguardiente.[483] Es un hecho bien conocido que, de modo particular en las localidades rurales, pero también en las urbanas, aunque en una medida menor, las mujeres que estaban de parto tomaban anís, por considerar que era bueno «para la matriz», vino Sansón o jerez. La utilización del vino como calmante del dolor y recurso anestésico parece haber sido un expediente habitual en los partos de las mujeres aldeanas de Galicia, en la época en la que los alumbramientos tenían lugar en la casa (antes de que, en el período de entreguerras, se pusiera de moda entre las familias acomodadas dar a luz en una clínica, casi siempre privada, convirtiendo así en patológico algo que en principio no tiene por qué serlo). Encontramos un ejemplo de esta práctica en la obra *Los pazos de Ulloa*. Cuando el médico que atendía en el parto a la delicada hidalga compostelana, esposa de don Pedro de Ulloa, acabó de exponer las dificultades que esta tenía, derivadas de su temperamento linfático nervioso, el marqués, apoyando con desaliento el puño cerrado en la cabeza, exclamó con énfasis: «Estoy convencido de que semejantes cosas sólo les pasan a las señoritas

[483] C. V. Rodríguez, Y. Caride, M. C. Giráldez, B. Fernández y B. Santiso: «De paternidades y parteras en Galicia Sur. Siglo XIX», *Pontenova. Revista de investigación xove* (Vigo), 2 (1996), p. 60.

educadas en el pueblo y con ciertas impertinencias y repulgos… Que les vengan a las mozas de por aquí con síncopes y desmayos… Se atizan al cuerpo media olla de vino y despachan esta faena cantando».[484]

Bien es verdad que, al promediar la centuria decimonónica, surgen algunos médicos más escrupulosos e innovadores, como el higienista Monlau, que dejaron de considerar plausible la utilización de elixires alcohólicos en calidad de expediente tranquilizador e incluso anestésico.[485] Pasaron a recomendar muy poco a poco, y aun con ciertas reservas por parecerles bastante arriesgado, que se sustituyese la bebida por el empleo del cloroformo, que se había popularizado cuando fue empleado en un parto de la reina de Inglaterra, en 1853. Empero, la medicina popular y las prácticas tradicionales de la gente continuaron durante muchas más décadas ateniéndose a la inercia de siempre.

Desinfectante tras el parto

Era común recurrir al vino (o, con mayor frecuencia, a una bebida más fuertemente alcohólica, por lo general destilada) para la desinfección de las heridas aparecidas en el transcurso del parto, como agente higienizador con el que practicar lavados y evitar las infecciones que ocasionaban numerosos fallecimientos. El doctor Monlau consideraba que resultaba imprescindible practicar el lavado de los genitales, que en algunos pueblos acostumbraban a sustituir por la aplicación de un cocimiento emoliente a base de paños embebidos de clara de huevo o aceite, mantequilla, etcétera. O también por lociones con vino azucarado. En efecto, en la fase de sobreparto o puerperio, tras la expulsión de las secundinas, Monlau recomendaba el empleo de vino, con una peculiar función reconstituyente que podría tener un cierto carácter desinfectante; decía así que «Inmediatamente se limpiarán bien la vulva y las demás partes adyacentes, con una esponja ó con un paño fino y agua tibia simple, ó con añadidura de un poco de vino si las partes se hallan demasiado flojas o relajadas».[486]

[484] Emilia Pardo Bazán: *Los pazos de Ulloa*, en *Cuentos y novelas de la tierra*, Santiago: Sálvora, 1984; t. II, p. 286.

[485] Felipe Monlau: *Higiene del matrimonio*, o. cit., pp. 417 y 419.

[486] Ibídem, p. 434.

RECONSTITUYENTE DESPUÉS DEL PARTO

En el ámbito de la Galicia popular, son muchas las evidencias que prueban que el vino, a la par que el chocolate y el caldo de gallina, constituía una suerte de derecho consuetudinario de las mujeres que daban a luz. Así, Rosalía Otero (Vincios [Gondomar], 1913) comentaba que, cuando se acercaba la hora del parto, «ya contando con eso ya agarraban un barril de vino del mejor que tuvieran; esto, manteca, chocolate. Pero después no salía a la calle, pues, no sé..., en mucho tiempo».[487] Todavía hace pocos años seguía vigente la tradición de llevarle a la mujer —en algunas zonas, como San Martiño de Broño (Negreira), esto se hacía a los ocho días de haber parido— una cesta que solía contener dos *moletes* de pan, una gallina, chocolate de hacer y media olla de vino, o bien una entera.[488]

El empleo del vino en la convalecencia del parto como recurso fortalecedor data de tiempos muy remotos. Un texto no carente de gracejo, de autoría de un clérigo proclive a las licencias poéticas, fechado en el año 1644, aportado por el historiador Pegerto Saavedra, expresaba la creencia popular en que era menester el recurso al vino para que quedase «bien regido» el organismo de las mujeres que dieran a luz: «Lástima os tengo paridas / y a mala suerte os destino, / porque por falta de vino / habeis de ser mal regidas. / Pero quedar advertidas / para otros años podeis, / y así es justo os modereis / y seais más continentes, / pues en los tiempos presentes / tal penuria padeceis».[489]

Por lo tanto, después de dar a luz parecía muy pertinente que la mujer bebiese. Puesto que se reputaba al vino como terapéutico y restablecedor, la madre postrada debía beber «una olla de vino para levantarla del parto, pues el vino se considera el mejor reconstituyente para las mujeres que se encontraban en ese estado»,[490] según se mencionaba en la encuesta del

[487] Entrevistas realizadas por Margarita Vergara Viudez a Rosalía Otero Martínez, ya cit.

[488] Entrevista realizada por Antonio Mayo Ardións a Benilde Caamaño, ya cit.

[489] El rector de San Martiño de Monforte escribió esta poesía en el libro de bautizados de la parroquia, inspirado por la escasez de vino que se registraba en la comarca monfortina, cuando corría el año 1644. Cf. Pegerto Saavedra: *A vida cotiá en Galicia de 1550 a 1850*, Santiago: Universidad de Santiago de Compostela, 1992, p. 108.

[490] *Nacemento, casamento e morte en Galicia. Respostas á enquisa do Ateneo de Madrid (1901-1902)*, La Coruña: Consello da Cultura Galega, 1990, p. 62.

Ateneo de Madrid (1901-1902). Valle-Inclán se hizo eco de esta convicción popular en su obra *Romance de lobos*. Se resolvió así a que Fuso Negro, personaje de notorio cariz siniestro, expresase la conveniencia de darle buen vino al «ama en la cama» cuando hubiese parido.[491] Esto podría significar que algunas señoras de buena posición, en los pazos y casas rurales de importancia, tomaban también vino en tal circunstancia. Y así parece haber sido, con la salvedad de que disfrutaban de mejor vino, de buena zona, etiquetado o bien de tipo medicinal muy habitualmente. En Lousame, a la altura de los años veinte, las familias que disponían de lucidas heredades procuraban adquirir vino tinto del Ribeiro, pensando que alimentaba más, para que formase parte de la dieta de las mujeres que parieran. Lo preceptivo era que este régimen se prolongase durante siete semanas.[492]

De añadidura, lo más frecuente era que fuese el padrino quien se encargase de regalar el vino, que en Ames solía ser una olla (16 litros), «pero había algún padrino que era algo rumboso y traía dos ollas, y entonces a la tarde, pues, lo mismo te calentaban una taza de vino y allí echabas sopas de pan, la, bueno, la madre del niño».[493] Durante esos casi cincuenta días de gracia —relativa—, las mujeres seguían teniendo que ocuparse de las tareas de la casa, pero se las dispensaba de salir a trabajar al campo. Por cierto que de ese vino se beneficiaba también el marido. Ahora bien, si el vino que le regalaban no alcanzaba para las siete semanas que debía durar la *dieta*, como era denominada popularmente, el esposo debería procurarle más. Era su obligación.

En efecto, al marido le incumbía la responsabilidad de que el vino no le faltase en tal trance a su mujer. Antón Santamarina ha tenido la amabilidad de referirnos[494] que cuando vino al mundo, en el año 1942, su padre tuvo que caminar cerca de veinte kilómetros, desde su localidad de residencia, San Martín de Suarna, hasta el núcleo de población más próximo, en las inmediaciones de Navia, para poder llevarle, a lomos de un burro, un pelle-

[491] Ramón M.ª del Valle Inclán: *Romance de lobos*, en *Obras escogidas*, 5.ª ed., Madrid: Aguilar, 1976; t. I, p. 668.

[492] Entrevista realizada por Xavier Castro Pérez a Francisca Caamaño Barreiro (Merelle [Lousame], 1907).

[493] Entrevista realizada por Eva Liñares Fernández a Josefa Domínguez Beade, ya cit.

[494] Entrevista realizada por Xavier Castro a Antón Santamarina (San Martín de Suarna, 1942).

jo de vino tinto a su señora. Esto puede dar idea de la importancia que tenía este vino reparador y da cuenta también de la dificultad y coste que representaba procurar dicha cantidad de mosto en las zonas donde no se cultivaba la vid. Evidencia además la gran ocasión que el período posterior al parto representaba para las mujeres que habitaban en tales localidades, ya que muy pocas veces al año tenían la oportunidad de catarlo.

Para restablecerse en el puerperio podían tomar el vino solo, como parece que hacían en Xunqueira de Ambía o en Vilameá, donde el prócer local que contesta a la encuesta realizada por el Ateneo de Madrid lo indica bien explícitamente: «Rara es la parturienta que no toma durante el período que sigue al parto gran cantidad de vino, pues creen que es un gran reconstituyente, y para eso en muchos casos se privan de otras cosas».[495] Y también podían tomarlo con azúcar (producto que se consideraba muy nutritivo), como revela dicha encuesta que acontecía en varios lugares de la provincia de Ourense. En ellos, le daban a la mujer parida caldo de gallina y vino (o agua) con azúcar. En Zas, en los años 1920, y todavía hace poco tiempo, servían vino, solo o con azúcar, a las paridas durante las comidas; «y las mujeres se ponían finas como un cristal», señalaba la suegra de la informante, nacida alrededor de 1911, refiriéndose a lo bien que les «lucía la piel».[496]

A veces se les calentaba el vino. Una informante, nacida en 1918 en el ayuntamiento de Ames, señalaba que era alimento muy propio de las paridas tomar vino tinto caliente con azúcar y pan durante las consabidas siete semanas. De este modo, recordaba que, además de tomar chocolate y gallina, «cuando daba a luz [...] calentaban un poco vino tinto que te lo traía el padrino del rapaz, te traía una olla de vino y después se hacía así, lo ponían..., calentaban aquel vino y echaban unas sopas de pan, de pan de mollete en el vino; le llamaban sopas borrachas [...] cuando se daba a luz, entonces aún cuidaban a uno, aún buen, aún, entonces si, siete semanas, bueno, eran siete semanas de dieta, ahora que después...; al principio se comía bien, después ya se iba comiendo como los otros».[497]

495 *Nacemento, casamento e morte en Galicia. Respostas á enquisa do Ateneo de Madrid (1901-1902)*, o. cit., pp. 50-51.

496 Entrevista realizada por Xavier Castro a Marián Vidal Fraile. Efectuada en Vigo el 26 de julio de 1999, ya cit.

497 Entrevista realizada por Eva Liñares Fernández a Josefa Domínguez Beade, ya cit.

En el vino y en la buena pitanza depositaban su confianza las suegras del pueblo de Fonsagrada, todavía en décadas recientes, para poder sentirse orgullosas de sus nueras, que debían comparecer en la iglesia, bien robustas y con las mejillas coloradotas —lo que se tenía por indiscutible signo de lozanía—, delante de los vecinos de la parroquia, en la misa dominical de doce, ya completamente repuestas del parto.[498] Era ese el momento culminante en el que, como decían los clérigos, las puérperas «se purifican», y con tal motivo solían ofrendar una gallina.[499] De tal modo, se ponía punto final al preceptivo período de siete semanas de restablecimiento y purificación de la mujer. Así describía Josefa Domínguez Beade como acontecía este hecho en Ames, al filo de los años treinta: «al hacer las siete semanas venía la madrina y el padrino del rapaz, y además los padres, y llevaban al niño a misa, *a entrar en la iglesia*, se llamaba, *a entrar en la iglesia*. Venía el cura a la puerta de la iglesia y, le leía allí en un libro, para meterlos en la iglesia, como si fuera el bautismo [...]. Y entonces, claro, como venían los padrinos había que después hacerle algo de comida también».[500] Conviene precisar, a tenor de lo indicado, que en la cultura judeocristiana la mujer debía purificarse después del parto. En este sentido, resulta harto elocuente la existencia de una festividad consagrada a la Purificación de la Virgen María, que se celebra el 2 de febrero.[501] También en la Francia rural existía el rito denominado *des relevailles*, ceremonia religiosa de purificación que las mujeres debían efectuar después de dar a luz y que, a la altura de 1900, seguía registrándose asimismo en el medio urbano, aunque en clara regresión. La nueva madre era considerada impura y, por tal motivo, debía comer aparte y evitar tocar todo aquello que su contacto pudiese manchar, incluidos sus propios hijos. Este estigma no se borraba hasta que, recuperadas sus fuerzas, acudía ella sola a la iglesia, donde recibía la bendición purificadora del sacerdote.[502]

498 Este hecho ha sido constatado personalmente por Pegerto Saavedra, a quien agradezco su testimonio.

499 *Escritos preparatorios del Sínodo Eclesial del Arzobispado de Santiago del año 1735*, o. cit., carpetas 1214 y 1214 A, Fondo General, AHDS.

500 Entrevista realizada por Eva Liñares Fernández a Josefa Domínguez Beade, ya cit.

501 Ángel Aguirre Baztán: «Entre la anorexia y la bulimia», *Anthropologica. Revista de Etnopsicología y Etnopsiquiatría* (Barcelona), 13-14 (1993), pp. 167-189 [ejemplar dedicado a la «Antropología de la cocina y de la alimentación»], p. 172.

502 Eugen Weber: *France, Fin de siècle*, Cambridge (Massachusetts): Belknap Press/Harvard University Press, 1986, p. 85.

Por lo demás, tampoco era insólito que se les diese a las mujeres que acababan de alumbrar vinos de graduación; por ejemplo, de jerez, como se sabe que hacían en Suarna. En Foz, una informante declaraba que hacia los años 1930-1953 tomaban vino dulce Quinito.[503] Se trataba, claro está, de vino quinado, del cual se les solía dar alguna copita a las paridas, como también apunta Mariño Ferro.[504] De añadidura, en la zona de San Martiño de Broño (Negreira) todavía hace poco se proseguía con la tradición de llevar a las mujeres, inmediatamente después del parto, vino Sansón.[505] Para que resultase más fortalecedor, se mezclaba algunas veces con un huevo, «que era de mucho alimento».[506] Tenemos constancia de que se recurría de igual modo al empleo de vinos fuertes y dulces en la zona de Guitiriz, en los años cuarenta y cincuenta.[507] Por contra, no se consideraba aconsejable que las mujeres tomasen aguardiente en tal circunstancia.[508]

En Zas, la costumbre de dar a las paridas vino quinado Sansón se difundió en décadas recientes —en cierto modo, vino a sustituir al vino azucarado que se tomaba antes—, pero perduró prácticamente hasta nuestros días. De hecho, cuando la informante, una mujer joven todavía, tuvo su primer hijo en 1985, la familia política de Zas le llevó al hospital vigués de la Seguridad Social una botella de esta clase de vino que ella, una chica del medio urbano y con estudios, prefirió no tomar.[509]

Buen alimento para la mujer en la lactancia. Efecto galactopoiético del vino

Tradicionalmente, tanto en las capas elevadas de la sociedad —sin exclusión de los sectores ilustrados— como, desde luego, en los ambientes popu-

503 Entrevista realizada por X. R. Veiga Alonso a José Díaz Mendez, ya cit.

504 Xosé Ramón Mariño Ferro: «Antropoloxía da alimentación», en *Galicia. Antropología*, t. XXIII [cap. 6, «Bibliografía»], La Coruña: Hércules, 1997, p. 470.

505 Entrevista realizada por Antonio Mayo Ardións a Benilde Caamaño, ya cit.

506 Entrevista realizada por Alejandro de Arce Andratschke a Jaime López López, ya cit.

507 Ibídem.

508 Entrevista realizada por Xavier Castro a Antón Santamarina, ya cit.

509 Entrevista realizada por Xavier Castro a Marián Vidal Fraile. Efectuada en Vigo, 26 de julio de 1999, ya cit.

lares, se consideraba que el vino y algunas otras bebidas alcohólicas constituían un alimento adecuado para la mujer en la época de la lactancia. Existen evidencias de que, en el ecuador del siglo XVIII, las autoridades médicas parecían considerar conveniente que las mujeres lactantes tomasen vino. De este modo, el Hospital de Santiago pagaba a las nodrizas que atendían a los bebés expósitos en las parroquias próximas un salario en reales y, además, una ración de pan y vino.[510] En la centuria decimonónica la opinión corriente daba por bien sentado que el vino y la sidra ligera aportaban mayor cantidad de leche a las mujeres que debían amamantar a sus hijos, reputación que la medicina de la época no desmentía.[511] Esta creencia pervivió todavía en el siglo XX, si bien en paulatino retroceso.

En efecto, en Mercurín, aldea del Courel, cuando la madre de la informante dio a luz un bebé, a comienzos de los años cincuenta, la familia le dio sopas de vino tinto, pensando que contribuirían a su restablecimiento. Favorecerían además la «subida» del caudal de leche, de modo que podría disponer de ella en mayor abundancia.[512] Esta era una práctica común en la comarca. También tenemos conocimiento de que otra mujer de esta misma zona, cuya edad superaba los sesenta años, sostenía que las madres lactantes debían beber vino para generar más leche.[513] De igual modo, en Francelos, las paridas, en los años treinta y cuarenta, tomaban vino tinto —que era el que se bebía normalmente— después del parto, por entender que así nutrían mejor a sus bebés.[514] Por cierto que también le atribuían la misma virtud a la cerveza.[515] Otro tanto se hacía en Lousame, durante las preceptivas siete semanas que debía durar la dieta de las mujeres que parieran.[516]

[510] Delfín García Guerra: *El Hospital Real de Santiago (1499-1804)*, La Coruña: Fundación Pedro Barrié de la Maza, 1983, p. 328.

[511] Pedro Felipe Monlau: *Elementos de higiene privada ó arte de conservar la salud del individuo*, o. cit., p. 240.

[512] Entrevista realizada por Xavier Castro a una informante nacida en O Courel que desea permanecer en el anonimato.

[513] Ibídem.

[514] Entrevista realizada por Rosa Luengo Castrillejo a Carmen González Soto, nacida en Francelos (preto de Ribadavia) en el año 1932, ya cit.

[515] Entrevista realizada por Rosa Luengo Castrillejo a Carmen González Soto, nacida en Francelos (preto de Ribadavia) en el año 1932, ya cit.

[516] Entrevista realizada por Xavier Castro a Francisca Caamaño Barreiro, ya cit.

Por ende, disponemos de datos referidos a la zona de El Ferrol[517] y, en marcado contraste geográfico, también a la de Fornelos (ayuntamiento de O Bolo),[518] que confirman que la gente mantenía en ambas localidades idénticas convicciones en lo tocante a este punto. Todavía en el año 2002, una mujer mayor, oriunda de una aldea, angustiada al ver que su hija, que acababa de dar a luz en un hospital de Barcelona, no acababa de segregar la suficiente cantidad de leche como para conseguir amamantar a su criatura, le recomendaba encarecidamente que tomase vino quinado o medicamentoso.[519] Al fin y a la postre, por todas partes se daba en considerar que el vino era aconsejable para las lactantes.

Nodrizas de dudosa reputación

También en Francia, donde estaba enormemente extendida en todas las clases sociales —a excepción de los sectores más modestos, que no podían permitírselo— la costumbre de entregar los hijos a las nodrizas para que se ocuparan de su crianza, gozaba de análoga reputación la idea de que ciertas bebidas alcohólicas incrementaban la provisión láctea de los «pechos mercenarios». Las familias ricas procuraban que las nodrizas viviesen en sus propios hogares, para así supervisar mejor su alimentación (los bebés de las familias menos pudientes iban a parar a las aldeas donde vivían las amas de cría, sobre las que no era posible ejercer ningún control, de manera que quedaban expuestos a un trato que dejaba mucho que desear). Estaba bien visto que las nodrizas bebiesen una prudente, pero francamente buena, cantidad de vino y de cerveza, que eran las bebidas que se consideraban idóneas para ellas. Mencionaremos, a título de ejemplo, el caso concreto de una ama de cría que recibía un litro de vino por día, cerveza a discreción y café con coñac, según apunta Didier Nourrisson en *Le buveur du* XIXe *siècle*.[520]

Ahora bien, las nodrizas tuvieron en la época, una reputación dudosa: eran mujeres que vendían su leche, y quién sabe si, para obtener ese lucro, no privaban a sus propias criaturas de la dosis necesaria. Solían tener ade-

517 Entrevista realizada por Xavier Castro a Pedro, comercial de la editorial Galaxia.

518 Entrevista realizada por Xavier Castro Pérez a Catalina Cotado Galán (Viana do Bolo [Orense], 1957).

519 Ibídem.

520 Didier Nourrisson: *Le buveur du* XIXe *siècle*, o. cit., p. 162.

más fama de bebedoras excesivas. Así, en una obra destinada a un público femenino, *El Libro de la casa. Consejos para la mujer,* se prevenía a las madres que necesitaban recurrir a los servicios de una nodriza que debían vigilar «con cuidado que esta sea aficionada con exceso a la bebida».[521]

La medida preventiva de mantener al ama de cría en casa podía resultar decisiva para la supervivencia de la criatura. Los ricos podían así controlar su correcta alimentación y tener la certeza de que no se propasaba con la bebida. Fernández del Riego refiere en sus memorias que la nodriza que había contratado su madre con la condición de que viniese a su casa para cumplir con su cometido —como solían hacer las familias de posibles en el pueblo de Vilanova de Lourenzá— tenía la costumbre de beber aguardiente. A consecuencia de las *bebedelas,* la nodriza se quedaba adormilada en los atardeceres. Pero no solo a ella le pasaba esto: «Cada día, cuando se ponía el sol, se encerraba conmigo en su cuarto para darme el pecho antes de acostarme. Mientras lo hacía, sacaba del armario una botella de aguardiente. Mamaba yo así una mezcla de leche y líquido espiritoso. Naturalmente me adormecía de inmediato en el regazo blando, entre los brazos rotundos de mi alimentadora».[522] La madre de la criatura no cayó en la cuenta del hecho hasta que su cometido estaba a punto de finalizar. Cuando dio a luz a su siguiente hijo, recurrió a otra ama en su lugar.[523]

Las familias de tronío recurrían a su médico para que les ayudase a encontrar una nodriza idónea entre las candidatas disponibles. Uno de tales especialistas, el doctor Godoy, se refería a la afición al alcohol de las amas de cría en la propia corte española, censurando no el uso que hacían del vino, sino el abuso que solían cometer. Así, cuando eran interrogadas por los médicos encargados de su selección y control, «todas dicen que no tienen meses mientras crian, que no beben vino [pero muchas] fingen un dolor de estómago; y para su remedio piden un trago de vino, dando á entender que les sabe mal, y que se esfuerzan á beberlo, porque no hallan alivio con otra cosa. Estas suelen ser borrachas, y tienen en sus arcas, ó debajo de sus camas, jarros ó botas de vino, que les traen sus maridillos ó amigos, y por

[521] *El libro de la casa: consejos para la mujer,* o. cit., consejo núm. 117, p. 28.

[522] Francisco Fernández del Riego: *Camiño andado,* Vigo: Galaxia, 2003, p. 13.

[523] Francisco Fernández del Riego: *O río do tempo, unha historia vivida,* Sada [A Coruña]: Ediciós do Castro, 1994, p. 13.

si acaso les huele la boca á vino, están prevenidas del achaque del dolor de estómago».[524]

Fue hacia la mitad del siglo XIX cuando la postura de la medicina oficial se volvió más prudente. Los médicos comenzaron a mostrarse más preocupados de que las nodrizas y madres lactantes en general no ingiriesen crecidas cantidades de alcohol. Este era el parecer de Monlau,[525] quien, más que por el vino, se sentía preocupado por la ingesta de bebidas alcohólicas destiladas.[526] De hecho, advertía con insistencia de que las madres no deberían tomar aguardientes o licores. Su obstinación estaba condicionada por la importante difusión de que disfrutaba tal práctica y también porque se sabía en posesión de muy fundadas razones que no dudaba en esgrimir: «porque los alcohólicos pasan á la leche y pueden ocasionar á la cria accidentes de envenenamiento, cólicos, convulsiones, embriaguez, y hasta la muerte».[527] También realizaba estas mismas prevenciones al respecto otro relevante médico, de acendrado conservadurismo e inclinaciones moralistas, el doctor José López de La Vega, tal como lo expone en su obra *Lo necesario a las madres*,[528] publicada en 1870. Sin embargo, por aquellas fechas todavía pesaba mucho en los médicos la mentalidad que postulaba para el vino la consideración de artículo alimenticio de primera necesidad. Así, el doctor Santiago García, cuando hacía observar que las nodrizas no deberían beber vino ni licores, se siente inmediatamente obligado a matizar tal condena precisando que sí podrían beber vino «en caso necesario en corta cantidad».[529] Había, pues, casos de fuerza mayor...

Paulatinamente, la ciencia médica fue endureciendo su actitud antialcohólica y pasó a preconizar una pauta más severa, como lo testimonian, a guisa de ejemplo, las palabras pronunciadas por el doctor Enrique Hervada en una conferencia impartida en la Sociedad de Carpinteros, cuando corría el año 1907; aprovechó aquella ocasión para advertir que «Si la nodriza

[524] Felipe Monlau: *Higiene del matrimonio*, o. cit., p. 460.

[525] Pedro Felipe Monlau: *Elementos de higiene privada ó arte de conservar la salud del individuo*, o. cit., p. 505.

[526] Ibídem.

[527] Felipe Monlau: *Higiene del matrimonio*, o. cit., p. 472.

[528] Dr. D. José López de La Vega: *Lo necesario a las madres (Modo de evitar una muerte segura)*, o. cit., p. 21.

[529] Felipe Monlau: *Higiene del matrimonio*, o. cit., p. 474.

bebe alcohol, lo transmitirá por su leche al niño, lo mismo que el opio, la quinina, el yoduro»,[530] amén de otras sustancias. El talante de la medicina pasa a ser, pues, inequívocamente desaprobatorio.

Ahora bien, como hemos podido ver, la reprobación de los médicos, que fue calando lentamente en los medios sociales más elevados, apenas consiguió trascender al ámbito popular. En las aldeas, prácticamente hasta nuestros días, se ha seguido considerando que el vino incrementaba el caudal lácteo de los pechos femeninos. Una mujer que había dado a luz en San Martín de Suarna en los años cuarenta, incitada por una vecina a tomar vino tinto, exclamó: «¡El demonio me lleve! Con aquella tazona de vino crecióme la leche para una semana»,[531] queriendo indicar que el vino le había permitido acumular más leche. Era el efecto *galactopoiético* del vino, según un neologismo aportado por el reconocido filólogo Antón Santamarina.

Conforto de las tribulaciones femeninas

El vino, el anisado y, en ocasiones, el aguardiente, desempeñaban para la mujer una función reparadora y reconstituyente también en términos generales, aunque obviamente tal cosa no constituya una particularidad del sexo femenino. Pero como quiera que se considerase a la mujer como más frágil de cuerpo y liviana de espíritu, la sociedad podía encontrar aceptable que las mujeres que recurrían al alcohol con el declarado propósito de remediar tales carencias tenían a su favor mejores razones que los varones, supuestamente más robustos de cuerpo y alma. En este sentido, la cuestión es diferente.

El anisado, como bebida de buena graduación alcohólica y de efectos confortadores, resultaba apropiada para los momentos difíciles, que no eran pocos en la existencia de las mujeres. Estaba, desde luego, presente en el grave trance de las muertes, en distintas fases de la liturgia profana mortuoria. Así, por ejemplo, en los velatorios, como lo encontramos documentado en la villa de Corcubión, donde lo usual era que las mujeres tomasen

[530] «La alimentación. Conferencia dada en la Sociedad de Carpinteros el 8 de Diciembre de 1907, por el médico D. Enrique Hervada. II», *Prácticas modernas é industrias rurales* (La Coruña), año VI (1 de abril de 1908), p. 99. Amplia reseña de la conferencia.

[531] Entrevista realizada por Xavier Castro a Antón Santamarina, ya cit.

anís.[532] También Blanco Amor testimonia en una de sus farsas la predilección femenina por el anís en las circunstancias que rodeaban la muerte. De este modo, cuando dos mujeres que hacían un planto declaraban que se les figurara que hablaba el difunto, otro personaje les responde con escepticismo: «Lo que habla por vosotras es el cuartillo de anís que tenéis en el coleto…».[533]

La bebida anisada aportaba, pues, confortamiento para el espíritu. Pero también para el cuerpo era buen remedio, según la mentalidad popular. Quizás no sea desatinado pensar que la partida de anís que aparece inventariada en el hospital compostelano a mediados del siglo XVIII[534] fuese para confortar a las mujeres enfermas tratadas allí.

Las mujeres solían recurrir al vino o al anís, si disponían de este, en aquellas ocasiones en las que debían mostrarse animosas de espíritu y fuertes de cuerpo. Como, pongamos por caso, cuando se efectuaba en casa la matanza del cerdo. Así, una mujer perteneciente a una familia labriega y artesana, de un nivel mediano, señalaba que en las matanzas de su parroquia los hombres tomaban coñac y las mujeres, anís,[535] aunque también había casos en los que ellas simplemente no bebían nada, en tanto que los hombres rara vez se privaban de la caña. En Loureses, en la época de la matanza del cerdo, las mujeres, de regreso a casa después de lavar las tripas en el río, bebían vino caliente con miel.[536] También cuando había que trabajar con empeño en las faenas del campo, en la época de la siega, de la maja o de la *sacha*, si no tomaban algún trago de anisado, desde luego lo echaban en falta. Este era el caso de una mujer de condición muy modesta, nacida en San Martiño de Broño (Negreira) en el año 1907, que declaraba: «Sí, la gente iba así a sachar, que antes se sachaba mucho así con la azada. Entonces había quien llevaba un pedazo de borona y una botella de anís. Y en el campo la gente se sentaba, comía un

[532] Entrevista realizada por M.ª Teresa García Domínguez a M.ª Angélica Domínguez Bujeiro (Fisterre, 1930).

[533] Eduardo Blanco Amor: «Falsa e certa morte de Estoraque o indiano», en *Obra en galego completa*, vol. II, Vigo: Galaxia, 1992, p. 235.

[534] Delfín Guerra García: *El Hospital Real de Santiago (1499-1804)*, o. cit., p. 448.

[535] Entrevista realizada por Xavier Castro a Francisca Caamaño Barreiro (Merelle [Lousame], 1907), ya cit. El nivel económico de su familia de procedencia parece bastante aceptable. La familia se dedicaba a la agricultura y a la fabricación artesanal de zuecos.

[536] M. Mandianes Castro: *Loureses. Antropoloxía dunha parroquia galega*, Vigo: Galaxia, 1984, p. 23.

trozo de borona y además bebía una copa de anís. No se andaba así con el café, como ahora. Ahora llevas café».[537]

Pero esto distaba de ser igualmente predicable para todas partes. En la zona de Ames, por ejemplo, las mujeres labradoras no solían tomar anís mientras trabajaban en el campo. Así lo refería Josefa Domínguez Beade, remontándose en su recuerdo a los años veinte: «y a lo mejor te daban, tomabas así, después de comer, cuando tomabas el café, a lo mejor te daban una copita de anís, a las mujeres; pero los días de fiesta, después en los días de trabajo nada».[538]

MUJERES AFLIGIDAS POR LA BEBIDA DE LOS HOMBRES

Las mozas —cuando menos las más prudentes y avisadas— solían preferir jóvenes que bebiesen poco, pues temían que los muy juerguistas y bebedores resultasen maridos desastrosos. Y que tampoco fumasen, a poder ser. Libres de vicios, en definitiva. Aunque no debía de ser fácil dar con tales mirlos blancos. La escritora y periodista sueca Christina Lilliestierna, afincada en el Morrazo desde los años cincuenta hasta el 2002, nos dejó un interesante testimonio a este respecto, en su obra autobiográfica *Vivir en el fin del mundo*. La extranjera trataba «de una forma europea» a la criada, de nombre Esmeralda, que contrató. Se estableció así entre ambas mujeres una relación de confianza y, de este modo, cuando llegó el momento, la fámula le consultó su opinión acerca de un pretendiente que tenía. Valoraba muy positivamente en él el hecho de que «No bebe ni fuma» y, también, la buena disposición que tenía para el trabajo.[539] Era más fuerte que ella y eso le importaba más que el hecho de que fuese también más bajo de estatura. Pero, por encima de todo, la gran preocupación de la joven era encontrar un mozo que «no pegara».

Por lo general, las mujeres refrenaban la bebida de sus maridos. O solían intentarlo, por lo menos ¡por la cuenta que les tenía!, pues no les faltaban

[537] Entrevista realizada por Antonio Mayo Ardións a Benilde Caamaño, ya cit.

[538] Entrevista realizada por Eva Liñares Fernández a Josefa Domínguez Beade, ya cit.

[539] Christina Lilliestierna: *Vivir no fin do mundo*, Vigo: Edicións Xerais de Galicia, 1983, p. 109.

razones (que iban desde las más pedestres y económicas hasta la misma preservación de su integridad física) para tratar de atemperar su proclividad al vino. En la célebre panadería que regentó Pío Baroja en Madrid, a fines del siglo XIX, la mayoría de los trabajadores y repartidores de pan eran gallegos. El escritor reproduce en sus memorias una «chispeante» conversación mantenida entre panaderos, que tuvo ocasión de escuchar mientras trabajaban por la noche en la masa:

—¡Léveme o demo, Ferreiro!...Tú llegarás.

—Sí, llegará a dar con la cabeza en el pesebre...

—Bueno, en el pesebre estamos todos, Rábade...

—No todo el que quiere está en el pesebre.

—Para ti, Perico, el pesebre es el frasco de vino...

—¿Y para ti, no?... Lo que te pasa a ti, Domingo, es que la parienta no te deja y te quita los cuartos.

—No te entusiasmes..., ¡oh!, que a ti tampoco te deja *la Zamorana*.

—¿A mí? ¡Vamos, hombre!... Si yo estoy divorciado... Soy solterito.

—¡Qué golfante eres, Lamela!»[540]

De añadidura, Marcial Valladares Núñez presenta en *Maxina o la hija espúrea* una interesante escena de costumbres, que es posible situar en el ecuador del siglo XIX, en la que se hace patente la preocupación de los hombres (de algunos, por lo menos) en relación con el previsible reproche que pudieran hacerles sus mujeres si llegaban a casa un poco *tibios* de vino. De este modo, iban conversando Bieito y Félis, dos de los más acomodados labradores de la aldea de Vilanova, en la comarca del Ulla. Cuando se aproximaban a una taberna, Félis, que traía cuartos frescos, le dijo al otro:

—Aquí, Bieito, tomaremos un vaso.

—No te tienten los demonios.

—Te digo que aquí hemos de beber.

Bieito entonces, viendo que [su compañero] ya se adelantaba en derechura hacia la taberna, le tiró de la chaqueta y le dijo:

[540] Pío Baroja: *Familia, infancia y juventud*, en *Desde la última vuelta del camino: memorias*, Madrid: Caro Raggio, 1982; t. II, p. 398.

—¿Parece que bebemos poco en la casa del señorito?

—No, hombre, pero hoy es domingo y pago yo.

—Félis, hoy no hace falta vino. El hombre honrado en su casa. ¿Que dirían las mujeres si llegásemos de noche o borrachos?[541]

¡Ya no tengo hombre!

Que los hombres frecuentaran la taberna, sobre todo en los ámbitos populares, podía suscitar la desatención de la vida familiar, con las consiguientes perturbaciones de todo orden. Para la mujer casada representaba cierto grado de soledad y una mengua en la colaboración de su esposo en las tareas del hogar (las pocas que en la división sexual de los roles les correspondían tradicionalmente a los hombres: las gestiones relacionadas con él, reparaciones, etcétera), amén de la atención a los viejos, caso de convivencia con suegros o abuelos. Para calibrar las implicaciones que esto tenía, conviene tener presente que, en el medio rural, el hogar estaba estrechamente vinculado con la actividad productiva: la cuadra del ganado aparecía integrada en la estructura arquitectónica de la casa y la huerta era su prolongación natural. Por lo tanto, la ausencia del marido, entretenido en la taberna, redundaba en una situación de abandono e incremento del trabajo que recaía sobre la señora y también sobre los hijos. En última instancia, la deserción o renuencia del marido a acudir a su casa a una hora prudencial comportaba cierto grado, distinto según los casos, pero desde luego apreciable, de desorganización de los horarios de las comidas y de la vida cotidiana en general, cuando no la desestructuración pura y simple de la familia popular.

La mujer afectada o, mejor, afligida por tal contingencia tenía que experimentar por fuerza una sensación de malestar. Este estado de ánimo aparece reflejado en una antigua copla popular: «Las fatiguitas del mundo / las pagan hoy las mujeres; / esperando a sus maridos / de la taberna y no vienen». Esta frustración lindaba con una actitud de irritación, que con facilidad derivaba en conflicto cuando la mujer adoptaba una actitud beligerante y reprochaba a su marido el ser tan «borrachón». La impresión de «no tener hombre» que la atendiera y se ocupara cumplidamente de la familia y de la casa late en esta

[541] Marcial Valladares Núñez: *Maxina ou a filla espúrea*, o. cit., p. 98.

copla que cantaban las mujeres de Tordoia: «Ya no tengo hombre / ni quiero casar / marchan a la taberna / se van a emborrachar / se van a emborrachar / se van a emborrachar / ya no tengo hombre / ni quiero casar».[542]

En algunos casos, este «dolor de ausencia», la pena de no poder contar con el marido para que representara a la casa ante los vecinos, o el Ayuntamiento, o que por lo menos la acompañara a una boda, para no tener que pasar la vergüenza de acudir ella sola y dar embarazosas explicaciones, amargaba la existencia de algunas mujeres casadas. Se conocen situaciones en las que el absentismo marital resultaba particularmente acentuado. Una informante se refería a un marido, electricista de profesión y residente en Cela (Bueu), que tenía la costumbre de tomar el aperitivo en el bar, al salir del trabajo por la mañana, apenas se detenía en casa unos veinte minutos para comer, y regresaba después a tomar el café y a jugar la partida. Por la noche recalaba de nuevo en el bar y retornaba tarde a cenar a casa. Su mujer apenas lo veía.[543]

Otra de las derivaciones de este problema atañe a la economía matrimonial. El gasto que representaba la frecuentación asidua de la taberna limitaba los recursos pecuniarios de la familia y afectaba no pocas veces al capítulo básico de la alimentación. En especial, en las familias de trabajadores urbanos, que no se beneficiaban de la producción de alimentos en régimen de autoconsumo, como podían hacer los campesinos que disponían de tierras, la carencia de cuartos podía representar la penuria alimentaria para la mujer y los hijos, si no lisa y llanamente el hambre.

Mas había otra vertiente aún, asimismo significativa y problemática, de la poliédrica cuestión de la taberna. Se concretaba en que, siendo esta la fuente primordial de suministro alcohólico para los hombres, se convertía en el ámbito en el que más percances etílicos solían acontecer, por mor de las pítimas que cogían los maridos. Implicaba esto que las probabilidades de que liberasen después su agresividad maltratando a esposas e hijos aumentaban en grado exponencial, pues parece bien establecido que tal conducta estaba estrechamente vinculada al abuso del alcohol. En un relevante documento gubernamental de finales del siglo XVIII, inédito hasta este momento, se mencionaban los malos tratos como una de las secuelas del «destemplado»

[542] Dorothé Schubarth y Antón Santamarina: *Cantigas populares*, o. cit., p. 81.
[543] Entrevista realizada por Xavier Castro a Pilar Blanco (Mogor [Marín], 1965).

beber de los hombres; más concretamente, de los que desempeñaban su oficio en los talleres gremiales. En efecto, en el transcurso de una deliberación del gobierno español (Sección de Consejos. Sala de Gobierno), celebrada el 9 de septiembre de 1789, se tomó en consideración el criterio expuesto por un «respetable Magistrado». Así fue como se hizo constar en el acta de la reunión de la Sala de Corte:

> [...] el abuso (dice) de entrar en la taverna la gente oficiala [sic] los encamina a la embriaguez y al Juego de Naipes en la misma taverna. entregados los Aprendices y Oficiales â estos dos vicios travajan de mala gana en los dias que no son de precepto y comsumen en el de fiesta lo que devian guardar para mantenerse entre semana y reponer sus vestidos.
>
> De ahi vienen las quimeras en sus casas quando toman estado el mal trato de sus mugeres, la perdida de la salud y finalmente el mal exemplo que dan a sus propios hijos los quales rara vez dejan de imitar las costumbres viciosas y relajadas de los Padres ô de aquellos con quienes tratan frecuentemente.[544]

Lamas Carvajal, en uno de sus *Casos e cousas*, publicado en *O Tio Marcos d'a Portela. Parrafeos c'o pobo gallego*, en 1884, apuntaba que en un pueblo se sabía de un hombre que tenía por costumbre beber en la taberna con algún compadre y que al llegar, frecuentemente bebido, a su casa no descuidaba «moler el lomo» a la mujer.[545] Es sabido que la literatura de Valle-Inclán se nutre del humus de la sociedad de la época. En *La rosa de papel* quedó perfilado un personaje propenso a emborracharse en la taberna para después amenazar, incluso pegar, a su mujer. Algo muy corriente en el primer tercio del siglo XX. En efecto, Simeón Julepe, herrero de profesión y asiduo de la taberna, donde solía coger buenas curdas, discute con su agonizante mujer Florianita *La Encamada*, y tal vez por que no está ella ya para muchos trotes, le perdona la vida diciéndole: «Tendré que ausentarme por no zurrarte la pandereta».[546]

[544] Acta de la reunión de la Sala de Corte, celebrada el 9 de septiembre de 1789. Sección de Consejos. Sala de Gobierno, legajo 3597, núm. 3, fol. 25 r. AHN.

[545] «Casos e cousas», *O Tío Marcos d'a Portela. Parrafeos c'o pobo gallego*, Ano sesto. Parrafeo catorce. Ourense, 17 de Febreiro de 1884, p. 5.

[546] Ramón M.ª del Valle-Inclán: *La rosa de papel*, en *Obras escogidas*, 5.ª ed., Madrid: Aguilar, 1976; t. I., p. 701.

Ítem más: una informante de Bueu recordaba que en los años veinte «las mujeres antes eran más sumisas, callaban más; había muchísimas más que hoy a las que los maridos les pegaban»,[547] y añadía que esto sucedía muchas veces después de haber bebido ellos con liberalidad. Otra informante, residente en una localidad distinta, apuntaba que «A los hombres no se les ocurría más que...; se iban al trabajo, después se quedaban por ahí con los compañeros, en la taberna, esas tabernas de aldea, ¿no sabes? Y bebían, y después venían, e incluso les pegaban, y yo que sé...».[548] La taberna es un magnífico observatorio social para una mirada atenta. La nieta de una tabernera rural, emplazada en la aldea de Mogor, refería la historia de un hombre de condición bastante modesta, pues aunque era carnicero de profesión descuidaba bastante el negocio, precisamente a causa de sus excesos con la bebida. Vivía este sujeto en una casa muy precaria y cuando acudía a la taberna de Mogor, mientras estaba sobrio, solía ser educado y se comportaba con corrección. No era pues «nada faltón», e incluso se preocupaba de pagar siempre la bebida por adelantado. Ah, pero cuando se emborrachaba era cosa sabida que adoptaba actitudes muy violentas, incluso con los suyos: en su domicilio, le daba por romper los platos «y además pegaba mucho a sus hijos y a su mujer», que era el principal sostén económico de la familia. El rencor se fue así acumulando y, cuando los hijos crecieron, echaron al padre de casa.[549]

Por ende, el abuso del alcohol fomentaba las disputas y reyertas que provocaban daños físicos y morales a quienes se enzarzaban en ellas. Refería una persona entrevistada que era, en efecto, bastante común que después de emborracharse riñeran y «armaran una trapatiesta en la taberna».[550] Para las esposas, esto podía suponer que su marido resultara herido o maltrecho en el trance y, tal vez, impedido para trabajar por un tiempo o arrestado y multado; «¡y a ver qué comemos nosotros ahora!», he ahí el lamento que solían exclamar ellas, compungidas, cuando se encontraban en tan avieso trance. Por añadidura, la embriaguez y la conducta pendenciera del marido en la taberna ocasionaba un daño moral que no solo recaía en el responsable

[547] Entrevista realizada por Xavier Castro a Josefa González Rúa, ya cit.

[548] Entrevista realizada a Teresa Pedrós (Residencia Torrente Ballester) para la serie documental O *Mundo de Celavella*, realizada por Voz Audiovisual para la TVG en noviembre del 2003.

[549] Entrevista realizada por Xavier Castro a Pilar Blanco López, ya cit.

[550] Entrevista realizada por Xavier Castro a Josefa González Rúa, ya cit.

de tal conducta, sino también en toda su familia, menoscabando su reputación ante los ojos de los vecinos del barrio o de la aldea. Y todavía no hace mucho, la gente estaba muy preocupada por su honra.

Las mujeres desplegaban diversas estrategias paliativas —pues sabían que la más radical, consistente en impedirles frecuentar la taberna, resultaba de todo punto impracticable— para atenuar el adverso impacto social y económico que ejercía esta tercera instancia de sociabilidad, en tanto que espacio de ocio, sobre las otras dos más básicas, a las que servía de gozne: el ámbito familiar y el laboral. La praxis femenina se orientaba hacia el posibilismo: buscaba la restricción, en la medida de lo posible, del tiempo de permanencia del marido en la botillería, amén de procurar la moderación en el gasto de los cuartos y en la ingesta alcohólica.

¡Vámonos para casa, que ya vas bueno!

No era infrecuente en el siglo XIX la estampa de la mujer que irrumpía en la taberna para sacar de allí a su marido y tenía que emplear cierto grado de fuerza para doblegar su resistencia a abandonarla. Esta es la conducta observada por Gervais en la novela de Émile Zola *L'Assommoir*.[551] Ahora bien, «a los hombres no les gustaba nada que fueran sus mujeres a buscarlos. Cuando acontecía tal hecho, algunos hombres hacían caso y acaban volviendo con su mujer para casa. Pero otros eran rebeldes, e incluso les daban bofetadas a sus mujeres, delante de todos»,[552] según el testimonio de una informante que tuvo noticia de ello por amigas suyas e incluso la ocasión de constatar personalmente este tipo de situaciones de tensión. Claro que también se conocen casos de personajes más taimados o discretos, que, «aguardaban a llegar a casa y allí armaban una revolución, tirándoles las cosas que tenían»[553] o no dudaban en pegarles sin miramiento alguno.

En años recientes, en un bar próximo a Sisán, era corriente que hacia las diez y media de la noche apareciese alguna mujer que iba a recoger a su ma-

[551] A esto se refiere Jean Claude Bologne: *Histoire morale et culturelle de nos boissons*, o. cit., p. 91. Cf. Émile Zola: *L'assommoir*, París: Le Livre de Poche, 1996.

[552] Entrevista realizada por Xavier Castro a Josefa González Rúa, ya cit.

[553] Ibídem.

rido y se lo llevaba diciendo: «vámonos para casa que hoy ya vas bueno».[554] Ahora bien, para una mujer resultaba francamente violento tener que acudir en persona a un ámbito vedado para ella, como era la taberna, a fin de reclamar a su marido. Para sortear tal inconveniente, había algunas que recurrían a la táctica de enviar a los hijos a reclamar a su padre, cuando este ya estaba fuera de hora.[555] En la villa de Arzúa, una señora enviaba a las nietas a avisar a su marido, y de paso a los restantes hombres de la casa que se encontraban en el bar, de que ya era hora de que volvieran a cenar. Pero estas aprovechaban la ocasión para entretenerse jugando al futbolín, que al parecer les encantaba. La madre, entonces, recurría a una hija suya, solterona de carácter fuerte, con sólida reputación de marimacho (una clase de mujeres de las que se solía decir que eran «de pelo en pecho»), la cual se adentraba sin mayores miramientos en el recinto del bar, en el que la mayoría de las mujeres no entraban nunca, y procedía a arrastrarlos a todos.[556] La informante se percataba de su padre o cualquier otro hombre en tal situación sentía bastante vergüenza de que una mujer acudiese a sacarlo de allí.[557]

Bien porque el tabernero en cuestión fuese en efecto un «elemento de cuidado», bien como táctica de desviación de la responsabilidad marital, había mujeres que criticaban a los taberneros, acusándolos de que su esposos «quemaban los cuartos» en sus establecimientos. También los culpaban de incitarlos al consumo de alcohol para aumentar las ventas.[558]

Sucedía, en efecto, que algunos hombres gastaban irresponsablemente buena parte del jornal o, a veces, la totalidad, bebiendo «sin cordura» en la taberna[559] e invitando a rondas sus compañeros. El gobierno era consciente, a fines del siglo XVIII, de la existencia de una punta de trabajadores que malgastaba en la taberna unos dineros que resultaban imprescindibles para su sustento y el de su familia.[560] El escritor Clarín no olvidó mencionar esta

[554] Entrevista realizada por Xavier Castro a Herminio Barreiro Rodríguez (Dorrón [Sanxenxo], 1937).

[555] Entrevista realizada por Xavier Castro a Josefa González Rúa, ya cit.

[556] Entrevista realizada por Xavier Castro a M.ª Teresa Martínez Rodríguez, ya cit.

[557] Ibídem.

[558] Entrevista realizada por Xavier Castro a Merchi Fernández Gestido (Coiro [Cangas], 1963).

[559] Entrevista realizada por Xavier Castro a Josefa González Rúa, ya cit.

[560] Acta de la reunión de la Sala de Corte, celebrada el 9 de septiembre de 1789. Sección de Consejos. Sala de Gobierno, legajo 3597, núm. 3, fol. 25 r. AHN.

importante cuestión en su obra *La Regenta:* «Paula veía en su casa la miseria todos los días; o faltaba el pan para cenar o para comer; el padre gastaba en la taberna y en el juego lo que ganaba en la mina».[561] A comienzos del siglo xx, Paul Combes aludía en *El libro del ama de casa* (1913) a la problemática de los obreros que, cuando recibían el salario, gastaban buena parte de él en la taberna sin percatarse bien del desembolso que hacían.[562] Ítem más, una antigua copla popular rezaba lo siguiente: «Echa vino tabernera, / hasta que salga borracho ; / que a mí no me piden pan / la mujer ni los muchachos». Este bebedor no parece que tuviese responsabilidades o cargas familiares que atender. Al menos eso es lo que decía, tal vez para soslayar el escrúpulo de la tabernera. Como quiera que fuese, no esto era lo más habitual. Ni siquiera entre los jóvenes. Vayamos a un caso: los chavales de Bueu, en los años 1950, ya iban a faenar al mar siendo todavía adolescentes. Lo usual era que les diesen la paga a sus madres. Pero había algunos «sinvergüenzas» que gastaban los cuartos, todos o una parte significativa, en vino; algunos, ya a finales de los cincuenta, en cerveza también.[563] Cuando tenían más años y contraían matrimonio, reproducían este mismo patrón con sus mujeres. La irresponsabilidad de los padres de familia parecía producirse con alguna frecuencia en los medios populares, incluso entre los que vivían a salto de mata sumidos, y casi siempre consumidos, en el ambiente de la marginalidad. Incluidos también muchos de aquellos que trajinaban por los cafetines haciendo gala de poseer pujos de artista. El bohemio Max Estrella empeña su capa y, con lo que obtiene, invita a Rubén Darío y a su amigo Latino a cenar por todo lo alto, con champaña incluido, en un café. No se acuerda entonces de que su mujer e hija atravesaban con gran penuria su diario vivir. Así es como se lo cuenta, para legitimar sus pretensiones de sablista, a un ministro que, llevado por la nostalgia, se decide a recibirlo.[564] La esposa de Max, tras su fallecimiento, le reprocha la vida que había llevado: el hecho de haberse matado, «sin acordar de estas pobres mujeres».[565]

[561] Leopoldo Alas *Clarín: La Regenta*, Madrid: Sarpe, 1984 [1.ª ed., 1884], p. 301.

[562] Paul Combes: *El libro del ama de casa*, Barcelona: Herederos de Juan Gili, s. a. [1913], p. 146.

[563] Entrevista realizada por Xavier Castro a Antonio Pereiro, ya cit.

[564] Ramón M.ª del Valle-Inclán: *Luces de bohemia*, en *Obras escogidas*, 5.ª ed., Madrid: Aguilar, 1976; t. II, pp. 1199, 1228, 1230 y 1233.

[565] Ibídem, p. 1.253.

Toda una historia ejemplar, de valor apodíctico, que nos ha legado Valle-Inclán .

Por lo demás, un manual para uso de confesores, publicado en el año 1844, contenía un apartado dedicado a los curas párrocos en el que se reseñaban las principales cuestiones que «deben recordar más a menudo a su pueblo» en sus sermones. Nada menos que en segundo lugar, preceptuaba lo siguiente: «Que insista para impedir que los hombres vayan á las tabernas pintándoles los muchos pecados que allí se cometen de ordinario; á saber, á más de la embriaguez las blasfemias, las pendencias, los escándalos, las obscenidades, las discordias en las casas, la privación de lo necesario á su familia etcétera».[566] El libro aporta, de paso, un catálogo bastante completo de los motivos de la inquina que el clero sentía por la taberna.

El momento en que esto solía acontecer más comúnmente era aquel en que «tenían los cuartos calientes», cantando en el bolsillo, recién cobrado el jornal. Ya se sabe que, como dice el refrán, los dineros del trabajador, como los del sacristán, «cantando se vienen, cantando se van». Declaraba una informante que algunas mujeres de marineros tenían que ir a las tabernas a buscar a sus maridos, de manera especial cuando cobraban la quincena, bien el sábado o el domingo por la mañana. «La mujer aguardaba por los cuartos del marido y él gastaba todo».[567] La preocupación, o por mejor decir, la angustia, y la consiguiente intervención femenina eran particularmente vigorosas en los días de cobro de la paga semanal, en el caso de los obreros, o, tratándose de un labrador, aquel en que hubiese obtenido alguna entrada económica significativa (tras la venta, por ejemplo, de una partida de pinos o de un becerro en la feria). La desesperada actuación de la esposa iba encaminada a evitar que su marido fuese de inmediato a la taberna a malgastar buena parte del jornal o a tratar de que permaneciera en ella el menor tiempo posible. La estampa de las mujeres saliendo al paso a sus maridos, cuando en tal ocasión finalizaban la jornada laboral en la fábrica o en el tajo, era una escena que se repetía muy a menudo.

La desazón de las mujeres podía ser también muy grande cuando entraba algún dinero extra en el hogar, por una herencia, por ejemplo. No importaba que fuera ella quien la recibiese. El marido podía apropiársela, como también

[566] J. Gaume: *Manual de los confesores*, o. cit., p. 337.

[567] Entrevista realizada por Xavier Castro a Josefa González Rúa, ya cit.

de sus ahorros. Los siete mil reales que trabajosamente había conseguido ahorrar Florianita *La Encamada*, la protagonista afectada por una enfermedad en fase terminal, en la obra de Valle-Inclán *La rosa de papel*, corrían serio peligro de dilapidación. La agonizante suplica al marido, herrero de profesión, que no malgastase sus ahorros en la taberna. Que atendiese, por favor, a sus hijos:

> La Encamada. Simeón, procura mirar por los hijos, y no dejar mis sudores en la taberna.
>
> Julepe. Ya estás faltando.
>
> La Encamada. ¡Te conozco, Simeón Julepe!
>
> Julepe. También yo conozco mis deberes.
>
> La Encamada. Lo que gastes en copas, a tus hijos se lo robas. ¡Sé hombre de bien![568]

Embriaguez masculina, alcoholismo y malos tratos a las mujeres

El Eurobarómetro y otras investigaciones indican que el alcohol y las drogas fungen como factor decisivo en la violencia contra las mujeres.[569] En efecto, es un hecho bien conocido entre los especialistas que en general el alcohol aparece estrechamente asociado a distintas formas de violencia: la susodicha entre otras. Por supuesto que hay alcohólicos que no son maltratadores, pero el hecho es que existe un porcentaje muy elevado de maltratadores que son alcohólicos. Como toda causalidad, la del alcohol resulta en cierta medida problemática. Pero no más que cualquier otra: la influencia familiar, por ejemplo. No consigue explicar todos los casos, ni dar cuenta de las razones por las cuales muchos hombres que beben no agreden a sus mujeres.[570] Como con justeza se ha dicho, «el alcohol no transforma en maltratador a un hombre que no lo es».[571] A pesar de ello, la mayoría de los

[568] Ramón M.ª del Valle-Inclán: *La rosa de papel*, o. cit., pp. 702-703.

[569] Esther Oliver y Rosa Valls: *Violencia de género: investigación sobre quiénes, por qué, y cómo superarla*, Barcelona: El Roure, 2004, p. 70.

[570] Esther Oliver y Rosa Valls: *Violencia de género: investigación sobre quiénes, por qué, y cómo superarla*, o. cit., p. 70.

[571] Consuelo Barea: *Manual para mujeres maltratadas (que quieran dejar de serlo): detectar y prevenir la violencia de género*, Barcelona: Océano, 2004, p. 92.

autores consideran primordial la toma en consideración de esta etiología en la explicación de la violencia de género.

Por lo demás, sucede que, en no pocos casos, los alcohólicos violentos se escudan en la enfermedad cuando perpetran sus agresiones. La embriaguez masculina habitual, que con frecuencia se acababa convirtiendo en una dolencia crónica —denominada desde hace poco más de cien años alcoholismo—, pero también la simple borrachera esporádica, devenían en importantes factores generadores de malos tratos propinados a las mujeres. La conducta violenta de los hombres, que se proyectaba contra sus mujeres y con mucha frecuencia también contra sus hijos, era algo extraordinariamente común en el siglo XIX, según afirma Eugen Weber, en su obra *France, Fin de siècle*.[572] No resulta difícil ilustrar la dura realidad de las familias de los hombres dados a la embriaguez, cuyos integrantes padecían las consecuencias de su destemplanza. Existe una letrilla, revestida con un leve tono de crítica social, impresa en Madrid en el año 1850, que revelaba con toda evidencia que la *cogorza* marital, a la que se retrataba humorísticamente como si se tratase de un animal, solía conllevar tales desaguisados: «Lo peor y dañino / que acompaña al animal / es, que el que se encuentra herido / con todos quiere pegar. Si de la *cogorza* / se ve uno muy malo, / lo primero que hace / es coger el palo; / sea sin razón / si el hombre se empeña, / á toda la casa / la carga de leña».[573]

No hay duda de que para que el hombre le diese «un buen correctivo» a su mujer no hacía falta que mediase el alcohol como agente incentivador. En estado de completa sobriedad, la golpeaba también «cuando hacía falta», porque esto se consideraba, en el marco del patriarcalismo familiar, como una práctica normal. El maltrato a la mujer era el ejercicio legítimo del derecho de corrección que ostentaban el padre o el marido cuando no eran obedecidos; cuando las mujeres no se atenían a las instrucciones dictadas por san Pablo consistentes en que «obedezca, sirva y calle».[574] Dicho de otro modo, cuando no acataban el contrato de servidumbre que implicaba el matrimonio, dando motivo con su desobediencia a la justa cólera de

[572] Eugen Weber: *France, Fin de siècle*, o. cit., p. 87.

[573] *Coplas Nuevas de La Cogorza. Letrilla. Segunda Parte*, Madrid: Imprenta de D. José María Marés, 1850; BXUS, RSE Foll 12. 66.

[574] Cit. por la vocal del Consejo General del Poder Judicial M.ª Ángeles García García: «Moras y cristianas», *El País* (Madrid) (6 de marzo de 2006), p. 21.

sus maridos, como indicaba san Agustín en sus *Confesiones*, poniendo a su madre, santa Mónica, como ejemplo de acatamiento ciego al hombre que le habían designado por esposo.[575] Por lo demás, la violencia de género era también un instrumento de dominación, como se apunta con más detalle en otro apartado. Pero, desde luego, diversas evidencias muestran que, cuando el varón se encontraba en situación de «franca iluminación alcohólica», los malos tratos se convertían en moneda corriente.

Diversas investigaciones realizadas en las últimas tres décadas —en particular, la llevada a cabo por la Asociación Médica Americana, dada a conocer en 1992— han puesto de manifiesto que el alcohol es un factor de riesgo que puede propiciar el surgimiento de la violencia familiar, tanto la del hombre contra la mujer como la que los padres proyectan contra los hijos.[576] Ello es debido a que el alcohol provoca una disminución del control de los impulsos y, en caso de consumo crónico, aumenta además las tendencias paranoicas.[577] La socióloga García Más ha realizado un notable estudio[578] partiendo de varias entrevistas a mujeres que se encontraban en casas de acogida y centros de ex alcohólicos. Sostiene la tesis, en apariencia irrefragable, de que en el 80 % de los casos de malos tratos está presente el alcohol. En efecto, dicho informe refleja que un 63 % de las entrevistadas en centros de acogida reconocía que los malos tratos que habían padecido estaban estrechamente relacionados con un consumo abusivo de bebidas alcohólicas por parte de sus maridos o compañeros sentimentales. Otros estudios realizados en España indican que aproximadamente el 50 % de las parejas de mujeres ingresadas en dichas instituciones de acogimiento eran consumidores abusivos de alcohol.[579] En el caso de las mujeres que acuden a centros de ex alcohólicos, el porcentaje se sitúa en el 90 % de los casos. Por su parte, Tony Gual, presidente de la asociación científica Socidrogalcohol, afirma que, según una estimación muy baja, como míni-

[575] M.ª Ángeles García García: «Moras y cristianas», o. cit.

[576] *Abuso de alcohol y violencia doméstica: interacción, problemas y sugerencias para la intervención*, Valencia: Consellería de Benestar Social, Generalitat Valenciana, 2002, p. 37.

[577] Ibídem.

[578] Estudio del que ha dado cuenta Patricia Ortega Dolz: «El peor cómplice de la violencia familiar», *El País* (Madrid), suplemento *Domingo* (13 de octubre de 2002), p. 6.

[579] *Abuso de alcohol y violencia doméstica: interacción, problemas y sugerencias para la intervención*, o. cit., p. 37.

mo uno de cada tres casos de malos tratos es directamente atribuible al alcohol.[580] En efecto, interrogadas acerca del desencadenante de la agresión, las mujeres refugiadas en centros de acogida responsabilizaban en un 48 % al alcohol.[581]

Por lo que se refiere a Galicia, según una reciente encuesta de la Xunta, entre los factores más conspicuos que influyen en la violencia ejercida contra las mujeres se mencionaban el abuso del alcohol y el consumo de drogas, en lo que coincidía un 87,6 % de los encuestados. También el 85,1 % alude a problemas psicológicos y mentales de los agresores. El carácter sexista y machista de estos lo apuntaba el 75,4 % y haber sufrido malos tratos físicos o sexuales, el 74,1 %. Por fin, el 57,9 % estimaba que el bajo nivel educativo era el primordial factor causal.[582]

La historia oral corrobora la primacía de la bebida como etiología principal en este orden de cosas. Cuando a una mujer informante le venían contando que el marido de alguna vecina suya le había dado una paliza, solía comentar, sin pensárselo mucho, conocedora como era del intríngulis de la cuestión: «ay, nada, mujer, que venía borracho; eso ya seguro, ¡bueno!».[583] El reconocido periodista y escritor Ramón Chao, que se ha caracterizado por revelar sin tapujos su historia familiar, lo que tiene singular mérito en un país de escritores y memorialistas dados a las pudorosas mistificaciones o los silencios encubridores, apuntaba que en su pueblo natal, Vilalba, a finales del siglo XIX, «Mi abuela Dolores estaba casada con Nazario, que le daba palizas cuando bebía».[584]

El maltrato afectaba asimismo a las capas medias y altas de la población. También los varones de buena posición caían en el «vicio» de la bebida, aunque la suya solía ser una embriaguez más discreta. Era esta una de las muchas ventajas de disponer de una bodega o vinoteca en sus domicilios. Merecerá la pena hacer un inciso para explicitar un poco más esta cuestión

[580] Estudio del que ha dado cuenta Patricia Ortega Dolz: «El peor cómplice de la violencia familiar», art. cit., p. 6.

[581] *Abuso de alcohol y violencia doméstica: interacción, problemas y sugerencias para la intervención*, o. cit., p. 37.

[582] Encuesta realizada por la Vicepresidencia da Igualdade e do Benestar de la Xunta de Galicia, *La Voz de Galicia* (28 de diciembre de 2005).

[583] Entrevista realizada a Teresa Pedrós (Residencia Torrente Ballester), ya cit.

[584] Ramón Chao: «Violencia masculina», *La Voz de Galicia* (27 de febrero de 2004), p. 18.

del maltratador como mala hierba que arraiga en predios de muy heterogénea contextura.

Se sabe que en la actualidad no existe un perfil concreto de maltratador: los hay de cualquier edad, condición y clase social (aunque sí se registran algunos rasgos característicos, como veremos[585]). Todos tienen en común el machismo. Su objetivo es dominar a su pareja, aunque no quieren en principio hacer daño.[586] Del informe sobre los malos tratos realizado por el Instituto de la Mujer, se infiere que muchos hombres se comportan con violencia contra sus parejas al sentirse amenazados por el cambio del patrón de relación entre hombres y mujeres, que se va haciendo más equilibrado e igualitario. No son capaces de entender las relaciones entre los sexos en términos de igualdad. Esto afecta en especial a una categoría de varones, muy dispares en lo que concierne a su estatus social, pero coincidentes en compartir una visión muy tradicional, recalcitrantemente conservadora, sobre las relaciones de género. Que, por supuesto, conllevaban la supeditación de la mujer.

Por tanto, todo parece indicar que ha habido siempre y, lamentablemente, todavía sigue habiendo en nuestros días maltratadores de toda laya y condición social.[587] No obstante lo cual, es cierto que una de las variables que acostumbra a contribuir al perfil del maltratador es el bajo nivel de estudios y cultura en general. En efecto, a mayor nivel económico y de instrucción desciende el grado de violencia doméstica, según una macroencuesta realizada en el año 2002 por el Instituto de la Mujer. Asimismo, un informe del Defensor del Pueblo (1998) constata que, en las distintas comunidades autónomas, el agresor es, en más de la mitad de los casos, un hombre entre 30 y 40 años, trabajador no cualificado o parado.[588] Es probable que antaño pasase lo mismo. Esto haría, lógicamente, que la violencia proliferara más en los bajos sectores sociales. Es quizá posible que tal

[585] Sobre esta cuestión, cf. Esther Oliver y Rosa Valls: *Violencia de género: investigación sobre quienes, por qué, y cómo superarla*, o. cit., pássim.

[586] David Espinós y Fiona Forde: «Muchos maltratadores siguen invisibles», *El País* (Madrid) (25 de noviembre de 2003), p. 25.

[587] Cf. C. Ganzenmüller Roig, J. F. Escudero Moratalla y J. Frigola Vallina: *La violencia doméstica: regulación legal y análisis sociológico y multidisciplinar*, Barcelona: Bosch, 1999, pássim.

[588] Defensor del Pueblo: *La violencia doméstica contra las mujeres*. Informes, estudios y documentos. Madrid, 1998, p. 113.

cosa haya sido así, pero lo que resulta indudable es que es en los medios populares se notaba más; en parte, por el hacinamiento en que solían vivir, especialmente en las ciudades, y en buena parte también, por la mayor espontaneidad y transparencia de todas sus expresiones vitales, incluidas las violentas. En los ámbitos distinguidos, todo sucedía en domicilios más espaciosos y bastante bien aislados (aunque siempre estaba, ojo avizor, el personal de servicio, que luego iba contando...). Sus integrantes estaban imbuidos de la idea del decoro y preocupados por el «qué dirán». De añadidura, tendía a hacer más opaca la violencia en los ambientes de clase media o alta el hecho de que, en no pocas ocasiones, se haya revestido preferentemente, o puede que en determinados casos de modo exclusivo, de una forma más sutil: la coacción y el maltrato psicológico.[589] Por todo ello, las damas que lloraban calladamente sus penas en sus alcobas y trataban de disimular el horror y la miseria que padecían, actitud que ha sido tan habitual antaño, tenían bastantes probabilidades de pasar inadvertidas. O que, por lo menos, se notara poco. El afán de discreción, el decoro, obraba como un velo encubridor de la violencia misógina. En cualquier caso, su drama se desarrollaría entre bambalinas, con muchísima mayor discreción que el de sus compañeras de desventura entre la gente de bronce. Pero es que, por ende, la mujer fina tenía así muchas más dificultades para confesar las vejaciones que padecía. Si se decidía a revelarlas, se sentiría deshonrada y sabía que, además, denigraba a su marido y señor. ¡Del que dependía!

Todavía en la actualidad se tiene conocimiento de que existen numerosos casos de maltrato en familias de clase media alta. Quienes han ahondado en esta faceta del problema, puntualizan que, en este medio, las mujeres hacen menos denuncias porque tienen miedo de perder su estatus.[590] Un informe del Defensor del Pueblo, referido a la violencia doméstica contra las mujeres, revela que existe un sesgo estadístico condicionado por el hecho de que son los sectores sociales menos favorecidos quienes realizan mayor uso de los servicios sociales y con más facilidad permiten que se transparente su problema. En cambio, los malos tratos que se registran en familias de niveles sociales y económicos más elevados no suelen denun-

[589] David Espinós y Fiona Forde: «Muchos maltratadores siguen invisibles», art. cit., p. 25.
[590] Ibídem, p. 25.

ciarse en las comisarías de policía, por lo que frecuentemente no aparecen en los datos facilitados por el Ministerio de Interior.[591] La dama de alcurnia o la señora respetable tenían mucho más que perder con una denuncia de su situación que la mujer perteneciente al pueblo.

En lo que concierne al pasado, este tema ha suscitado escasa atención por parte de los historiadores, como hemos señalado en otra parte. No obstante, contamos con algún trabajo circunscrito al ámbito local. Una monografía sobre la problemática en Montilla (provincia de Córdoba) refiere diversos casos de maltrato en el siglo XIX que afectaron a familias acomodadas.[592]

Ha habido también casos de maltrato en los medios culturales y artísticos, sin que se pueda excluir los ambientes de la bohemia, compuesta por un abigarrado mosaico de escritores, poetas y pintores. Esta cuestión se ha estudiado con mayor amplitud en Francia. El fotógrafo surrealista Man Ray no oculta en sus memorias los azotes con los que, ocasionalmente, «domaba» a sus mujeres. En su momento, el hecho no parece que revistiera particular importancia, cuando se resolvió a confesarlo.[593]

Prosigamos con la problemática de la incidencia del alcohol en este orden de cosas. En no pocos casos de maltrato, se suele conjugar el alcoholismo con los celos de los maridos. El resultado es una mezcla explosiva. Psiquiatras, psicólogos, sociólogos y afectados coinciden en que una parte importante de las agresiones a las mujeres por parte de los alcohólicos se deben al desarrollo de la celotipia. En efecto, «Los enfermos alcohólicos desarrollamos una especie de delirio de celos. Nos volvemos muy celosos y nos obsesionamos con nuestras mujeres»,[594] reconoce Rafael Osete, fundador de la Asociación de Ex Alcohólicos Españoles. Cuando alcanzaba los 78 años de su edad, lamentaba este hombre que «Gran parte de mi carrera de alcohólico la sufrió mi mujer. En cuanto me decía algo, yo la liaba, y aunque nunca he llegado a las manos, en mi casa se oían voces por un tubo, y los golpes y los porrazos estaban a la orden del día».[595]

[591] Defensor del Pueblo: *La violencia doméstica contra las mujeres*, o. cit., p. 35.

[592] Inmaculada de Castro Peña, Josefa Polonio Armada y M.ª Dolores Ramírez Ponferrada: *Retrato de mujer. La imagen de la mujer montillana*, Montilla: Ayuntamiento de Montilla, 2005, pp. 55-58.

[593] Man Ray: *Autorretrato*, Barcelona: Alba, 2004.

[594] Patricia Ortega Dolz: «El peor cómplice de la violencia familiar», art. cit., p. 6.

[595] Ibídem.

Otra de las consecuencias de la celotipia es el aislamiento de la pareja. Así lo ponía de manifiesto Conchi; en el transcurso de una entrevista admitía que era incapaz de hacer nada, pues al final se encontraba con que solo tenía su trabajo, sus hijos y su marido. Los celos son progresivos, y los alcohólicos llegan a tener celos de todo. «Hasta de la tele», observa la terapeuta Sonia Tomás Alonso. «Y hay un momento en que las mujeres se encierran porque evitan hacer todo aquello que desencadena la cólera de su marido.»[596]

Este hecho contribuye obviamente a obstaculizar la denuncia del maltrato y, en definitiva, imposibilita que la mujer perjudicada encuentre una vía de escape en el siniestro pozo en que se encuentra. Tal era lo que hacía Conchi. Su vida se limitaba a ir al trabajo, recoger a los niños en el colegio, llevar la casa y esperar con incertidumbre a que llegara José, su marido. Nada más: ni amigos, ni familia. Señalaba, al cabo, que «Era tan exagerado que sentía celos hasta de su hermana».[597]

Referiremos una historia de vida que testimonia el aislamiento en que se encuentran muchas de las mujeres maltratadas por maridos en extremo celosos. Como se podrá observar, muchas veces no les quedaba otra opción que sobrellevar su cruz con callada resignación. Una mujer que residía en Mogor y poseía una *boutique* en Marín, que gozaba de buena posición y un amplio nivel de relaciones en el pueblo, conoció a un asturiano y mantuvo una relación sentimental con él. Cuando se produjo la guerra civil fue encarcelado, ante lo cual su novia le ayudó e intercedió en su favor, logrando su liberación. Él se marchó después a Asturias, donde su familia e intereses se habían visto perjudicados. Ella tuvo entretanto otras relaciones, hasta que aproximadamente veinte años después él regresó a Mogor y se casaron. Él era un hombre de izquierdas, considerado como «rojo», y asumió cierto protagonismo encabezando la candidatura del PSOE en las elecciones municipales. Con su pareja se mostraba muy absorbente, hasta el punto de que ella tuvo que recluirse en casa, que era de su propiedad. Hubo de abandonar la *boutique* y las relaciones que mantenía con sus clientas *pijas*. El marido se oponía a que la visitasen su familia y sus amistades. Desde una casa cercana, una testigo vio una escena que se repetiría seguramente más veces intramu-

[596] Patricia Ortega Dolz: «El peor cómplice de la violencia familiar», art. cit.

[597] Ibídem.

ros del hogar, con ligeras variantes: ambos cónyuges descansaban en sendas hamacas en el jardín. En un determinado momento, el hombre se levantó y comenzó a darle fuertes bofetadas e incluso alguna patada. Su mujer se tapaba la cara y permanecía inmovilizada. Quizá confiaba en que estando quieta se le pasaría antes el enfado a su marido. Se dice que la angustia que esta situación provocó en la mujer trajo consigo un empeoramiento de su salud: se encontraba mal de los nervios y con depresión. Tuvo que ponerse a tratamiento. Pero nunca contó nada.[598]

Por lo demás, Rafael Osete, ex alcohólico y observador cualificado de dicha problemática, hacía hincapié en que a pesar del drama que la inclinación a la bebida del marido ha solido representar para las mujeres, «Al 90 % de los alcohólicos de mi época les han ayudado sus mujeres. Algo que no sucede casi nunca a la inversa. El hombre suele abandonar a su compañera cuando se deja arrastrar por el alcohol».[599]

En relación con la violencia, se produce una espiral diabólica que la retroalimenta. Investigaciones en el campo de la psiquiatría, como la llevada a cabo por Joaquín Santo Domingo, jefe del servicio de psiquiatría del hospital madrileño de La Paz,[600] han puesto de relieve que los niños maltratados son más proclives al alcohol y a desarrollar pautas de comportamiento violentas. Ya hemos visto que la citada encuesta de la Xunta subraya también este mismo hecho. Cuando estos hijos martirizados alcanzan la edad adulta, hacen a su vez víctimas del «jarabe de palo» a sus parejas y también a su prole. Esto proceso pudo haberse reproducido de generación en generación, desde épocas remotas. Lloyd de Mause pone el énfasis, en su *Historia de la infancia,* en la importancia de la transmisión secular de valores de padres a hijos. Según ello, la fuerza central de las transformaciones históricas serían los cambios psicogénicos de la personalidad resultantes de las interacciones habidas entre progenitores e hijos en sucesivas generaciones.[601]

En otra parte hemos visto que fray Luis de León era buen conocedor de que muchos de los pesares de las mujeres se producían como consecuencia

[598] Entrevista realizada por Xavier Castro a Pilar Blanco López, ya cit.

[599] Patricia Ortega Dolz: «El peor cómplice de la violencia familiar», art. cit., p. 6.

[600] Ibídem.

[601] Lloyd de Mause: *Historia de la infancia,* Madrid: Alianza, 1991, p. 17.

de que los hombres estuviesen «beodos». A veces, sus esposas caían también en el alcohol, por contagio, inducción o desesperación. Es sabido que la humillación de la mujer maltratada y la disminución de su autoestima obran como factores inductores del alcoholismo. En efecto, no es infrecuente que la mujer vejada recurra al alcohol en busca de alivio para su angustia y su temor; también, porque no se siente valorada y querida. De este modo, se ha constatado que existe lo que se denomina *el factor contagio*, que viene dado por la incitación al alcohol ejercida por el esposo proclive a la violencia. Es muy común que el maltratador sumido en el pozo del alcoholismo induzca a su mujer, presionándola o violentándola, para que también ella beba. Sostiene Rodríguez Marín que en algunos casos el alcohólico busca la complicidad de su mujer, a la que trata de arrastrar a la bebida, y «no para hasta que la mujer bebe como él». Ella puede pensar que, si accede, logrará que su marido se apacigüe. Esta decisión resultará desde luego perjudicial para la salud de la mujer que la adopte, pero no se puede negar que posee cierta lógica. En abono de esta tesis, Tony Gual, presidente de la asociación científica Socidrogalcohol, afirma que «Está comprobado que los actos violentos son más frecuentes cuando los patrones de consumo de alcohol son distintos en la pareja, por eso hay mujeres que acaban bebiendo con sus maridos (un 18 %) para evitar problemas».[602]

Es algo habitual que las mujeres maltratadas se engañen a sí mismas o traten de olvidarse de su problema o, al menos, de minimizarlo. Pero sienten rebajada su autoestima y menoscabada su dignidad y muchas caen en la depresión. Las terapias de familia de los centros de ex alcohólicos están compuestas en un 90 % por las parejas de los enfermos. Acuden allí para aprender a ayudar a sus esposos sin percatarse de que son ellas mismas quienes más auxilio precisan, en opinión de Tomás Alonso, psicóloga que dirige una terapia de familia en Madrid. Y añade que los hombres, en cambio, no se sienten tan culpabilizados y ni siquiera se hacen muchas veces responsables del drama que causan. Psicológicamente, no se encuentran tan maltrechos como sus mujeres.[603]

La alienación de estas personas puede alcanzar, pues, unas cotas muy elevadas. En un sentido coincidente, el trabajo de García Más llega a la conclusión de que «En la mayoría de los casos son mujeres que ni siquiera

[602] Patricia Ortega Dolz: «El peor cómplice de la violencia familiar», art. cit., p. 6.

[603] Ibídem, p. 6.

son conscientes de que han sufrido un maltrato psicológico a través de agresiones verbales vejatorias de sus maridos borrachos».[604] Una paciente manifestaba algo que no resulta infrecuente escuchar en boca de otras mujeres y que puede revelar muy bien el nivel de engaño a sí mismas que pueden llegar a alcanzar: «Es que estaba bebido, pero mi José, si no bebe, es un cielo». Eso hace, en opinión de la psicóloga Tomás Alonso, que sean personas con clara tendencia depresiva y sentimiento de culpa, porque han asumido la responsabilidad vicaria de la enfermedad de su pareja. Están convencidas de que su curación depende de ellas. Por esta razón, los psicólogos opinan que muchas mujeres maltratadas son codependientes y necesitan aprender a dejar de serlo.[605]

La embriaguez, circunstancia atenuante

Creencia general en que la embriaguez debía ser una circunstancia atenuante

La tradición de las «bellas letras» hispanas recoge la consideración exculpatoria del alcohol, que supuestamente haría que la persona padeciera una suerte de enajenación mental transitoria. En tal trance, los demonios interiores tomarían el control del sujeto, otorgándole licencia para perpetrar toda suerte de truhanerías y acciones reprensibles. Muñoz Seca revestía esta tesis con el ropaje de la versificación en su conocida obra *La venganza de don Mendo*. En ella, Mendo, un fresco de tomo y lomo, trataba de justificarse del siguiente modo: «Serena escúchame, Magdalena, / porque no fui yo... ¡no fui! / Fue el maldito cariñena / que se apoderó de mí».[606] Y así fue como se arruinó en una malhadada partida de cartas y contrajo deudas a las que de ninguna manera podía hacer frente. En el bien entendido de que el responsable no había sido él, sino el vino.

En el sistema literario gallego, Otero Pedrayo muestra de manera fehaciente, en su obra *A Lagarada*, la convicción de buena parte de la sociedad gallega de que la embriaguez era un expediente exculpatorio que liberaba

[604] Patricia Ortega Dolz: «El peor cómplice de la violencia familiar», art. cit.

[605] Ibídem.

[606] Pedro Muñoz Seca: *La venganza de don Mendo*, Madrid: Cátedra, 1986 [1.ª ed., Madrid: Pueyo, 1919], p. 76.

de responsabilidad moral en los casos de comisión de delitos de sangre. De este modo, le hacía decir a la sombra fantasmal de un arriero estas palabras: «En esta bodega a un hombre maté; / ser era malo y de poca ley. / Fue culpa del vino, que mia no fue. / Llevé en el presidio la vida de un buey».[607]

Parecía, en efecto, existir, si no una convicción general, cuando menos una conciencia muy extendida acerca que de que la embriaguez hacía irresponsables a las personas que cometían tropelías o daños. Es, a este respecto, muy revelador de una determinada mentalidad, digamos, laxa respecto de la embriaguez, el modo en que se definía el verbo *emborracharse* en el *Diccionario* de la Real Academia Española de la Lengua, en su edición de 1780; allí se indicaba que embriagarse era 'Tomarse del vino, ó de otro género de los que suelen causar la embriaguez, quedando sin tino y sin el uso libre y racional de las potencias'.[608] Esta voz del ilustre diccionario refleja, lógicamente, el criterio del conjunto de los académicos y de ella se infiere que la persona —un alguacil o un juez, por ejemplo— que la consultara se hallaría persuadida de que no se podía considerar dueño de sí al delincuente que obrase en estado de embriaguez y, por lo tanto, no tendría sentido responsabilizarle de sus malandanzas o de los entuertos que cometiera.

Cuestión de la embriaguez como atenuante en el ámbito del derecho

Introducción a un problema complejo

Las leyes castigaban la embriaguez pública en cuanto que generadora de desórdenes (¡y blasfemias!). Pero no tomaban en consideración la embriaguez que se practicaba como «vicio» privado (era así como se consideraba, como un «vicio moral», hasta que a fines del XIX pasó a reputarse el alcoholismo como una enfermedad). Los adictos al alcohol han pasado de ser tildados de inmorales y viciosos a ser considerados como enfermos drogodependientes. Sin embargo, al mismo tiempo, en el ámbito del Derecho la embriaguez era tenida por circunstancia eximente de responsabilidad y, no

[607] Ramón Otero Pedrayo: A *Lagarada*, Vigo: Galaxia, 1998, p. 73.

[608] «Emborracharse», *Diccionario de la Lengua Castellana* (compuesto por la Real Academia Española), Madrid: D. Joaquin Ibarra, Impresor de Cámara de S. M. y de la Real Academia, 1758, p. 390.

pocas veces, como atenuante de la correspondiente sanción, en los casos de delito. A esta conclusión se llegaba partiendo de la premisa de que el presunto delincuente obraba privado de su razón.

Los legisladores que se han ido ocupado de la cuestión a través de un siglo y bastantes decenios carecieron del grado de conciencia requerido o, por mejor decir, no desarrollaron suficientemente su sensibilidad como para alcanzar a percibir que el alcoholismo masculino generaba, además de reyertas y quebrantamiento del orden público, una violencia que se proyectaba sobre las mujeres y los niños. Esto no tiene nada de extraño si tenemos en cuenta que el tema ha permanecido durante largo tiempo sumido en la mayor opacidad. Ni siquiera los historiadores y etnógrafos han solido reparar en él (algunas referencias aparecen en los compendios de folclore —canciones, dichos, etcétera—, pero la verdad es que sus compiladores raramente han parado mientes en ello). Son escasísimos los testimonios antropológicos que den cuenta de los malos tratos soportados por las mujeres. Tampoco las investigaciones llevadas a cabo por folcloristas (Nicolás Tenorio) y etnógrafos del Seminario de Estudos Galegos han detectado este problema. Y, curiosamente, algunos de estos trabajos se detienen a considerar el modo de relación entre los hombres y los animales domésticos, incluyendo alguna nota alusiva al mayor o menor rigor en el trato. Pasaba algo así como lo que sucedía con los hombres de más de cuarenta años en relación con las mujeres: «no es que las mujeres no nos miren, es que no nos ven», según observaba Ortega y Gasset, que, aunque discreto, era coqueto, al decir de sus biógrafos. La cuestión no ofrecía un perfil con el relieve necesario como para anclar en ella la mirada, entrenada culturalmente para pasar por encima sin percatarse, sin aprehenderla. Decía Oscar Wilde que las cosas más evidentes son las que menos se ven. O no se hacen notar. La violencia doméstica, como señalaba el Instituto de la Mujer, fundamentándose en una encuesta publicada en diciembre del 2002, era en aquellos tiempos un drama clandestino y estrictamente privado.[609]

No fue sino en una época muy reciente cuando los cronistas, memorialistas, autores de dietarios y autobiografías tuvieron a bien hacerse eco de los casos que alcanzaron a conocer. Uno de los autores que han alcanzado últimamente más éxito, Andrés Trapiello, refiere en uno de sus apuntes el

[609] «Violencia insoportable», [editorial de] *El País* (Madrid) (19 de diciembre de 2002), p. 10.

caso de una chica joven, residente en Madrid, que recibía brutales palizas de su novio cuando estaba borracho.[610] Otro ejemplo lo brindan dos escritores y hermanos, Pepe y Ramón Chao, que se atreven a revelar en sus respectivas memorias dos casos de violencia de género.[611] Uno de ellos, Ramón, llega incluso a reivindicar la necesidad de denunciar tales hechos, aunque a causa de ellos haya que pasar por un período de catarsis: «Parto de la convicción de que en todas las familias yacen secretos inconfesables, cadáveres en los armarios que por no sacarlos a la luz producen desequilibrios, histerias y hasta muertes prematuras. Y la violencia masculina hay que denunciarla, no ocultarla por el qué dirán o la vergüenza de haberla sufrido».[612]

También a veces encontraba cabida en la prensa alguna que otra noticia alusiva a la tunda dada por un marido, en plena curda, a su esposa infortunada. Para que los periódicos dispensasen su atención a esta cuestión, solía hacer falta que el percance se convirtiese en un suceso escandaloso, por haber tenido lugar en plena calle o en el patio de vecindad, a la vista de todos. O bien porque la paliza llegara a ser tan brutal que la mujer diera gritos, pidiera auxilio y acudiesen alarmados a separar al matrimonio las vecinas y, acaso, el sereno y también el alguacil, o fuera necesario llevar a la mujer al dispensario de la Cruz Roja para que le practicaran una cura de urgencia.

Pero cuando un incidente de violencia de género trascendía a los periódicos, tanto el tono de la noticia como el eventual comentario, solían ser trivializadores o incluso indiferentes, cuando no jocosos. Considerado a la luz de la sensibilidad de nuestros días, aparecería como escandaloso. Las escasas alusiones que esporádicamente aparecen revelan una sensibilización prácticamente nula respecto del problema. Así, cuando Lamas Carvajal menciona la cuestión del maltrato en *O Tio Marcos d'a Portela*, no se duele lo más mínimo ni hace gala del moralismo regenerador que demuestra en otras cuestiones.[613] Ítem más: una letrilla impresa en Madrid en 1851 revelaba las vejaciones que podían padecer mujeres de clase media si la fa-

[610] Andrés Trapiello: *Una caña que piensa*, Valencia: Pre-Textos, 1998, p. 179.

[611] Xosé Chao Rego: *O demo meridiano: lembranzas dun transgresor*, Vigo: Edicións Xerais de Galicia, 2004. Ramón Chao: *El lago de Como*, Vigo: Edicións Xerais de Galicia, 2004.

[612] Ramón Chao: «Violencia masculina», art. cit., p. 18.

[613] «Casos e cousas», *O Tío Marcos d'a Portela. Parrafeos c'o pobo gallego*, o. cit., p. 5.

milia atravesaba, por ejemplo, por una fase de dificultades económicas. Vale la pena reproducirla: «Si el oficio no produce / la suficiente ganancia, / ha de limitarse el gasto / y huye pronto la abundancia. / Y si luego la miseria / en la casa predomina, / y tiene mal genio el hombre, en casa todo es mohína».[614] Y a modo de ilustración —extraordinariamente expresiva— un elocuente grabado mostraba a un hombre trajeado que esgrimía una tranca contra su mujer. Esta reaccionaba cogiendo una silla para tratar de defenderse con ella. A todo esto, la hija pequeña se agarraba a la falda de su madre y llevaba la otra mano a la frente en señal de pesadumbre. Toda la escena está descrita como una viñeta de costumbres, sin que el autor juzgase oportuno o necesario añadir algún comentario condenatorio de la violencia machista. Incluso era posible bromear con desenfado sobre el tema. Para muestra, un botón: la revista ilustrada viguesa *Vida Gallega* publicó en una de sus portadas del año 1917[615] un dibujo humorístico de Ventura Requejo, en el que se mostraba a un jinete que cabalgaba sobre un caballo, golpeándolo sañudamente con la fusta. Se cruza con un paisano que le reprocha su ensañamiento con el animal, preguntándole: «¿Y no le da vergüenza pegarle así a este caballo? Y el caballero entonces se disculpa: «Dispense, hombre. ¡Como hace tan poco que me murió la mujer!». Es decir, «la costumbre» —como se titula la viñeta— que refleja el lápiz de Requejo indica que el señor fustigaba al rucio porque ya no podía desahogarse, como antes, golpeando a su mujer. Pero lo más sorprendente es que esto pasase por ser un chiste puesto en el lugar más visible de una revista ilustrada y de calidad, para la época, que adquiría gente con un cierto nivel económico y sociocultural. Se podía hacer chanza impunemente acerca del maltrato a la esposa. Hoy día sería inconcebible que se publicase algo así sin que se produjese una reacción muy hostil contra el autor de la caricatura y la propia revista.

Al fin y a la postre, la literatura, en especial la de tinte realista y especialidad costumbrista, daba cuenta del hecho, por prurito de testimoniar la realidad social, pero sin que el autor descendiera casi nunca a emitir juicios

[614] *Estados de las mugeres. Vida de las casadas*, Madrid: Imprenta de J. Marés, 1851; BXUS, RSE Foll 12. 81.

[615] Ventura Requejo: «O costume», [portada de] *Vida Gallega*, núm. 82 (20 de febrero de 1917).

de valor recriminatorio o expresiones de rechazo. También es verdad que la literatura de calidad, sin que se pueda exceptuar a la más egregia (puede constituir un ejemplo Tirso de Molina, con su obra *La mujer que manda en casa*, que es posible situar en la estela de *La fierecilla domada*, de Shakespeare) alude al tema que nos ocupa para subrayar la cuestión del poder del varón en el seno de la familia, al que irrevocablemente se habría de someter la mujer. Velis nolis: la violencia aparecía como un procedimiento legítimo para lograr dicho sometimiento, considerado como algo perfectamente «natural», en aquellos casos de mujeres levantiscas o insumisas. Se aplicaba así el derecho de corrección, al que ya hemos aludido.

En el légamo de esta extendida mentalidad, sorda y ciega ante el drama de la violencia de género, hunde sus raíces la ciencia del Derecho, tal y como revelan códigos legislativos y sentencias judiciales, aunque no sin ciertas matizaciones, como corresponde al rigor, ponderación y meditado escrúpulo que se le supone al legislador y, qué duda cabe, al juez. De añadidura, es posible constatar que, como iremos viendo, en el ámbito de las leyes y de la Justicia en general, se ha ido registrando a lo largo del tiempo una tendencia al progresivo aumento del grado de comprensión y magnanimidad hacia la persona que hubiera cometido un delito en estado de embriaguez. También parece verosímil señalar que muchos fiscales y jueces (de modo conspicuo los de orientación ideológica progresista) fueron incrementando su grado de tolerancia para con el bebedor de alcohol, más o menos crónico, que cometía algún delito. Si no formado legión, al menos habrán constituido un nutrido grupo quienes fueron sensibles, atendieron y se plegaron al criterio ético y jurídico que aconsejaba tomar en consideración los condicionamientos económicos, sociales y psicológicos que afectaban al delincuente con hábito de embriagarse. De este modo, es posible conjeturar que las sentencias dictadas presentarían un cierto sesgo; habrán tomado muy en consideración la embriaguez como circunstancia atenuante, prevista como posibilidad en los códigos de justicia. Hoy vemos que tan alto grado de comprensión hacia el varón que se excedía con la bebida y delinquía (en la mujer se producía en mucho menor grado este supuesto) resulta contrastante y, en verdad, antisimétrico con la desconsideración e invisibilidad de hecho de la víctima del maltrato: la mujer que solía padecer las consecuencias de la incontinencia alcohólica del marido.

Consideraremos con cierto detalle esta cuestión, siquiera sea en el plano jurídico. En el mundo clásico, la cuestión no parecía estar del todo clara. Si bien, por un lado, el Derecho romano —en el cual se han solido inspirar nuestros juristas— reconocía el estado de embriaguez como aminorante de la responsabilidad criminal, como lo ponen en evidencia diversos pasajes de Marciano y Arrio Menandro, por otro, según ha aducido Mortara, tales textos carecieron de repercusión práctica; antes al contrario, «lejos de ello, la embriaguez se apreció generalmente como una agravante de la pena que correspondía al delito».[616]

El delincuente ebrio en España

En lo que concierne a España, esta historia da comienzo con la aprobación del código penal, en el año 1822, que entonces mantenía una actitud muy sañuda para con el bebedor recio: «La embriaguez voluntaria y cualquiera otra privacion ó alteracion de la razon de la misma clase no serán nunca disculpa del delito que se cometa en ese estado, ni por ella se disminuirá la pena respectiva».[617]

El viraje hacia una actitud de comprensión se hizo patente en el código penal de 1848. En él se señalaba como circunstancia atenuante (no como eximente) de la responsabilidad criminal haber ejecutado el hecho en estado de embriaguez, pero con dos salvedades: «cuando esta no fuere habitual ó posterior al proyecto de cometer el delito».[618] Una conceptualización idéntica hallamos en los códigos penales de 1850[619] y 1870.[620] Empero, el

[616] Cit. por Luis Jiménez de Asúa: *Derecho Penal*, 3.ª ed., Madrid: Reus, 1924, p. 142.

[617] Art. 26. *Código Penal de 1822*. En Jacobo López Barja de Quiroga, Luis Rodríguez Ramos y Lourdes Ruiz de Gordejuela López: *Códigos Penales españoles. Recopilación y concordancias*, Madrid: Akal, 1988, p. 20.

[618] Art. 9.º. *Código Penal de 1848*. En Jacobo López Barja de Quiroga, Luis Rodríguez Ramos y Lourdes Ruiz de Gordejuela López: *Códigos Penales españoles. Recopilación y concordancias*, o. cit., pp. 127-129.

[619] Art. 9.º. *Código Penal de 1850*. En Jacobo López Barja de Quiroga, Luis Rodríguez Ramos y Lourdes Ruiz de Gordejuela López: *Códigos Penales españoles. Recopilación y concordancias*, o. cit., p. 330.

[620] Art. 9.º. *Código Penal de 1870*. En Jacobo López Barja de Quiroga, Luis Rodríguez Ramos y Lourdes Ruiz de Gordejuela López: *Códigos Penales españoles. Recopilación y concordancias*, o. cit., p. 501.

código de 1928 presenta alguna novedad. Dice lo siguiente: «Atenúan o agravan la responsabilidad del infractor: 1.º La embriaguez, que cuando sea involuntaria será apreciada como atenuante; si fuera intencional, pero no buscada de propósito para cometer la infracción, podrá ser apreciada como atenuante o no ser apreciada como atenuante ni como agravante, y, si fuera buscada de propósito para la ejecución de la infracción, o habitual en el agente, será estimada como agravante».[621]

El código de 1944 parece volver a la definición decimonónica. El asunto desaparece del apartado que versa sobre las circunstancias que atenúan o agravan la responsabilidad criminal, según los casos,[622] para incluirse en otro, situado en el capítulo tercero, en el que se consideran solamente las circunstancias que atenúan la responsabilidad delictiva. En él se especifica que se considera como atenuante la embriaguez no habitual, siempre que no se haya producido con el propósito de delinquir.[623]

Como ya hemos indicado, paulatinamente se fue abriendo paso una actitud de creciente comprensión hacia el delincuente que obraba en estado de embriaguez, que culminó con la promulgación del código penal de 1995. En él se asumía la embriaguez plena como circunstancia, ya no solo atenuante, sino incluso como eximente. Convendrá detenerse un momento para hacer algunas consideraciones relativas a este cambio en la consideración jurídica del hecho, atendiendo a la argumentación en que se ha sustentado.

Distingos jurídicos

Comenzaremos por señalar que, como ya hemos consignado, en el orden penal tenía mucha importancia la distinción jurídica entre, por una parte, la intoxicación alcohólica aguda, embriaguez solo ocasional (jurídicamente se entendía que esta era la embriaguez propiamente dicha), que era la que po-

[621] Art. 69. *Código Penal de 1928*. En Jacobo López Barja de Quiroga, Luis Rodríguez Ramos y Lourdes Ruiz de Gordejuela López: *Códigos Penales españoles. Recopilación y concordancias*, o. cit., p. 711.

[622] Capítulo V. *Código Penal de 1944*. En Jacobo López Barja de Quiroga, Luis Rodríguez Ramos y Lourdes Ruiz de Gordejuela López: *Códigos Penales españoles. Recopilación y concordancias*, o. cit., p. 1.193.

[623] Ibídem, p. 1.191.

día ser juzgada como atenuante, y, por otra parte, la intoxicación crónica. Era esta la que recibía la denominación de alcoholismo (mejor que embriaguez, como hemos apuntado)[624] y no era considerada por la ley como circunstancia atenuante. En este sentido la doctrina jurídica de finales del siglo XIX sostenía que «El alcoholismo propende a delinquir».[625] Del mismo modo, tampoco se consideraba apropiado suavizar la sanción cuando la embriaguez tenía lugar *ex post:* tras haber concebido el propósito de delinquir.

Ahora bien, no cabe duda de que podían existir ciertos márgenes de ambigüedad a la hora de determinar si la embriaguez era habitual o no. En efecto, «El legislador no expresaba cuándo ha de considerarse habitual la embriaguez», sino que dejaba al arbitrio de los tribunales que resolviesen sobre el particular considerando las circunstancias, las personas y los hechos concretos en cada caso. Por lo demás, la jurisprudencia dejó sentado que, mientras no se demostrase lo contrario, la presunción legal de no ser habitual ni anterior al proyecto de cometer el delito estaba a favor del reo.[626] A propósito de esto resultaban apodícticas las sentencias de 1878, 1880, 1883, 1886 y 1890.[627]

Por otra parte, la justificación teórica que sustentaba la tesis de que la embriaguez ocasional debería ser considerada como una circunstancia atenuante se basaba en la suposición de que la persona ebria actuaba con inconsciencia, no siendo ya dueña de su voluntad, por lo que desaparecían las condiciones de imputabilidad.[628] Así aparecía expresado en las consideraciones expuestas por Luis Jiménez de Asúa, quien además matizaba la cuestión asumiendo la teoría de las tres fases en el proceso habitual de la embriaguez. Entendía este autor que había que tener en cuenta, en especial en las fases segunda y tercera —cuando estaba ya completamente embriagado el individuo—, que si delinquía lo hacía «[...] impulsado por el alcohol, sin voluntad, sin intención de su parte».[629] En consecuencia, propugnaba que la embriaguez de segundo y tercer grado fuese considerada no solo ya como atenuante, como contemplaba el derecho penal español vigente en la década de 1920,

[624] Luis Jiménez de Asúa: *Derecho Penal,* o. cit., p. 142.

[625] Ibídem.

[626] Ibídem, p. 144.

[627] Ibídem, p. 144, nota 1.

[628] Ibídem, pp. 143 y 144.

[629] Ibídem, p. 142.

sino como eximente incluso, porque en tales supuestos el justiciable «no tiene tendencias criminales» y cuando volviese a la normalidad tal vez sería «[...] el primero en lamentar amargamente el hecho».[630]

Llegados a este punto, resulta posible seguir por lo menudo la traza del desarrollo argumental esgrimido en pro de la consideración de la embriaguez como eximente y no solo como atenuante. Veámosla: la doctrina jurídica más acreditada en las primeras décadas del siglo XX suscribía el criterio expuesto por Farinaci, quien sostenía que la embriaguez excluía la culpa, «salvo en el caso en que el individuo sepa que la embriaguez le vuelve furioso, y cuando fué anterior al propósito de cometer el delito».[631]

El catedrático de la Universidad de Madrid Luis Jiménez de Asúa, autor de un tratado de Derecho penal[632] varias veces reeditado y empleado como manual por los opositores al cuerpo de judicatura y al Ministerio Fiscal, tomaba en consideración un criterio de su tiempo, del que participaban las personas de acentuada sensibilidad humanística, pero que hoy en día nos puede parecer sedicente (cuando consideramos que los desposeídos también propinaban malos tratos a sus compañeras, «las proletarias de los proletarios»), según el cual «El que se embriaga lo hace muchas veces para olvidar el hambre y el dolor».[633] A mayor abundamiento, siguiendo la autoridad del especialista italiano en cuestiones psiquiátricas Sikorski,[634] Jiménez de Asúa argüía que el alcohol: «paraliza los nervios vaso-motores que disminuyen la actividad cardíaca —seguida de aceleración, disturbio en la respiración, contracciones de los capilares— frente al peligro», imposibilitando que en la mente de la persona apareciese la asociación entre delito y pena.[635] A tenor de esta reacción psicosomática —diríamos con la terminología actual—, quedaba muy reducido o francamente anulado el resorte de represión y autocontrol que ejerce la instancia que los freudianos denominan superego. En palabras del ilustre penalista, «El alcohol desata el autofreno moral inhibitorio».[636]

630 Luis Jiménez de Asúa: *Derecho Penal*, o. cit., p. 144.
631 Ibídem, p. 142.
632 Ibídem.
633 Ibídem, p. 141.
634 Sikorski: «Fisionomia e psicologia degli alcoolisti», *Archivio di Psichiatria*, XX, 1899.
635 Luis Jiménez de Asúa: *Derecho Penal*, o. cit., p. 142.
636 Ibídem.

Se advierte en esto el cambio de paradigma establecido por la ciencia médica en relación con el hábito y frecuencia de la ingesta alcohólica, que tiene lugar en la segunda parte del siglo XIX. Como ya hemos indicado, a partir de entonces el alcoholismo ya no se tiene por un vicio moral, sino por una enfermedad. Luis Jiménez de Asúa, en la década de 1920, mostraba su distancia con la antigua concepción, pero no parecía haber asumido por completo la nueva. En efecto, dicho jurista recordaba que la antigua técnica jurídica sostenía que cuando «al crimen se añade un vicio» lo pertinente era agravar la pena, es decir, considerar la embriaguez habitual «como circunstancia de agravación». Y evocaba esto para afirmar que dicha tesis ya no se podía sostener. Razonaba su postura con una argumentación moderna, pero empleando el vocablo *vicio* en vez del de *enfermedad*, que hace que todavía parezca deudora de la vieja concepción en la que se hallaría en cierta forma anclada. Ello desde el punto de vista terminológico, pero en cierto modo también desde el prisma conceptual. Véanse si no sus palabras; decía, en efecto, que «El alcohólico delinque por serlo, y por eso lo primero que se necesita es que se cure de su vicio. La pena agravada no produciría ningún efecto ni reportaría beneficio alguno a la sociedad. Lo que debe hacerse es colocarlo en un establecimiento para bebedores, de donde no saldrá hasta que se haya sanado de su vicio alcohólico».[637] Al considerarlos incapaces de derecho penal, en vez de la pena, se les debería de aplicar, como medida de seguridad, el internamiento en un centro específico en el que se tratase su problema. Convendremos, quizá, en que su razonamiento estaría mejor ajustado al nuevo paradigma de la medicina si, en lugar de decir «sanado de su vicio», hubiese escrito «sanado de su enfermedad», y, del mismo modo, también si en vez de propugnar que se los instalase —casi parece querer decir «recluyese» en un establecimiento concebido como medida de seguridad (pensaba en «asilos para bebedores», como propugnaba Dorado Montero,[638] a quien cita expresamente) se hubiese referido a una clínica médica u hospital.

[637] Luis Jiménez de Asúa: *Derecho Penal,* o. cit., p. 198.

[638] Dorado Montero: *Asilos para bebedores*, Madrid: Hernández, 1901.

Volviendo al código penal de 1995, a modo de conclusión

El criterio expuesto por Jiménez de Asúa y otros ilustres penalistas acabó por imponerse. De este modo, como ya se ha apuntado anteriormente, el código penal de 1995 (ley orgánica 10/1995, de 23 de noviembre) pasó a asumir la embriaguez plena como eximente. En efecto, en el capítulo I, artículo 20, que versa sobre las causas que eximen de la responsabilidad criminal, preceptúa que se podrá beneficiar de dicha eximente «El que al tiempo de cometer la infracción penal se halle en estado de intoxicación plena por el consumo de bebidas alcohólicas, drogas tóxicas, estupefacientes, sustancias psicotrópicas y otras que produzcan efectos análogos».[639] Empero, se establecía un único requisito para que la intoxicación obrase como eximente: que dicho estado de irresponsabilidad «no haya sido buscado con el propósito de cometerla [la infracción penal] o no se hubiese previsto o debido prever su comisión».[640] Además, en el siguiente artículo, el 21, se indica que la embriaguez plena también podría ser considerada como atenuante «cuando no concurrieren todos los requisitos necesarios para eximir de responsabilidad [...]».[641] En consecuencia, el código penal actual es, en este sentido, más comprensivo con el delincuente que se halla bajo el efecto de la embriaguez, y también lo es en otro más general: ya no establece el distingo entre la embriaguez crónica o alcoholismo y la ocasional, tratando de facto con idéntica benignidad ambos supuestos.

Coda. Revisionismo actual

En la actualidad, desde algunos sectores de la sociedad civil se cuestiona la justeza y corrección de un criterio tan comprensivo con el delincuente embriagado. En efecto, en ciertos ambientes sociales se ha suscitado, desde hace poco tiempo, la polémica de si el alcohol debe seguir siendo considerado como atenuante en casos de maltrato, apartándose así del criterio ju-

[639] Artículo 20 de la ley orgánica 10/1995, de 23 de noviembre, cf. *Código penal y leyes penales especiales*, 7.ª ed., Elcano [Navarra]: Aranzadi, 2001, pp. 95-96.

[640] Artículo 20 de la ley orgánica 10/1995, de 23 de noviembre, cf. *Código penal y leyes penales especiales*, o. cit., p. 96.

[641] Artículo 21 de la ley orgánica 10/1995, de 23 de noviembre, cf. *Código penal y leyes penales especiales*, o. cit., p. 97.

rídico tradicional, vigente desde hace unos ciento cincuenta años, que se fundaba en la convicción de que el estado de embriaguez disminuye la responsabilidad de los actos.[642] La postura crítica adoptada por algunos escritores, y en particular mujeres de orientación feminista, como Rosa Montero, es posible que represente la punta de un iceberg que parece señalar la emergencia de una nueva mentalidad. Así, en el seno de la Plataforma de Mujeres contra la Violencia de Género y otras asociaciones de mujeres, se suele sostener el criterio de que la apelación al alcoholismo, el manido recurso de que «Es que no estaba en sus cabales, había bebido...», no puede ser la justificación de todo. Un portavoz de tales sectores arguye a este respecto que «El alcohol hace agresivos a maltratadores en potencia»[643] y, por lo tanto, entiende que se impone un cambio de actitud y desde luego una seria política de prevención.

Desde estas esferas críticas se sugiere que la cuestión de la ingesta excesiva de alcohol, que suele estar presente en los casos de maltrato, se ha solido abordar con algún punto de lenidad y condescendencia. En efecto, la embriaguez ha sido considerada como un atenuante penal (con los matices que ya se han visto) o, bajo determinadas circunstancias, incluso como eximente. De este modo, la impunidad del maltratador era casi completa: si descalabraba a su mujer y se le acusaba de un delito de lesiones, podía aducir que había obrado sin estar plenamente en sus cabales. Puesto que la bebida había obnubilado su conciencia, no se le podía juzgar como responsable pleno. Hay en este terreno un amplio espacio para la picaresca y el dolo. Existe la posibilidad de que el sujeto que sabe que el juez va a ser benevolente con la fechoría que cometa, dada su condición de «pobre enfermo alcohólico», no perciba la represalia legal como un verdadero freno o un factor eficazmente disuasorio. También es dable concebir la hipótesis de que el borracho ocasional se planteara con anterioridad la conveniencia de perpetrar la actuación violenta bien empapado en alcohol, para conseguir que se le declarase irresponsable penal, pues no era fácil que un magistrado llegase a conocer con certeza que la em-

642 Patricia Ortega Dolz: «El peor cómplice de la violencia familiar», art. cit., p. 6.

643 Declaraciones de Milagros Rodríguez Marín, miembro de la Plataforma de Mujeres contra la Violencia de Género, transcritas por Patricia Ortega Dolz: «El peor cómplice de la violencia familiar», art. cit., p. 6.

briaguez había sido buscada deliberadamente con tal propósito. Y como es bien sabido, *in dubio, pro reo*, exacta expresión que se utiliza ante tales casos en que existe incertidumbre. Constituye un hecho probado que no pocas veces la bebida no es la causa, sino la coartada que emplea el maltratador para perpetrar su ataque. Así lo pone de manifiesto el citado informe del Defensor del Pueblo sobre la violencia de género, cuando señala que uno de los rasgos que delinean el perfil del hombre que maltrata no es otro que utilizar el alcohol como excusa para agredir, más que agredir a causa del alcohol.[644]

Como han apuntado Inés Alberdi y Natalia Matas, el alcohol puede servir para disminuir la responsabilidad personal cuando el agresor se excusa alegando que estaba borracho y, sin embargo, estudios concretos demuestran que estos mismos agresores también se comportaban violentamente cuando estaban sobrios.[645] Añaden, además, que el hecho de que el alcohol haya sido considerado como atenuante en el enjuiciamiento de estos delitos ha propiciado incluso que se aduzca la ingestión de alcohol en un gran número de casos. En este sentido, citan a Rosenhow y Marlatt,[646] quienes demostraron que las expectativas acerca de los efectos desinhibidores del alcohol son tan poderosos como el efecto farmacológico del alcohol en sí. Esto sustenta la hipótesis de que los agresores emplean el alcohol cuando cometen maltrato para justificar su comportamiento.[647]

Esta posición revisionista conoció un momento cenital con ocasión de unas declaraciones de una ministra de Sanidad y Consumo, Celia Villalobos. Esta solicitaba, en noviembre del año 2000, que el consumo de alcohol fuese considerado, en los casos de malos tratos, como una agravante en vez de como una atenuante, desde el punto de vista judicial y social.[648]

644 Defensor del Pueblo: *La violencia doméstica contra las mujeres*, o. cit., p. 114.

645 Inés Alberdi y Natalia Matas: *La violencia doméstica. Informe sobre los malos tratos a mujeres en España*, Barcelona: Fundación La Caixa, 2002, p. 103. Sobre esta cuestión cf. también: D. Dutton y S. L. Painter: *Male domestic violence and its effects on the victim*, Ottawa [Canadá]: Ottawa Health and Welfare, 1980.

646 G. A. Rosenhow y D. J. Marlatt: «Cognitive processes in alcohol use: expectancy and the balanced placebo design», en N. K. Mello: *Advances in Substance abuse: Behavioral and biological research*, Greenwich (Connecticut): JAI Press, 1980; vol. 1.

647 Inés Alberdi y Natalia Matas: *La violencia doméstica. Informe sobre los malos tratos a mujeres en España*, o. cit., p. 103.

648 «Villalobos pide...», *El País* (Madrid) (14 de noviembre de 2000), p. 30.

También es verdad, en este mismo sentido, que algunas sentencias recientes, muy benevolentes con el delincuente ebrio, han generado cierto grado de descontento y malestar. Como puede ser la siguiente, por mencionar una, que la prensa resumía así: «La Sala Segunda del Tribunal Supremo ha rebajado la pena de 16 a 10 años de cárcel a dos jóvenes condenados por la Audiencia Provincial de Navarra por violar y robar a dos prostitutas en un descampado, al entender que lo hicieron como consecuencia de un estado de "embriaguez importante"». La Sentencia del Supremo señalaba que «sólo una borrachera de cierta intensidad» podía explicar que ambos jóvenes llegaran a hacer lo que hicieron en la madrugada del día 24 de enero de 1996. El hecho de que los acusados tuviesen sus facultades mentales gravemente alteradas por la ingesta alcohólica fue considerado como una circunstancia atenuante.[649] La sentencia ha sido protestada desde los círculos preocupados por los derechos y la dignificación de la mujer.

Desde la orilla de enfrente, se arguye como contrapartida que la mencionada pretensión revisionista supone, en cierto sentido, una regresión a épocas anteriores a la humanización, moderación y «racionalización» de las penas, llevada a cabo en el siglo XIX, cuya causa defendieron señeramente Cesare Beccaria (1735-1794) y, en nuestro país, Concepción Arenal. Por ello, tales polemistas consideran de verdad inconveniente retroceder a la situación anterior a 1848, cuando no se tenía en cuenta la embriaguez como atenuante penal. También aducen que no encuentran muy lógico hacer una salvedad a la aplicación circunstanciada de la embriaguez como atenuante en la cuestión de los malos tratos y dejarla en cambio en vigencia en los restantes asuntos. Por muy preocupante que resulte la cuestión de la violencia de género y por más alarma social que suscite, tal pretensión discriminatoria no les parece congruente con una *sana ratio* jurídica. El tema sigue, pues, en el candelero.

[649] «El Supremo rebaja la condena a dos violadores porque estaban borrachos», *El País* (Madrid) (16 de diciembre de 1999), p. 42.

Capítulo 4

Erróneas y torcidas prácticas tradicionales de cultivo de la vid y elaboración del vino

ANTIGUOS MODOS Y TÉCNICAS DE VITICULTURA

El cultivo de la vid distaba de ser ejemplar en muchas comarcas de España. Señalemos, para comenzar, que se registraban ciertas prácticas de cultivo de la vid desafortunadas o netamente erróneas, que tenían consecuencias negativas cuando llegaba la venturosa hora de la recolección. En el siglo XIX se produjeron ciertos avances en las técnicas de cultivo del viñedo, pero muchos cosecheros o bien los desconocían o bien, por apego a la tradición y rutina, no se decidían a aplicarlos. Solían, en cambio, copiar unos de otros sin tener en cuenta la diversidad de circunstancias que hacían al caso. En relación con el modo de cultivar las vides al promediar el siglo XIX, el doctor Casares, estudioso y buen conocedor de esta cuestión, por haber realizado un estudio y consignado algunas evidencias empíricas recogidas en sus *Observaciones sobre el cultivo de la vid en Galicia* (1843), señalaba que «Apenas se notan diferencias esenciales en las labores que se dan á las viñas en los diversos paises de la dilatada Galicia: guiados los viñadores por una ciega rutina, sin otras reglas que las que oyeron á algun viejo propietario, tan ignorante acaso como ellos, trasladaron sin ecsamen los métodos de cultivo de unos paises á otros, diferentes en clima i calidad de tierra».[650]

No siempre se seleccionaban bien los terrenos idóneos para el ejercicio de la viticultura, tanto en lo que se refiere a la idiosincrasia de los suelos, es decir, a sus condiciones edafológicas, como a los microclimas que los afectaban.

[650] Antonio Casares: *Observaciones sobre el cultivo de la vid en Galicia*, Santiago: Imprenta de la Viuda e Hijos de Compañél, 1843, p. 15.

En referencia al Valle de Lemos, señalaba Amador Montenegro, en la revista *Prácticas modernas*, que antaño tendían a plantar las vides en terrenos elevados (relativamente, claro está, puesto que esta planta no prospera en grandes altitudes), de conformidad con la máxima de Horacio: «Bachus amat colles». En el momento en que escribía, el cultivo de la vid había descendido a los valles y «cañadas», donde la humedad de la atmósfera y del suelo hacían mucho más temible el efecto de las heladas. Constataba este observador que los viñedos ubicados en lugares más elevados sufrían menos tales inclemencias que los de los «llanos».[651]

Diversos observadores han denunciado la irregular ordenación que se registraba en las plantaciones de viñedos de muchos lugares de España y, asimismo, el entreveramiento impropio de distintas variedades en un mismo terreno. En efecto, en las acentuadas pendientes de las riberas del Sil y del Miño, las cepas se plantaban sin ningún orden reconocible, lo que en buena parte estaba condicionado por el hecho de tratarse de unos terrenos pedregosos y muy menguados de tierra.[652] Por su parte, Buenaventura Castellet consignaba en su libro *Enología española ó tratado sobre los vinos de España y su bonificación* la siguiente observación: «Muchos, muchísimos son los plantíos de la península constituidos por varias castas de vides, cuyos frutos, a pesar de madurar en diferentes épocas»,[653] se entremezclaban «bonitamente», lo que al cabo venía a representar un serio problema a la hora de efectuar la vendimia.

Thomas de Aranguren apuntaba, por su parte, otra de las malas prácticas de cultivo en el pasado: en algunas partes se toleraba indebidamente que la planta de la vid se alzase a muy escasa altura del terreno. Así sucedía, por ejemplo, en la localidad de Yepes: «Esta quasi universal obcecacion de los Labradores en dar á la cepa baxo el primer guio, es una de las mas poderosas causas que hay de no ser los vinos buenos, y salir llenos de defectos. Porque ¿cómo es creible que pueda hacerse vino saludable y perfecto de uva imperfecta, sin sazon y podrida, como lo es por lo comun la que se cria en cepas baxas, y sin ventilacion?». En otras zonas de las inmediaciones de

[651] Amador Montenegro Saavedra: «Por el país del vino. Desde Monforte», *Prácticas modernas* (La Coruña), año I (15 de octubre de 1903), p. 233.

[652] Antonio Casares: *Observaciones sobre el cultivo de la vid en Galicia*, o. cit., p. 15.

[653] Buenaventura Castellet: *Enología española ó tratado sobre los vinos de España y su bonificación*, Barcelona: Imprenta de Gómez é Inglada, 1865, pp. 131-132.

Madrid, en cambio, por lo general los cultivadores lograban mantener las cepas erguidas y además provistas de una altura discreta. Con toda razón, estos afeaban a los labradores de Yepes su práctica errada.[654]

Sobre el modo de realizar la tarea del abonado de las vides no parece que haya habido criterios muy perfilados y claros. En 1903, un colaborador de *Prácticas modernas* afirmaba que «Las viñas generalmente no se abonaban» y como consecuencia de esta práctica, tras un dilatado período de producción, quedaban esquilmados los terrenos sobre los que se asentaban.[655] En opinión de autorizadas voces, muchos cosecheros de toda España infravaloraban la utilidad que, en calidad de abono, se pensaba que tenían las «heces» de los lagares y de los toneles en que habían fermentado los vinos, la casca o el orujo de la uva y sus cenizas o las de los sarmientos, como también los residuos de la destilación del vino «evaporados hasta sequedad al aire libre».[656] Ahora bien, en algunos otros casos, se producía el problema inverso: había viticultores cuya preocupación se centraba en el incremento de la cantidad del producto, descuidando en cambio su calidad. Con tal mira, abonaban en exceso los plantíos, «pero calculan muy mal los que así proceden, porque las uvas resultantes son menos azucaradas y menos finas que de ordinario», y los vinos resultantes carecían de fuerza alcohólica, objetaba el enólogo Buenaventura Castellet.[657]

En el marco de este tipo de prácticas desacertadas, cabe mencionar el recurso de muchos productores al abono de los plantíos con despojos de animales, tales como huesos, pezuñas, desperdicios de lana, astas, etcétera, sin excluir los excrementos humanos. Hacían esto «con harta frecuencia» seducidos por la vigorosa vegetación ostensible en las cepas así abonadas, que aparecían provistas de muchos sarmientos y abundante fruto. Sin embargo, a juicio de un experto farmacéutico, con tal abono los terrenos no tardaban en quedar estériles, «porque han perdido las sales minerales que

[654] Thomas de Aranguren: *Carta físico-médica, en la que se explica que es vino, sus principios elementales, su variedad, los efectos que causa...*, Madrid: Joachîn Ibarra Impresor de Cámara de S. M., 1784, pp. 48-49.

[655] Luis Páramo Barbeito: «Las cepas del país», *Prácticas modernas* (La Coruña), año I (15 de abril de 1903), p. 93.

[656] Cf. Buenaventura Castellet: *Enología española ó tratado sobre los vinos de España y su bonificación*, o. cit., p. 34.

[657] Ibídem.

han consumido las hojas, los racimos y la parte leñosa de las vides», y además, «como en todos los cultivos es indispensable devolver á la tierra, bajo cualquier forma, todo lo que se ha separado de ella por medio de las cosechas, y siendo insuficientes para ello las sustancias alcalinas existentes en los referidos abonos animales, es evidente que, en el caso de que se trata, despues de algunos años de grandes recolecciones, no puede menos de sobrevenir una producción raquítica y muy menguada de racimos».[658]

Al cabo, se conocían numerosos casos de cosecheros que llevaban a la viña estiércoles más o menos descompuestos, reuniéndolos en pequeños montones, pero en vez de enterrarlos los dejaban expuestos a la acción de los elementos, con lo que tales abonos se desnaturalizaban y perdían parte de su positiva virtud.[659]

Existía además otra suerte de problemas. En 1903, Luis Páramo Barbeito, de Bóveda, revelaba que no se atendían bien las viñas, puesto que «apenas si se les daban los trabajos necesarios con tiempo y oportunidad, y hasta la poda se daba á capricho, sin cuidarse de la más conveniente para la conservación de la cepa».[660] Por lo demás, había agricultores que ignoraban, a comienzos del siglo XX, que era menester combatir el mildiu precozmente, de modo preventivo, y, por consiguiente, en el momento en que se resolvían a acudir al tratamiento cúprico ya era muy tarde, cuando ya era bien visible que el hongo del mildiu había hecho su funesta aparición. Se sabe que actuaciones así se habían producido en 1903, concretamente en el Valle de Lemos.[661]

De añadidura, uno de los «vicios» principales consistía en deshojar excesivamente la vid.[662] Según la opinión de los expertos en cuestiones enológicas de comienzos del siglo XX, era en la hoja de la vid donde se formaba el almidón necesario para que se operase la transformación en glucosa, elemento indispensable para el crecimiento del racimo. Sin embargo, era una práctica muy extendida el «desfollaje», en ocasiones por demás excesivo,

[658] Buenaventura Castellet: *Enología española ó tratado sobre los vinos de España y su bonificación*, o. cit., p. 31.

[659] Ibídem, p. 35.

[660] Luis Páramo Barbeito: «Las cepas del país», art. cit., p. 93.

[661] Amador Montenegro Saavedra: «Por el país del vino. Desde Monforte», art. cit., p. 232.

[662] Buenaventura Castellet: *Enología española ó tratado sobre los vinos de España y su bonificación*, o. cit., p. 133.

como asimismo también el descuido en el tratamiento de las enfermedades criptogámicas que influían en la caída de la hoja. No era esta una cuestión baladí, puesto que la deshoja hacía que los viticultores corriesen un riesgo serio «[...] de recoger uvas verdes y mal sazonadas que *á fortiori* producirán vinos de mala calidad y expuestos á alterarse». Podrían pagar muy caro este error, ya que el vino «[...] resultará ácido, falto de azúcar y se averiará fácilmente, porque sin azúcar no hay alcohol ó fuerza en el vino, como se dice vulgarmente».[663]

DESAGUISADOS EN LAS VENDIMIAS

Los antiguos expertos en la problemática agrícola y enológica denunciaban con insistencia no pocos desaguisados que se cometían en la suerte de la vendimia. Uno entre ellos, Federico Vañó, autor de un ensayo sobre la crisis vinícola finisecular, manifestaba que la vendimia se solía realizar de manera imperfecta y sin gran concierto, pues «cada uno dispone a su antojo».[664]

Revestía gran importancia el hecho de que en una parte importante de los plantíos existentes en España se entremezclaban diferentes tipos de vides, cuyos racimos alcanzaban la madurez en distintos momentos, a pesar de lo cual «[...] son vendimiados todos á la vez». Se denominaba esto *vendimia redonda*.[665] Eduardo Abela estaba persuadido de que «Es mala práctica la de coger sistemáticamente de una sola vez los racimos», sin atender a que estuvieran o no agraces. Los que hacían esto buscaban ahorrar tiempo —y, muchas veces, jornales— en vez de cosechar en una primera vuelta solo los racimos maduros y hacer después una segunda e incluso una tercera vuelta a toda la viña, para ir recogiendo el fruto según fuese madurando.[666] Por lo

[663] José Fernández Martínez: *Prácticas vinícolas*, Orense: Imprenta y Papelería de La Región, 1913, pp. 13-14.

[664] Federico Vañó: *La crisis del vino y la fabricación de alcoholes industriales*, Madrid: Imprenta de Ricardo Rojas, 1899, p. 10.

[665] Buenaventura Castellet: *Enología española ó tratado sobre los vinos de España y su bonificación*, o. cit., pp. 131-132.

[666] Eduardo Abela y Sainz de Andino: *El libro del viticultor: Breve resumen de las prácticas más útiles para cultivar las viñas y fabricar buenos vinos*, Madrid: Tipografía de Manuel Hernández, 1885, p. 57.

que se refiere a los vinos resultantes de las *vendimias redondas*, señalaba Buenaventura Castellet en su tratado de *Enología española* que eran esencialmente verdes y no tardaban en desarrollar la fermentación acética. Además, podía decirse que estos caldos «mueren apenas nacen porque tan solo se utilizan en parte en la fria estacion para la bebida ordinaria de los habitantes de los lugares donde aquellos han sido fabricados, sirviendo despues los restantes para la preparación de aguardientes comunes ó bien para la confeccion de vinagres».[667] Abundando en la cuestión, indicaba este analista que «Viñas hay, y no pocas en España, que están pobladas con 6, 8, 12 y más vidueños distintos, cuya mayor parte son groseros y sazonan sus racimos en épocas variadas». En semejantes plantíos, en los que se mezclaban en confusión y anarquía en un mismo terreno diferentes clases de vides, lo que consideraba «el primer vicio, el mas culminante de la viticultura española», no era posible que prosperasen y rindiesen abundantes y sabrosos frutos tales vidueños; como consecuencia de lo cual, «unas castas se vuelven carrasqueñas ó desmedradas al lado de otras que dan de sí poco y mal fruto» y aun vegetaban también a su vera algunas cepas que eran más ricas en azúcar que las demás y producían mostos más dulces.[668] Había que hacer, no obstante, una salvedad, como puntualizaba Castellet, en relación con ciertos viñedos de Málaga y de otros puntos de Andalucía en los que se obraba de diferente manera: aunque se cultivaban dos o más variedades de cepas distintas, las uvas se recogían en sus respectivos tiempos de sazón.[669]

En Galicia, Antonio Casares apuntaba una anomalía en lo que se refiere a la recta y racional observancia de la viticultura, que a la vez representaba una seria dificultad para el correcto desarrollo de la vendimia: comúnmente no se discriminaban los racimos de distinta clase para preparar vinos más escogidos. En efecto, la vendimia se verificaba «recogiendo indistintamente los racimos de todas las castas».[670] En el mejor de los casos, se hacía la diferenciación entre las uvas blancas y las tintas, cuando en una viña existían muchos pies de cepas de uva blanca, y se deseaba preparar un vino de

[667] Buenaventura Castellet: *Enología española ó tratado sobre los vinos de España y su bonificación*, o. cit., pp. 131-132.

[668] Ibídem, pp. 29-30.

[669] Ibídem, pp. 131-132.

[670] Antonio Casares: *Observaciones sobre el cultivo de la vid en Galicia*, o. cit., p. 17.

este color, pero ni siquiera esta era una práctica muy usual.[671] Otero Pedrayo alude en A *lagarada* a esta distinción que en ocasiones se realizaba en la comarca del Ribeiro. En efecto, a la hora del atardecer, en medio del trajín de la vendimia «Llegan acarreadores con cestos colmados: unos entran en la bodega, otros (los del blanco) se meten por la puerta del lagar».[672]

En estrecha relación con el aspecto señalado, se consignaba un problema del que tenemos datos circunscritos a la comarca de Valdeorras, pero que de ningún modo era exclusivo de ella. Muchas explotaciones poseían viñas en terrenos sometidos a una cierta diversidad climática, por estar ubicadas unas en terrenos más elevados que las otras, o bien, de modo particular, a causa de su distinta orientación y exposición al sol. Resultaba, de este modo, como indicaba Lucas Labrada, que las uvas maduraban de diferente manera según eran distintas las condiciones de los terrenos a tenor de las indicadas variables, con lo cual, en tanto que unos racimos se encontraban ya bien maduros y sazonados, había otros que, en el mismo momento, todavía estaban verdes. Acontecía así que, al vendimiarlos todos a un tiempo, «[...] resultan varios inconvenientes, entre ellos el de que mezclada la uva verde con la madura pierde mucho la bondad del vino».[673]

El doctor Casares pudo constatar ocularmente, hacia mediados del siglo XIX,[674] cómo en las vendimias no pocas veces se obviaba la debida discriminación de las hojas secas y los granos podridos, lo que contribuía a transmitirle al vino un acentuado mal gusto. A fines de dicha centuria, un trabajo de Federico Vañó insistía también en la necesidad de que el viticultor clasificara la uva en la vendimia, seleccionando solo los racimos sanos. Se sentía obligado a porfiar en esta cuestión, puesto que distaba de ser una práctica frecuente.[675] Pocos años más tarde, Darío F. Crespo reiteraba esta misma preocupación, confirmando que en la vendimia no se solían apartar las uvas averiadas de las que se encontraban en perfecto estado.[676] En efec-

[671] Antonio Casares: *Observaciones sobre el cultivo de la vid en Galicia*, o. cit., p. 18.

[672] Ramón Otero Pedrayo: *A Lagarada*, Vigo: Galaxia, 1998, p. 53.

[673] José Lucas Labrada: *Descripción económica del Reino de Galicia*, Vigo: Galaxia, 1971 [1.ª ed., 1804], p. 116.

[674] Antonio Casares: *Observaciones sobre el cultivo de la vid en Galicia*, o. cit., p. 26.

[675] Federico Vañó: *La crisis del vino y la fabricación de alcoholes industriales*, o. cit., p. 12.

[676] Darío F. Crespo: «Asociaciones viti-vinícolas: los vinos del Norte de España y el mercado de Inglaterra», *Prácticas modernas* (La Coruña), año III (15 de septiembre de 1905), p. 210.

to, en abigarrada mezcla con los racimos se dejaban ir muchas veces hojas e incluso sarmientos de la vid y no se eliminaban tampoco las uvas putrefactas. Y cuando se procedía a una selección más cuidadosa, quedaban todos esos restos dispersos por las viñas, constituyendo un foco de infección para la nueva cosecha.

Ahora bien, había ocasiones en que se obraba de modo correcto. Un tratado de viticultura revelaba hacia 1880 el buen hacer en la zona de Jerez, en lo que respecta a la eliminación de la uva en mal estado. Vale la pena reproducir el comentario:

> En Jerez y algunos otros puntos de la provincia de Cádiz es práctica antiquísima el tener reservado delante del caserío del viñedo un espacio de terreno, circular ó cuadrado, libre de toda construcción, y circuido á veces de ligero pretil, que se designa con el nombre de almijar, y cuyo destino es servir particularmente para las faenas preliminares de vendimia.
>
> En derredor del almijar se tienden redores de esparto, con diámetro suficiente para contener una arroba de racimos, y en estos ruedos van echando los vendimiadores la uva que conducen desde las cepas, en las tinetas adecuadas, para hacer, en las horas oportunas, el espurgo y limpieza de dichos racimos. Los vendimiadores, tomando por asiento las mismas tinetas, y armados de su navaja, van quitando á los racimos toda la uva pasada ó podrida, y generalmente el pedúnculo central del escobajo. La uva pasada se aparta para emplearla en fabricar vino dulce, y se tira la uva dañada ó podrida.[677]

También acarreaba no pocas críticas de los expertos la costumbre de apurar el rendimiento de la cosecha hasta el extremo de aprovechar los racimos de maduración tardía, aun cuando estuvieran francamente verdes, lo que inevitablemente redundaba en detrimento de la calidad del mosto.[678]

Ítem más, cuando una parte de los racimos o de las cepas de una explotación resultaban afectadas por las enfermedades criptogámicas del oídio y el

[677] Eduardo Abela y Sainz de Andino: *El libro del viticultor: Breve resumen de las prácticas más útiles para cultivar las viñas y fabricar buenos vinos*, o. cit., p. 76.

[678] Xunta de Galicia: *Elaboración dos viños galegos*, La Coruña: Consellería de Agricultura, Xunta de Galicia, 1991(Serie Manuais Prácticos, núm. 6), p. 20.

mildiu, no siempre tenían sus propietarios el escrúpulo de limitarse a vendimiar solo los frutos sanos. Los viticultores pobres preferían beber un vino degradado a tener que pasar con muy poco, o bien ninguno, del mismo modo que cuando el maíz contraía una enfermedad parasitaria, o se pudría en buena parte por el exceso de lluvia, no tenían otra opción que comer aquella borona elaborada con tal grano, y rezar para que no les provocara daño alguno. La novela de Marcial Valladares *Maxina ou a filla espúrea* refleja esta cuestión del aprovechamiento de las uvas enfermas o en mal estado. La referencia aparece justamente al comienzo de la obra, cuando el autor alude a una bodega, perteneciente a una familia campesina de relativo acomodo, que reside en una aldea de la zona del Ulla; lo hace en estos términos: «Era una tarde a mediados del otoño de 1850; tarde apacible, que gusto y melancolía daba a un tiempo: gusto, porque silencioso estaba todo, ya se había realizado la vendimia y, aunque poco y de uvas apestadas, hervía ya el mosto en las bodegas».[679]

Otro de los malos usos de los vendimiadores, según denunciaba un viticultor en 1908, consistía en arrancar, a veces con violencia, los racimos de las cepas o bien en cortarlos con navajas mal afiladas, lo que inevitablemente provocaba la siembra de granos de uva por el suelo. Muchos de tales racimos desgranados se recogían después, pero manchados de tierra y sin que se pudiera evitar que portasen gérmenes nocivos.[680]

Existe constancia de este otro mal hábito: «Es práctica que debiera desterrarse la de tirar los racimos al suelo, y reunirlos en grandes montones que luego quedan abandonados por largas horas y á veces dias enteros». De esta suerte, resultaba que el zumo que se escurría de los racimos así amontonados no tardaba en «colorarse» y experimentaba con mucha rapidez un principio de fermentación.[681]

En este marco de los usos erróneos en las vendimias tradicionales, el químico Casares subrayaba en 1843[682] la inconveniencia de que las uvas fuesen trasladadas al lagar cuando estaban muy frías, lo que acontecía no

[679] Marcial Valladares Núñez: *Maxina ou a filla espúrea*, Vigo: Galaxia, 1970, p. 17 .

[680] M. S. T., viticultor: «Vinicultura práctica. Cuidados que hay que tener durante la fermentación. III. Prácticas que deben desecharse», *Prácticas modernas é industrias rurales* (La Coruña), año VI (15 de octubre de 1908), p. 313.

[681] Buenaventura Castellet: *Enología española ó tratado sobre los vinos de España y su bonificación*, o. cit., p. 68.

[682] Antonio Casares: *Observaciones sobre el cultivo de la vid en Galicia*, o. cit., p. 26.

pocas veces. Solía suceder esto, según apuntaba Darío F. Crespo,[683] cuando la vendimia se realizaba muy de mañana, antes de la salida del sol. En consecuencia, el enfriamiento de la uva (y no digamos ya si además estaba mojada), provocaba un retraso en el proceso de la fermentación —que debería ser continuada y relativamente rápida— cuando no su completa paralización.

En algunas ocasiones, en las operaciones de transporte del fruto de la vendimia, se empleaban depósitos de gran envergadura en los que se producía el aplastamiento irremisible de las uvas del fondo, con lo cual el mosto llegaba con cierto grado de oxidación a la bodega.[684] En efecto, cuando se rellenaban por completo los recipientes y se comprimían a veces en demasía los racimos para aumentar la capacidad de almacenamiento de los profundos *culeiros*, el peso de las uvas de la capa superior aplastaba a las que se encontraban por debajo, no siendo raro que se iniciara prematuramente en estas el proceso de fermentación. Tal vez sea posible que este género de situaciones haya podido inspirar a Otero Pedrayo para componer el siguiente pasaje de su novela *O desengano do prioiro*:

> —Pues era el tiempo de los gruesos racimos cayendo en los cestos. Bastantes cayeron en el costal de los frailecillos, pues era cosa de bendecir la caridad de la gente cristiana, y no cogiendo en el costal tuvieron que acumularlos en las capuchas bajas. Iban los tres seráficos envueltos en el zumbido de los abejones, que no les picaban, y los racimos de «*treixadura*», con el apretamiento y el andar, dieron de sí en las capuchas y costales el mejor blanco del mundo y tan gustoso que se exprimió el paño y fue primor en las mesas de Altamira y de fray Monroy, probado entre jaculatorias...[685]

Además, para transportar las uvas se empleaban cestos —*culeiros*, *capachos*, etcétera— que en muchos casos tenían revestimiento de pez en su parte interior. Un escritor observaba, a comienzos del siglo XX, que este procedimiento de impermeabilización resultaba nocivo para el mosto, «al-

683 Darío F. Crespo: Asociaciones viti-vinícolas: los vinos del Norte de España y el mercado de Inglaterra», art. cit., p. 210.

684 Xunta de Galicia: *Elaboración dos viños galegos*, o. cit., p. 20.

685 Ramón Otero Pedrayo: *O desengano do prioiro*, Vigo: Galaxia, 1998 [1.ª ed., 1952], p. 138.

terando más tarde el sabor del vino».[686] El problema se agravaba después a causa de la pez de que estaban revestidas las botas y pellejos.

Se consignaba, además, una deficiencia que afectaba a la mayoría de las comarcas vitícolas, y no era precisamente grano de anís: la falta de limpieza que se erigía en achaque común que afectaba a las bodegas y lagares de antaño, lo que constituía, de un modo general, «poderosa causa de enfermedades del vino».[687] Así, a fines del siglo XIX, un estudioso censuraba la «pésima estancia en los lagares para el estrujamiento de la uva».[688]

El estrujado de las uvas solían realizarlo los vendimiadores, con frecuencia jóvenes e incluso niños, con los pies descalzos,[689] los pantalones muy remangados o bien en calzoncillos.[690] Una estampa literaria oteriana describe el pisado de las uvas en la cuba o la *moxega*, realizada por un mozo «con piernas de perdiz ensuciadas de mosto».[691] Pero no siempre se realizaba en el lagar. El pisado se efectuaba en unos depósitos de madera que se denominaban *píos*, si eran troncocónicos, o *moxegas*, si tenían forma de tronco de pirámide.[692] También se efectuaba en los típicos arcones o *arquetones*, considerados en 1908 baratos y fáciles de manejar y de limpiar, situados sobre los carros. Solían disponer de un enrejado a guisa de doble fondo y de un canecillo largo con objeto de que el vertido del líquido alcanzase la tinaja o cubo situado a tal efecto fuera del carro.[693] En este segundo supuesto, las posibilidades de que se practicara el lavado de los pies eran bastante más remotas.

Es bien cierto que la cuestión variaba mucho de unas bodegas a otras, dependiendo de cuáles fueran su sólitos hábitos de higiene. En algunos casos, quienes pisaban las uvas se lavaban concienzudamente los pies antes de pro-

[686] M. S. T., viticultor: «Vinicultura práctica. Recolección de la uva. II», *Prácticas modernas é industrias rurales* (La Coruña), año VI (1 de octubre de 1908), p. 294.

[687] Federico Vañó: *La crisis del vino y la fabricación de alcoholes industriales*, o. cit., pp. 10-11.

[688] Ibídem, p. 10.

[689] Xosé Posada: *Os viños de Galicia*, Orense: Diputación Provincial de Orense, 1978, p. 74.

[690] Entrevista realizada por Xavier Castro a Adolfo Gálvez Pazos (Arnois [A Estrada], 1952).

[691] Ramón Otero Pedrayo: *A Lagarada*, o. cit., p. 54.

[692] Xosé Ramón Mariño Ferro«Antropoloxía da alimentación», en *Galicia. Antropología*, t. XXIII [cap. 6, «Bibliografía»], La Coruña: Hércules, 1997, p. 470.

[693] M. S. T., viticultor: «Vinicultura práctica. Recolección de la uva. II», art. cit., p. 294.

ceder a la faena.[694] Pero no se puede ignorar que las abluciones higiénicas solían ser más bien parcas antes de que la traída del agua llegara a las casas del medio rural, lo que con carácter general no se produjo hasta bien entrada la década de los años sesenta. En la época en que el escritor Carlos Casares era todavía un niño, cuando corrían los años cincuenta, al llegar el tiempo de la vendimia, solía contemplar en la casa de su tío, en Beiro, a los paisanos «con los pantalones remangados por encima de las rodillas y descalzos», dispuestos a pisar las uvas. Reclamaba poderosamente su atención la «[...] roña negra que tenían algunos de aquellos hombres alrededor de los tobillos y en los pies».[695] Su tío trataba de tranquilizarlo explicándole que la fermentación del vino hacía desaparecer toda aquella porquería. En la ya citada pieza teatral *A Lagarada,* el mozo que pisa las uvas en la *moxega* la abandona un momento para recoger un pañuelo amarillo, que una moza le había dejado en el *tarabelo* ('picaporte') de la puerta de la cuadra y, cuando advierte que se acerca el amo, torna nuevamente al trabajo con prisa... sin lavarse previamente los pies, por supuesto.[696]

A mediados del siglo XIX, el químico Casares expresaba sus reservas en relación con el modo en que se efectuaba el pisado de las uvas; le parecía que por mucho que se esforzaran las personas que las estrujaban, era imposible que consiguieran exprimir bien todos los racimos. «Ademas no tiene nada de limpio este trabajo»,[697] puntualizaba. Una opinión similar se expresaba desde las páginas de la prensa agrícola especializada: «La pisa en las cubas y el mecido practicado en ellas por obreros desnudos también deben abandonarse, por ser estas prácticas imperfectas y poco pulcras».[698]

A mayor abundamiento, conviene precisar que los operarios que realizaban la pisa solían hacerlo ininterrumpidamente y, desde luego, no se detenían para atender alguna urgencia fisiológica menor. Se las arreglaban para solventar *in situ* la cuestión. Como buenamente pudieran. En efecto, el agrónomo Eduardo Abela denunciaba el problema de la falta de higiene en

[694] Entrevista realizada por Xavier Castro a Jesús Pallal (Beluso [Bueu], 1942), pequeño bodeguero en su localidad natal.

[695] Carlos Casares: «Vendima», *La Voz de Galicia* (24 de septiembre de 1999), p. 96.

[696] Ramón Otero Pedrayo: *A Lagarada*, o. cit., pp. 54-55.

[697] Antonio Casares: *Observaciones sobre el cultivo de la vid en Galicia*, o. cit., pp. 27-28.

[698] M. S. T., viticultor: «Vinicultura práctica. Cuidados que hay que tener durante la fermentación. III. Prácticas que deben desecharse», art. cit., p. 313.

el pisado de las uvas, de un modo muy detallado que permite percatarse de la cabal importancia del fenómeno: «El hombre, colocado dentro del lagar para efectuar la pisa con los pies, introduce generalmente en el zumo que va escurriendo, una porción de sus secreciones, como el sudor, mucosidades, la saliva y aun hasta la orina».[699] Por lo que dice a renglón seguido, parece claro que no existía apenas, en la época en se realizaban tales prácticas, conciencia de la importancia del problema, entendiendo que la fermentación tumultuosa anulaba sus efectos; aunque él lo tenía por un serio inconveniente: «Solo á los absurdos raciocinios de la rutina puede achacarse el que los viticultores juzguen inofensivas dichas sustancias para la calidad del producto».[700] En su opinión, ningún principio científico autorizaba a suponer que la suciedad y las secreciones humanas no alterasen en alguna medida el mosto fermentado, y así «[...] existen muchos hechos, de aparentes anomalías, en la mala calidad ó alteración de algunas pipas de vino, cuya explicación podría encontrarse en las faltas de limpieza con que se verifica frecuentemente la elaboración».[701]

El enólogo Castellet, sin entrar en tales consideraciones y quizá menos escrupuloso, quitaba en cierta forma hierro a la cuestión, al manifestar que la práctica del pisado no debiera inspirar repugnancia alguna, siempre que los pies estuvieran previamente lavados, «pues que, de lo contrario, las manos del hombre que sirven en la preparación de nuestros alimentos debieran proscribirse igualmente, lo que fuera poco menos que imposible»,[702] agregaba. Un viticultor recomendaba en 1908 efectuar el pisado calzando los operarios alpargatas «que deberán ser blancas y previamente sometidas á la acción del agua hirviendo ó vapor».[703] Pero no parece que esta propuesta se hubiera difundido gran cosa en la práctica. Todavía muy recientemente una mujer de Parada do Sil daba cuenta de la vigencia de la mencionada práctica antihigiénica, mostrando su rechazo (las mujeres parecen haber tenido mayor escrúpulo en general ante tales cuestiones

[699] Eduardo Abela y Sainz de Andino: *El libro del viticultor: Breve resumen de las prácticas más útiles para cultivar las viñas y fabricar buenos vinos*, o. cit., p. 82.

[700] Ibídem.

[701] Ibídem, p. 83.

[702] Buenaventura Castellet: *Enología española ó tratado sobre los vinos de España y su bonificación*, o. cit., pp. 70-71.

[703] M. S. T., viticultor: «Vinicultura práctica. Recolección de la uva. II», art. cit., p. 294.

de higiene): «después de que comenzaron a venir las estrujadoras ya no quisimos que los hombres se metieran en las cubas porque, bueno, algunos andan bien lavados pero otros, sabe Dios... y la gente fina dirá: *se te meten en las cubas, sabe Dios como tendría los pies*».[704]

Un paso intermedio, antes de que se produjera la mecanización de esta tarea mediante el recurso a eficientes y pulcras estrujadoras, que desde luego supuso un mejora apreciable en este capítulo de la higiene, vino dado por el empleo de botas altas de goma. Así lo consignaba un bodeguero de Betanzos: «Al llegar las uvas a la bodega, se vacían en las tinajas y se pisan, y ya no se hace descalzo como antes, pues se emplean botas de goma hasta la cintura».[705]

También se realizaba el estrujado con cierta clase de aparatos especiales. En Galicia, usualmente se empleaba para ello un palo de base de ancha denominado *pisón*.[706] En Jerez, se veía hacer «andando los pisadores calzados con zapatos llenos de clavos para mejor asegurar el estrujado de la uva».[707] El problema estribaba en que al propio tiempo se destruían las pepitas de esta, con lo que se aportaba al mosto una mayor cantidad de principio astringente. En este orden de cosas, a Thomas de Aranguren le parecía inadecuado trabajar las uvas en el lagar con instrumentos que pudiesen herir o cortar el escobajo, «porque este consta de un zumo austero, desagradable, y muy perjudicial para el vino».[708] Revelaba que había quien empleaba para este menester azadones de hierro que «causan mucho daño». El instrumento de que solían valerse los vecinos de Yepes para extender la uva por el lagar, y así poder pisarla después, consistía en unos «ganchos de palo», con los que sacaban la uva sin herir el escobajo.[709]

[704] Augusto Pérez Alberti: *Xeografía de Galicia*, t. 1: *Viaxes I*, Santiago: Gran Enciclopedia Gallega, 1993, p. 26. (Conversación con Herminia, mujer de cerca de setenta años, vecina de la aldea de Chandrexa, en el ayuntamiento de Parada de Sil.)

[705] Augusto Pérez Alberti: *Xeografía de Galicia*, o. cit., pp. 168-170. (Conversación que mantuvo el autor, en la villa de Betanzos, con Tomás, dueño de una bodega.)

[706] Xosé Ramón Mariño Ferro: «Antropoloxía da alimentación», art. cit., p. 470.

[707] Buenaventura Castellet: *Enología española ó tratado sobre los vinos de España y su bonificación*, o. cit., pp. 70-71.

[708] Thomas de Aranguren: *Carta físico-médica, en la que se explica que es vino, sus principios elementales, su variedad, los efectos que causa...*, o. cit., p. 61.

[709] Ibídem.

ERRORES Y TROPIEZOS EN LA VINIFICACIÓN

En lo que concierne al panorama de la vitivinicultura española, poca complacencia parece haber existido entre quienes consagraron escritos a abordar esta cuestión. Son, en efecto, abundantes los reproches efectuados por los antiguos enólogos a los cosecheros, así como los comentarios críticos acerca de muchas de las prácticas habituales de vinificación. Uno de estos autores, Thomas Aranguren, médico de la villa de Arganda del Rey, dio su obra a las prensas en 1784. Se intitulaba *Carta físico-médica, en la que se explica que es vino, sus principios elementales, su variedad, los efectos que causa*[710] y consistía en un tratado redactado con pretensión de sencillez, a guisa de carta, con el confesado propósito, bien significativo de suyo, de que el labrador lograse enmendar su ignorancia y aprendiese a cultivar bien sus viñas y a elaborar correctamente los vinos.

El farmacéutico y experto en enología, Castellet, reconocía en 1865 «la falta de conocimientos científicos en que se hallan generalmente los cosecheros españoles».[711] También precisaba en su análisis del panorama enológico decimonónico que los caldos españoles padecían de cierto descrédito por la desnaturalización de la vinificación española, habida cuenta la «común ignorancia en la elaboración de los vinos», amén de otro factor sobreimpuesto: el oídio.[712] Concluía lamentando que por tales motivos «Los vinos buenos son, por desgracia, poco generales».[713]

En el conjunto de España el panorama distaba de ser alentador, como ha apuntado con profusa documentación Alain Huetz de Lemps.[714] Sucedía, en efecto, que la producción vitivinícola en España era muy crecida, pero la calidad dejaba mucho que desear. En 1937, Julio Camba resumía la problemática del vino en España en estos términos: no se solían elaborar bue-

[710] Thomas de Aranguren: *Carta físico-médica, en la que se explica que es vino, sus principios elementales, su variedad, los efectos que causa...*, o. cit., p. 4.

[711] Buenaventura Castellet: *Enología española ó tratado sobre los vinos de España y su bonificación*, o. cit., p. VII.

[712] Ibídem.

[713] Ibídem, p. 30.

[714] Alain Huetz de Lemps: *Vignobles et vins d'Espagne*, Presses Universitaires de Bordeaux, Bordeaux, 1993. También *Vignobles et vins du Nord-Ouest de l'Espagne*, 2 vols., Burdeos: Féret & Fils, 1967.

nos vinos (en comparación con los franceses) porque los cosecheros no se resolvían a primar la calidad sobre la cantidad. En sus propias palabras: «Probablemente, en España se podrían obtener muy buenos vinos, pero lo primero sería que quisiéramos obtenerlos y que, en vez de aspirar a recoger cada año en tal o cual parte cien hectolitros de venta segura, nos resignásemos a recoger tan solo, cada seis o siete años, veinticinco hectolitros de venta problemática».[715] Camba no dejaba de señalar con precisión lo que estimaba que era la causa de esta actitud de los cultivadores: la falta de un criterio apropiado de valoración por parte de los consumidores: «Los viñateros se niegan a hacer la experiencia, so pretexto de que el público carece de paladar».[716] Y apostillaba que esto seguiría siendo así mientras los viñateros continuasen negándose a realizar la experiencia. Quedaba así planteada la cuestión *sub specie* de un círculo vicioso.

En 1838, la Sociedad Económica de Amigos del País de la Ciudad de Santiago establecía un diagnóstico pesimista de la situación vinícola de Galicia. Describía un escenario de decadencia con respecto a la situación anterior, muy probablemente idealizada, aunque en el caso del Ribeiro tal encomio podría resultar ajustado. En efecto, el informe constataba que los antaño «escelentes y acreditados» vinos de Valdeorras, Lemos, Ribeiro y Amandi se habían «desmejorado infinito», a causa de que sus propietarios y cultivadores, «desalentados unos y miserables otros», los trabajaban mal, elaboraban peor y adulteraban las castas y el liquido mismo para sacar algún lucro.[717]

Pasaremos revista a algunos de los factores tenidos por inconvenientes y perjudiciales para la deseable calidad de los caldos producidos en este lado del Padornelo y también en tierras de allende.

Quizás el primer aspecto a consignar sea la limpieza de los recipientes, que no siempre se realizaba o bien se hacía de modo poco conveniente. Era relativamente habitual que se lavaran los barriles o pipotes sencillamente

[715] Julio Camba: *La casa de Lúculo o el arte de comer (Nueva fisiología del gusto)*, 8.ª ed., Madrid: Espasa-Calpe, 1979 [1.ª ed., 1937], p. 80.

[716] Ibídem.

[717] Sociedad Económica de Amigos del País de la Ciudad de Santiago: *Informe dado sobre el modo y medios que pueden emplearse para promover y elevar al grado de que es susceptible la industria agricolo-mercantil de los Vinos y Aguardientes*, Santiago: Imprenta de la V. e H. de Compañél, 1838, pp. 5-6 .

con agua. Todavía en nuestro días, la propietaria de un establecimiento comercial de Bueu, que ofrece cierta diversidad de productos, entre los que se encuentran los de limpieza, señalaba que tal cosa seguía sucediendo hogaño como antaño, aunque se empezaba a notar un cambio: «La gente ya se va convenciendo de que el agua solo no es suficiente y lleva una pastilla con un preparado de azufre».[718] Había también quien recurría a fórmulas que podríamos considerar con benevolencia como imaginativas o tildar con más severidad de francamente extravagantes, pero que desde luego resultarían de eficacia más que dudosa. Así, por ejemplo, en Ansemil (Silleda) algunos cosecheros limpiaban los pipotes de vino con «paja de harina de trigo».[719]

La pez, que ya hemos visto empleada en los cestos que transportaban los racimos, la encontramos nuevamente revistiendo las cubas de vinificación. En efecto, uno de los «vicios» mas inveterados de la enología española tradicional era el «empegado de las cubas».[720] Ya el médico catalán Arnaldo de Vilanova advertía, a comienzos del siglo XIV, en su *Regimen Sanitatis*, que convenía evitar los vinos «que se tienen en vasos adobados, o untados con pez».[721] Apuntaba en relación con esto el enólogo Castellet que «En varios pueblos de Castilla y de otras provincias de España está muy admitido el uso de revestir cada dos ó tres años todo el interior de las vasijas de fermentación con una capa de pez griega fundida, al doble objeto de impedir que se derrame el mosto por las junturas de las duelas, y de mejor asegurar la conservacion del vino resultante».[722] Este autor consideraba que esta era una práctica heredada de los griegos y aún cuando concedía que podría ser de utilidad para evitar la acetificación de los caldos por la propiedad que se le atribuía a la colofonia de preservar los líquidos azucarados de la fermentación acéti-

[718] Entrevista realizada por Xavier Castro a la propietaria de una céntrica droguería y ferretería de Bueu.

[719] Entrevista realizada por Xavier Castro Pérez a Jesús Otero, ya cit.

[720] Buenaventura Castellet: *Enología española ó tratado sobre los vinos de España y su bonificación*, o. cit., pp. 138-139.

[721] Arnaldo de Vilanova: *Regimen Sanitatis*, c. 1470. Versión publicada por Jerónimo de Mondragón en 1606, con el título *Maravilloso regimiento y orden de vivir*, actualizada ortográficamente y anotada por Juan CRUZ CRUZ: «Régimen de Salud», apéndice de *Dietética medieval*, Huesca: La Val de Onsera, 1997, p. 308.

[722] Buenaventura Castellet: *Enología española ó tratado sobre los vinos de España y su bonificación*, o. cit., pp. 138-139.

ca, sin oponerse al desarrollo de su fermentación alcohólica, no por ello le parecía aceptable. Por una razón muy simple: los vinos fermentados en dichas cubas «presentan el sabor especial *á pez*», circunstancia que los hacía poco apreciables y los condenaba a ser vendidos a bajo precio en el mismo punto de producción. A la vista de lo cual, no dudaba el enólogo en calificar tal práctica como una «pésima costumbre».

La alternativa empleada por los buenos cosecheros de entonces era servirse de cubas cuyas duelas estuviesen unidas con mayor esmero. También empleaban barriles de madera de castaño o de cerezo, en vez de roble como solían ser las más de ellas. Además, en el supuesto de que hubiese que corregir filtraciones o fugas en tales vasijas, los vinicultores hábiles, en vez de recurrir al barniz de colofonia, utilizaban un preparado a base de hidrato de cal fresco, cimiento romano y agua.[723]

Conviene añadir que el gusto a pez solía desagradar a gastrónomos y personas dotadas de paladares refinados, como podían ser Ángel Muro o Emilia Pardo Bazán, pero tenía sus partidarios entre los antiguos cosecheros y otras gentes del país. Pardo Bazán se refiere a esta cuestión en una de sus obras, en la que muestra a un cosechero orensano importante, de espíritu renovador, que proscribía en su bodega «el absurdo empleo de la pez en las corambres»;[724] este, sin embargo, parecía gozar de aceptación entre los bodegueros, de orientación tradicional en su mayoría. En efecto,

> Los demás cosecheros del país le acusaban de olvidar las sanas tradiciones; de adulterar y componer el vino. ¡Como si ellos no lo compusiesen! Sólo que ellos lo hacían sirviéndose de drogas ordinarias, verbigracia, campeche y yerba mora. Él se contentaba con aplicar los métodos racionales, los descubrimientos científicos, los adelantos de la química moderna, proscribiendo el absurdo empleo de la pez en las corambres, pues si bien la gente del Borde alababa el dejo a pez en el vino, diciendo que la pez hacía beber otra vez, a los exportadores les repugnaba, con razón, aquel pegote.[725]

[723] Buenaventura Castellet: *Enología española ó tratado sobre los vinos de España y su bonificación*, o. cit.

[724] Emilia Pardo Bazán: *El cisne de Vilamorta*, en *Obras completas (Novelas y cuentos)*, 3.ª ed., Zaragoza: Aguilar, 1964; t. II, p. 227.

[725] Ibídem.

Por cierto, que el refrán que menciona doña Emilia es completamente verídico.[726]

En muchas ocasiones se realizaba defectuosamente, o bien sin más no se hacía «con la debida exactitud», el «despalillado de la uva» destinada a elaborar los vinos blancos y calabrés.[727] En la década de 1880 se discutía entre los propios enólogos la conveniencia o no de retirar el escobajo. Una corriente, partidaria del despalillado (o desgrane) más completo, proscribía la presencia del escobajo, salvo cuando se hallaba el zumo demasiado dulce o pecaba de ligero y falto de riqueza sacarínica, pues se pensaba que la presencia del escobajo aumentaba la fortaleza y conservación del vino. Otra corriente, en cambio, era partidaria decidida de no retirar en general el escobajo, por su influencia favorable a la acción de la fermentación. Además, «el sabor astringente que comunica al vino un exceso de *raspa* ó la maceración prolongada de esta, cuando el mosto permanece en la cuba de fermentación más tiempo del conveniente, demuestra que la indicada materia cede al líquido principios análogos al tanino, y cuya naturaleza no se halla todavía perfectamente determinada».[728]

Lo que, en cualquier caso, le parecía al enólogo Eduardo Abela fuera de toda duda era que, en la fermentación tumultuosa, el escobajo tendía a promover la actividad del fenómeno.[729]

El mencionado ingeniero agrónomo refiere cual era la forma más habitual de verificar el desgrane en la España de finales del siglo XIX: tras la pisada de la uva, se echaba «el orujo sobre una zaranda de alambre, que ocupa la posición de plano inclinado, cayendo á través de sus mallas los hollejos revueltos con las pepitas ó granilla, y deslizándose por cima de la superficie los escobajos hasta el punto inferior de la zaranda, donde se recogen y separan».[730]

Señalaba, a la postre, este autor una objeción en cuanto al despalillado: «La separación de la *granilla* del orujo es operación poquísimo o nada prac-

[726] Este era el refrán en cuestión: «El vino que sabe á la pez se bebe otra vez». Cf. Ángel Muro: «Vino», *Diccionario de cocina*, Madrid: José María Faquineto, 1892; t. II, p. 1.016.

[727] Buenaventura Castellet: *Enología española ó tratado sobre los vinos de España y su bonificación*, o. cit., p. 70.

[728] Eduardo Abela y Sainz de Andino: *El libro del viticultor: Breve resumen de las prácticas más útiles para cultivar las viñas y fabricar buenos vinos*, o. cit., p. 77.

[729] Ibídem, p. 78.

[730] Ibídem.

ticada, aunque puede ofrecer el medio de disminuir la cantidad de *tanino* en los vinos ásperos y astringentes».[731] Puntualizaba también que esta operación se podía realizar valiéndose de una tela metálica de malla estrecha.

La pertinencia del despalillado depende mucho de la clase de vino que se desee elaborar. Los enólogos actuales no recomiendan despalillar porque los raspones permiten que fluya mejor el mosto, evitando que se forme una pasta espesa.[732]

Por lo demás, la maceración consiste en dejar un tiempo el mosto en contacto con las pieles de la uva, después de haber procedido al estrujado y despalillado. En el caso del vino tinto, la maceración procura, sobre todo, extraer color de la piel de la uva. No pocas veces sucedía que se exageraba el tiempo de maceración del vino tinto, lo cual producía un efecto contrario al buscado: en un principio aumentaba el color, pero al transcurrir unos días de fermentación el vino cedía color de nuevo a las pieles. Mucho tiempo de maceración producía además vinos más ásperos y astringentes.[733]

LA FERMENTACIÓN DEL VINO: UN MISTERIO SIN PENETRAR

Cuando tenían que afrontar el proceso de fermentación del mosto, los paisanos recurrían a toda suerte de fórmulas con el propósito de superar con éxito este delicado trance. Pero antes de hacer algunas incursiones en este variopinto panorama, conviene recordar el modo en que se concebía el hecho mismo de la fermentación, cuando la ciencia química se hallaba todavía en un balbuciente estadio. Situémonos así en el siglo XVIII, cuando el doctor Thomas de Aranguren reconocía con franqueza que «el vino es un mixto misterioso, que encierra propiedades, que estan sin penetrar todavía».[734] La interpretación que los sabios de aquel tiempo hacían en relación con tal proceso puede parecer hoy en día pintoresca: «La fermentacion pende de la pugna y contienda de los cuerpos desemejantes y contrapuestos, que

[731] Eduardo Abela y Sainz de Andino: *El libro del viticultor: Breve resumen de las prácticas más útiles para cultivar las viñas y fabricar buenos vinos*, o. cit., pp. 79-80.

[732] Xunta de Galicia: *Elaboración dos viños galegos*, o. cit., p. 21.

[733] Ibídem, p. 24.

[734] Thomas de Aranguren: *Carta físico-médica, en la que se explica que es vino, sus principios elementales, su variedad, los efectos que causa...*, o. cit., p. 69.

se juntan en los mixtos, solicitando cada uno de por sí el vencimiento. Los principios elementales del vino, luego que se ven fuera de su matríz, intentan apartar de su compañía aquellos cuerpos que se oponen á su perfeccion y naturaleza: estos resisten este empeño; y de esta contienda nace el estrépito, el ruido, hervor y calor, que se nota al tiempo de fermentar el mosto».[735]

La elaboración del vino requería, pues, la previa separación de los elementos que lo integraban. Pero este proceso podría verse dificultado por un exceso de «melosidad» y viscosidad del mosto. Los estudiosos de antaño se encontraban con que había algunos vinos que estaban compuestos de «cuerpos» muy «melosos y viscosos» y que, por lo mismo, se resistían a la separación, «y quanto mas tenaces son, tanto mas trabaja el vino en separalos, verificándose algunas veces no poderlo conseguir y sufocarse, quedando un mixto, que ni es vino, ni mosto».[736] Se intentaba entonces poner remedio a este problema recurriendo a este expediente: «Para evitar estos acontecimientos, conviene echar en la cuba, ántes que empiece á hervir, una corta porcion de agua caliente, arreglando la cantidad á la calidad de la vasija [es decir, a su tamaño], y á la mayor, ó menor melosidad y maduracion de la uva».[737] Ahora bien, este procedimiento tenía un efecto indeseado que no se percibía en la época por el desconocimiento del proceso de transformación alcohólica: el vino quedaba aguado y disminuía su dosis de alcohol. Ajenos a este problema, las preocupaciones de los enólogos de antaño se concentraban en la cuestión, que se les antojaba difícil, de poder ofrecer una pauta acerca de la cantidad de agua que se habría de emplear en dicho proceso, puesto que había que atender a diversas consideraciones. Situado ante tal brete, el médico Thomas de Aranguren optaba por apelar al criterio de la experiencia: «[...] para pauta podrá servir lo que he visto practicar á algunos experimentados Labradores, que se reduce á que quando la vendimia es seca, y el fruto está bien maduro, y la uva muy dulce y melosa, á cada cien arrobas de mosto echan dos arrobas y media, poco mas ó menos de agua; pero quando, ó poco ántes de vendimiar, ó en la misma vendimia

[735] Thomas de Aranguren: *Carta físico-médica, en la que se explica que es vino, sus principios elementales, su variedad, los efectos que causa...*, o. cit., p. 64.

[736] Ibídem, p. 65.

[737] Ibídem.

llueve, ó aun quando no llueva, el fruto no está muy dulce, y bien sazonado, excusan esta diligencia, y dexan hervir el mosto solo».[738]

Todavía en 1885 no se conocía cabalmente en que consistía el proceso de fermentación. Los expertos de entonces eran conscientes de que la fermentación consistía en que la glucosa o azúcar se transformaba en alcohol. Sin embargo, «No se sabe de un modo exacto cómo el fermento reacciona sobre el azúcar y provoca su transformación».[739]

Por lo demás, muchas voces se alzaban para denunciar una práctica enológica errónea que parecía estar notablemente extendida. Ramón M. Espejo y Becerra, uno de los principales responsables de la *Revista ilustrada de agricultura, industria y comercio*, publicación mensual de la Sociedad Española de Agricultura y Meteorología, publicó en 1871 una *Cartilla del cosechero* en la que refería lo siguiente: «La fermentacion se efectúa rutinariamente en cubas abiertas, produciendo un hervor tumultuoso, y cubriéndose de la hez y del gas ácido carbónico».[740] Señalaba a renglón seguido el autor que esta modalidad de fermentación al descubierto debería abandonarse, dado que la hez del vino al quedar expuesta a la acción exterior del aire atmosférico experimentaba una fermentación ácida que comunicaba mal gusto al vino. La cuestión no era, pues, en modo alguno baladí, tanto por sus perniciosos efectos como por su amplia difusión. En el umbral del siglo XX, Federico Vañó, en *La crisis del vino y la fabricación de alcoholes industriales*, volvía a llamar la atención sobre este error común que se verificaba según él en la mayoría de las comarcas vinícolas de España.[741] Galicia no era una excepción: la revista coruñesa *Prácticas modernas* solicitaba en el año 1908 que no se dejaran las vasijas descubiertas en el momento de la fermentación, en especial mientras tenía lugar la lenta: «Volveremos á insistir en la necesidad de no tener las vasijas abiertas. Por tal procedimiento se tendría el vino expuesto á todo género de peligros y enfermedades que lo deprecian ó inutilizan y cuya costumbre tan arraigada en Galicia, está sostenida por la

[738] Thomas de Aranguren: *Carta físico-médica, en la que se explica que es vino, sus principios elementales, su variedad, los efectos que causa...*, o. cit., pp. 65-66.

[739] Eduardo Abela y Sainz de Andino: *El libro del viticultor: Breve resumen de las prácticas más útiles para cultivar las viñas y fabricar buenos vinos*, o. cit., p. 66.

[740] Ramón M. Espejo y Becerra: *Cartilla del cosechero*, Madrid: Imprenta á cargo de Manuel G. Hernández,1871, p. 16.

[741] Federico Vañó: *La crisis del vino y la fabricación de alcoholes industriales*, o. cit., p. 10.

rutina y la ignorancia»; y añadía que causaba una impresión penosa ver a personas cultas dirigir estas operaciones en sus bodegas.[742] Por consiguiente, el perjuicio que ocasionaba este procedimiento no afectaba solo al sabor del vino, sino que podía comprometer gravemente también su propia conservación, aspecto este que sin duda era uno de los puntos débiles de los caldos gallegos: «El verificar la fermentación en vasijas abiertas y al tener el vino en otras después, en contacto directo con el aire, dando lugar á vegetaciones (flores del vino, *micoderma vini*) que se suprimen de tiempo en tiempo con ortigas ó espumadera, es el verdadero origen de la falta de conservación de muchos de nuestros vinos».[743] He aquí, pues, todo un serio problema. Y esta sería la solución que aportaba la enología de comienzos del siglo xx: «Las vasijas de fermentación no se llenarán más que en sus cinco sextas partes y se recubrirá su abertura superior con un lienzo ó saco muy limpio mientras la fermentación no se hace activa; entonces será bueno colocar unos barrotillos á lo largo de la boca y sobre estos un saquete lleno en sus terceras partes de avena humedecida y previamente lavada. Este cierre impide la evaporación de ciertos cuerpos volátiles que conviene no se pierdan y retiene cierta capa de anhidrido carbónico que conserva sano el sombrerete constituído por la aglomeración de las partes sólidas de la vendimia».[744]

Era una práctica muy extendida aguardar a que transcurriesen doce días para verificar el descube (consistente en la separación de la parte líquida de la vendimia de la sólida) con lo que los vinos quedaban expuestos a los peligros de las bacterias, entre otros perjuicios. Los vinicultores procuraban hacer vinos *de maceración*, algo que al colaborador de *Prácticas modernas* M. S. T. le parecía un error de alcance, por lo que los exhortaba a secundar las recomendaciones de la ciencia enológica de entonces: «[...] y abandonemos para siempre el procedimiento perjudicial por todos conceptos de producir vinos de maceración, con cuyo sabor verdaderamente desagradable, solo la costumbre que resabia el paladar puede conseguir que se transija».[745]

742 M. S. T., viti-vinicultor: «Vinicultura práctica», *Prácticas modernas é industrias rurales* (La Coruña), año vi (15 de diciembre de 1908), p. 376.

743 M. S. T., viticultor: «Vinicultura práctica. Cuidados que hay que tener durante la fermentación. III. Prácticas que deben desecharse», art. cit., p. 313.

744 M. S. T., viticultor: «Vinicultura práctica. Recolección de la uva. II», art. cit., p. 294.

745 M. S. T., viti-vinicultor: «Vinicultura práctica», art. cit., p. 375.

Recomendaba que se procediese al descube tan pronto como el sombrerete comenzara a descender. También exhortaba a atender las prescripciones del «sabio Pasteur» en lo que se refiere a la importancia que reviste la formación de éteres en la fermentación lenta.

Algunos cosecheros se mostraban proclives a arropar los vinos en la primera fase de la fermentación. Este era un manejo problemático, a juicio de un médico entendido en la cuestión: «Algunos tienen la práctica de arropar los vinos, esto es, cocer algunas calderas de mosto, y echarlo en las cubas y tinajas quando empieza á fermentar».[746] El autor no se resolvía a elogiar ni a condenar esta diligencia.

Existe constancia de que en Galicia no se prestaba la debida atención a la fermentación lenta, la que sufre el vino después de la tumultuosa, caracterizada por la falta de burbujeo y un pequeño desprendimiento de anhídrido carbónico: «á este fenómeno no suele en nuestra región concedérsele la importancia que tiene, ni prestarle los cuidados que requiere, debiéndose también á esto multitud de fracasos».[747]

Otro de los «vicios harto arraigados» consistía utilizar una cuba de fermentación simple, que estaba provista de un solo fondo. Esta resultaba adecuada para elaborar correctamente los vinos blancos, pero no los tintos ni los de maceración.[748]

EL ENYESADO DEL VINO

Ante las dificultades que presentaba la vinificación, se solía recurrir al yeso como expediente resolutivo. Las fuentes disponibles, como tendremos ocasión de ver, permiten documentar su empleo ya desde la Edad Media. Resulta por demás sorprendente la diversidad de funciones que se le atribuían al enyesado. Una de ellas era la de actuar como un reactivo del proceso de fermentación. Un doctor versado en cuestiones enológicas, Thomas de Aranguren, ofrecía en su *Carta físico-médica* (1784) la recomendación siguiente: «Quan-

[746] Thomas de Aranguren: *Carta físico-médica, en la que se explica que es vino, sus principios elementales, su variedad, los efectos que causa...*, o. cit., p. 66.

[747] M. S. T., viti-vinicultor: «Vinicultura práctica», art. cit., p. 376.

[748] Buenaventura Castellet: *Enología española ó tratado sobre los vinos de España y su bonificación*, o. cit., p. 137.

do el vino se para enteramente en la fermentacion sin estar hecho, conviene tirar hácia las paredes de las vasija algunos puñados de tierra gredosa tostada y molida, mezclada con igual cantidad de yeso, cuya diligencia se repetirá tres, ó quatro veces al dia».[749] Al tiempo que abogaba por este método, repudiaba otro que, con igual propósito, parece haber estado muy extendido en el siglo de la Ilustración: «Algunos se valen para este efecto de la cal, del alumbre quemado, de la ictiócola, y de otras cosas; pero estos medios son perjudicialísimos, y capaces de producir funestos accidentes en los que por desgracia los llegan á beber; y así no deberán practicarse en conciencia, aunque los vean escritos en algunos Autores».[750]

Disponemos de testimonios referidos a la segunda mitad del siglo XIX en los que se evidencia la continuidad del empleo del enyesado, aunque con otras finalidades. Así, Ramón M. Espejo y Becerra denunciaba en su *Cartilla del cosechero* (1871) que «Algunos cosecheros han introducido la costumbre de emplear yeso en proporciones variables para evitar la acetificación del mosto».[751] También se servían de este producto para disminuir la actividad de la fermentación y asimismo rebajar «el color que produce el hollejo». A su entender, resultaría aceptable el empleo de «una milésima parte», pero muchos lo usaban de una manera exagerada, por lo que sus vinos perdían todas sus cualidades e incluso ocasionaban una molesta sequedad en la garganta. Por ende, le parecía que el yeso disuelto en el mosto era perjudicial para la salud, por lo que lo desaconsejaba.[752]

Por su parte, Buenaventura Castellet señalaba en su tratado sobre *Enología española* (1865) que el yeso se empleaba a mediados del siglo XIX «con harta frecuencia» para la clarificación del vino, mezclándolo con las uvas al tiempo de pisarlas o dentro de las cubas, cuando se encontraba el mosto en fermentación. Se utilizaba mucho este método en Andalucía, Cataluña y otras regiones españolas, aun cuando —según decía— se hallaba reprobado por la ciencia enológica de la época. Advertía Castellet que en tal procedimiento de clarificación el yeso obraba tan solo mecánicamente, arrastrando, al depositarse en el fondo de las vasijas, los cuerpos interpuestos en el

[749] Thomas de Aranguren: *Carta físico-médica, en la que se explica que es vino, sus principios elementales, su variedad, los efectos que causa...*, o. cit., p. 77.

[750] Ibídem.

[751] Ramón M. Espejo y Becerra: *Cartilla del cosechero*, o. cit., pp. 13-14.

[752] Ibídem.

vino, lo que lejos de mejorar su sabor y color hacía que adquiriese un gusto «estíptico» nada agradable y un color más oscuro.[753] Lamentaba este autor «la falta de vinos puros y naturales que se observa en los grandes centros de poblacion».[754] Demostraba también sensibilidad social cuando remarcaba que el problema incidía con particular acuidad sobre los sectores populares: «El cosechero con la dosis del *inevitable yeso* y del polvo de la mostaza y el tabernero con sus *ingredientes varios* han convertido el vino puro del país en un potage, mas ó menos nocivo á la salud, que es el pasto ordinario de las clases proletarias de las capitales».[755]

Por lo demás, un manual del siglo XIX orientado a desvelar las falsificaciones vinícolas, obra de Ginés Franco, resaltaba otra de las finalidades esenciales que perseguía el enyesado del vino. Señalaba este médico que «Es costumbre bastante general el echar yeso en polvo al vino para darle aguante y color»; no dejaba tampoco de advertir que este bienintencionado procedimiento, previsto para evitar la quiebra del vino y mejorar su coloración, presentaba el grave inconveniente de reemplazar el «crémor de tártaro» que existe en los vinos naturales, y que resulta muy beneficioso, por sulfato y bisulfato de potasa, sales por el contrario nocivas para la salud.[756]

Abundando en la cuestión, el enólogo Castellet indicaba que «El yeso ha sido y es empleado todavía por muchísimos agricultores poco escrupulosos para comunicar á los vinos una coloracion mayor que la que tienen naturalmente».[757] Sugería que para obtener vinos de buena coloración era preferible que empleasen un método más inocente y sano: las bayas de saúco o únicamente uvas tintas.[758] Según él, el vino obtenido de este modo presentaba un color «rojo oscuro muy intenso»,[759] que le parecía «mas her-

753 Buenaventura Castellet: *Enología española ó tratado sobre los vinos de España y su bonificación*, o. cit., pp. 116-117.

754 Ibídem.

755 Buenaventura Castellet: *Enología española ó tratado sobre los vinos de España y su bonificación*, o. cit., p. 195.

756 Ginés Franco: *Manual de falsificaciones de sustancias alimenticias, bebidas, licores... útil a los Municipios, Inspectores de Mercados y de Revendedores de Comestibles*, Barcelona: Manuel Saurí, 1886, p. 168.

757 Buenaventura Castellet: *Enología española ó tratado sobre los vinos de España y su bonificación*, o. cit., p. 126.

758 Ibídem, pp. 126-128.

759 Ibídem, p. 128.

moso y permanente que el de los vinos enyesados», que era más oscuro, aproximado al negro. Pero es probable que los comerciantes encontrasen preferibles los vinos de color negro. De hecho, parece ser que uno de los motivos que impulsaban a los cosecheros a recurrir al enyesado no era otro que poder atender así la demanda de los comerciantes que les solicitaban vinos muy entintados. Al cabo, Castellet postulaba el abandono del enyesado como procedimiento para entintar: «[...] esa sustancia debe proscribirse del todo en sana vinificacion por ser mas bien nociva que útil á la buena calidad del vino».[760]

Un número estimable de cosecheros recurrían a la práctica del enyesado con los vinos que se destinaban a la exportación, suponiendo que merced a esta fuerte cantidad de sulfato de cal o de yeso resistirían mejor el viaje. La eficacia de este método era totalmente ilusoria, a juicio del enólogo Castellet, y además los vinos enyesados cobraban un sabor excesivamente áspero que resultaba «bastante desagradable».[761] Este autor proponía en vez de ello el encabezamiento del vino con alcohol (lo que también era una solución muy sui géneris, que la enología actual no consideraría de recibo).

La tesis predominante entre los expertos e higienistas parecía ser contraria al empleo del enyesado. Pero hemos visto que el doctor Thomas de Aranguren se mostraba favorable. Y no era el único. Espejo y Becerra lo encontraba tolerable en dosis mínimas. Todavía a la altura de 1913, el director del Laboratorio Municipal de Orense defendía la conveniencia de «enyesar» los vinos para evitar su «quiebra o caída».[762] Tal práctica estaba —al decir de este experto— sancionada por los higienistas de mayor renombre y había sido además verificada empíricamente por él mismo, en el año 1904, con diversos vinos de Valdeorras.

No parece haber sido esto así, en lo que se refiere al consenso de los expertos, como hemos podido apreciar. Resulta posible verificar esto en

[760] Buenaventura Castellet: *Enología española ó tratado sobre los vinos de España y su bonificación*, o. cit., p. 126.

[761] Ibídem, pp. 121-123.

[762] En efecto, este farmacéutico había constatado que los vinos enyesados resistían mejor la enfermedad o no eran atacados; esto se explicaba porque «[...] el sulfato de potasa formado por la acción del enyesado, se encuentra al estado del sulfato ácido, en el que este elemento obra como si estuviera libre y por consiguiente aumentando la acidez del vino». José Fernández Martínez: *Prácticas vinícolas*, o. cit., pp. 34-39 (cita p. 38).

épocas remotas. El respetado médico catalán Arnaldo de Vilanova apuntaba en su influyente *Regimen Sanitatis*, de comienzos del siglo XIV, que convenía huir de cualesquiera vinos «donde hubiere yeso o cal».[763] Debieron de haberse adherido a este mismo criterio otros muchos especialistas, cuando en algunas ordenanzas municipales aparece penalizada la susodicha práctica. Tomemos un ejemplo que puede resultar significativo, pues, como sugiere un proverbio popular, «del lobo, un pelo». Las ordenanzas de Valladolid del año 1549 preceptuaban que nadie «pueda echar en ningun vino adobo de yeso, ni ningun otro adobo». Como la cuestión se consideraba grave, la sanción que recaía sobre las costillas del infractor no era baladí: se le requisaba el vino así «adobado» y además se le castigaba con el pago de «cinco mil maravedís por la primera vez que en ello fuere hallado, y por la segunda la misma pena» y además «sea desterrado de esta villa y su tierra por un año preciso».[764]

Por lo demás, las autoridades tuvieron a su disposición, desde el equinoccio del siglo XIX, un procedimiento para la detección de esta forma de adulteración del vino mediante el empleo del yeso, proporcionado por la ciencia química de entonces. Así lo ponía de manifiesto Ginés Franco en su *Manual de falsificaciones:* «Todo vino que precipite abundantemente por la solución de oxalato de amoníaco ó de cloruro de bario, es un vino enyesado».[765] El problema estribaba en que todavía las administraciones públicas españolas tardarían algún tiempo en arbitrar recursos humanos y económicos para atender tal fin.

Cuando la fermentación concluía, se encontraban a veces los vinicultores en la necesidad de aclarar el vino, si les parecía que había quedado *cenoso*. Así lo refería Aranguren, en el siglo XVIII: «Quando despues de fermentado queda cenoso, ó quando despues de claro, y hecho vino toma este color, convendrá trasegarlo en vasijas medianas, dexándolo quatro dias sin tapar: despues se echan en un tinillo unos huevos tastagados con la cáscara, un poco de tierra gredosa que haya estado un dia á remojo, y un poco de agua y vino de la misma tinaja que se va á aclarar: se bate bien toda esta

[763] Arnaldo de Vilanova: *Regimen Sanitatis*, o. cit., p. 308.

[764] Ordenanza XLI, «Ordenanzas Generales de Valladolid de 1549», en *Ordenanzas de Valladolid. Siglos* XVI *al* XIX, Valladolid: Ámbito, 1988, p. 239.

[765] Ginés Franco: *Manual de falsificaciones de sustancias alimenticias, bebidas, licores… útil a los Municipios, Inspectores de Mercados y de Revendedores de Comestibles*, o. cit., p. 168.

mixtura; y conmoviendo el vino de la tinaja sin intermision con una vara, que llegue hasta mas de la mitad de la vasija, se va echando poco á poco hasta concluirla». Apuntaba también que los demás métodos para aclarar el vino, «ademas de ser asquerosos, tienen sus inconvenientes, y por tanto no deberán practicarse».[766]

De añadidura, en las instrucciones dadas para las tabernas de Madrid fechadas en 1795, se consignaba una interdicción que trataba de eliminar las condiciones que hacían posible una práctica de aclarado del vino que se tenía por inconveniente, al paso que dejaban ver el procedimiento que se juzgaba correcto: «Se prohibe que la citada Taberna tenga pozos, ni mangas en que aclarar el Vino, pues en caso de ser necesario aclararlo, solo se permite se haga con tierra de Esquivias y huevos, derramando sin detencion las heces que quedasen en la vasija en que se aclarase».[767]

LOS *ADOBOS* DEL VINO

La temática de los añadidos o aditivos del vino, o *adobos*, como se solía decir en la época de Cervantes,[768] entiendo que requiere particular atención por su significación y relieve. En efecto, otra de las prácticas desafortunadas de vinificación consistía en la pretensión de «bonificar» ciertos caldos mediante el empleo de sustancias aromáticas, bien mezclándolas con el mosto en el momento de la fermentación, o bien incorporándolas a los vinos solas o por medio de mechas azufradas que contenían los aromas. Estas eran las sustancias más empleadas: almizcle, canela, nuez moscada, lirio de Florencia, vainilla, clavillo, resina gálbano, alholva, flores de tomillo, de espliego y de manzanilla, azúcar caramelizado, espíritu de nitro dulce y macerato alcohólico de nueces tiernas. Al enólogo Castellet, esto le parecía una sofisticación y desnaturalización del verdadero *bouquet* de los vinos. Abogaba por el vino natural y juzgaba absurda la creencia, «harto

[766] Thomas de Aranguren: *Carta físico-médica, en la que se explica que es vino, sus principios elementales, su variedad, los efectos que causa...*, o. cit., p. 78.

[767] Instrucción suscrita por Juan Diego Martinez, Madrid, 26 de marzo de 1795, Sección de Consejos, Sala de Gobierno, AHN, leg. 3597, núm. 3-4-5.

[768] Así lo indica Francisco Rico en una nota al pie. Cf. Miguel de Cervantes: *Don Quijote de la Mancha*, Madrid: RAE / Santillana, 2004, segunda parte, cap. XIII, nota 52, p. 644.

arraigada entre los cosecheros», en que los caldos se mejoraban por medio de adiciones de sustancias y medicamentos.[769]

En Chantada, y en otras muchas localidades, se buscaba obtener un vino con sabor afrutado y para ello le echaban manzanas tabardillas «a cocer». No por casualidad encontramos en *Son de muiñeira,* de Valle-Inclán, este atributo del vino: «El vino alegre huele a manzana / y tiene aquella color galana / que tiene la boca de una aldeana». Para darle perfume frutal, y de paso también azúcar, se le añadían también membrillos, pasas,[770] madroños y otras frutas. También había quien no dudaba en añadirle un hueso de jamón o una buena porción de tocino para hacerlo «gordo»[771] y mejorarlo. En los años veinte llegaban a Bueu carreteros de Carballiño llevando odres de vino. Se sabía que le habían echado al vino trozos de tocino para que cogiera cuerpo y fuerza.[772] Xosé Posada ha podido constatar que tampoco faltaba quien le sacrificaba un jamón entero, un cabrito, la sangre fresca de los animales, o bien le echaba unto (grasa de cerdo) con la pretensión de darle más cuerpo, aumentando su contenido en grasa y, eventualmente, lograr la supresión de los matices de sabor desagradable.[773] El enólogo orensano consigna también la costumbre de hacer hervir una buena pota con huesos del matadero, sin limpiarles los cartílagos y otras fibras adheridas. Se forma así una masa de gelatina que se le añade al vino, después de fermentar.[774] Esta capa gelatinosa acaba depositándose en el fondo de la cuba y es posible eliminarla en la trasiega, con lo que el vino queda limpio y con menor grado de acidez, merced a la acción del carbonato cálcico de los huesos. Además, no era infrecuente tampoco la adición de una clara de huevo (o bien, a veces, unas cuantas) para clarificar el vino.[775] Otero Pedrayo alude en su novela *O desengano do prioiro* a esta suerte de actuaciones más bienintencionadas

[769] Buenaventura Castellet: *Enología española ó tratado sobre los vinos de España y su bonificación,* o. cit., p. 144.

[770] Xosé Posada: *Os viños de Galicia,* o. cit., p. 86.

[771] Entrevista realizada por Xavier Castro Pérez a Alfonso Eyré López (Riopedroso [parroquia de Laxe, ayuntamiento de Chantada], 1955).

[772] Entrevista realizada por Xavier Castro a Josefa González Rúa (Banda do Río [Bueu], 1914).

[773] Xosé Posada: *Os viños de Galicia,* o. cit., p. 87.

[774] Ibídem.

[775] Entrevista realizada por Xavier Castro Pérez a Alfonso Eyré López, ya cit. También Xosé Posada: *Os viños de Galicia,* o. cit., p. 87.

que acertadas. El escritor pone en boca de don Aguioncho dos Pazos Ermos una frase reveladora de que tales añadidos podían ser, en algunas ocasiones, realmente inverosímiles: «Como que, según mi parecer, echándole un haz o puñado de retama, lo troca en racimos y hace de su zumo un vino pasadero de las gargantas más rallantes y criticonas».[776]

En algunas comarcas costeras se le añadía al mosto agua del mar, que preferentemente había que recoger a cierta distancia del litoral y proceder después a hervir hasta que quedara reducida a la tercera parte.[777] Con ello se pretendía aportar más sabor al vino.[778] Esta práctica no se podía llevar a cabo en la comarca del Ribeiro, pero sí en las bodegas enclavadas en las zonas costeras de Galicia y Cataluña, entre otras. Por esa razón, en el año 1771, Ribadavia se quejaba de que no se vendían los vinos gallegos, porque los consumidores preferían surtirse de vinos de fuera, especialmente catalanes, puesto que resultaban más baratos, lo que atribuían al hecho de que estaban «mezclados y compuestos con yeso, agua del mar y otras especies nocivas».[779]

Conviene destinar un apartado a la cuestión del empleo, por parte del bodeguero tradicional, de ingredientes suministrados por la industria química. En ambientes populares, constituye todavía en nuestros días un tema polémico y litigioso el recurso popular a la «química», o la abstención de ella, en la elaboración del vino. Es verdad que han existido desde siempre viticultores con pocos escrúpulos a este respecto. Pero no es menos cierto que muchos paisanos declaraban espontáneamente que «el vino se hace en la viña», o bien dejaban entrever la marcada reticencia popular en relación con los vinos artificiales apelando a la expresión «No hay mejor vino que el de la viña».[780] Ahora bien, ahondando en la cuestión quizás nos encontremos con una cierta paradoja: el ideal enológico popular, en general, se ha cifrado en la observancia de la pureza más impecable y estricta, el respeto al proceso natural de la fermentación del mosto, rechazando cualquier

[776] Ramón Otero Pedrayo: *O desengano do prioiro*, o. cit., p. 144.

[777] Xosé Posada: *Os viños de Galicia*, o. cit., p. 87.

[778] Ibídem.

[779] Cit. por Alain Huetz de Lemps: «Apogeo y decadencia de un viñedo de calidad: el de Ribadavia», *Anuario de historia económica y social* (Madrid), núm. 1 (1968), pp. 224-225.

[780] Refrán reproducido por Eladio Rodríguez González: «Viño», en *Diccionario enciclopédico gallego-castellano*, 3 t., Vigo: Galaxia, 1961, p. 421.

interferencia artificiosa. Pero, al verse precisados los cultivadores a sortear los numerosos obstáculos que se presentaban en el arduo camino de la consecución de un buen vino, que resistiese al menos el embate del paso del tiempo durante un año, su designio de estricta inhibición en no pocas ocasiones se tornaba en un intervencionismo apresurado, improvisador, empecatado y más bien chapucero.

LA TRAMPA DEL BISULFITO

Algunos bodegueros[781] no añadían metabisulfito al vino, porque pretendían elaborar un producto completamente puro, «natural» y «sano», para lo que les parecía indispensable que «no tuviera química».[782] Consideraban que quienes recurrían a la «química» hacían trampas. Condicionados por esta presión ambiental, muchos de los que se resolvían a echarle «el producto» lo ocultaban cuidadosamente.[783] La generalización de su uso aparecía en la literatura de Otero Pedrayo como una muestra de decadencia y degradación del vino de la comarca del Ribeiro: «Al día de hoy el bisulfito impera por las bodegas. Lo que hay es un vino *ché* que no aguanta las resacas y admite tanta agua como ollas de vino lleva».[784] Por lo demás, formaban también legión los que hacían uso de la química, pero se quedaban cortos en su administración, por exceso de cautela. Es claro que esta franja de cosecheros puristas y pacatos corrían serios riesgos de que se les estropeara el vino, pues como revela la enología, el sulfitado protege de la oxidación, evita la quiebra parda o quiebra oxidásica y facilita la disolución del color. Es también un poderoso antiséptico que impide el desarrollo de microorganismos (levaduras, bacterias acéticas, lácticas, etcétera). En dosis ajustadas, más bien pequeñas, estimula las levaduras encargadas de realizar la fermentación alcohólica.[785]

[781] Esta era la práctica de la abuela de la informante, en Caldelas de Tui, en la década de los sesenta: hacía un vino natural al que no le añadía nada. Entrevista realizada por Xavier Castro a M.ª Jesús Alonso Testa (Caldelas de Tui [Pontevedra], 1958).

[782] Entrevista realizada por Xavier Castro Pérez a Jesús Otero, ya cit.

[783] Entrevista realizada por Xavier Castro Pérez a Celso Estévez (c. 1940), albañil, constructor y pequeño bodeguero. Residente en Cela (Bueu).

[784] Ramón Otero Pedrayo: *A Lagarada*, o. cit., p. 72.

[785] Xunta de Galicia: *Elaboración dos viños galegos*, o. cit., p. 22.

En el otro extremo, había también vinicultores que querían ir demasiado sobre seguro y cargaban la dosis del sulfitado, con lo que se exponían a retrasar o incluso impedir la fermentación maloláctica. Se arriesgaban, además, a que las excesivas propiedades sulfurosas confiriesen mal sabor al mosto, lo que sucedía en especial cuando este permanecía demasiado tiempo con las lías.[786]

Está claro que a pocos cosecheros llamó Dios por la dificultosa senda de la química. Con el tema de la dosis de metabisulfito sucede como con el de las cartas, más concretamente con el juego de las siete y media, tal como lo refleja con gracia Pedro Muñoz Seca en *La venganza de Don Mendo:* «Y un juego vil / que no hay que jugarle a ciegas, / pues juegas cien veces, mil... / y de las mil, ves febril / que o te pasas o no llegas. Y el no llegar da dolor, / pues indica que mal tasas / y eres del otro deudor. / Mas ¡ay de ti si te pasas! ¡Si te pasas es peor!».[787]

El problema era, pues, acertar con la cantidad justa, tener tiento y ser capaz de atenerse al sabio proverbio que recomienda: «Un buen ten con ten, para todo está bien».[788] Posada considera que los *viñateiros galegos* más bien tendían a pasarse que a quedarse cortos, apelando a la máxima de que «si un poco le va bien, dos pocos le van mejor».[789]

Se puede conjeturar que pocos de los pequeños cosecheros acertarían con la dosis ajustada, puesto que la cultura enológica común era bastante limitada y el problema ciertamente difícil. Había que saber que a medida que avanza la vendimia es aconsejable incrementar paulatinamente las dosis de metabisulfito, puesto que la contaminación que se registra de levaduras puede provocar una fermentación precoz, en especial en la fase de desfangado.[790] Y era preciso, además, conocer otro entresijo: el momento preciso para hacer el sulfitado difería según fuese el vino blanco o tinto. En el caso del tinto, conviene sulfitar inmediatamente después del estrujado y, por lo que hace al blanco, el momento idóneo adviene después del prensado.[791]

786 Xunta de Galicia: *Elaboración dos viños galegos*, o. cit.

787 Pedro Muñoz Seca: *La venganza de don Mendo*, Madrid: Cátedra, 1986 [1.ª ed., Madrid: Pueyo, 1919], pp. 75-76.

788 «Un bo ten con ten pra todo está ben».

789 Así es la expresión en gallego: «se un pouco élle bo, dous poucos sonlle mellor». Xosé Posada: *Os viños de Galicia*, o. cit., p. 85.

790 Xunta de Galicia: *Elaboración dos viños galegos*, o. cit., p. 25.

791 Ibídem, p. 22.

Un problema importante en orden a la conservación de los vinos era el moho —llamado en la zona orensana *hermo*, *balor* y *caca*—, así como los hongos. En relación con estos, muchos cosecheros mantenían la arraigada creencia en que podían resultar beneficiosos para la conservación del vino, en especial uno de tales hongos: la *yesca*. Un farmacéutico orensano se esforzaba en 1913 en corregir esta mala práctica: «[...] he de llamar la atención de aquellos cosecheros que tienen la mala costumbre de dejar criar sobre el exterior de sus vasijas un hongo de la tribu de las Fugíneas que ellos titulan *yesca*».[792] Advertía, además, que según había podido constatar, «Esta vegetación criptogámica, que yo he tenido ocasión de observar, tapizando algunas vasijas en su totalidad, es altamente perjudicial para ellas y para su contenido, y lo es, porque contra la creencia de los referidos cosecheros, en lugar de contribuír á su conservación, las deteriora puesto que como todo parásito vive á sus expensas, y para el vino, además del peligro á contagiarlo, entorpece y evita, al obstruir los poros de la madera, la oxigenación que tanto necesita y le es indispensable para efectuar determinadas reacciones».[793]

LA DIFÍCIL CONSERVACIÓN DEL VINO. EL ENCABEZADO COMO REMEDIO

Conviene que hagamos una observación preliminar: empleamos el término *encabezado* en su acepción más común, aludiendo al vino que ha recibido adición de alcohol con el propósito de que tenga mayor fuerza y que se conserve sin agriarse.[794] Existe asimismo otra acepción del término, que se emplea para denominar la operación necesaria para obtener vinos licorosos naturales. Consiste en interrumpir la fermentación del mosto mediante la adición de alcohol puro de vino en una proporción del 10 al 17 %. El vino resultante posee una parte de azúcar natural que no se ha transformado en alcohol. Su graduación alcohólica oscila entre 14 y 23°.[795]

No eran muchos los bodegueros que conseguían una buena conservación de su vino. El especialista Federico Vañó apuntaba en su trabajo *La*

[792] José Fernández Martínez: *Prácticas vinícolas*, o. cit., p. 11.

[793] Ibídem.

[794] «Encabezar», en Augusto Jurado (rec.): *Las voces del vino y la vid*, Madrid: Comunicación Gráfica, 2001, p. 117.

[795] Ibídem.

crisis del vino y la fabricación de alcoholes industriales (1899) que eran muy pocos los vinicultores españoles que fuesen capaces de preservar su cosecha en la bodega seis meses después de la vendimia y mucho menos de un año para otro.[796] Se podía predicar esto del vino de pocos grados, pero también de aquellos caldos más fuertes que tampoco se conservaban adecuadamente por mor de la suciedad y de las malas prácticas enológicas que hacían que en muchos casos «[...] el vino se tuerce y se pierde por los primeros calores de la Primavera».[797]

El encabezamiento de los vinos era una práctica muy general entre los bodegueros, que gozaba además de la aquiescencia de los enólogos y entendidos, que no solían cuestionar dicha manipulación como tal, sino tan solo su inadecuada realización. Antonio Baeza, por ejemplo, no encontraba objetable el encabezamiento de los vinos, siempre que se les añadiese «espíritu de vino» y no alcoholes industriales.[798]

El encabezado del vino solía consistir en la adición de alcohol, en cualquiera de las modalidades posibles, con el propósito de aumentar su fuerza o, si se quiere, su parte espiritosa. Un tratado sobre la adulteración de bebidas y alimentos, de mediados del siglo XIX, señalaba que esta falsificación del vino se podía distinguir al simple olfato por su olor fuertemente alcohólico o bien a aguardiente, que no despide nunca el vino natural.[799]

Se pretendía con este procedimiento dotar de mayor resistencia al vino y también satisfacer al consumidor que gustaba de caldos con una buena graduación. Ahora bien, no era esta una preferencia igualmente predicable para el conjunto de los bebedores: había también quienes, por razones de salud, de conveniencia (no les sentaba bien) o de gusto, tenían querencia por una bebida más ligera. Según la tesis de Flandrin, en los ambientes populares señaladamente labriegos, se solía apreciar más, para el trajín diario, un vino de pocos grados que permitiera beber una cantidad mayor, para adquirir resuello en el trabajo teniendo a la vez el cuerpo bien mantenido y confortado y sin correr el riesgo del inoportuno mareo provocado por la

[796] Federico Vañó: *La crisis del vino y la fabricación de alcoholes industriales*, o. cit., p. 14.

[797] Ibídem, p. 11.

[798] Antonio Baeza: *La vid, el vino y los vinagres*, 2.ª ed., Madrid: Ediciones Ibéricas, s. a. [c. 1940], p. 26.

[799] Julio Garnier y C. Harel: *Falsificaciones de las sustancias alimenticias y medios de reconocerlas*, Barcelona: Imprenta de Pedro Fullá, 1846, p. 82.

embriaguez fuera de horas. Muchos de estos campesinos se abastecían de su propia bebida, o bien, si trabajaban a jornal, tenían que conformarse con cualquier morapio que les ofrecieran. Su problema era poder disponer de vino, conseguir que se conservara. En lo que concierne al vino que se comercializaba, no hay duda de que lo que interesaba al consumidor era que poseyera una graduación alcohólica notable.

Se podía recurrir al encabezado de modo preventivo. Había, de este modo, cosecheros conscientes de la astenia y flojedad de sus vinos tintos que acordaban encabezarlos añadiéndoles ya aguardiente durante el proceso de la fermentación.[800] Rebolo, pequeño cosechero de Laias, en el Ribeiro, el año que elaboraba un vino aceptable no le añadía nada. Solo cuando le salía flojo le echaba azúcar al vino tinto para que adquiriese mayor grado alcohólico. Él y otros que obraban del mismo modo empleaban la expresión *está inyectado*[801] para referirse a tal vino azucarado. Ha sido una práctica inveterada en Galicia el azucaramiento de los vinos, siempre menguados de cuerpo, grado y fuerzas. Posada ha señalado el absurdo económico que ha venido representando la importación de un gravoso azúcar de caña para transformarlo en alcohol, que tiene un precio menor.[802] Pero es que la elaboración del vino, poder disponer de él en una época en que la importación resultaba difícil cuando no impensable, reviste en la cultura popular una significación que va más allá de la pedestre lógica del rendimiento económico.

Otros, en cambio, con más confianza en la capacidad de resistencia de sus vinos o sencillamente menos previsores, recurrían al encabezamiento cuando observaban que sus mostos tornaban a averiarse.

Estos eran los métodos empleados en el siglo XVIII para tan delicado trance, según refiere el doctor Thomas de Aranguren: «Para dar espíritu y vigor al vino, que llegó por algun accidente á debilitarse, el único remedio es cabecearlo con otro fuerte, ó pasarlo por las heces de otro vino vigoroso, ponerlo en vasijas bien tapadas, y en cueba bien acondicionada».[803] Este

[800] El informante sabía que lo hacía alguna gente de su zona; también un cosechero de una localidad próxima, Caldas. Entrevista realizada por Xavier Castro a Herminio Barreiro Calvete (Sisán [Ribadumia], 1910), maestro jubilado y pequeño bodeguero.

[801] Entrevista realizada por Xavier Castro a *Rebolo*, dueño del bar Os Faroles, de Laias (Orense).

[802] Xosé Posada: *Os viños de Galicia*, o. cit., p. 85

[803] Thomas de Aranguren: *Carta físico-médica, en la que se explica que es vino, sus principios elementales, su variedad, los efectos que causa…*, o. cit., p. 79.

procedimiento le parecía aceptable. En cambio, recusaba estos otros que se practicaban entonces en España: «Echarle aguardiente, espíritu de vino, azufre, encender el mismo espíritu de vino y el azufre ponerlo en las bocas de las tinajas, y hacer otros xaropes, son meras oficiosidades, que ademas de poner los vinos en disposicion de poder perjudicar á la salud, pierden sus dueños el trabajo, y no consiguen el fin».[804]

Federico Vañó matizaba que el problema no era tanto el tipo de alcohol como su grado de impureza: «[...] en el orden de la toxicidad no es, ciertamente, el alcohol industrial el que ocupa el primer lugar si está perfectamente rectificado; lo nocivo en los alcoholes es la parte que llevan de impurezas, y el alcohol que se extrae del vino puede ser más impuro que aquel».[805] Citando la reconocida autoridad del experto francés Riche, señalaba que en muchas ocasiones el alcohol procedente del vino estaba cargado de productos impuros por las malas condiciones en que no pocos viticultores realizaban la vendimia y el proceso de fermentación. Resumiendo la situación, indicaba que a partir de 1870 la industria había sido capaz de obtener alcohol etílico puro sin vino, en tanto que la ciencia de la época había advertido que en el alcohol extraído del vino se registraban impurezas. Por ello, a partir de esa fecha, se había llegado a la conclusión de que, para el encabezamiento, era preferible añadir al vino alcohol neutro de industria, ya que parecía mejor que el alcohol procedente del vino. Menciona también la autoridad de Brouardel, quien llegaba a la conclusión, en apariencia paradójica, de que desde el punto de vista de la salud pública el alcohol de industria bien rectificado presentaba menos inconvenientes que el obtenido a partir del vino.[806] Para el doctor Jimeno, el problema serio, grave, era el empleo en el encabezamiento de vinos de alcoholes industriales de bajo precio, que solían ser impuros, o de alcoholes industriales peligrosos como el *amílico*, *propílico* y *butílico*.[807]

Si parecía necesario encabezar antaño muchos de los vinos que permanecían in situ, con más razón había que hacerlo con los que se destinaban a la exportación.

[804] Thomas de Aranguren: *Carta físico-médica, en la que se explica que es vino, sus principios elementales, su variedad, los efectos que causa...*, o. cit.

[805] Federico Vañó: *La crisis del vino y la fabricación de alcoholes industriales*, o. cit., pp. 55-56.

[806] Ibídem, pp. 56-57.

[807] Ibídem, pp. 58-59.

En 1865 un experto *enologista*, como entonces se decía, indicaba que era difícil exportar los vinos flojos de alcohol a grandes distancias, puesto que «no pueden resistir impunemente los sacudimientos ni las altas temperaturas á que se hallan expuestos durante sus travesías».[808] Esto les pasaba con mucha frecuencia a los caldos gallegos, de los que se decía que viajaban mal. También por tierra, de lo que se quejaba Cunqueiro cuando había de beberlos en Madrid.

Ilustraremos esta cuestión con algunos ejemplos. Federico Vañó observaba que una gran parte de los vinos españoles que se exportaban, precisamente «los que hasta ahora han sido más genuinamente españoles», desde hacía muchos años, se encabezaban con alcohol. Este autor conjeturaba que la mitad de la exportación de vinos españoles estaba compuesta por vinos sobre alcoholizados.[809] El encabezamiento se consideraba una «verdadera necesidad» para asegurar su conservación durante la travesía, «ó bien para fijar en ellos los caracteres especiales del tipo ó de la marca».[810] Otro tanto acontecía con los escasos vinos gallegos que salían de Galicia en el siglo XIX. En la respuesta dada por el Ayuntamiento de Ribadavia a un cuestionario, publicada luego en *La crisis agrícola y pecuaria* (1887), se reconocía que la demanda de vino de esta comarca por parte del extranjero era escasa por aquel entonces; a pesar de lo cual, se admitía que los vinos que se exportaban a América estaban encabezados; pero eso sí, «con alcohol de vino de primera».[811] En Trives, en cambio, como nada se exportaba, las autoridades municipales señalaban que no había necesidad de encabezar los vinos.[812]

Se solían encabezar los vinos que se destinaban a América y tenían, por consiguiente, que atravesar el océano. De este modo, las altas temperaturas a que se hallaban sometidos los vinos durante las travesías no constituían

[808] Buenaventura Castellet: *Enología española ó tratado sobre los vinos de España y su bonificación*, o. cit., p. 121.

[809] Federico Vañó: *La crisis del vino y la fabricación de alcoholes industriales*, o. cit., p. 22.

[810] Ibídem, p. 17.

[811] Contestación del Ayuntamiento de Ribadavia, en *La crisis agrícola y pecuaria*, Madrid: Establecimiento Tipográfico Sucesores de Rivadeneyra, Impresores de la Casa Real, 1887, t. 2, pp. 369-370.

[812] Contestación del Ayuntamiento de Trives, provincia de Orense, en *La crisis agrícola y pecuaria*, o. cit., t. 3, p. 84.

un problema real para el vino, al estar encabezado. Al contrario, había quien pensaba que mejoraba incluso su *bouquet*. Ignoraban esto los cosecheros que, por tradición, depositaban los caldos en las bodegas de los barcos, donde la luz fuese poco accesible. El enólogo Castellet se mostraba partidario de que viajasen en espacios donde estuviesen sometidos a la acción del calor, medianamente ventilados y cuidando, empero, de que el sol no incidiese directamente en los toneles.[813]

También se procedía al encabezamiento de los caldos que emprendían viaje por los difíciles caminos de la península hasta llegar a Francia. El mercado francés pedía de los vinos españoles que dieran color y alcohol, «primeras materias que suplieran las deficiencias de sus mostos».[814] Los cosecheros españoles optaron por el fácil expediente de exportar vinos de baja calidad, pero subidos de alcohol merced al encabezado.

No estará de más precisar que, en efecto, los vinos franceses tenían menos grados que los españoles, según apuntaba un experto en el año 1885. Los caldos de sus diversas regiones oscilaban entre 6 y 11 grados escasos. Los españoles, entre 12,57 y casi 18°. Por ello se explicaba bien el deseo de los vinateros de aquel país por comprar, como efectivamente hacían, vinos de más fuerza, «de las condiciones que poseen los de España, á fin de mezclarlos con sus vinos bajos y darles cuerpo con auxilio del procedimiento denominado del *coupage*».[815]

En épocas no muy remotas, bodegueros y expertos solían considerar el encabezado como una práctica admisible, siempre que se llevara a efecto mediante un procedimiento adecuado y empleando un alcohol de calidad contrastada. Buenaventura Castellet resumía así los términos de esta situación: «Merced a la fabricación viciosa de nuestros caldos, y á la ignorancia de muchos negociantes que, seducidos por una especulación mal comprendida, envasan los vinos para la extracción en toneles mal preparados, y los encabezan con alcoholes de inferior calidad, los vinos tintos de Cataluña y de otras provincias de España han perdido ya casi toda su reputación en

813 Buenaventura Castellet: *Enología española ó tratado sobre los vinos de España y su bonificación*, o. cit., pp. 121-123.

814 Federico Vañó: *La crisis del vino y la fabricación de alcoholes industriales*, o. cit., p. 9.

815 Eduardo Abela y Sainz de Andino: *El libro del viticultor: Breve resumen de las prácticas más útiles para cultivar las viñas y fabricar buenos vinos*, o. cit., pp. 164-165.

Ultramar».[816] Recomendaba este autor que los cosecheros empleasen un alcohol de 36° para los vinos destinados al embarque. Con este «buen encabezamiento» estaba seguro de que el vino resistiría los viajes más largos y mejoraría su calidad por el camino.[817] Ahora bien, los vinos españoles tropezaban con un problema: el alcohol que había que comprar para añadírselo resultaba caro, más que en otros países competidores, como Italia, Grecia y Portugal.[818] Y aún había otra cuestión. Para lograr que los vinos pudieran llegar a buen puerto y se evitara el riesgo de acetificación que conllevaba su exposición a altas temperaturas, era necesario que los viticultores hubieran realizado correctamente las operaciones de elaboración. Sin omitir alguna, como se hacía en ocasiones: en efecto, «como los cosecheros y tratantes dejan de practicar generalmente en los vinos de que se trata la importante operacion del mutismo, sucede que el fermento soluble retenido aun en los líquidos determina la acetificacion de una parte del alcohol, desde el instante en que se ve favorecido por el mayor grado de calórico que sufren los vinos en sus viajes, por cuyo motivo muchos de ellos, léjos de mejorar en calidad, llegan á sus destinos decididamente ágrios, con grave perjuicio del comercio».[819]

VINO DE SEGUNDA

Al margen del encabezado, mencionaremos para concluir otra de las malas prácticas de vinificación que se registraban. Conviene aclarar que, en este caso, calificamos de *mala práctica* un determinado procedimiento que resulta inadecuado con vistas a la obtención de un buen vino. Sin embargo, en realidad, para muchos campesinos era la única opción a su alcance con la que podrían disponer de vino, por lo que no debía de parecerles en modo alguno una mala práctica enológica. La técnica era la siguiente: después del pisado se exprimía bien la uva hasta conseguir obtener todo el mosto posi-

816 Buenaventura Castellet: *Enología española ó tratado sobre los vinos de España y su bonificación*, o. cit., pp. 121-123.

817 Ibídem.

818 Federico Vañó: *La crisis del vino y la fabricación de alcoholes industriales*, o. cit., pp. 22-23.

819 Buenaventura Castellet: *Enología española ó tratado sobre los vinos de España y su bonificación*, o. cit., pp. 121-123.

ble. Eran tiempos de escasez. Lo que quedaba se deshacía después «y rociado con una moderada porcion de agua, se vuelve á armar, y lo que destila se encierra en vasija separada para hacer vino inferior, ó de gasto, que llaman los Labradores».[820] Algo muy similar a esto se ha venido haciendo en muchas comarcas vitícolas de España. Los cosecheros modestos obtenían así un vino *de segunda*, e incluso *de tercera* para el consumo de la casa, puesto que el *de primera* había que destinarlo a la venta. Pero en algunas ocasiones se mezclaban después ambos vinos con la pretensión de obtener un mayor rendimiento económico, lo que no siempre se lograba, como apuntaba Thomas de Aranguren: «Algunos dexándose llevar de la avaricia, mezclan este segundo mosto con el primero; pero cometen en esto un error muy grande, y pagan con el tiempo su ignorancia; porque el vino que sacan es de inferior calidad, se llena de vicios, y se ven precisados, ó á quemarlo, ó á venderlo á menor precio».[821]

Bien avanzado el siglo XIX, Eduardo Abela se refería también a este procedimiento destinado a elaborar un vino popular o *de prensa*. Explicaba que, después de sacar el mosto contenido en la cuba, se prensaba el orujo (llamado también *casca*) restante. El zumo escurrido de esta operación era el *vino de prensa* (que podría ser de segunda prensa, si se hubiera prensado ya la primera vez). Y aún se hacía otro más pobre, llamado *piquette* en Francia, especie de «bebida acídula» que se efectuaba macerando en agua el orujo ya prensado, que sufría cierta fermentación en las mismas cubas. Era el vino de tercera.[822] Todavía en la actualidad existen parroquias en Galicia, como puede ser la de Cela, en Bueu, por vía de ejemplo, en las que se hace un vino de segunda empleando dicho procedimiento. Se destina al propio consumo del bodeguero y, en medida mucho menor, a una comercialización sin regularizar.

[820] Thomas de Aranguren: *Carta físico-médica, en la que se explica que es vino, sus principios elementales, su variedad, los efectos que causa...*, o. cit., p. 62.

[821] Ibídem.

[822] Eduardo Abela y Sainz de Andino: *El libro del viticultor: Breve resumen de las prácticas más útiles para cultivar las viñas y fabricar buenos vinos*, o. cit., p. 118.

Capítulo 5

Adulteración del vino

UNA ADULTERACIÓN A LA ORDEN DEL DÍA

A título preliminar, resulta oportuno señalar un aspecto que ya ha sido considerado: el vino funcionaba tradicionalmente como una bebida saludable... a pesar de los pesares; pues no eran pocos los quebrantos que el vino adulterado producía. Con todo, el vino solía representar un riesgo menor que el agua para la preservación de la salud, puesto que si bien se comercializaba muchas veces de un modo mistificado, el agua que corrientemente se bebía presentaba innumerables veces algún tipo de contaminación, lo que representaba un elevado riesgo de infección. Mayor incluso que el que suponía el vino, puesto que el alcohol contenido en el vino obraba como un agente parcialmente protector frente a los riesgos infecciosos.

Una golondrina no hace verano, es cierto; pero un ciento ya constituye un indicio de la llegada de la buena estación. Esto último es lo que ha venido sucediendo antaño con el vino de España y de tantos otros países. La adulteración del vino que se despachaba no era un hecho poco corriente. De hecho, estaba a la orden día, lo que no quiere decir que no se hiciesen tradicionalmente en España muy buenos vinos, tanto en bodegas artesanales como en las de mayor porte. Sin embargo, en este apartado corresponde referirse al subconjunto de aquellos menos recomendables, que parecían menudear bastante. Los testimonios que dan fe de ello forman legión, pero en aras de la brevedad mencionaremos solo unos pocos.

Una real provisión de fines del siglo XVIII[823] denunciaba que, en opinión de los médicos, los vinos malos y adulterados que se vendían en Galicia ocasionaban muchas enfermedades. También Pérez Costanti, refiriéndose a los «tiempos modernos», ironizaba sobre los cosecheros que poseían «milagrosas viñas de fruto constante», capaces de surtir de vino a media humanidad; les aplicaba, ampliándolo para todo el año, el conocido refrán «San Mateo, la vendimia sin parar».[824] Tomemos como referencia la comarca más emblemática de Galicia en lo que atañe a la producción de vino que se destinaba a la comercialización. La Sociedad Económica de Amigos del País de la Ciudad de Santiago indicaba en un informe, datado en 1838, que el productor de vino del Ribeiro se encontraba con serias dificultades para dar salida a sus caldos y obtener unos rendimientos aceptables por mor de los costes de transporte y tributación. Tales inconvenientes le inducían a efectuar ciertas «composiciones» con sus vinos. En efecto, «[…] desalentado y sin capital que anticipar para continuar la produccion, trabaja mal, y elabora peor sus vinos y sino abandona el cultivo por pura necesidad, procura remediarla desterrando las buenas castas de exquisita producción, pero escasa, para reemplazarlas por otras mas viníferas pero de inferior calidad, corrigiendo esta artificialmente por medio de composiciones las mas perjudiciales á la salud y tan generales en el dia que quien quiera conservarla, apenas puede usar otro vino que el de su propia cosecha y elaborado por el mismo».[825] Con el paso de los años, las cosas no acababan de enderezarse, como expuso, en 1925, L. Hernández, en el Primer Congreso de Economía de Galicia. Este señaló en su intervención que, en la zona vitícola de Ribadavia «que debiera ser por sus condiciones el Burdeos español, «nada se ha hecho […] en defensa de las frecuentes adulteraciones de vinos del Ribero».[826] Proponía como primordial medida

[823] Real provisión datada en La Coruña el 9 de septiembre de 1795. Cit. en Pablo Pérez Costanti: «La vendimia en el siglo XVIII», *Notas viejas galicianas*, Santiago: Xunta de Galicia, 1993, p. 82.

[824] Ibídem.

[825] Sociedad Económica de Amigos del País de la Ciudad de Santiago: *Informe dado sobre el modo y medios que pueden emplearse para promover y elevar al grado de que es susceptible la industria agricolo-mercantil de los Vinos y Aguardientes*, Santiago: Imprenta de la V. e H. de Compañél, 1838, pp. 9-10.

[826] L. Hernández: «Vitivinicultura americana», *Primer Congreso de Economía Gallega* (celebrado en Lugo, octubre de 1925), Lugo: Talleres Gráficos La Voz de la Verdad, 1926, p. 35.

para afrontar el problema que se estableciese en Ribadavia una estación enológica para la defensa contra las adulteraciones y para fomentar la modernización vitivinícola.

No existe la menor duda de que la falsificación del vino afectaba seriamente a todo el conjunto de España. Un *Manual de falsificaciones* publicado en 1886 revelaba que «Las falsificaciones de este caldo son tan numerosas como variadas. Se le mezcla agua, alcohol, compuestos químicos, materias colorantes para realzar el color, en fin, se fabrican con todas sus piezas líquidos colorados que no tienen de vino sino el nombre, pudiendo decir que de todo se hace vino, y como una rarísima escepción, hasta de zumo de uva».[827] El hecho trascendió allende las fronteras: una guía inglesa, obra de Henry O'Shea, *Guide to Spain and Portugal*, vertía algunos comentarios acerca de los vinos españoles y, así, en relación con el de manzanilla, afirmaba que estaba «seldom adulterated».[828] A este relativo descrédito que afectaba a los caldos españoles en el extranjero aludía el Ayuntamiento de Viveiro en el año 1887. Sus representantes declaraban a la sazón que las adulteraciones que se cometían con el vino español constituían el principal obstáculo para que fuese aceptado por los gobiernos de los países extranjeros a los que se exportaba.[829] Su testimonio parece hacer referencia en buena parte a los vinos gallegos y, en particular, a los que se exportaban a América. Sin embargo, encaminando nuevamente la atención hacia los caldos andaluces, el *Manual de falsificaciones*, de la autoría de Ginés Franco, revelaba que el vino de Málaga oscuro, «que tanto se emplea en farmacia», resultaba de muy fácil imitación y por lo tanto se falsificaba mucho. El que se vendía como legítimo no se podía considerar como natural, puesto que se obtenía añadiendo al Málaga blanco dos líquidos destinados a modificar su sabor y su color.[830] Esto mismo desvelaba Antonio Romero de la Vega en su *Diccio-*

[827] Ginés Franco: *Manual de falsificaciones de sustancias alimenticias, bebidas, licores... útil a los Municipios, Inspectores de Mercados y de Revendedores de Comestibles*, Barcelona: Manuel Saurí, 1886, pp. 166-167.

[828] Henry O'Shea: *Guide to Spain and Portugal*, 11.ª ed., Londres: John Lomas, Adam and Charles Black, 1899, p. XLVI.

[829] Respuesta a la pregunta 85. Contestación del Ayuntamiento de Vivero, provincia de Lugo. Vivero, 13 de octubre de 1887. En *La crisis agrícola y pecuaria*, Madrid: Establecimiento Tipográfico Sucesores de Rivadeneyra, Impresores de la Casa Real, 1887, t. 3, p. 91.

[830] Ginés Franco: *Manual de falsificaciones de sustancias alimenticias, bebidas, licores... útil a los Municipios, Inspectores de Mercados y de Revendedores de Comestibles*, o. cit., p. 170.

nario manual de las falsificaciones de los principales productos en la economía doméstica.[831]

El médico Pastor Nieto Rodríguez se refería en su memoria acerca de las condiciones higiénicas en El Ferrol a los «misterios químicos» y las «manipulaciones tan variadas» que sufría el vino, «en el cual no entra, algunas veces, nin un solo átomo de *zumo de uvas*».[832] Por su parte, Huetz de Lemps refiere que los vinos locales, como los del Salnés, se vieron favorecidos por el descrédito de los de La Rioja y otros españoles a causa de la adulteración practicada por los comerciantes. El consumidor prefería muchas veces pagar más por el de su tierra que correr riesgos tentando a la suerte probando los de fuera.[833] No debía ser en modo alguno infrecuente que circulasen «vinos artificiales» de diversas procedencias por dicha comarca, a juzgar por el acuerdo que el Ayuntamiento de Vilagarcía se vio constreñido a adoptar, en 1927, consistente en prohibir que se comercializase «con el nombre de vino ningún líquido que no proceda exclusivamente de la fermentación alcohólica del zumo de la uva».[834]

Resulta difícil determinar si la sociedad en su conjunto tenía mucha o poca conciencia de la gravedad del problema de las adulteraciones alimentarias y, en particular, de la de los vinos y alcoholes. Existen varios indicios que nos podrían hacer pensar que esta era más bien reducida. Ahora bien, es posible afirmar casi con entera certeza que los sectores más elevados e instruidos eran en mayor medida conscientes de tal entuerto, puesto que tenían a su disposición más información al respecto. De hecho, en numerosas publicaciones se divulgaba el problema y a la vez se alertaba acerca de su incuestionable gravedad. Veamos algunas representativas de este signo. En una obra higienista de 1912, considerada de utilidad pública para las

831 Antonio Romero de la Vega: *Diccionario manual de las falsificaciones de los principales productos en la economía doméstica*, Barcelona: Román Gil, 1900, p. 166.

832 Pastor Nieto Rodríguez: *Memoria acerca de las condiciones higiénicas y estado sanitario de El Ferrol*, El Ferrol: Imprenta de El Departamento, 1895, p. 61.

833 Alain Huetz de Lemps: *Vignobles et vins d'Espagne*, Burdeos: Presses Universitaires de Bordeaux, 1993, pp. 528-529.

834 Art. 502 de las *Ordenanzas Municipales de la villa de Villagarcía de Arosa y su término. Aprobadas por el pleno de este Excmo. Ayuntamiento en sesión de 10 de junio de 1927*, Villagarcía: Tipografía de Galicia Nueva, s. a. [situable en 1927], p. 91.

escuelas,[835] se denunciaba como hecho significativo que los «Comerciantes sin conciencia falsifican el vino natural, adicionándole agua y alcohol de mala calidad, ó fabrican vino artificial á base de estos dos líquidos, añadiéndoles materias colorantes y esencias que le dan un sabor parecido al propio del producto por ellos falsificado. Así pueden venderlo barato y envenenar al público por poco dinero».[836] Una profesora de labores y economía doméstica en la Escuela Normal de Maestras de Pontevedra publicó, en la década de 1920, unos intitulados *Apuntes de economía doméstica para uso de las Escuelas Normales*, que parecen haber tenido un eco notable entre las alumnas —quienes serían en breve amas de casa—, a juzgar por la posición clave de la autora en el sistema escolar y también por el hecho de haberse editado cuando menos dos veces, que tengamos constancia. Pues bien, esta docente consignaba en su obra lo que sigue: «El vino es un producto que se falsifica mucho y por su composición tan compleja con dificultad se determina el fraude. La adición de agua es la falsificación más frecuente y luego se complica con la adición de alcohol, de materias colorantes, tanino, glicerina, crémor, ácido tártrico, etc.».[837] Por su parte, Paul Combes lanzaba una advertencia a los hogares burgueses en *El libro del ama de casa*, en el que observaba que el «buen vino natural» resultaba «harto difícil de hallar en estado de pureza».[838]

INSTRUCCIONES Y CONSEJOS PARA REALIZAR EL CONTROL CASERO DE LA ADULTERACIÓN

Dice un refrán que de los avisados nacen los escarmentados. Empero, detectar las adulteraciones no era tarea fácil. Un conjunto de médicos —en particular los especialistas en higiene—, en algunos casos también profeso-

[835] Obra «Declarada de utilidad pública para las Escuelas de primera enseñanza», por R. O. de 14 de marzo de 1912.

[836] Vicente Amat: *Manual de higiene de las bebidas (Librito de enseñanza antialcohólica)*, Barcelona: Industrias Gráficas Seix y Barral, s. a. [c. 1912], p. 8.

[837] Felisa R. Saz y Álvarez: *Apuntes de economía doméstica para uso de las Escuelas Normales*, 2.ª ed., Pontevedra: Imprenta de Celestino Peón Villar, 1929, pp. 185-186.

[838] Paul Combes: *El libro del ama de casa*, Barcelona: Herederos de Juan Gili, s. a. [1913], p. 182.

res y divulgadores de toda laya, dedicaron parte de sus energías a la denuncia y desenmascaramiento del fraude, poniendo sus conocimientos al servicio de las instituciones para las que prestaban sus servicios. También se consagraron a la labor de concienciación de los consumidores, en especial de las amas de casa, dando a conocer una serie de procedimientos sencillos (o que pretendían ser tales) y que además se podían llevar a cabo en sus propios domicilios, para proteger la salud y evitar el menoscabo de su no muy boyante economía.

No fueron, en efecto, pocos los artículos de divulgación aparecidos en las publicaciones periódicas, los folletos y libros escritos, copiando a veces unos de otros y difundiendo tratados similares a los publicados en el extranjero,[839] que se orientaron a difundir procedimientos caseros para desenmascarar la adulteración y otras prácticas poco edificantes que se cometían tanto en materia de vinos como en otros ramos de la alimentación en los que tampoco eran inusuales los fraudes.

Los títulos de muchos de estos libros transparentaban con nitidez la índole de su propósito: verbigracia, el de Julio Garnier y C. Harel: *Falsificaciones de las sustancias alimenticias y medios de reconocerlas*.[840] O las obras de la autoría de Roviralta Borrell: *Sofisticaciones de los artículos de primera necesidad y medios fáciles para descubrirlas*[841] y también de Antonio Romero de la Vega: *Diccionario manual de las falsificaciones de los principales productos en la economía doméstica*.[842] Veamos otro ejemplo: el *Manual de falsificaciones de sustancias alimenticias, bebidas, licores...*,[843] de Ginés Franco, se presentaba como un libro de reducido tamaño, por lo tanto muy manejable, y ordenado alfabéticamente para su fácil consulta por cualquiera. Estaba dirigido a municipios, inspectores de mercados y revendedores de comestibles, pero

[839] Mencionaré uno de estos tratados: J. Léon Soubeiran: *Nouveau Dictionaire des Falsifications et Altérations des Aliments, des Médicaments et de quelques produits employés dans las Arts, l'Industrie et l'Économie*, 1.ª ed., París: Librairie J.-B. Baillière et Fils, 1874.

[840] Julio Garnier y C. Harel: *Falsificaciones de las sustancias alimenticias y medios de reconocerlas*, Barcelona: Imprenta de Pedro Fullá, 1846.

[841] Roviralta Borrell: *Sofisticaciones de los artículos de primera necesidad y medios fáciles para descubrirlas*, Barcelona: F. Altés, 1893.

[842] Antonio Romero de la Vega: *Diccionario manual de las falsificaciones de los principales productos en la economía doméstica*, o. cit., p. 166.

[843] Ginés Franco: *Manual de falsificaciones de sustancias alimenticias, bebidas, licores... útil a los Municipios, Inspectores de Mercados y de Revendedores de Comestibles*, o. cit., pp. 166-167.

también se declaraba «Interesante para las familias y toda clase de personas, sin necesidad de ser químico», puesto que detallaba diversos procedimientos fáciles de aplicar para la detección de toda suerte de falsificaciones.

Algunas de estas obras se esforzaban en dar consejos útiles a los consumidores para que pudiesen detectar las adulteraciones y se sustrajesen al riesgo de ingerir sustancias peligrosas.

Recomendaciones concretas

Veamos algunas de las recomendaciones. En la obra de Ginés Franco se indicaba un procedimiento para determinar si el vino había sido aguado o alcoholizado. Consistía en calentar al baño maría 100 gramos de vino, que al evaporarse debería dejar por término medio 2,20 gramos de residuo seco. Si este remanente quedaba por debajo de la indicada cantidad, significaba que el vino había sido cargado de agua o de alcohol.[844] Este método permitía también conocer si el vino poseía adiciones de materias fijas o mezcla de «cidra» o de «poiré» (manzanas o peras), lo que se podría deducir, o por lo menos sospechar, en el caso de que el residuo fuese mucho mayor.[845] De añadidura, se informaba que «Los vinos adicionados de cidra ó de poiré, se reconocen por el olor a manzana cocida que desprenden cuando se les proyecta sobre un hierro caliente».[846]

También parecía aconsejable una técnica que permitía averiguar si el vino era realmente de uva: había que calentar lentamente una cuarta o quinta parte de libra de vino. Cuando comenzaba el proceso de evaporación, se situaba encima un plato de porcelana u otro recipiente cualquiera en el que habría de quedar depositado una «especie de vapor» que debería tener un olor «francamente vinoso». De este modo se revelaba la legitimidad de su procedencia, si tal era el caso.[847]

Especialmente sencilla parecía ser la fórmula casera que permitía descartar que el vino se hubiese teñido con una coloración artificial; este era

[844] Ginés Franco: *Manual de falsificaciones de sustancias alimenticias, bebidas, licores… útil a los Municipios, Inspectores de Mercados y de Revendedores de Comestibles*, o. cit., p. 167.

[845] Ibídem.

[846] Ibídem, p. 168.

[847] Ibídem, pp. 167-168.

el procedimiento que se apuntaba: «Una miga de pan chupada en vino y puesta delicadamente en un plato que contenga algunos milímetros de agua, no colora á ésta sino á los veinte ó treinta minutos, si el vino no posee sino su color natural, mientras que si el agua queda teñida inmediatamente, es que el vino tiene coloración artificial».[848] Más técnico resultaba ser el método que se proponía para detectar el vino que había sido enyesado, con vistas a evitar su quiebra y obtener a la par una mejora de su color. Así lo explicaba Ginés Franco en su *Manual de falsificaciones*: «Todo vino que precipite abundantemente por la solución de oxalato de amoníaco ó de cloruro de bario, es un vino enyesado».[849] También acerca de la cuestión de la coloración del vino, aspecto de primordial importancia para obtener el favor del consumidor, refería un tratadista que convenía reparar en especial en dos de las sustancias empleadas para colorar artificialmente los vinos, puesto que podían resultar peligrosas, por contener con frecuencia arsénico: la fucsina y la rosalina. El procedimiento para su detección solo requería vinagre, amoníaco y una lana de tapicería, que debería volverse blanca en el caso de que el vino estuviera en impecable estado.[850] Ítem más: para detectar la adulteración por fucsina, el subdelegado de farmacia de Santiago, Jovita Labarta, presentó un método que, a juicio de Antonio Casares y César Fernández, era de aplicación más sencilla que el oficial francés, pues no requería tubos de ensayo ni reacción, sino únicamente un poco de amoníaco, producto que era posible encontrar en cualquier farmacia.[851] Estos científicos, autores de un informe para la Sociedad Económica de Amigos del País, proponían a su vez otro procedimiento que, al decir de ellos, resultaba también muy operativo y funcional.

Excepto en lo que concierne a la coloración, el conjunto de los procedimientos apuntados resultaba válido tanto para los vinos tintos como para blancos,[852] como precisaba también Antonio Romero de la Vega en su *Dic-*

[848] Ginés Franco: *Manual de falsificaciones de sustancias alimenticias, bebidas, licores... útil a los Municipios, Inspectores de Mercados y de Revendedores de Comestibles*, o. cit., p. 168.

[849] Ibídem.

[850] Ibídem, p. 169.

[851] Sociedad Económica de Amigos del País de la Ciudad de Santiago: *Informe acerca del modo de descubrir la adulteracion de los vinos por la Fuchsina, emitido por una Comision compuesta de los Socios Excmo. Sr. D. Antonio Casares y Sr. D. César Fernandez Garrido, y aprobado en sesion de 31 de Enero de 1877*, Santiago: Establecimiento tip. de El Diario, 1876, p. 9-10.

[852] Ginés Franco: *Manual de falsificaciones de sustancias alimenticias, bebidas, licores... útil a los Municipios, Inspectores de Mercados y de Revendedores de Comestibles*, o. cit., p. 170.

cionario manual de las falsificaciones de los principales productos en la economía doméstica.[853]

Al cabo, una profesora de la Escuela Normal de Maestras de Pontevedra, en los años 1920, recomendaba en su libro de texto, previsto para las discentes, un procedimiento casero y práctico para reconocer si el vino estaba falsificado: consistía en verter una gota de vino en un cilindro de creta albuminada, que se podía adquirir cómodamente en una droguería. Si se producía una mancha verdosa, violácea o rosada, significaba que estaba adulterado.[854]

Insistencia de la publicidad

Si no alarma social, cuando menos cierto recelo o alguna prevención debió de haber existido en torno a la amenaza que representaba la adulteración de las bebidas alcohólicas. Nos mueve a pensar esto el hecho de que hayan quedado huellas de la publicidad de las bodegas, marcas de bebidas alcohólicas y también de los locales en que estas se expendían, haciendo pública protesta de la pureza de sus productos. En efecto, para conjurar la aprensión que sin duda generaba en la gente el temible fantasma de la adulteración, los bodegueros y empresarios del ramo vinícola se esforzaban con una obstinación muy reveladora («excusatio non petita, accusatio manifesta», dirían los clásicos) en tranquilizar a los consumidores e infundirles confianza. Con este fin, recurrían profusamente a las inserciones publicitarias en la prensa y quizá también a las cuñas en la radio.

Así, en el diario vigués *Galicia* aparece en varias ocasiones, a lo largo del año 1923, el anuncio de un bodeguero de Ponteareas que hacía hincapié en que su vino había sido embotellado por el propio cosechero, quien «garantiza su pureza absoluta» (esta frase aparece resaltada con signos tipográficos).[855] En otro medio de comunicación, *Vida Gallega*, de Jaime

[853] Antonio Romero de la Vega: *Diccionario manual de las falsificaciones de los principales productos en la economía doméstica*, o. cit., p. 166.

[854] Felisa R. Saz y Álvarez: *Apuntes de economía doméstica para uso de las Escuelas Normales*, o. cit., p. 186.

[855] El anuncio rezaba concretamente lo siguiente: «El Condado. Vino gallego de San Martín de Moreira (Puenteareas). / Embotellado por su propio cosechero Augusto Viso Troncoso, :-: QUE

Solá, encontramos otro *spot*, patrocinado en este caso por una bodega de Ribadavia, que ofrecía su vino embotellado con la marca Rio Miño. En la etiqueta rezaba, bien a las claras, «PUREZA GARANTIZADA».[856] Proclamas de este mismo tenor las encontramos también con profusión en la propaganda de las bodegas gallegas que exportaban vinos a los países americanos en los que asentaban importantes colonias gallegas. También en la prensa gallega de la emigración en América encontramos frecuentemente este tipo de publicidad de los establecimientos comerciales que importaban vinos de Galicia.

Otro tanto hacían los almacenes y establecimientos especializados en la venta de vinos en los mercados urbanos. Así, en las páginas de la prensa encontramos un establecimiento nuevo de venta de vinos que garantizaba que sus productos estaban a salvo de impurezas y adulteraciones: «ATENCIÓN / Un establecimiento de vinos, montado a la perfección ha quedado abierto al público en la calle de Eduardo Iglesias (antes Circo) número 9. / [...] Visitar esta casa es convencerse de que es el primer establecimiento en Vigo de Vinos Puros».[857] Esta clase de protestas propagandísticas de autenticidad garantizada del producto la solían asimismo realizar los restaurantes y casas de comidas. Veamos un caso: en un anuncio publicitario difundido en 1918, el propietario de una casa compostelana de comidas hacía a su clientela unas interesantes recomendaciones referidas al vino del Ribeiro que se expendía en su local: «El blanco es de superior calidad y se recomienda [...] a los sacerdotes, para Misas, por su pureza».[858]

GARANTIZA SU PUREZA ABSOLUTA :-:» *Galicia. Diario de Vigo* (Vigo) (8 de febrero de 1923), p. 3; este anuncio se repite en muchas ocasiones, como, por ejemplo, en los números de 24 de marzo de 1923 (p. 3), 28 de marzo de 1923 (p. 5), 12 y 18 de mayo de 1923 (p. 3), etcétera.

[856] Anuncio en color que ocupa toda la contraportada de *Vida Gallega*, núm. 219, 10 de marzo de 1923.

[857] *Galicia. Diario de Vigo* (Vigo) (31 de diciembre de 1922), p. 3. El anuncio se repite en muchas ocasiones.

[858] Anuncio da casa de comidas de Manuel González. En *Fiestas Patronales Compostela*, celebradas en la segunda quincena de julio de 1918, edición de Jesús Rey Alvite, Santiago: Imprenta de El Eco Franciscano, 1918. BPenzol, 9/21.

PAPEL DE LAS LEYES Y LA ADMINISTRACIÓN DEL ESTADO EN LA LUCHA CONTRA EL FRAUDE

Existe constancia de que las distintas Administraciones del país pusieron algún cuidado en poner coto a los abusos y mistificaciones relacionados con el vino ya desde la Edad Media, y con énfasis creciente a medida que se han ido sucediendo los siglos. Ahora bien, la notoria carencia de recursos humanos, a la par que el carácter rudimentario de los instrumentos técnicos disponibles, limitaron severamente la eficacia de sus esfuerzos en pro de la detección del fraude. Quizás faltara también verdadero empeño por parte de los servidores públicos que tenían asignado el cometido de aplicar una legislación que tardó demasiado tiempo en contemplar con detalle las diversas facetas de una cuestión difícil y técnicamente compleja.

En el transcurso del siglo XIX, el Gobierno se vio obligado a legislar en reiteradas ocasiones, porfiando en la exigencia de la pureza del vino, insistencia que en sí misma venía a poner de manifiesto la persistencia del fraude. Así, en 1803, la Sala de Gobierno del Consejo de Castilla subrayaba que el vino que se vendiese debería «ser el Vino puro, legítimo, y de buena calidad».[859] Otro «Aviso al Público» de esta misma instancia gubernamental volvió a difundirse en 1805.[860] De añadidura, hubo que aguardar al año 1892 para que el máximo poder ejecutivo se resolviera por fin a aprobar un real decreto condenando las prácticas fraudulentas relacionadas con la adulteración de los vinos.

No hay duda de que el comercio de vinos artificiales ponía en grave peligro la salud pública y constituía además una amenaza seria para la viticultura. La ley de 27 de julio de 1895 prohibía y castigaba estas «sofisticaciones criminales», pero las autoridades observaban tales procederes «con la mayor indiferencia», según se apuntaba desde una revista de viticultura.[861] La eficacia de las leyes distaba de ser la esperada, porque su aplicación carecía de rigor; a causa de la ineficiencia de la Administración, desde lue-

[859] Orden de la Sala de Gobierno del Consejo de Castilla, dada en Madrid, 30 de noviembre de 1803, asignada por D. Ignacio Antonio Martinez, Sección de Consejos, Sala de Gobierno, AHN, leg. 3594, fol. 112.

[860] Ibídem, fol. 112-113.

[861] M. S. T., viticultor: «Vinicultura práctica», *Prácticas modernas é industrias rurales* (La Coruña), año VI (15 de septiembre de 1908), pp. 279-280.

go, pero también por el peso de los intereses creados. De este modo, Amador Montenegro censuraba en 1905, refiriéndose a los vinos, «[...] la escandalosa falsificación, que hoy las leyes consienten».[862] En 1906, ante la envergadura del entuerto de la adulteración del vino, seguían alzándose voces que criticaban la pasividad de las autoridades. En Galicia, tuvo lugar este año la creación de la bodega cooperativa de la Rua de Valdeorras, que asumía la misión de «denunciar y perseguir al confeccionador de tanta pócima de vino artificial que nos envenena y nos abastece la mayor parte de nuestro mercado [...] amparados bajo la incuria y abandono de nuestras autoridades».[863] A mayor abundamiento, Darío F. Crespo ponía de manifiesto su estupor por la candidez de muchos compradores que adquirían los productos falsificados e insistía en que «Las disposiciones para perseguir todo fraude, son letra muerta en las columnas de la *Gaceta*; las autoridades nada se preocupan de tan trascendental asunto, que es la ruina de la riqueza agrícola más importante de la patria».[864]

La capacidad de presión y la influencia de quienes en este sector obraban con dudosa honestidad aminoraban la eficacia, cuando no hacían naufragar, las tentativas de erradicación de esta clase de delitos. De este modo, cuando el ministro de la Gobernación anunció en 1908 su propósito de perseguir a los adulteradores de productos de primera necesidad, pocos confiaron en que su determinación diese realmente un fruto positivo: los viticultores temían que Juan de la Cierva no tuviese el coraje que era menester para «luchar contra tantas gentes, alguna protegida por personajes importantes y que vienen explotando este negocio, á costa de la salud pública, á ciencia y paciencia del consumidor».[865]

Naturalmente, el código penal debería constituir también un factor de disuasión y freno del delito de fraude y adulteración alimentaria. El primer código penal español, promulgado en el año 1822, aludía a la falsificación de los pesos y medidas legales, que castigaba con una multa de diez a sesenta

[862] Amador Montenegro Saavedra: «Una bodega cooperativa en Monforte. A los viticultores del valle», *Prácticas modernas* (La Coruña), año III (15 de mayo de 1905), p. 115.

[863] Darío F. Crespo: «Laudable iniciativa. Bodega y destilería cooperativa de la Rúa de Valdeorras», *Prácticas modernas é industrias rurales* (La Coruña), año IV (1 de julio de 1906), pp. 201-202.

[864] Ibídem, p. 202.

[865] M. S. T. : «La campaña de La Cierva. Su importancia para los vinicultores. I», *Prácticas modernas é industrias rurales* (La Coruña), año VI (1 de noviembre de 1908), p. 332.

duros y arresto de uno a seis meses.[866] El código penal siguiente, de 1848, pasaba a hablar de «las marcas de los fieles contrastes» y se mostraba más severo en la punición: castigaba dicho delito con pena de presidio mayor y multa de 50 a 500 duros.[867] Como es lógico, en los códigos posteriores (1850, 1870, 1928, 1932 y 1944) aparecerá tipificada esta infracción de manera cada vez más desarrollada. Sin embargo, por lo que se refiere a la cuestión de la adulteración de las bebidas y alimentos, esta no aparece consignada en el código de 1822, a pesar de contener un título consagrado a los delitos contra la salud pública.[868] Se podría colegir que no había a estas alturas del siglo XIX una conciencia seria del problema. La encontramos por vez primera en el código de 1848, formulada del siguiente modo: «El que con cualquier mezcla nociva á la salud alterare las bebidas ó comestibles destinados al consumo público, será castigado con las penas de prision correccional y multa de 10 á 100 duros».[869] Como se puede apreciar, la sanción es bastante leve, reveladora de que verdaderamente no se tenía el asunto por un problema serio. Lentamente, parece ir creciendo el nivel de concienciación pública y así, en el código de 1870, el castigo es más severo: de arresto mayor, en su grado máximo, y de prisión correccional en su grado mínimo, amén de una multa de 125 a 1250 pesetas.[870] En el código de 1928, la condena carcelaria se explicita con mayor precisión y parece más grave: puede ir de tres meses a tres años, y la multa oscila entre 1500 y 10 000 pesetas.[871]

[866] Título V. Cap. V. «De la falsificacion ó alteracion en los pesos y de medidas». Código Penal de 1822. En Jacobo López Barja de Quiroga y otros (comps.): *Códigos Penales españoles. Recopilación y concordancias*, Madrid: Akal, 1987, p. 99.

[867] Título IV. De las falsedades. Capít. I. Art. 209. Código Penal de 1848. En Jacobo López Barja de Quiroga y otros (comps.): *Códigos Penales españoles. Recopilación y concordancias*, o. cit., p. 248.

[868] Título IV. De los delitos contra la salud pública. Código Penal de 1822. En Jacobo López Barja de Quiroga y otros (comps.): *Códigos Penales españoles. Recopilación y concordancias*, o. cit., pp. 87-91.

[869] Título V. Delitos contra la salud pública. Art. 250. Código Penal de 1848. En Jacobo López Barja Quiroga y otros (comps.): *Códigos Penales españoles. Recopilación y concordancias*, o. cit., p. 255.

[870] Título V. Capít. II. Art. 356. Código Penal de 1870. En Jacobo López Barja de Quiroga y otros (comps.): *Códigos Penales españoles. Recopilación y concordancias*, o. cit., p. 589.

[871] Título VIII. Delitos contra la salud pública. Capít. III. Art. 554. Código Penal de 1928. En Jacobo López Barja de Quiroga y otros (comps.): *Códigos Penales españoles. Recopilación y concordancias*, o. cit., p. 858.

No parece que el código penal constituyese un elemento decisivo de disuasión. Antonio Romero de la Vega describe en su *Diccionario manual de las falsificaciones* la situación en 1900 del siguiente modo: «La falsificación de los productos está incluida entre los delitos del Código Penal; pero rara vez caen los delincuentes bajo el peso de la ley, á pesar de no ser menos criminal el que adultera las sustancias alimenticias, movido por su sórdida avaricia ó su codicia inhumana, que el que falsifica la moneda [...]. Eso pasa en España; pero no en Alemania, ni Inglaterra, donde los falsificadores saben perfectamente que les puede costar muy cara (trabajos forzados) su punible acción».[872]

El Estado tenía muchas dificultades para establecer un control sobre el vino que se expendía en las botillerías y tabernas de la villa de Madrid. Más todavía en las que se situaban en las afueras de la ciudad. En 1789, el Gobierno era conocedor de que fuera de la población de Madrid «hay otra multitud de sitios en donde se vende vino como es en los tejares, el Rio, el Canal, la Venta del Espiritu Santo, Mandes y otros lugares inmediatos»,[873] con la particularidad de que estos locales eran «vastamente frecuentados», de modo muy especial por los integrantes de la tropa».[874] Los propietarios de tales establecimientos carecían de licencia, motivo por el cual salían perjudicados los derechos reales y también la salud pública. El Gobierno reconocía su incapacidad para controlarlos, pero disponía de información fehaciente en el sentido de que «regularmente las ventas è introduciones se hacen fraudulentamente [...] exponiendo la salud publica por la poca confianza en la vondad del genero, y el conocido interes del vendedor en adulterarlo».[875] Eran, en general, los Ayuntamientos quienes se empeñaban con más denuedo en esta tarea fiscalizadora.

Por lo demás, los consumidores se fiaban más del vino que compraban a los cosecheros locales. De esta suerte, les parecía más factible conocer aquellos productos en los que podían depositar su confianza. El temor al vino foráneo, puesto en circulación por los comerciantes, era bastante común.

[872] Antonio Romero de la Vega: *Diccionario manual de las falsificaciones de los principales productos en la economía doméstica,* o. cit., p. 5.

[873] Acta de la reunión de la Sala de Corte celebrada el 9 de septiembre de 1789, Sección de Consejos, Sala de Gobierno, AHN, legajo 3597, núm. 3, fol. 31 v.

[874] Ibídem.

[875] Ibídem, fol. 31 v., 32 r.

La suspicacia era general, prácticamente universal. Esto explica que hayan menudeado las disposiciones administrativas que restringían o prohibían lisa y llanamente la introducción en una determinada localidad de vinos elaborados en otras partes. Desde el Estado se dictaban frecuentes órdenes con este sentido y alcance. En ocasiones solo se permitía la introducción de contingentes de fuera después de que se hubieran agotado las existencias autóctonas, y tras haber sido sometidas a una minuciosa inspección. Por vía de ejemplo, el Consejo Real instaba, en 1770, a los ayuntamientos de Santiago y Tui para que inspeccionasen los vinos foráneos cuando se comercializasen en estas ciudades, después de que se hubiesen despachado los de producción local («en caso de no ser suficiente la cosecha de vino que se coge en el término de esa ciudad para cubrir el abasto»), para determinar si tenían «ingredientes perxudiciales a la salud humana».[876] Anticipemos que también las autoridades municipales solían decretar tales restricciones a la importación de partidas de vino traídas de otras partes, invocando para ello el riesgo que representaban para la salud pública. De este modo, las ordenanzas de Betanzos de los siglos XV y XVI decretaban que «ninguna persona non fose ousada de traxer a dita çiudad de sus alfoses y arrabal vino de fora parte, salvo da colleita dos vezinnos da dita ziudad pra o vender nin pra o beber».[877] La sanción que se imponía a los infractores consistía en la requisa del vino y el pago de sesenta maravedíes. A mayor abundamiento, el concejo vallisoletano estipulaba lo siguiente: «Primeramente ordenamos y mandamos, que ninguna persona en esta villa, ni en los lugares de su tierra é jurisdicción, pueda vender en ella, ni en sus lugares, vino que haya comprado en vino hecho para tornar á vender, sino que cada uno (si no fuere los que lo vendieren en mosto) venda el vino que hobiere cogido, é tuviere de su cosecha».[878]

[876] Resolución del Real Consejo, dada en Madrid, 14 de Setembro de 1770. Cit. por Pablo Pérez Costanti: *Notas viejas galicianas*, Santiago: Xunta de Galicia, 1993, p. 80.

[877] Art. 1. *Ordenanzas sobre el trato de vinos propios en la ciudad de Betanzos y sus arrabales, confirmadas en 1490 por el corregidor, Licenciado Antonio Cornejo, y el contador Juan de Arévalo, y el 20 de octubre de 1599, por Felipe III*. AGS, RGS, X-1599. Reproducido por José García Oro: «Ordenanzas municipales de Betanzos de los siglos XV y XVI. Estudio y edición diplomática», *Anuario Brigantino* (Betanzos), núm. 10 (1987), p. 22.

[878] Ordenanza XLI. «Ordenanzas Generales de Valladolid, de 1549», en *Ordenanzas de Valladolid. Siglos* XVI *al* XIX, Valladolid: Ámbito, 1988, p. 238.

Parece resultar harto fundada la sospecha de que tras una preocupación real por la adulteración del vino dichas medidas contenían también, de modo solapado, miras proteccionistas de los productores locales. En suma, se puede atribuir en muchos casos dicha actitud obstruccionista y fiscalizadora a un problema de competencia, tanto o más que a una preocupación real por la falsificación del vino.

También desde el ámbito provincial se adoptaron medidas con la intención de controlar la adulteración del vino, en especial en el circuito de la comercialización. Tenemos constancia, de este modo, de que el gobernador civil de la provincia de Pontevedra, en el año 1926, era por completo consciente de que las adulteraciones de los vinos eran muy habituales. Para remediarlo, hizo publicar una orden en el Boletín Oficial de la Provincia que obligaba a rotular los envases del vino indicando su procedencia regional. El alcalde de Bueu se mostró muy diligente, remitiendo un escrito en el que se informaba de dicha orden a los industriales del ramo, advirtiéndoles de la importancia de su inmediato cumplimiento y de las severas sanciones que recaerían sobre los infractores.[879] Cabe sospechar que otros no lo serían tanto.

INTERVENCIONISMO MUNICIPAL

Quizá el mayor protagonismo en la lucha contra la adulteración correspondía a los Ayuntamientos. Las corporaciones municipales solían tratar esta cuestión en las reglamentaciones y bandos municipales, en los que se consignaba la ilicitud del fraude. Verbi gratia, en 1854 las ordenanzas de Vilagarcía estipulaban la prohibición de la venta de vino adulterado.[880] Como quiera que el problema persistiera y se hiciera crónico, en 1927 tuvieron que abordar de nuevo esta problemática, condenando el tráfico de vinos agrios.[881] El Ayuntamiento de A Coruña prohibía, en 1898, la venta con el

[879] Escrito firmado por el alcalde de Bueu, Camilo Davila, firmado a 15 de febrero de 1926. *Bandos, decretos y resoluciones de la Alcaldía*, AMB, estantería 26 D, caja 689.

[880] Título 3.º, art. 36 de las *Ordenanzas Municipales para la Villa de Villagarcía acordadas por el Ayuntamiento de la misma*, aprobadas en 1854, caja 343/18, AHDPP.

[881] Art. 503 de las *Ordenanzas Municipales de la villa de Villagarcía de Arosa y su término*, o. cit., p. 91.

nombre de vino de ningún líquido que no procediese exclusivamente de la uva, ni los que estuviesen comprendidos en las prohibiciones establecidas en el real decreto de 11 de marzo de 1892. Tampoco se permitía añadir a los vinos cualquier sustancia extraña al objeto de darles fortaleza, aumentar su color u «ocultar algún vicio de que adolezcan».[882] No se vedaba el encabezamiento del vino para asegurar su conservación, siempre que se realizase con alcohol procedente de uva y se indicase dicha circunstancia en la etiqueta del envase. Los expendedores tenían la obligación de marcar los envases con letra clara, indicando la clase de líquidos que contenían, y también la de facilitar las muestras que la alcaldía requiriese para su análisis (por lo tanto, solo cuando esta lo solicitase).[883] Medidas de este o parecido tenor fueron adoptadas por todos los Ayuntamientos del solar hispano.

¿Castigaban los Ayuntamientos a los defraudadores con multas y sanciones severas? Más bien parece que no excesivamente, lo que prueba que, si bien el tema suscitaba inquietud, no llegaba a provocar alarma social. Así, el Ayuntamiento de A Coruña establecía sanciones muy módicas en 1898: una multa que podría ir de una a cincuenta pesetas. También llevaba aparejada la reparación del daño causado y una indemnización por lo perjuicios ocasionados.[884] Además, se procedería al decomiso de las sustancias alimenticias que resultaran nocivas o faltas de peso, amén de las medidas o pesas falsas.[885] Esto venía siendo una medida habitual: el Concejo de Ribadeo dispuso en 1775 que los vinos *maleados* se derramasen o bien se arrojasen al río.[886]

En el Antiguo Régimen, las sanciones eran sensiblemente superiores, pero no parece que ello fuera debido al hecho harto improbable de que antaño hubiera más preocupación por el asunto. Más bien tendría que ver con una situación caracterizada por mayor dureza y rigor de las penas en

[882] Título V. De las subsistencias. Cap. I. Sección 7.ª. Líquidos. Arts. 351-354. *Ordenanzas municipales de La Coruña*, La Coruña: Establecimiento Tipográfico Gutenberg, 1898, pp. 52-53.

[883] Ibídem.

[884] Título VIII. Penalidad. Cap. único. Art. 425. *Ordenanzas municipales de La Coruña*, o. cit., p. 66.

[885] Título VIII. Penalidad. Cap. único. Art. 429. *Ordenanzas municipales de La Coruña*, o. cit., p. 67.

[886] Antonio Meijide Pardo: «La viticultura gallega en el siglo XVIII», en *Revista de economía de Galicia*, 23-24 (septiembre-diciembre de 1961), p. 57.

general, que estuvo en vigencia con anterioridad a la difusión de las tesis de Cesare Beccaria (1735-1794) acerca de la «humanización» y «dulcificación» de los castigos. Las ordenanzas de Valladolid, por mencionar un caso, señalaban lo siguiente a propósito de las pesas y medidas: «Primeramente ordenamos y mandamos, que todas y cualesquier personas que en esta villa y sus arrabales, y lugares de su tierra y jurisdicción, vendieren cualquier género de cosas y mercaderías, que se deban vender por peso ó medida, sean obligados de tener los pesos muy buenos y ciertos y fieles, y las pesas selladas y bien concertadas».[887] De modo que, los que lo contrario hicieren «pierdan lo que vendieren, y paguen quinientos maravedís, y por segunda pena doblada, y sean desterrados por un año de esta villa y jurisdiccion».[888] Centrándose inmediatamente después en el capítulo del vino, prescribían lo siguiente: «Otrosí ordenamos y mandamos, que ninguno pueda vender vino con medida chica ni grande, que no sea de barro, y esté sellada por el Fiel de esta villa, so pena de quinientos maravedís por cada vez que en ello fuere tomado»,[889] y además se penalizaba al infractor con la pérdida de sus recipientes, pues se añadía que deberían de ser «quebradas dichas medidas». Pero la peor parte recaía sobre los mesoneros que tal hicieren, puesto que no solo recaía sobre ellos la expresada sanción, sino que además, a la tercera vez que fuesen hallados infragantes, les «sean dados cien azotes publicamente».[890]

Las ordenanzas de Valladolid (1549) invocaban razones sanitarias: «Otrosí ordenamos y mandamos, por la salud de la gente en que tanto va».[891] Seguidamente, preceptuaban que nadie «pueda echar en ningun vino adobo de yeso, ni ningun otro adobo».[892] Como la cuestión se consideraba grave, la sanción que recaía sobre las costillas del infractor no era baladí: se le requisaba el vino así «adobado» y además se le castigaba con el pago de «cinco mil maravedís por la primera vez que en ello fuere hallado,

[887] Ordenanza XI. «Ordenanzas Generales de Valladolid, de 1549», en *Ordenanzas de Valladolid. Siglos* XVI *al* XIX, o. cit., p. 172.

[888] Ibídem.

[889] Ibídem, pp. 172-173.

[890] Ibídem, p. 173.

[891] Ordenanza XLI. «Ordenanzas Generales de Valladolid, de 1549», en *Ordenanzas de Valladolid. Siglos* XVI *al* XIX, o. cit., p. 239.

[892] Ibídem.

y por la segunda la misma pena», y además «sea desterrado de esta villa y su tierra por un año preciso».[893]

Pero ¿con qué instrumentos contaban los concejos para hacer frente al fraude y la adulteración? Ciertamente, no con muchos.

En este nivel de la Administración pública, aunque no existían los «Fieles almotacenes» (empleados que se encargaban oficialmente de contrastar las pesas y medidas), al menos se disponía de un servicio de «Fiel contraste de pesas y medidas»; cuando menos, los concejos de las capitales de provincia. Los anuarios de 1905, 1908 y 1915 revelan su existencia en el Ayuntamiento de A Coruña, atendido en el último año citado por dos personas.[894] Otro tanto sucedía en el Pontevedra en esos mismos años; seguimos teniendo constancia del servicio en la década de 1930[895] y años posteriores. Para atajar la falsificación de las medidas de los recipientes, el Ayuntamiento de A Coruña recordaba en 1898 la obligación de utilizar en toda clase de ventas el sistema métrico decimal de pesas y medidas, que se empleaba por cierto notablemente poco. Tales pesas y medidas tendrían que estar a la vista del público. Además se debería de hacer una comprobación y marca de las pesas y medidas ante el fiel contraste.[896]

Con este instrumento y el auxilio de veedores y alguaciles, los concejos velaban por el buen orden de las cosas en las tabernas y demás establecimientos en que se expedían vinos y licores.[897]

Ahora bien, en la práctica, poco más podían hacer que fiscalizar los fraudes de mezclas de distintas clases de vinos, en especial del vino nuevo con el viejo[898] (para evitarlo, antiguamente se prohibía tener en un mismo local barriles con diferentes tipos de vinos), hacer frente a la venta prematura del vino nuevo y tratar de impedir la adición de alcohol no vínico o sustancias colorantes o acaso peligrosas. Se esforzaban también en poner

[893] Ordenanza XLI. «Ordenanzas Generales de Valladolid, de 1549», en *Ordenanzas de Valladolid. Siglos XVI al XIX*, o. cit.

[894] *Anuario General de España*, Bailly-Bailliere, año 1905, p. 1.496. Año 1908, p. 1.639. Año 1915, t. I, p. 2.373.

[895] *Anuario General de España*, Bailly-Bailliere, año 1930, p. 1.788.

[896] Título VII. Cap. I. Arts. 397-399. *Ordenanzas municipales de La Coruña*, o. cit., p. 61.

[897] Meijide Pardo refiere, por ejemplo, que algunos concejos en el siglo XVIII establecían controles sobre el vino atabernado para impedir que se produjesen irregularidades. Cf. Antonio Meijide Pardo: «La viticultura gallega en el siglo XVIII», art. cit., p. 57.

[898] Ibídem.

freno al engaño relativo al nivel de capacidad de los recipientes en que se envasaba y servía el vino puesto a la venta. Este conjunto de controles municipales tenía desde luego una pretensión de control económico: impedir en la medida de lo posible la estafa al consumidor. Pero también, directa o indirectamente, aparecían revestidos por una facies higiénica y sanitaria, ya que se tenía por insano el vino inmaduro o mezclado y dado que, además, la menor dispensación de vino que el fraude representaba implicaba una mengua en un producto considerado como alimento de primera necesidad.

A falta de instrumentos de comprobación del fraude, se recurría a la inspección y sobre todo al juramento. Las ordenanzas de Vigo señalaban en 1560: «Iten hordenaron y mandaron que de aquí adelante ninguna persona vecino ni forastero desta villa sea osado a abrir ni vender vino de qualquiera manera que sea atabernado sino fuera primeramente mostrado y puesto por la Justicia y rreximento o por las personas que para ello fueren señaladas [...] para poner el precio del dho vino que ansi se ubiere de vender atabernado juren en forma que bien y fielmente sin fraude ni otra pertinidad pondrán el dho vino a persona ninguna sino al precio que mereciere». Además, las autoridades sellaban la pipa o tonel de vino donde se hubiera de vender al precio estipulado por la Justicia.[899] La pena impuesta a los infractores era de dos mil maravedíes la primera vez y el doble la segunda.[900] Los vendedores o mercaderes que fueren hallados por la «Justicia y rreximento» con el vino sin el correspondiente sellado pagarían, por la primera infracción, mil reales y sufrirían diez días de cárcel. En la segunda infracción, ambas penas se doblarían y perdería el vino, y a la tercera pagaría tres mil reales, recibiría cien azotes y sería desterrado de la villa por un año.[901]

Uno de los objetivos del sellado era evitar las mezclas. En efecto, las ordenanzas viguesas de 1560 señalaban que nadie fuere osado de vender vino en dicha villa mezclado «uno con otro», sino que vendan el vino tal y como fue sellado, «sin poderle echar otra mezcla ninguna aunque diga que es mejor la que echa con el peor».[902] El infractor pagaría la primera vez mil mara-

[899] «Ordenanzas de la villa de Vigo, 1560», *Colección de documentos históricos, Boletín de la Real Academia Gallega*, La Coruña: Litografía e Imprenta Roel, 1931, p. 124.

[900] Ibídem.

[901] Ibídem.

[902] Ibídem.

vedíes y perdería el vino, la segunda dos mil, «y por la tercera en pena de tres mill mrs. y sea traido a la verguença y el vino perdido y sea privado de no poder mas vender vino en la dha villa».[903]

También se combatía el fraude mediante la prohibición de tener en el local dos cubas de vino blanco o bien dos de tinto, con canillas puestas a la vez, para que se pudiese dar un vino malo en lugar de otro bueno del mismo color. Tal hacían las ordenanzas de Valladolid, estableciendo una pena para los contraventores que consistía en la pérdida de ambas cubas y quinientos maravedíes por la primera infracción y el doble por la segunda, amén de destierro.[904]

Sobre las cuestiones apuntadas, los responsables municipales tenían en general un criterio claro y constante. Sin embargo, distaba de haberlo, en cambio, en algunos otros temas. Por ejemplo, había inspectores municipales de sanidad que eran partidarios de ciertas manipulaciones que alejaban el vino de su presunta condición de producto «natural». A contrapelo de la creencia popular, muy difundida a comienzos del siglo XX, de que los vinos corregidos, «es decir, los que no están exclusivamente preparados con uva»,[905] eran perjudiciales para la salud, se alzaba la tesis del director del Laboratorio Municipal de Orense, que sostenía que esto era un craso error, puesto que el proceso de elaboración y crianza de los vinos requería alguna enmienda.[906]

Del mismo modo que, como hemos visto, la vigilancia gubernamental resultó poco eficaz, tampoco la supervisión municipal obtuvo resultados plausibles. Puede resultar revelador, en este sentido, el hecho de que hubiesen menudeado tanto las críticas referidas a la poca diligencia o eficacia de la labor municipal de control. Desde la opinión pública se han levantado en reiteradas ocasiones voces de protesta. Mencionaremos un caso: Lamas Carvajal denunciaba en 1883 que en Ourense se vendía un «vino compuesto» sin que los concejales se ocuparan gran cosa de la higiene pública.[907]

903 «Ordenanzas de la villa de Vigo, 1560», *Colección de documentos históricos, Boletín de la Real Academia Gallega*, o. cit.

904 Ordenanza XLI. «Ordenanzas Generales de Valladolid, de 1549», en *Ordenanzas de Valladolid. Siglos XVI al XIX*, o. cit., pp. 238-239.

905 José Fernández Martínez: *Prácticas vinícolas*, Orense: Imprenta y Papelería de La Región, 1913, p. 38.

906 Ibídem, pp. 38-39.

907 «Casos e cousas», *O Tio Marcos d'a Portela. Parrafeos c'o pobo gallego*, Ano quinto. Parrafeo Outavo. Ourense, 23 de Decembro de 1883, p. 5.

Además de contar con los alguaciles, los Ayuntamientos poco a poco fueron poniendo en pie un cuerpo de facultativos al frente de la sanidad pública, generalmente compuesto por un inspector, cierto número de médicos y algún farmacéutico, dependiendo, claro está, del tamaño del municipio. El Ayuntamiento de A Coruña disponía, en 1898, antes de la creación de un laboratorio municipal, de un «cuerpo médico municipal» que tenía entre sus cometidos el reconocimiento de los artículos de consumo que se expendían en mercados y puestos de venta al público.[908]

Los laboratorios municipales fueron creados no tanto por presión de la opinión pública como a instancias del propio estamento médico. Resultan significativas las peticiones médicas que porfiaban en tal sentido. Podemos referirnos, por citar algún caso, a la reivindicación efectuada por un facultativo de Manresa en una *Topografía médica* de su autoría, escrita en el año 1906, solicitando que el Ayuntamiento de su ciudad crease un laboratorio de análisis.[909] Todavía muy pocos municipios españoles contaban en esa fecha con un instrumento de control higiénico y sanitario de estas características que pudiese perseguir con rigor y eficacia las adulteraciones. Así se justifica el comentario que hacía la revista *Prácticas modernas* en el año 1908, lamentando la inexistencia de servicios de análisis clínicos en numerosas comarcas vitícolas para analizar los vinos.[910] Resultaba así de todo punto imposible dar cumplimiento a la ley de 27 de julio de 1895, en la que se calificaban como vinos artificiales todos aquellos que no fueran «el producto de la fermentación de la uva fresca»,[911] y que además asignaba un importante papel de control del fraude a los laboratorios municipales.

En los primeros lustros del siglo XX, las capitales de mayor fuste, como Barcelona y Madrid, contaban con servicios municipales capaces de realizar pesquisas analíticas. En 1913 había también en Madrid laboratorios químicos privados, con instalaciones completas y aparatos especiales

[908] Título II. Cap. 3.º. Sección 2.ª. II. Art. 31, 3.º. *Ordenanzas municipales de La Coruña*, o. cit., p. 7.

[909] Pedro Pallás Valls: *Topografía médica de Manresa*, Barcelona: F. Cuesta, impresor, 1906, p. 178.

[910] M. S. T.: «La campaña de La Cierva. Su importancia para los vinicultores. I», *Prácticas modernas é industrias rurales* (La Coruña), año VI (1 de noviembre de 1908), p. 333.

[911] Ibídem.

para el análisis de vinos y leches.[912] En verdad, en la segunda década del siglo XX se constata un progreso sensible. Mencionemos un conspicuo ejemplo: a la altura de 1913, Ourense disponía de un Laboratorio Municipal dirigido por un farmacéutico, autor de un folleto de divulgación de las prácticas vinícolas.[913] En A Coruña, en 1905, únicamente había un servicio de sanidad, atendido por un farmacéutico, un médico y un veterinario,[914] pero ya en 1915 consta la existencia de un laboratorio de higiene.[915] Por el contrario, en Pontevedra un anuario generalmente muy exhaustivo, el *Bailly-Bailliere*, no recoge la existencia de un laboratorio de esta índole en una fecha tan tardía como era el año 1930;[916] como tampoco se constata en Lugo, aunque esta ciudad disponía cuando menos de un laboratorio de higiene pecuaria.[917]

Desde el ámbito de la universidad, se hicieron asimismo contribuciones destacadas en la pugna por desvelar y tratar de establecer algún freno a la adulteración y fraude de los alimentos y las bebidas. Muchas de las urbes que eran sedes universitarias solían tener cátedras de Química, que en ocasiones han desempeñado un papel relevante a este respecto. A comienzos de la década de 1830 fue creada en Santiago una cátedra de Química, pero funcionaba a trancas y barrancas, a causa de problemas presupuestarios derivados de la penuria de fondos públicos, que también determinaron que la plaza de Agricultura hubiese quedado sin cubrir. Esta institución tuvo mucha importancia en orden a la posibilidad de efectuar un control sanitario de los alimentos y las bebidas, según apuntaba un informe presentado por la Sociedad Económica de Amigos del País de la Ciudad de Santiago.[918]

912 Existía uno, por ejemplo, en la calle Príncipe, 18 de Madrid, según se aprecia en un anuncio, en Juan Vidal y Martí: *Ensayo de los vinos al alcance de todos*, Madrid: Biblioteca de Conocimientos Prácticos II, 1913, s. p.

913 José Fernández Martínez: *Prácticas vinícolas*, art. cit.

914 «Coruña (La)», en *Anuario General de España*, Bailly-Bailliere, año 1905, p. 1.496.

915 «Coruña (La)», en *Anuario General de España*, Bailly-Bailliere, año 1915, t. I, p. 2.372.

916 *Anuario General de España*, Bailly-Bailliere, Año 1930, pp. 1.787-1.788.

917 Ibídem, p. 1.094.

918 Sociedad Económica de Amigos del País de la Ciudad de Santiago: *Informe dado sobre el modo y medios que pueden emplearse para promover y elevar al grado de que es susceptible la industria agricolo-mercantil de los Vinos y Aguardientes*, o. cit., pp. 21-22.

CAUSAS DE LA ADULTERACIÓN DEL VINO

El doctor Monlau señalaba con brevedad que la adulteración del vino se producía «con el objeto de aumentar simplemente su cantidad, ó de modificar sus cualidades desagradables».[919] No son, desde luego, únicamente estos los factores que habría que considerar, pero se podría condensar la significación del fraude delictivo del vino indicando que los móviles generales que lo ocasionaban guardan estrecho parentesco con el espíritu desaprensivo de lucro y no pocas veces también con la irresponsabilidad y la falta de escrúpulos.

El distinguido higienista Pedro Felipe Monlau ofrecía, a mediados del siglo XIX, un catálogo resumido de los usos más frecuentes en lo que concierne a la práctica de la adulteración de los vinos: se utilizaba protóxido de plomo (litargirio), con objeto de disimular su acidez, o bien, de modo más expeditivo, se adulteraba con creta para intentar eliminarla por completo. Se le añadía también potasa, para detener el proceso de fermentación y saturar el ácido acético que contuviese en exceso. Se empleaba también el alumbre, para dotarlo de más color, aportarle un gusto astringente y hacerlo menos alterable.[920] Asimismo, se utilizaba el aguardiente para darle mayor fuerza y realzar su sabor. Juzgaba el higienista que todas estas falsificaciones eran nocivas para la salud, unas más que otras.[921] Iremos desgranando esta cuestión y para ello repararemos en primer término en las adulteraciones que redundaban antes que nada en perjuicio de la salud.

ADULTERACIÓN EN LA PRODUCCIÓN

Falsificaciones nocivas para la salud

Se consideraban muy nocivos los vinos elaborados a base de química. Darío F. Crespo, en referencia a la zona de Valdeorras, criticaba en 1906 la adulteración de los vinos que se registraba, con daño para la salud pública, pero

[919] Pedro Felipe Monlau: *Elementos de higiene privada ó arte de conservar la salud del individuo*, 4.ª ed., Madrid: Imprenta de Rivadeneyra, 1870 [1.ª ed., 1846], p. 232.

[920] Ibídem.

[921] Ibídem.

también para el cultivo vitícola de la comarca, «cuyos productos vínicos tienen que bajar sus precios ante la competencia del agua teñida y saturada de tóxicos que expenden la plaga de falsificadores de vinos que surgen en todas partes».[922] Según el citado autor, esto hacía que los traficantes acumularan fortunas improvisadas en pocos años mientras que el viticultor llevaba una existencia repleta de penuria.

Otra modalidad de falsificación del vino consistía en emplear en su elaboración ingredientes que, aunque no eran tóxicos, reemplazaban a otros más sanos y sustanciosos, lo que menguaba su capacidad nutritiva. La consideración de esta clase de adulteración como indirectamente perjudicial para la nutrición saludable se inscribe en un orden mental que asignaba al vino un papel de gran importancia de cara a la restauración de las fuerzas extenuadas de los trabajadores (y del resto de los mortales). Lo expresaba así un colaborador de la revista *Prácticas modernas*, en 1908: «Los brevajes con que los adulteradores sustituyen al elemento higiénico del vino, aún aquellos que no tengan substancias tóxicas, constituyen siempre un fraude nocivo á la salud, porque con aquellos se toma una medida que burla la benéfica acción que un buen vino produciría en la economía, agobiada acaso por las fatigas del trabajo, á que las crecientes necesidades someten al abrumado obrero, que con justísima razón demanda protección».[923]

También se consideraba tradicionalmente nocivo para la salud el consumo del vino verde o inmaduro. La venta prematura del vino nuevo tenía por objeto darle salida pronta y venderlo a buen precio, al haber menor competencia. Otra faceta de este tipo de fraudes consistía en mezclar el vino nuevo *inmaturo* con el viejo para que se sostuviera mejor y presentara buena cara en el momento de la venta anticipada.

Pérez Costanti refiere en sus *Notas viejas galicianas* que algunos Ayuntamientos, como el de Santiago, hacían lo posible por controlar la fraudulenta venta anticipada de vino nuevo y también la mezcla con el viejo, prácticas que solían llevar aparejado cierto nivel de adulteración con sustancias destinadas a la mejora de la conservación, aspecto y sabor de tales vinos *inmaturos*.

[922] Darío F. Crespo«Asociaciones viti-vinícolas: los vinos del Norte de España y el mercado de Inglaterra», *Prácticas modernas* (La Coruña), año III (15 de septiembre de 1905), p. 202.

[923] M. S. T.: «La campaña de La Cierva. Su importancia para los vinicultores. I», art. cit., pp. 332-333.

Ítem más: la denuncia realizada por el fiscal de S. M. en la real provisión fechada en A Coruña a 9 de septiembre de 1795 había concretado ya qué clase de ingredientes se solían añadir a los vinos elaborados con uvas *inmaturas*, tan comunes —se decía— en el siglo XVIII, para preservarlos mejor, puesto que «no pueden durar ni aun medio año sin sostenerles con composiciones nocivas a la salud pública, como son, sangre de buey o de carnero, raíces de helechos, gatos o perros, azufres u otras artes de que se usan más ocultamente».[924]

Con objeto de impedir tales engaños, el Ayuntamiento compostelano creó en el siglo XIX una comisión municipal encargada de realizar frecuentes visitas a los bodegones, asesorada por algún perito avezado, que habría de tener experimentado paladar para apreciar la bondad de los vinos y detectar aquellos que no reuniesen la calidad necesaria para su consumo.[925] Era también algo muy corriente que los alcaldes tomasen la providencia elemental de publicar bandos conminando a los bodegueros a no vender el vino joven antes de sazón y a abstenerse además de mezclar las dos indicadas clases de vinos.[926] Así, el Ayuntamiento de Valladolid estipulaba que no se podría vender el vino «antes que se tenga por hecho», en ningún caso antes del día de san Andrés, so pena de perder su vino y pagar además quinientos maravedíes.[927] Como no andamos hoy en día muy sobrados de erudición santoral, convendrá recordar que la festividad de San Andrés se sitúa en el 30 de noviembre. En la parroquia de Couso (A Estrada), los antiguos alumnos de una maestra venida de fuera de Galicia todavía recuerdan un refrán que les solía repetir: «Por San Andrés, el vino nuevo añejo es».[928] En Galicia, parece tener más vigencia el día de San Martín (11 de noviembre) como lo proclaman varios proverbios; mencionaremos uno de ellos: «Dia de S. Martiño, proba o teu viño» (prueba tu vino).[929]

[924] Denuncia realizada por el fiscal de S. M. En real provisión datada en La Coruña el 9 de septiembre de 1795. Cit. en «La vendimia en el siglo XVIII», art. cit., p. 81.

[925] Ibídem, p. 79.

[926] Ibídem.

[927] Ordenanza XLI. «Ordenanzas Generales de Valladolid, de 1549», en *Ordenanzas de Valladolid. Siglos XVI al XIX*, o. cit., p. 238.

[928] Entrevista realizada por Xavier Castro Pérez a José Ribeira, su mujer Fina Varela y su hermana Jesusa, residentes en Couso (Concello de A Estrada). Todos ellos nacieron alrededor de 1930.

[929] «Refrás», O *Tio Marcos d'a Portela. Parrafeos c'o pobo gallego*, Ano Primeiro. Parrafeo Catorce. Ourense, 7 de Setembro de 1876, p. 56.

Adulteración para mejorar la conservación y arreglar vinos defectuosos

Había toda una serie de manipulaciones que tenían por objeto mejorar la conservación del vino. El enyesado era uno de los procedimientos de cuyo empleo tenemos constancia ya en el siglo XVI. Las ordenanzas de Valladolid ordenaban que nadie «pueda echar en ningun vino adobo de yeso, ni ningun otro adobo». Como la cuestión se consideraba seria, la sanción que recaía sobre las costillas del contraventor era relativamente grave: se le había de requisar tal vino «adobado» y además, se ordenaba que «pague cinco mil maravedís por la primera vez que en ello fuere hallado, y por la segunda la misma pena, y sea desterrado de esta villa y su tierra por un año preciso».[930]

Un manual de falsificaciones del siglo XIX revelaba que estaba muy extendida la práctica de echar yeso en polvo al vino para aumentar su resistencia y mejorar su color. Pero algunas voces advertían que con ello se añadía al vino sulfato y bisulfato de potasa, amén de sales, lo que resultaba perjudicial para la salud, en sustitución del «crémor de tártaro» que contenía el vino natural y que resultaba provechoso para el organismo.[931]

Existe constancia de que había bodegueros carentes de conocimientos enológicos que, sin solicitar asesoramiento técnico ni encomendarse a Dios ni al diablo, no dudaban en utilizar productos químicos para tratar de solventar los problemas que se suscitaban a la hora de elaborar y conservar su vino.[932] Con el propósito de arreglar aquellos vinos considerados en términos generales como defectuosos, en algunas ocasiones se les añadían antifermentos. Ítem más, para poder comercializar estos caldos dañados recurrían, por ejemplo, a los siguientes ingredientes: cloropriclina —cancerígeno—, bromo, mercurio, etcétera.[933]

[930] Ordenanza XLI. «Ordenanzas Generales de Valladolid, de 1549», en *Ordenanzas de Valladolid. Siglos XVI al XIX*, o. cit., p. 239.

[931] Ginés Franco: *Manual de falsificaciones de sustancias alimenticias, bebidas, licores… útil a los Municipios, Inspectores de Mercados y de Revendedores de Comestibles*, o. cit., p. 168.

[932] Carlos Delgado: *El libro del vino*, Madrid: Alianza, 1985, p. 73.

[933] Ibídem.

Aportar mayor graduación alcohólica al vino

Otra adulteración muy característica consistía en la adición de alcohol en vinos de mesa ya elaborados, con objeto de que alcanzaran mayor grado[934] y fuerza y que, además, se conservaran mejor. Esto se hacía también en otros países: ha sido una práctica muy común en Francia, por ejemplo, la adulteración del vino para darle mayor grado de alcohol, tratando de que llegara a alcanzar los 15 o 16°.[935] En nuestro país, este encabezamiento que aumenta la parte espiritosa del vino solía llevarse a cabo mediante el empleo de otro alcohol más fuerte, de tipo etílico, o bien con aguardiente. Con este mismo propósito de aumentar la graduación del vino, se recurría también muy a menudo al azúcar, que se añadía durante el proceso de fermentación del mosto *(champanización)*.[936] En algunas partes de Galicia, todavía en la actualidad, se suele decir que el vino tinto flojo al que se le echa azúcar, que el cosechero generalmente emplea para su propio consumo doméstico, está *inyectado*.[937] Un informante de Ribadavia apuntaba que: «Los vinos del Ribeiro tiene poca graduación. Por lo general, van de ocho a diez grados y medio. Normalmente no se pasa de los diez y medio. Ahora bien, hay bodegas de particulares en las que se hace vino que, con la adición de alcohol y de azúcar, cosas que lógicamente están prohibidas, que pasan de los once y medio y de los doce grados. Pero, [...] con uvas de jerez no se puede llegar a esa graduación en ninguna parte».[938] La adulteración del vino mediante el empleo de azúcar sirve además para corregir la acidez, rasgo muy habitual en las diferentes variedades de vinos gallegos, entre las que también se incluyen los albariños.

El aguardiente era empleado en las comarcas vitícolas gallegas por los cosecheros para reforzar sus vinos, que en la mayor parte de Galicia tenían

934 Carlos Delgado: *El libro del vino*, o. cit., p. 74.

935 Didier Nourrisson: *Le buveur du XIXe siècle*, París: Alvin Michel, 1990, pp. 36-37.

936 Carlos Delgado: *El libro del vino*, o. cit., p. 74.

937 Entrevista realizada por Xavier Castro a *Rebolo*, dueño del bar Os Faroles, de Laias (Ourense).

938 Augusto Pérez Alberti: *Xeografía de Galicia*, t. 1: *Viaxes I*, Santiago: Gran Enciclopedia Gallega, 1993, p. 248. Conversación de Pérez Alberti con Xosé, un bodeguero dueño de una bodega industrial en Ribadavia, dedicada a la producción de vinos del Ribeiro.

escasa graduación. El objetivo buscado —señalaba Darío F. Crespo— no solo consistía en obtener una mayor graduación, lo que redundaría en su mejor cotización en el mercado, sino que además se pretendía impedir la «aceitificación» [sic].[939] En cualquier caso, el aguardiente parece haber sido el ingrediente más socorrido para reforzar el vino elaborado por el paisano. Un vecino de Mourazos, en la zona de Verín, a comienzos de la década de 1990, explicaba que «Lo que se le hacía a este vino era muy poca cosa: echarle, si cabe, un poco de aguardiente, un grano de bisulfito por olla y nada más».[940]

Según Vidal y Martí, la adición de alcohol a los vinos poco espirituosos solía practicarse para mejorar su conservación, especialmente si se destinaban a países cálidos. No le parecía que esto fuera una falsificación, sino un método para conservarlos.[941] Pero esta operación no podía sobrepasar ciertos límites, más allá de los cuales resultaba alterada la composición general de los vinos. Planteado el asunto en estos términos, podía resultar opinable, pero en lo que no parecía haber dudas era en condenar el encabezado de los vinos que habían sido previamente aguados, con el propósito de disimular la adulteración y hacerlos más fácilmente vendibles.

Para enjuiciar el encabezado, se tenía en cuenta la cantidad de alcohol adicionada y, también, por supuesto, la calidad del alcohol empleado. Vidal y Martí lo explicaba del siguiente modo: «También el organismo humano puede sentir los efectos de esta adición de alcohol; pues los vinos adicionados de mucho alcohol, en lugar de conservar las fuerzas y desarrollar la inteligencia, las destruyen; en lugar de favorecer la digestión, la hacen más dificultosa, y embriagan. Claro que en todo ello influye mucho la calidad del alcohol con que se ha verificado el encabezamiento».[942]

No era en absoluto infrecuente la puesta en circulación de vinos «cabezones» que provocaban en el consumidor mareos y malestar de estómago. Nos ofrece una muestra de ello Emilia Pardo Bazán, en su novela —de cuño autobiográfico— *Insolación*. La protagonista, Asís, se sintió mal cuando tomó en un merendero popular un poco de jerez y manzanilla encabezados y compues-

939 Darío F. Crespo: «Los Alcoholes», carta al director de *Prácticas modernas* (La Coruña), año III (1 de diciembre de 1905), p. 270.

940 Augusto Pérez Alberti: *Xeografía de Galicia*, t. 1: *Viaxes I*, o. cit., p. 113.

941 Juan Vidal y Martí: *Ensayo de los vinos al alcance de todos*, o. cit., p. 64.

942 Ibídem.

tos. Lo que la autora nos indica que le afectó no fue tanto la embriaguez como un episodio de intoxicación provocada por la ponzoña que le sirvieron.[943]

Resultaba muy relevante la clase de alcohol que se empleara por añadidura, que debería de ser siempre de tipo etílico. Pero como quiera que existiera también el metílico, que es parecido y más barato, ello representaba una tentación para los más desaprensivos o ignorantes. Las consecuencias de tal fraude podían resultar muy dramáticas, pues el metílico es venenoso. Una adulteración de este tipo tuvo lugar en la provincia de Ourense, a comienzos de los años sesenta, cuyas funestas repercusiones se dejaron sentir en el conjunto de España y aun en el extranjero. A tenor de la investigación realizada por Fernando Méndez[944] y Carlos Fernández,[945] se puede concluir que el fraude provocó gran alarma en la opinión pública, puesto que fueron muchas las personas intoxicadas (entre las que e incluyen algunos niños), llegó a haber más de treinta fallecidos y algunos afectados quedaron ciegos o aquejados de graves dolencias.

Para disipar recelos, en los días que siguieron a la conmoción metílica, en Santiago se ofrecían los mejores vinos del Ribeiro convenientemente avalados con tarjetas de garantía ostensiblemente colocadas en las cubas.[946]

Desde el momento en que empezaron a existir laboratorios químicos, privados y sobre todo municipales —lo que empezó a ser bastante habitual en las ciudades españolas en los primeros lustros del siglo XX, como hemos visto—, ha sido posible detectar el encabezamiento del vino con relativa facilidad; en efecto, como apuntaba un especialista de entonces, «porque entre el peso del extracto y el grado alcohólico, existe una relación muy sencilla: [...] el peso del primero viene á ser con poca diferencia, el doble del grado alcohométrico», de modo que se podría considerar como vino encabezado aquel que se apartase mucho de esta regla.[947]

[943] Emilia Pardo Bazán: *Insolación*, 7.ª ed., Madrid: Espasa-Calpe, 2002 (Colección Austral), p. 80.

[944] Fernando Méndez: *Historia dun crime. O caso do metílico*, Vigo: Galaxia, 1998, pp. 225-230.

[945] Carlos Fernández: *El franquismo en Galicia*, La Coruña: La Voz de Galicia, 1992, p. 185.

[946] Javier Aramburu: «De cómo el mejor champagne francés se hace con vino de Galicia y de otras cosas sobre el buen yantar galaico», *Boletín de la Cofradía Vasca de Gastronomía*, cuaderno 1, año II (1968), s. p.

[947] Juan Vidal y Martí: *Ensayo de los vinos al alcance de todos*, o. cit., p. 65.

Perjudicial para el bolsillo (y para la calidad del vino)

Adulteración mediante la mezcla de uvas

Había otra clase de adulteraciones y fraudes que no afectaban tanto a la salud del consumidor como a su economía. Y desde luego, al prestigio del productor. Un ejemplo lo constituye la extendida práctica de aunar variedades de uvas de buena calidad con otras de rango inferior y hacer pasar el vino resultante como de procedencia exclusiva o preferente de las mejores, sin serlo de hecho. Pérez Alberti reproduce en su *Xeografía de Galicia* el testimonio de Xosé, dueño de una bodega industrial de Ribadavia. El empresario alude a esta cuestión al tiempo que protesta por ciertos abusos en la relación entre precio y calidad del vino: «fuera de la bodega y, sobre todo, de Galicia, los precios se disparan. Yo no sé como puede haber gente que pague mil pesetas por una botella que dice que está hecha con treixadura y torrontés, porque la cantidad que lleva de esas uvas non sé si llegará, en el mejor de los casos, a un siete por cien. Y pocas personas, los buenos catadores únicamente, son capaces de darse cuenta de este problema».[948] Este comentario suscita una interesante apostilla del reconocido geógrafo gallego, quien se adentra en el terreno comparativo y apunta que en la Alsacia francesa, «los distintos vinos llevan el nombre de la uva de la que están hechos impidiendo las trampas tan frecuentes en el Ribeiro, donde se dice, y posiblemente sea cierto, "este vino ha sido hecho con treixadura, torrontés y otras especies" sin decir nunca cuáles son las especies ni cuál es su proporción».[949]

Mezcla, pues, inapropiada cuando no fraudulenta, de variedades cultivadas en el país, o bien traídas algunas de ellas de fuera para la ocasión «nupcial». Como reconocía un bodeguero de Betanzos, «El problema es que hay quien mezcla uva de fuera con las de aquí —que también pasa en el Ribeiro—, de manera que desprestigian el vino de Betanzos a la larga».[950] El hecho afectaba también a las demás comarcas, sin exceptuar la del Salnés,

[948] Augusto Pérez Alberti: *Xeografía de Galicia*, t. 1: *Viaxes I*, o. cit., pp. 252-253.

[949] Ibídem.

[950] Ibídem, p. 171. (Entrevista realizada por el autor a Tomás, dueño de una pequeña bodega de venta al público en Betanzos.)

donde se ha registrado en las décadas recientes una producción muy elevada de botellas de albariño no siempre concordante, ni convenientemente justificada, con el contingente de uva cosechada en la zona. También es perceptible que en los últimos años ha disminuido mucho tal anomalía como consecuencia del esfuerzo de la Denominación de Origen para erradicarla.

Adaptar el vino al gusto del consumidor

El «gusto del consumidor» era decididamente un problema; una exigencia que había de ser tenida en cuenta. Tal condicionante se erigió en otro factor que generó una peculiar adulteración del vino, realizada con la pretensión de que se adaptara en la medida de lo posible al paladar del consumidor. No cabe duda de que para lograr tal objetivo era preciso manipular y alterar el mosto de partida.

En otra parte nos hemos referido a la preferencia popular por el vino muy tintado y denso. Para obtener un producto con tales características se hacía casi de todo. Pero este hecho no solo se registraba en España. En el Antiguo Régimen, los *paysans* franceses preferían los tintos bien coloreados.[951] Por lo tanto, conforme rodaban las cosas tanto en nuestra sociedad como en otros países de nuestro entorno, existía un doble motivo para que la España vitícola tomase buena nota y acusase recibo de la situación, si es que quería satisfacer cumplidamente el gusto del consumidor predominante en ambos mercados, el interior y el de exportación. El acreditado investigador de la viticultura española Alain Huetz de Lemps señala en su relevante obra *Vignobles et vins du Nord-Ouest de l'Espagne* que, en el último cuarto del siglo XIX, los viticultores riojanos trataron de adaptarse a los gustos de los comerciantes franceses (que, naturalmente, tenían que tener muy presentes las preferencias de sus *paysannes*) fabricando vinos tintos tan cargados de color como fuera posible.[952]

El catedrático de la Facultad de Química e Historia Natural de la Universidad de Santiago Antonio Casares resaltaba,[953] al promediar el siglo XIX,

[951] Olivier de Serres: *Théatre d'agriculture et Mesnage des champs*, París, 1600, libro tercero, p. 277.

[952] Alain Huetz de Lemps: *Vignobles et vins du Nord-Ouest de l'Espagne*, o. cit., p. 535.

[953] Antonio Casares: *Observaciones sobre el cultivo de la vid en Galicia*, Santiago: Imprenta de la Viuda e Hijos de Compañél, 1843, pp. 18 y 28.

un hecho al que hacemos referencia con mayor detenimiento en otro capítulo: el vino tinto que gozaba de la preferencia, tanto del consumidor como de los comerciantes, era aquel que presentaba una coloración más intensa.[954] En un plano de observación microsocial, un grupo de residentes en la parroquia estradense de Couso coincidía en que todavía hace pocas décadas se valoraba más en la localidad el vino tinto que pintaba bien la taza.[955] Esta afición a los tintarrones muy subidos de color se constata ya en la época medieval, como lo pone en evidencia la cantiga glosada por Filgueira Valverde en su estudio sobre los *Yantares en los Cancioneiros:* «E aquel viñ'era de vermella coor / e espessa tan muito que ni un tintor / vermello non podería fazer mellor; / e hú caía non o podíam tirar».[956] A mayor abundamiento, en el informe del doctor Casares se denunciaba que, en España, el criterio determinante a la hora de ponderar la calidad de un vino era el color, desdeñándose sus restantes características, incluido el sabor.[957]

Por lo demás, Antonio Casares presentó, conjuntamente con César Fernández Garrido,[958] un informe que fue aprobado en 1877 por la Sociedad Económica de Amigos del País de la Ciudad de Santiago.[959] Ambos estudiosos denunciaban en él la adulteración del vino tinto que se producía en Galicia, que a su juicio alcanzaba unas proporciones verdaderamente notables. De este modo, los cosecheros trataban de dar satisfacción a la demanda de los consumidores, que preferían tintos inequívocamente densos y cargados de color. Haciendo una pequeña historia de esta práctica, está al-

[954] Antonio Casares: *Observaciones sobre el cultivo de la vid en Galicia*, o. cit., p. 18.

[955] Entrevista realizada por Xavier Castro Pérez a José Ribeira, su mujer Fina Varela y su hermana Jesusa, ya cit.

[956] C.M. LXXII, reproducida por José Filgueira Valverde: «Yantares en los *Cancioneiros*», en *Homenaje a Pedro Sainz Rodríguez*, t. III, Madrid: Fundación Universitaria Española, 1986, p. 184.

[957] Sociedad Económica de Amigos del País de la Ciudad de Santiago: *Informe acerca del modo de descubrir la adulteracion de los vinos por la Fuchsina, emitido por una Comision compuesta de los Socios Excmo. Sr. D. Antonio Casares y Sr. D. César Fernandez Garrido, y aprobado en sesion de 31 de Enero de 1877*, o. cit., p. 4.

[958] A. Casares y C. Fernández Garrido: *Método para descubrir la adulteración de los vinos por la Fuchsina*, Santiago: Establecimiento tipográfico de El Diario, 1876, pp. 3-5 y 11-13.

[959] Sociedad Económica de Amigos del País de la Ciudad de Santiago: *Informe acerca del modo de descubrir la adulteracion de los vinos por la Fuchsina, emitido por una Comision compuesta de los Socios Excmo. Sr. D. Antonio Casares y Sr. D. César Fernandez Garrido, y aprobado en sesion de 31 de Enero de 1877*, o. cit.

parecer bien establecido que, en una primera fase, se recurría a colorantes naturales tales como las moras, bayas de saúco, cochinilla y palo campeche. Monlau apuntaba, por su parte, que también se empleaba el alumbre, para darle más color, dotarlo de un gusto astringente y hacerlo menos alterable.[960] Con parecidos fines se recurría también al palo campeche, con el que se obtenía una coloración más intensa del vino.[961] En la segunda mitad del siglo XIX aparecieron, además, compuestos de anilina, algunos de los cuales eran incuestionablemente venenosos, por contener arsénico, lo que motivó que cundiera la alarma entre los especialistas en salud en pública de la época. Esta peligrosa práctica se generalizó desde el momento en que se distribuyeron comercialmente disoluciones cargadas en mayor o menor medida de fucsina (*Fuchsina* era el nombre comercial que recibía la materia colorante roja de la anilina[962]), que aportaban una coloración muy semejante a la del vino y resultaban además muy baratas. También se empleaba una materia colorante violada, conocida con el nombre de *violado de anilina*.[963] Como quiera que a los autores del informe les pareció que la situación revestía cierta gravedad, exhortaban a las autoridades a que empeñaran sus esfuerzos en la erradicación de tales prácticas y asimismo verificasen la validez de una investigación que había sido realizada con el objetivo de obtener un método eficaz y fiable que permitiera a los almacenistas y consumidores detectar tales adulteraciones.

Es posible ofrecer alguna indicación sobre las proporciones del entintado. En la comarca del Ribeiro, quienes tenían la pretensión de realzar el color del vino añadían una onza de fucsina mezclada con cuarta onza de anilina por cada treinta y dos arrobas de vino.[964] Claro está, estas dosis no eran invariables, pero para lograr «el efecto que se apetece», nunca podían ser inferiores a una cienmilésima de la sustancia vínica.[965]

[960] Pedro Felipe Monlau: *Elementos de higiene privada ó arte de conservar la salud del individuo*, o. cit., p. 232.

[961] Ibídem.

[962] Sociedad Económica de Amigos del País de la Ciudad de Santiago: *Informe acerca del modo de descubrir la adulteracion de los vinos por la Fuchsina, emitido por una Comision compuesta de los Socios Excmo. Sr. D. Antonio Casares y Sr. D. César Fernandez Garrido, y aprobado en sesion de 31 de Enero de 1877*, o. cit., p. 8.

[963] Ibídem.

[964] Ibídem, p. 9.

[965] Ibídem.

A mayor abundamiento, señalemos que no faltaban bodegueros que para hacer más vivo el color rojo del vino tinto no dudaban en recurrir al yeso. Conviene aportar un dato que nos acerque a la proporción en que se empleaba dicha sustancia: en el año 1887, en Labastida se empleaban entre uno y dos quintales de yeso por cada mil quintales de vino nuevo.[966]

ADULTERACIÓN EN LA COMERCIALIZACIÓN: PERJUDICIAL PARA EL BOLSILLO

En el comercio del vino, que antiguamente se verificaba en gran medida mediante el trajín de los arrieros, en ocasiones se adulteraba el producto. Con el paso de los años se ha ido gestando toda una profusa literatura a propósito de la figura del arriero, con el resultado de haberla ensalzado hasta casi convertirla en una peculiar leyenda épica. Por debajo de ella, algunos testimonios muestran que, más allá de la mitificación, se escondían determinadas zonas de sombra. No cabe duda de que los arrieros han desempeñado una importante función social, soportando penalidades al transitar por caminos muchas veces difíciles y casi siempre inseguros. Da cuenta de ello una copla popular: «La vida de los arrieros / es muy mala de llevar: / a la noche acostarse tarde, / por la mañana, madrugar».[967] Figura inexcusable del paisaje social del tiempo pasado, aflora en las *Comedias bárbaras* de Valle-Inclán, completando el friso conformado por el abad, el hidalgo y el campesino. Está presente también en la recreación literaria de la historia que emprendió Otero Pedrayo: «¡Arrieros de otro tiempo, oh recios dezaus, / que moríais en los caminos como el marinero en el mar!».[968]

Los arrieros que fatigaban los caminos de rueda y de herradura traficando con vino eran no pocas veces campesinos transportistas, como pone de

966 Alain Huetz de Lemps: *Vignobles et vins du Nord-Ouest de l'Espagne*, o. cit., p. 535.

967 «A vida dos arrieiros / é moi mala de levar: / á noite deitarse tarde, / pola mañán, madrugar». Cantiga núm. 242, *Cantigas sociales: recollidas do pobo*, Vigo: Castrelos, 1969, p. 33.

968 «¡Arrieiros doutro tempo, ouh varudos dezaus, / que morríades nos camiños coma o mariño no mar!». Parece probable que «dezaus» se refiere a los habitantes de la comarca del Deza, que ha dado no pocos arrieros. Ramón Otero Pedrayo: A *Lagarada*, Vigo: Galaxia, 1998, p. 72.

manifiesto un estudio de Juan Eloy Gelabert.[969] Esto mismo ya había sido señalado con anterioridad por el ilustrado Lucas Labrada, quien indicaba que los labradores de los «países de ribera» solían emplearse «en la carretería cuando se lo permite la labranza».[970] Un hombre de condición muy modesta, que nació en Sobreira (Valadares, Vigo) en 1910, consideraba que los arrieros que iban a buscar el vino, primordialmente a la zona del Ribeiro, no gozaban de buena reputación, pues se decía que le hacían «muita [mucha] trampa».[971] Por esta razón, tanto él, que regía una taberna, como muchos otros que ejercían su mismo oficio, preferían ir personalmente a comprar el vino, pues desconfiaban de los arrieros y, así, de paso también abarataban costes, evitando intermediarios. Además, constataba que los cosecheros se lo vendían con mayor agrado a ellos que a los malafamados arrieros.[972] La importancia de la compra minorista directa en la zona de producción del Ribeiro, constituida por taberneros, fondistas, tenderos, etcétera, que trasladaban después los barriles de vino a sus establecimientos en la localidad de consumo, cuenta con un aceptable registro documental.[973] No cabe duda de que durante mucho tiempo ha existido cierta desconfianza y recelo en relación con la probidad del comerciante en vinos. También en Francia acontecía algo similar, como lo pone de manifiesto el afiche titulado *A bas l'intermédiaire*,[974] impreso en 1896 por el viticultor de Nîmes Gustave Fabre, en el que se abogaba por la compra directa al cosechero para evitar el temido fraude del intermediario.

Sin embargo, a veces, tales cautelas no pasaban de ser diligencias vanas: los propietarios de tabernas que acudían a las bodegas de los cosecheros para adquirir su vino, incluso los comerciantes mayoristas y los propios arrieros —y también, en ocasiones, los particulares, que solían agruparse para abara-

[969] Juan Eloy Gelabert González: «Problemas de comercialización de los vinos del Ribero de Avia en los siglos XVII y XVIII», *Estudios Compostelanos*, 4 (1976), p. 152.

[970] José Lucas Labrada: *Descripción económica del Reino de Galicia*, Vigo: Galaxia, 1971 [1.ª ed., 1804], p. 203.

[971] Entrevista realizada por Andrés Domínguez Almansa a Santiago Vila Álvarez (Sobreira [Valadares, Vigo], 1910). (FH-AHUS).

[972] Ibídem.

[973] Azucena López Rejo: «Notas para el estudio de los precios del vino del Ribeiro en los siglos XVII a XIX (1630-1844)», *Boletín Auriense*, XVII (1987), p. 212.

[974] Reproducido en *À table au XIXe siècle: Catalogue de la exposition organisée par le musée d'Orsay de Paris*, París: Flammarion, 2001, p. 62.

tar el desplazamiento—, podían resultar también engañados por los cosecheros o quienes les despachaban el vino. Uno de estos fraudes posibles consistía en darles gato por liebre: venderles el vino que pertenecía a una zona de poca monta como si en realidad procediera de otra localidad más prestigiosa. Así sucedía con el vino de la comarca del Ribeiro, en algunas de cuyas localidades se hacía bien, pero en otras no tanto. Para evitar la confusión y el fraude, se estableció en 1564 un perímetro cuidadosamente delimitado de denominación controlada como «Ribadavia».[975] En la misma villa de Ribadavia se introducían vinos de localidades en las que no se elaboraba con la calidad requerida, de modo que «debajo de una cuba de buen vino [...] venden a los mercaderes otro que no es tal»; así, los compradores resultaban engañados, al no ser vino que se pudiese «cargar sobre el mar».[976] Quería esto decir que, por estar mal elaborado o tener poca fuerza, se echaba a perder fácilmente, pues era incapaz de resistir las inclemencias propias de una travesía. Para evitar esta situación, las ordenanzas de 1579 fijaron los límites de la zona de la cual el vino podía entrar en Ribadavia para ser vendido como vino de la villa.[977]

Ahora bien, el clásico procedimiento de dar un vino por otro no lo practicaban exclusivamente algunos cosecheros. También había taberneros que eran muy duchos al respecto. Las disposiciones municipales trataron de poner coto a tal abuso, recurriendo a un procedimiento que ya hemos mencionado anteriormente: permitir que solo se pudiese tener un tipo de vino en el establecimiento para evitar el fraude de ofrecer el malo en vez del bueno. Traeremos a colación, a guisa de ejemplo, la prescripción que acerca de esta cuestión hacían las ordenanzas de Valladolid del siglo XVI: «Otrosí ordenamos y mandamos, por escusar el inconveniente que podria haber en daño de la república de poner á uno el vino que echáre por bueno, y vender en su lugar no tal, mandamos que ninguna persona en esta villa, ni en los lugares de su tierra, pueda vender en su casa, ni en otra parte, vino sino de una cuba, desde que la echáre hasta que sea acabada, ni tener en otras cubas canillas puestas, sino siendo el uno vino blanco y lo otro tinto».[978]

975 Archivo del Reino de Galicia, leg. 26 362, núm. 31, Ordenanza de Ribadavia. 1564.

976 Archivo del Reino de Galicia, leg. 644, núm. 20, fol. 243. Ordenanza de Ribadavia. 1579, Capítulo 39.

977 Ibídem.

978 Ordenanza XLI. «Ordenanzas Generales de Valladolid, de 1549», en *Ordenanzas de Valladolid. Siglos XVI al XIX*, o. cit., pp. 238-239.

Aguar el vino para que cunda más

Podemos iniciar la cuestión con una referencia al *Quijote*. Cervantes caracteriza a Sancho Panza como buen *mojón*, es decir, avezado en el arte de catar los vinos. En una escena nos lo presenta en trance de empinar con fruición la bota del vino que le había ofrecido el escudero del Caballero del Bosque, y nos dice que así, de dicha guisa, se estuvo mirando las estrellas un buen cuarto de hora. Acaba luego por exhalar un gran suspiro y alaba su calidad, en forma irónica, dando a entender lo contrario de lo que aparenta decir: «¡Oh hideputa, bellaco, y cómo es católico!».[979] Que está elogiando el vino resulta incuestionable, como lo pone de manifiesto el contexto del pasaje y, como, asimismo, advierte Francisco Rico, en una nota al pie, donde traduce la expresión de Sancho por «qué bueno está».[980] Lo que no aclara, en cambio, el ilustre cervantista, y no hubiera venido mal para la comprensión de la frase, es qué diantre viene a significar el semantema «y cómo es católico». Antes de aclararlo, veamos una expresión de significación antitética empleada por Valle-Inclán, igualmente envuelta en misteriosas calinas, a primera vista. En efecto, en *Cara de plata*, el autor de las *Comedias bárbaras* sitúa nuestra atención en un pueblo en el que una mesonera inquiere a unos hidalgos que recalaran en su local, qué clase de vino querían que les sirviera: de la tierra o bien del Ribeiro. Uno de ellos, don Pedrito, le responde: «Sea moro y sea del infierno».[981] La mesonera, por su parte, precisa en su respuesta que «Todo él es moro».[982] De añadidura, también en la obra de Pardo Bazán se encuentran alusiones al tal vino «moro».

Encontramos, así pues, planteado, en los clásicos de nuestra literatura, el binomio, brumoso en apariencia, vino cristiano o moro. Nos saca de dudas el *Diccionario* de la Real Academia Española de la Lengua, que contempla la acepción de *moro* en un sentido figurado y familiar: en efecto, «Aplícase al vino que no está aguado, en contraposición al bautizado o aguado». Es decir, «bautizado» o «cristiano», podríamos añadir. Este uso de tales vocablos pa-

[979] Miguel de Cervantes: *Don Quijote de la Mancha*, Madrid: RAE / Santillana, 2004, segunda parte, cap. XIII, p. 643.

[980] Ibídem. Cf. nota 44 de Francisco Rico.

[981] Ramón M.ª del Valle-Inclán: *Cara de plata: comedia bárbara*, 5.ª ed., Madrid: Espasa-Calpe, 1980 [1.ª ed., 1946], p. 53.

[982] Ibídem.

rece haber sido moneda corriente antaño, como lo confirma su plasmación en un dicho popular, recogido en el refranero de Francisco Rodríguez Marín: «Vino bautizado no vale un cornado; vino moro, plata y oro».[983]

Llegados a este punto, podemos elucidar con propiedad la paradójica alabanza hecha por Sancho al vino; viene a querer significar que el vino es bueno (no hideputa), leal (no bellaco), y moro (no aguado, «bautizado» ni «católico»). Por lo que se refiere al hidalgo de Valle-Inclán, podemos apreciar ahora con paladina claridad que lo que le preocupaba era ante todo la pureza del vino, que fuese «moro», en tanto que no parecía inquietarle gran cosa, en cambio, cuál fuera su procedencia.

La adición de agua para aumentar la cantidad de vino, el aguado del vino, no era, venturosamente, un fraude que resultara perjudicial para la salud del consumidor (aunque ya hemos visto que en otro tiempo se consideraba que sí lo era, puesto que con tal añadido el vino perdía parte de su virtud fortificadora y sanadora). Lo que no admite discusión alguna es que desde luego resultaba lesivo para su bolsillo. Tampoco parece que se pueda cuestionar que también era el fraude más habitual, particularmente en el despacho al por menor.[984] En efecto, en 1913 un experto consideraba que sin duda el «aguado» era el fraude más frecuente que se cometía con los vinos.[985] Por lo general se sometían al aguado los vinos muy alcohólicos y era corriente, sobre todo cuando se llevaba muy al extremo, que al aguado siguiesen ciertas operaciones previstas para disimular el engaño.[986]

El refranero alude repetidas veces a este hecho, dándolo por costumbre extendida entre los taberneros. Encontramos un dicho que sugiere con ironía que solían ser tan buenos cristianos que hasta bautizaban el vino. Uno hay que proclama el hecho sin ambages: «El buen tabernero, antes de vender el vino, lo bautiza primero».[987] También el romancero se

983 Francisco Rodríguez Marín: *Más de 21.000 refranes castellanos no contenidos en la copiosa colección del Maestro Gonzalo Correas. Allególos de la tradición oral y de sus lecturas durante más de medio siglo (1871-1926)*, Madrid: Tip. de la *Revista de Archivos, Bibliotecas y Museos*, 1926, p. 508.

984 Pedro Felipe Monlau: *Elementos de higiene privada ó arte de conservar la salud del individuo*, o. cit., p. 232.

985 Juan Vidal y Martí: *Ensayo de los vinos al alcance de todos*, o. cit., p. 63.

986 Ibídem.

987 Xesús Ferro Ruibal: *Refraneiro galego básico*, Vigo: Galaxia, 1987 (Biblioteca Básica), p. 551.

hace eco de esta problemática. Un *romance nuevo* denunciaba, en 1830, a los taberneros que servían al diablo con sus malas artes: «Los señores taberneros, / gente de buena conciencia, / que venden agua por vino, / y por instantes lo merman».[988] Lamas Carvajal imaginaba un castigo para los taberneros que le echaban agua al vino: «están hirviendo en calderos de aceite, por cada *neto* de agua que le echaron, un *neto*[989] de aceite hirviendo que les hace *ravechar* la piel».[990] Aprovechaba el vate ciego para censurar a los taberneros de su ciudad, Ourense, tan pródigos, según él, en el fraude que, de aplicarse tal regla, habría que realizar ciertas reformas en el infierno a fin de poder acogerlos cumplidamente: «Os vereis perdidos cuando mueran algunos taberneros de Ourense que yo conozco, pues tendreis que hacer unos calderos que lleven de cien a doscientos *moyos*».[991]

Tampoco se olvidaban folletos y hojas volanderas de abordar tan seria cuestión, de honda incidencia en la vida de las clases bebedoras, perdón, trabajadoras (quizá el *lapsus* se haya podido deber al influjo de la broma de Oscar Wilde: «El trabajo es la maldición de las clases bebedoras»). En una de estas breves publicaciones efímeras, se hacía la siguiente sátira del vino aguado: «Sea ante todo alabado / el buen jamon y el pescado, / que lo comen los muchachos, / y máxime los borrachos, / y la pureza del tinto / que nos conducen de Pinto, / sin mas mancha de pecado / que es venderle tan aguado, / y ahora nos vendria bien / arrobita y media, amen».[992]

988 BXUS, RSE Foll 12. 72. *Romance Nuevo del infernal Testamento*..., Valladolid: Imprenta de Santaren, 1830.

989 En Galicia, el *neto* o *cuartillo* es una medida de capacidad para líquidos que equivale a medio litro.

990 He aquí el texto original en gallego: «estan fervendo en caldeiros d'aceite, por cada neto d'auga que lle votaron, un neto d'aceite fervendo que lles fai ravechar o coiro». «Dez horas pol-as nubes. Viaxando en grobo», *O Tio Marcos d'a Portela. Parrafeos c'o pobo gallego*, Ano Primeiro. Parrafeo Dazanove. Ourense, 12 de Novembre de 1876, p. 76.

991 Ibídem. *Moio:* medida para vinos que equivale en Galicia a ocho ollas o cántaras de 18 litros cada una. En relación con la cita textual, merece la pena reproducir el texto original en gallego: «Vades-vos a ver perdidos cando cheguen á morrer algus taberneiros d'Ourense qu'eu coñezo, pois teredes que facer ús caldeiros que [borroso; probable: leven] de cen á douscentos moyos».

992 BXUS, RSE Foll 12. 85. *Sermón de las Modas. Sermón satírico burlesco*..., Madrid: Imprenta de J. Marés, 1849, p. 1.

De añadidura, un vecino de Cambados sacaba a colación, en 1934, un brindis que diera el poeta Añón en una boda: «Mas no penseis que dejo / que aunque no me gusta el vino / cuando alguien lo bautizó, / si está como Dios lo dio / bien que le hinco el hocico».[993]

Clasismo y adulteración

Como no es difícil imaginar, este avieso panorama de variopintas adulteraciones y falsificaciones del vino que se producían por doquier no afligía a todos los bebedores por igual. Un artículo inserto en la revista *Prácticas modernas*[994] en noviembre de 1908 revelaba que la adulteración afectaba mucho más a los consumidores pertenecientes a las clases populares, que tenían que comprar el vino a granel, por ser más barato, y que a menudo estaba mucho más adulterado. En cambio, el embotellado, que ofrecía mayores garantías frente al fraude, solía quedar reservado antaño para las únicas personas que podían adquirirlo: los pudientes. Naturalmente, quedaban exceptuados de tal rigor los campesinos que elaboraban su propio vino.

La novela de Francisco Camba *La revolución de Laíño* nos ilustra acerca del método empleado por los ricos que habitaban en villas y aldeas en las que, por las limitaciones y precariedad de los circuitos comerciales de la época, no tenían fácilmente a su alcance, en su localidad, vinos foráneos de calidad que fuesen dignos de toda confianza. Lo que solían hacer era comprar personalmente, o por medio de personas muy allegadas, el vino in situ en las bodegas de viticultores conocidos. O bien adquirían viñas en propiedad, ubicadas en acreditadas zonas vinícolas, como podía ser el Ribeiro. En efecto, el cacique de Laíño (localidad que podemos ubicar en el Salnés, comarca de la que era natural el escritor) mostraba pública afición a probar los caldos de otras provincias. Para obtenerlo con garantías de autenticidad, se procuró unos viñedos que estuviesen bajo su directo control. Nos lo

[993] «Mais non pensedes que deixo / qu'anque no me gusta o viño / cando alguen o bautizou, / si está como Diol-ó dou / hincolle ben o fuciño». Fuco d'a Chancra«Haxa pas... e veña un neto» [firmado en Madrid, octubre de 1934], *Galicia Nueva* (15 de octubre de 1934), p. 1.

[994] M. S. T.: «La campaña de La Cierva. Su importancia para los vinicultores. I», art. cit., p. 333.

cuenta así Camba: «Y apreciando más el vino del Auro que el de la comarca natal, extendió hacia allí su dominio, a fin de que el grato licor de aquellas vides llegase a él sin sospechas de mixtificaciones, como una ofrenda de vasallos».[995]

Todo parece indicar que frailes y clérigos también lograban ponerse con relativa facilidad al abrigo de los riesgos e inconvenientes que conllevaba la ingesta de vinos adulterados. Los frailes de los monasterios, párrocos y arciprestes, con cura de almas en áreas vitícolas, disponían de viñas propias en sus predios y dextros, que explotaban directamente o daban a llevadores en arriendo. En este caso, extremaban su apostólico celo enviando con frecuencia a sus agentes con el cometido de comprobar el alcance de la cosecha —en especial, si cobraban un porcentaje— y, también, de ejercer estrecha vigilancia para que el vino que se les había de entregar fuese en la cantidad convenida y elaborado «en derechura», sin aditamentos fraudulentos de agua, lo que se conoce que tenían por bautismo impío.

Y si eran frailes y prestes, o bien obispos, canónigos o cualquier otra dignidad de la jerarquía eclesiástica, que ejercían su ministerio en tierras de panllevar pero desprovistas de viñas, en no pocos casos disfrutaban de foros en parroquias vitícolas o, en el peor de los supuestos, si se veían precisados a desembolsar sus caudales para adquirir conveniente provisión de mosto, trataban de comprarlo siempre de noble procedencia. No pensaban solo en su propio provecho: ante todo, tenían presente la dignidad requerida por el sacramento de la misa, pues no parecía justificable celebrar el misterio de la transustanciación con un vino que no fuese de irreprochable pureza. A tal efecto, las constituciones sinodales solían poner mucho énfasis en la cuestión. Ya en el sínodo de Braga, de 1477, se ordenaba a los beneficiados que fueran «mui diligentes» supervisando a los sacristanes «per tal guisa» que, «quando tomarem o vinho e auga pera a missa, sejam bem avisados que senpre preguntem se aquelle vinho hé puro e que nom seja augapee nem outra mestura e que doutra guisa o nom tomem».

Señalemos, a título de colofón, que en la novela mencionada de Francisco Camba nos encontramos con un personaje de pueblerina condición que

[995] Francisco Camba: *La revolución de Laíño*, Madrid: Editorial Pueyo, 1919, p. 26.

prefiere el vino del cura a cualquier otro, en gran parte por la seguridad que le ofrece de no haber padecido adulteración alguna. A su edad no podía permitirse la osadía de correr riesgos, que podrían ocasionarle quebrantos: «el preferir a la del vino del cura otras embriagueces, le parecía realmente peligroso para quien, como él, si no peinaba canas, era porque ya casi ni canas tenía».[996] En estos y otros menesteres, bien está ser prudente.

[996] Francisco Camba: *La revolución de Laíño*, o. cit., p. 118.

Capítulo 6

Parras y vendimias

Las parras están ahí, como queriendo grapar el paisaje, se diría que desde siempre, cumpliendo una función que parece obvia. Mas, como suele suceder, las cosas más evidentes son las que menos se ven. ¿Hemos reparado con suficiente atención en todo lo que cabalmente significan?

USOS CULTURALES DE LAS PARRAS Y OTROS ELEMENTOS DE LA VID

Los parrales enaltecen y singularizan el paisaje gallego. El cultivo del viñedo mediante el procedimiento del parral obedece a la necesidad de alzar los racimos a prudente altura para protegerlos contra la humedad del suelo. Es el mismo principio de elevación que se aprecia en el hórreo. Con tal argucia se pugna por preservar del moho los frutos que han de dar el vino y el pan. Al propio tiempo, con la parra se obtiene mejor aprovechamiento de los rayos solares, a la vez que se evita que estos incidan directamente sobre ella, puesto que merced al entoldado las uvas quedan suspendidas a la sombra. El artificio del emparrado facilita también las operaciones del sulfatado y la propia realización de las tareas de la vendimia.[997] Tales factores explican que las parras abunden sobre todo en las áreas de la Galicia costera, en las que se registra una humedad excesiva y un déficit de insolación, y mucho menos, o francamente nada, en las zonas del interior, como Valdeorras, por ejemplo.

Sin embargo, además de esta finalidad evidente, las parras desempeñan otra serie de funciones utilitarias que podríamos denominar sociales y culturales.

[997] *Guía Campsa de los mejores vinos de España*, Barcelona: Repsol, 1999, pp. 131-132.

El desarrollo biológico de la vid, como planta, se halla en buena concordancia con las necesidades humanas, mudables a tenor de la rueda de las estaciones. Las parras situadas en los muros exteriores de las casas cumplen, en el estío, el cometido de dar sombra, que también ampara algunos espacios del interior situados cabe las ventanas bajas. En el invierno, con la caída de la hoja, permiten el paso de la luz solar a través de los vanos. Antaño (¡y todavía hogaño!) resultaba impagable este sol que alumbraba y calentaba por ende las estancias en las difíciles horas de la estación más larga del año, atenuando el frío y suavizando así el rigor climático que afligía la vida de sus moradores. Más allá de sus cualidades estéticas, este dúplice beneficio derivado de su condición de complemento arquitectónico de las viviendas explica su amplia difusión. Ha existido tradicionalmente plena conciencia de estas ventajas, como lo pone de relieve Emilia Pardo Bazán, según se deduce del modo en que describe en *La Madre Naturaleza* el «emparrado que sombreaba la casa de la *Sabia*».[998]

La parra permite, pues, la conjugación de la naturaleza con la arquitectura en provecho de la humana convivencia. Su funcionalidad, cifrada tanto en el fruto que produce y ampara como en el juego de luz y sombra que alternativamente dispensa, la ha convertido en un elemento muy apreciado por un pueblo de empedernidos vinófilos. Por su elegancia y donaire, la vemos campear con frecuencia en viviendas acomodadas, no solo rurales, y también en pazos, rectorales y dominios abaciales; y por su sencillez y baratura la encontramos igualmente en los caminos orlados por el dosel que componen los renovados retoños de las vides, engalanando los campos, las modestas casas labradoras y los mesones al pie de los caminos, y porticando la entrada de las tabernas rústicas.

La belleza barroca de los emparrados, con sus racimos en sazón exhalando alrededor su fragancia, confiere inconfundible gracia estética al paisaje y nobleza a los edificios que acompaña. Pocas estampas resultan comparables con las arcádicas parras, pletóricas de racimos purpúreos y dorados hacia el final del verano. Hallamos su réplica en las salpicaduras del característico liquen de color oro viejo, que motean y engalanan los postes graníticos que sustentan la vid. Son las piedras *orceladas* que tanto cautivaban a Otero Pedrayo.

998 Emilia Pardo Bazán: *La madre naturaleza*, en *Cuentos y novelas de la tierra*, Santiago: Sálvora, 1894; t. II, p. 401.

Es desde luego posible documentar en Galicia la jurisdicción democrática del emparrado: Valle-Inclán nos ayuda a imaginar en *Divinas palabras* un viejo caserío de Lugar de Condes «con palios de vid ante las puertas».[999] En *La guerra carlista,* pinta «Casucas viejas con emparrados en las puertas, prendidas sobre una quebrada del monte por donde baja el río».[1000] Y en un apunte de *Cara de plata* muestra, cabe el muro de piedra de una modesta casa campesina cualquiera, «Tendida parra de morada sombra, ante alguna puerta».[1001] Por su parte, Francisco Camba, en *La revolución de Laíño,* evoca los hogares de labradores acomodados provistos de quinteros, en tierras del Salnés. En las inmediaciones de una robleda de esta comarca había «una casa de labradores ricos, con atrio de gran portada y patín cubierto».[1002] El poeta protagonista de la interesante obra de Pardo Bazán *El cisne de Vilamorta* reconoce la mansión de un hidalgo por su aire señorial, el pétreo escudo de armas y «una parra magnífica, que cubre el patio de entrada».[1003]

También en el medio urbano se adentra el parral, como vemos ejemplarmente en la Casa de la Parra de la compostelana plaza de la Quintana. Resulta, asimismo, muy sugestiva la fotografía de un amplio emparrado que cubre la fachada de una casa de Cambados, que Álvarez Limeses publicó como ilustración de su aportación a la memorable *Geografía general del Reino de Galicia,* dirigida por Carreras y Candi.[1004]

Muy bien podríamos considerar como uno de los rasgos singulares del canon estético de la arquitectura gallega, de cuño tradicional, el contraste del verdor biológico de la parra con la agrisada geología del granito, matizada acaso por algunas motas broncíneas de la *orcela.* La mirada advierte que el elemento vegetal humaniza el rigor granítico del perpiaño de las casas del país y el conjunto produce en el espíritu una impresión dulcifica-

[999] Ramón M.ª del Valle Inclán: *Divinas palabras*, en *Obras escogidas*, 5.ª ed., Madrid: Aguilar, 1976; t. II, p. 1.129.

[1000] Ramón M.ª del Valle-Inclán: *La guerra carlista: los cruzados de la causa*, 4.ª ed., Madrid: Espasa-Calpe, 1969 [1.ª ed., 1944], p. 129.

[1001] Ramón M.ª del Valle-Inclán: *Cara de plata: comedia bárbara*, 5.ª ed., Madrid: Espasa-Calpe, 1980 [1.ª ed., 1946], p. 113.

[1002] Francisco Camba: *La La revolución de Laíño*, Madrid: Editorial Pueyo, 1919, p. 256.

[1003] Emilia Pardo Bazán *El cisne de Vilamorta*, en *Obras completas (Novelas y cuentos)*, 3.ª ed., Zaragoza: Aguilar, 1964; t. II, p. 217.

[1004] Gerardo Álvarez Limeses: «Provincia de Pontevedra», en F. Carreras y Candi (dir.): *Geografía general del Reino de Galicia*, Barcelona, 1936, p. 419.

da. Las vides que trepan por las fachadas de las casas suavizan la estampa de hosca dureza y tejen por encima de los balcones un dosel que atenúa gratamente la luminosidad solar. Las divisamos en las portadas de casas emblemáticas, como la que se halla emplazada en la puerta de Mazarelos, por la que se introducía el vino en la ciudad vieja de Santiago. De añadidura, en viviendas de más modesto porte, repartidas por toda la Galicia del vino; como la posada de Liaño, de la que bien sabía el señor Merlín, creación de don Álvaro Cunqueiro,[1005] quien gustaba mucho de verla ornada por un parral que desplegaba toda su dulzura vegetal por encima del balcón de la *solaina*.

En los países americanos, los emigrantes gallegos mantuvieron vivo su apego identitario a este elemento de la cultura tradicional del vino, de la que estaban hondamente impregnados. Abundan, en efecto, los ejemplos de gallegos que, cuando podían, cultivaban la vid y producían incluso su propio vino en Venezuela o Uruguay, por citar dos países de los que disponemos de testimonios.[1006] También en las ciudades procuraban plantar viñas en los jardines y patios terreños de sus casas. Armaban, en efecto, parras que concebían como un elemento simbólico que recreaba su identidad de procedencia, a cuya sombra descansaban, paseaban y comían. Así sucedía hacia 1880 en el domicilio que poseía en Buenos Aires, entre las calles Pichincha y Garay, el acomodado emigrante Manuel Posse, tal como lo describe Vázquez Rial en la novela de testimonio *Frontera sur*. Al amparo del emparrado, en el patio, su familia disfrutaba de comidas y festejos.[1007] También se resolvió a erigir su propia parra, hacia 1905, otro gallego de nombre Ramón, para proteger con su sombra benéfica a sus familiares e invitados en las horas de sociabilidad.[1008]

Encontramos también, cómo no, parrales en capitales españolas, como sucedía en la Barcelona popular, la de los barrios de Sarriá o de Sants, integrados por casitas menestrales o bien proletarias y unifamiliares, que solían disponer de pequeños patios en los que las familias bebían vino con gaseosa

1005 Álvaro Cunqueiro: *Merlín e familia*, Vigo: Galaxia, 1991, p. 123.

1006 Entrevista realizada a Carlos Sixirei Paredes, que residió en Buenos Aires y Montevideo en el período 1979-1982 y nuevamente en 1992.

1007 Horacio Vázquez Rial: *Frontera sur*, Madrid: Alfaguara, 1994, pp. 27 y 264.

1008 Ibídem.

entre nísperos y glicinas, «bajo los pámpanos relucientes del emparrado».[1009] Otro tanto sucedía en Madrid: hace unos cien años, en la vivienda en que estaba instalada la panadería de Pío Baroja, sita en la plaza de las Descalzas Reales, había un patio grande que estaba enlosado «y tenía en una de sus paredes una parra que regaba uno de los panaderos, que era gallego y aficionado al vino. La parra daba al patio cierto aire aldeano».[1010] Engalanan, también, las ciudades menores, como Vigo o Toledo, donde recalaron Alberti y María Teresa León para decirse palabras de amor —que ella evoca en *Memoria de la melancolía*—, bajo el dosel de racimos y pámpanos de la célebre Pensión de la Sangre, tan visitada por los poetas de la Generación del 27 y otros amigos de la Residencia de Estudiantes.[1011] Y las contemplamos, asimismo, en los patios de las viviendas de algunos pueblos, como Castro del Río (en Córdoba), que escogió Carlos Castilla del Pino para vivir y escribir con sosiego y, a la caída de la tarde, proceder con solemnidad laica al *hortus conclusus* en su *Casa del olivo*.[1012] Parras sombreando los caminos, ya desde el medioevo,[1013] tejiendo a veces sobre ellos un dédalo de vegetal verdor, como cumplidamente se puede apreciar en aldeas singulares, de las que Angueira do Castro, en los alrededores de Santiago, constituye un hermoso ejemplo. Y en tantas otras partes, como sucedía en Viveiro: cuando se cultivaba la viña, antes de la crisis del oídio acontecida en el siglo XIX, el Ayuntamiento hacía saber que «muchas partes de las vides estaban sobre los caminos en forma de parras».[1014]

Todo parece indicar que la plantación de nuevas cepas americanas, realizada en respuesta a las devastadoras plagas del oídio, el mildiu y la filoxera,

[1009] Montserrat Roig: *Dime que me quieres aunque sea mentira*, Barcelona: Península, 2002, p. 199.

[1010] Pío Baroja: *Familia, infancia y juventud*, en *Desde la última vuelta del camino: memorias*, Madrid: Caro Raggio, 1982; t. II, p. 387.

[1011] Se hacían llamar Hermanos de la Cofradía de la Orden de Toledo. Cf. María Teresa León: *Memoria de la melancolía*, Barcelona: Bruguera, 1982, p. 200.

[1012] Carlos Castilla del Pino: *Casa del olivo: autobiografía (1949-2003)*, Barcelona: Tusquets, 2004, n. 120, p. 458.

[1013] Eliseo Alonso: *Viños do Rosal e do Condado: denominación de orixe Rías Baixas*, Vigo: Nigra Imaxe, 1992, p. 28.

[1014] Respuesta a la pregunta 71. Contestación del Ayuntamiento de Vivero, provincia de Lugo. Vivero, 13 de octubre de 1887. En *La crisis agrícola y pecuaria*, Madrid: Establecimiento Tipográfico Sucesores de Rivadeneyra, Impresores de la Casa Real, 1887; t. III, p. 90.

que diezmaron los viñedos, trajo consigo la desaparición paulatina de las parras. Estas, según testimonios de la época y los datos del catastro de Ensenada, tenían anteriormente una presencia muy notoria en las tierras del Ribeiro, cubriendo majestuosamente caminos y *carreiros* públicos.[1015] Resulta muy probable que este mismo retroceso se haya producido también en otras muchas comarcas.

Ahora bien, sería equivocado pensar que las corporaciones municipales, como la de Viveiro que acabamos de mencionar, se sentirían necesariamente satisfechas con tal realidad, que en nuestros días consideraríamos, como mínimo, pintoresca. Es claro que el gusto estético ha ido cambiando con el paso del tiempo y no es en modo alguno conveniente proyectar hacia el pasado las categorías de hoy en día. A la luz de la sensibilidad actual, pocas dudas caben de que el dosel de pámpanos erigido sobre los viejos caminos reviste una notable, positiva belleza. Pero, antaño, ha habido gentes influyentes que no lo han sabido apreciar. Personas prácticas, poco dadas a embelecos, que solo tomaban en consideración el lado pragmático y funcional de las cosas. Quizá aquel espíritu suyo de pedestre filisteísmo, denostado por el dandismo esteticista de Oscar Wilde, Baudelaire y, entre nosotros, Otero Pedrayo y Vicente Risco, haya sido uno de los vectores que condujeron al actual desorden territorial y feísmo arquitectónico. Tales ediles llegaron incluso a prohibir «tender viña por encima de los caminos públicos».[1016] Así lo hizo el Ayuntamiento de Pontevedra en 1922. El motivo práctico que inspiraba esta interdicción del palio vegetal no era otro que el de tratar de facilitar el tránsito de los carros cuando iban cargados. Pero la disposición era a todas luces draconiana, amén de insensible a la belleza, puesto que en realidad habría bastado con decretar que las parras se debieran alzar a una altura que resultara suficiente. De hecho, esto era lo que se indicaba que se debería hacer en las fincas particulares.[1017]

Menos problemáticos eran los emparrados situados ante la puerta de los molinos, espacio privilegiado para la relación social y el encuentro amoro-

[1015] Luís Domínguez Castro: : «Os viñedos do Ribeiro no primeiro tercio do século XX». Comentario histórico-crítico al folleto de Álvaro das Casas: *Manifesto da Unión de Colleiteiros do Ribeiro do Avia*, editado por la Asociación Álvaro das Casas, Orense, 2004, s. p.

[1016] Art. 263. *Ordenanzas Municipales del Excmo. Ayuntamiento de Pontevedra*, Pontevedra: Tipografía Joaquín Poza Cobas, 1922, p. 29. APP.

[1017] Ibídem.

so. Cabe ilustrarlo con el que regentaba Pedro Rey, arrendatario de un hidalgo, cuya parra se sustentaba, según inmemorial costumbre, sobre postes (*esteos*) de granítica piedra. El efecto estético conseguido era muy hermoso, como lo atestigua y al propio tiempo resalta la prosa ennoblecedora de Valle-Inclán: seducido por su contundente belleza, se recrea con morosidad en la descripción que hace a este respecto en *Águila de blasón:* «Los juveniles pámpanos parecen adquirir nueva gracia en contraste con los brazos de la vid centenaria, y sobre aquellas piedras de una tosquedad céltica».[1018]

En *Cara de plata,* el protagonista y bravo mozo llega a un mesón, al que el autor califica también como «venta», que tenía en la trasera un huerto con parra. En un rincón, una gavilla de parroquianos bebía y jugaba a las cartas.[1019] El cuadro así descrito por Valle-Inclán se asemejaba a otro asimismo de su autoría, pero ubicado en Viana del Prior; en este mesón de marras, sombreando las puertas, se situaba «un parral, ancho y corrido».[1020] Parras también muy comunes en el patio o en la entrada de las tabernas, a cuya sombra los hombres hacían correr la jarra, en ronda de pie o bien sentados en banquetas.

Excelentes parras de mucho porte y abundantes hojas, como las que arman las cepas albariñas, que hicieron exclamar a Rosalía de Castro: «¡Oh mi parra de albariñas uvas / que tu sombra me das!».[1021] Útiles, especialmente en el verano, para buscar cobijo y abandonarse a la placidez de una siesta, deleite de sabios desurgidos capaces de regalarse buenos ratos de ocio; como los que aprovechaba aquel mendigo, pobre en todo excepto en tiempo, que descansaba tumbado a la sombra ejemplar de los parrales, según lo retrató Valle-Inclán en *Divinas palabras.*[1022] Emilia Pardo Bazán nos muestra a una joven campesina que se desabrocha el justillo de ruda estopa y se acurruca en el suelo, ante la puerta, al socaire de la parra cargada de racimos maduros, para dar de mamar a su criatura con sosiego.[1023] Y otra vez

1018 Ramón M.ª del Valle-Inclán: *Águila de blasón: comedia bárbara,* 10.ª ed., Madrid: Espasa-Calpe, 1996 [1.ª ed., 1946], p. 78.

1019 Ramón M.ª del Valle-Inclán: *Cara de plata: comedia bárbara,* o. cit., p. 59.

1020 Ramón M.ª del Valle-Inclán: *Divinas palabras,* o. cit., p. 1.137.

1021 Rosalía de Castro: «¡Terra A Nosa!», en *Follas novas,* Vigo: Galaxia, 1993, p. 340.

1022 Ramón M.ª del Valle-Inclán: *Divinas palabras,* o. cit., p. 1.114.

1023 Emilia Pardo Bazán: «La advertencia», en *Cuentos de la tierra,* en *Cuentos y novelas de la tierra,* Santiago: Sálvora, 1894; t. I, p. 309.

el escritor de Vilanova nos presenta, en *Águila de blasón*,[1024] a una atractiva molinera sentada a la sombra del emparrado en trance de batir la nata de la leche en un cuenco…

A LA SOMBRA «EJEMPLAR» DE LOS PARRALES

Umbrosos emparrados que amparaban al campesino que reparaba una herramienta, o a la aldeana que pelaba patatas, o a la familia que celebraba con toda la parentela una pantagruélica comida en el señalado día de la fiesta del santo de la parroquia. No cuesta mucho imaginarse al patrón bajando a la bodega en pos de una jarra de vino tinto fresco para compartir unos tragos con unos vecinos sentados alrededor de una rústica mesa bajo una parra. Compone este mosaico un cuadro de resonancias clásicas, con hondas raíces en la cultura occidental del vino. A la memoria acude una estrofa de la oda de Horacio: «A su paje: Elemental en las satisfacciones», en que proclamaba su ideal de *vita beata*, cristalizado en el lujo de beber y conversar al arrimo de la parra: «Me basta el mirto, su sencilla gracia / que no requiere ornatos; él se sobra / a sí mismo, y a todos bien nos asienta. / A ti también, mientras me vas llenando, / a la sombra ejemplar de los parrales / mi copa una vez más… Esto sí es un lujo».[1025]

VIDA SOCIAL BAJO LAS PARRAS

La cultura popular se oreaba en el estío, abandonando el amparo de las *lareiras*, para explayarse en los cuentos, consejas y pláticas mantenidas al aire libre en demorados atardeceres y noches templadas. Antonio Neira de Mosquera dejó perfilado un friso del mundo campesino en «Galicia pintoresca. Romerías y cuentos populares»,[1026] en una de cuyas estampas plasma-

[1024] Ramón M.ª del Valle-Inclán: *Águila de blasón: comedia bárbara*, o. cit., p. 78.

[1025] Horacio: «A su paje: Elemental en las satisfacciones», en *Odas*, Barcelona: Nuevas Ediciones de Bolsillo, 2000, libro I, oda 38, p. 23.

[1026] Antonio Neira de Mosquera: «Galicia pintoresca. Romerías y cuentos populares», *Eco de la Revista, Periódico Judicial, Mercantil, Literario y de Variedades* (La Coruña) (domingo, 8 de agosto de 1852), p. 36.

ba las conversaciones aldeanas sostenidas bajo los emparrados y el gozo que encontraban en referir viejos cuentos; de aquellos que formaban parte, en su caso, del acervo tradicional del valle de la Ulla Baja. Josefina Aldecoa manifiesta una gran querencia por la época de su infancia que transcurrió en un pueblo leonés, en la década de los treinta. En un vértice de su memoria se alzaba la casa de sus abuelos, situada a tiro de ballesta del núcleo rural, donde «al llegar la noche, en la cocina grande y caliente si hacía frío, o en el banco de piedra bajo el emparrado, si el tiempo era suave, era la hora de los cuentos. Los contaban los viejos y los jóvenes».[1027] La convivencia y la vida social en el mundo rural parecían esponjarse bajo el dosel vegetal guarnecido de pámpanos y racimos. En las horas nocturnas, el grupo de conversadores hallaba solaz en la sensación de protección e intimidad que irradiaba la parra, al tiempo que se guarecía de la brisa que pudiera levantarse súbitamente.

En el transcurso del día, la recia sombra que proyectaba la parra contrarrestaba la fuerza irrecusable del sol, incluso cuando este se hallaba en su cenit. Francisco Camba subrayaba en *La revolución de Laíño* precisamente esta función social de la pérgola en la estación veraniega: hacer que el aire se templase mediante su interposición, permitiendo el alivio y la mejoría de la respiración; de este modo, los miembros de la banda de música del pueblo no sudaban en demasía cuando celebraban sus ensayos acogidos a su benefactora sombra.[1028] En un tiempo en que el canon corporal imponía a las mujeres distinguidas la adopción de las oportunas cautelas a fin de que la exigua parte de su cuerpo ofrecida a la vista tuviese la nacarada blancura que exaltaban los poetas, en contraste con la piel tostada de la tez y manos de las bruñidas campesinas, muchas agradecerían una parra benéfica que les brindara su protección cuando la ocasión lo requería. La galantería podía encontrar aquí un terreno propicio para explayarse: «Te he de poner una parra / desde tu casa a la iglesia / para que cuando vayas a misa / no te dé el sol en la cara».[1029]

La caridad se ejercitaba a menudo bajo la parra, como sucedía en una casa campesina de buen pasar:

[1027] Josefina Aldecoa: «1930-1940. Esperanza y derrota», en *Retrato de un siglo. La mirada de 10 escritores*, Madrid: Temas de Hoy, 1999, p. 106.

[1028] Francisco Camba: *La revolución de Laíño*, o. cit., p. 148.

[1029] Copla popular de la que tuvo conocimiento Gonzalo Allegue en Aragón.

> Mamá era muy buena, muy caritativa, y acudía a la Romería de San Andrés, ¿no sabes? Bueno, pues los peregrinos que venían a la romería y nosotros teníamos una parra muy grande, una mesa grandísima, larga, puesta, y el día de los romeros, empezaron a parar así, a preguntar si tenía para comer caldo, yo que sé, y mamá empezó a darles de comer, pero sin cobrar nada. Y después ya teníamos todo preparado para cuando venían los romeros, la mesa puesta con pan, era de broa el pan, pero también era de trigo, pero trigo teníamos menos y mezclábamos con el maíz. Y, con el caldo, leche, de lo que había... sopa... Y les daba de comer a los romeros todos los años, sin cobrar nada.[1030]

Los verdes entoldados resultaban ventajosos también para los animales domésticos. Daban sombra a los corrales constelados de restos de verdura que el picoteo de las gallinas dejaba revueltos.[1031] No eran ellas las únicas beneficiarias; también los perros sabían resguardarse del rigor del estío bajo los pámpanos erguidos. Podemos apreciar, en efecto, en las obras de Valle-Inclán *La guerra carlista*, *Sonata de otoño* o *Romance de lobos*[1032] cómo, bajo las parras situadas en huertos y corrales, se solía atar a los perros de estirpe *palleira*, cuando no se guarecían del sol y de las lluvias bajo los hórreos.[1033] Cancerberos, «flacos», como imponía la época,[1034] que hacían guardia a su socaire, y que estaban muchas veces sueltos, hallándose prestos a salir al paso, ladradores, de quien osase aproximarse, como le aconteció al marqués de Bradomín en los viejos molinos de Gundar.

En el marco de la sociabilidad rural, el emparrado de las casas constituía una extensión del espacio propio de sus moradores, a modo de un segundo círculo de irradiación de la intimidad de la familia. Como tal, no ostentaba el mismo grado de privacidad que el ámbito situado intramuros. Ambigua zona intermedia, de transición entre el escrutinio público y el recato privado, constituía un jalón en el proceso que un pretendiente debería recorrer

1030 Entrevista realizada por Iván López a la señora Teresa.

1031 Pedro Rial López: *Pontevedra agrícola*, Vigo: Obra Cultural de la Caja de Ahorros Provincial de Pontevedra, 1969, p. 79.

1032 Ramón M.ª del Valle-Inclán: *La guerra carlista: los cruzados de la causa*, o. cit., pp. 19, 83. *Romance de lobos*, en *Obras escogidas*, 5.ª ed., Madrid: Aguilar, 1976; t. I, p. 602.

1033 Ramón M.ª del Valle Inclán: *Sonata de otoño*, 6.ª ed., Madrid: Espasa-Calpe, 1969 [1.ª ed., 1944], p. 9.

1034 Ibídem.

hasta recorrer hasta llegar a ser admitido en el hogar familiar. El parral obraba de hecho como un territorio propicio para los coloquios amorosos, idóneo para los encuentros y las citas galantes «blandas», toda vez que la cercanía y posibilidad de vigilancia imponían a la pareja inevitable comedimiento en su conducta (por su condición de espacio amoroso «blando», se asemejaba al que representaba la fuente, en donde el control era comunitario, aunque quizás en esta los novios pudiesen «ofender al pudor» con mayor impunidad, aprovechando para su goce los posibles intervalos de soledad). Podemos evocar unos versos de Ramón Cabanillas que aluden al amor bajo el dosel de las vides: «En la penumbra de la era / a la vera de una cerca / que cubren las yedras, / debajo de la parra / de verde follaje que otoño amarillea, / los novios pensando en el nido de amores, / en la choza que aguarda con la puerta entreabierta, / pues ya de las proclamas / mañana que es domingo será la última, / muy juntos, volando por encima del mundo, / platican, bajito, en el asiento de piedra».[1035]

Las parras adjuntas a las casas eran efectivamente un lugar de cortejo admitido. Ámbito tolerado para el encuentro, con el recato debido, entre jóvenes aldeanos de ambos sexos, generalmente en un banco de piedra, al anochecer después del trabajo. Claro que las citas amorosas que se concertaban no siempre se podían llevar a cabo: «Debajo de tu parra / me senté descansar / y, aunque mucho te esperé, / no me viniste a hablar».[1036] Los galanteos salían en ocasiones malparados por la oposición de la madre de la joven, cuando, por ejemplo, no consideraba ajustado el perfil del mozo a la estrategia matrimonial de la familia; las medidas que se adoptaban en tales casos podían ser contundentes: «Debajo de mi parra / bien te he visto estar sentado; / mi madre estaba en casa / y me encerró en el desván».[1037]

Las parras —también denominadas, en sentido general, las viñas— más alejadas de las viviendas ofrecían discreción y cobertura para los lances de amor furtivo. Tales viñas, como los maizales, constituían escenarios propicios para el erotismo consumado: así surgían los llamados «amores de *silveira* ('zarzal')» y las «uniones por detrás de la iglesia». Probablemente ha sido así desde

1035 Ramón Cabanillas: «Rimas», en *No desterro*, en *Obra completa*, Madrid: Akal, 1979; vol. 1 [1.ª ed., 1944], p. 82.

1036 *Cantigas do viño: recollidas do pobo*, 3.ª ed., Vigo: Castrelos, 1974 [1.ª ed., 1968], p. 10.

1037 Tiene más gracia en la lengua original: «Debaixo da miña parra / ben te vin estar sentado; / miña nai estaba en casa / e encerróume no sobrado». Ibídem.

una época anterior a la introducción del cultivo del maíz en Galicia, que tuvo lugar en la época del Barroco. Puede que sea este el sentido de un bando dispuesto por el Concejo de Orense, en el año 1530, en que se prohibía «[...] que estén en las huertas, viñas y melonares, de día y de noche, ningún mozo ni moza ni otra persona de la ciudad ni de fuera, sin permiso de los dueños, so pena de ser llevados a la cárcel».[1038] Modernamente, Valle-Inclán ponía en boca de un personaje de su obra *Romance de lobos* la siguiente observación: «Que el Demonio Mayor anda por las ferias y las vendimias, y las procesiones, con la apariencia de una moza garrida, tentando a los hombres. Frailes y vinculeros son los más tentados. ¡Ay hermano, cuántas veces habremos estado con una moza bajo las viñas sin cuidar que era el Demonio Mayor de los Infiernos!».[1039] Una mujer entrevistada no podía dejar de esbozar una sonrisa de picardía cuando, al evocar sus recuerdos juveniles, mencionaba que sus amigas —entonces, jóvenes muchachas en flor— solían preguntarse unas a otras, si acaso: «¿andas con tu mozo por debajo de las viñas?».[1040] Se trataba de una metáfora popular tan habitual que muchos curas rurales se servían de ella para preguntarles a las mozas acerca de su observancia del sexto mandamiento: «¿Anduviste con algún chico en las viñas?», tal era la fórmula inquisitiva que empleaban.[1041] Desde luego, los curas sabían bien de qué hablaban. Quizá en algunos casos no solo por habérselo escuchado a sus feligreses; una malintencionada canción popular atribuía a los párrocos un conocimiento directo de las prácticas amatorias que discurrían por tales andurriales: «Murmuraban mis vecinas / que yo estaba con el cura en las viñas. / Eso es verdad, / yo no lo niego, / que yo estuve con el cura en la viñas».[1042]

También consta en el habla popular otra fórmula que se empleaba para aludir a este empecatado lance: «ir a por uvas».[1043] Ateniéndonos, a guisa

1038 Bando del Concejo de Orense, 1530. Transcrito por Benito Fernández Alonso, en el *Boletín de la Comisión de Monumentos de Orense*. Orense. Varios años.

1039 Ramón M.ª del Valle Inclán: *Romance de lobos*, o. cit., pp. 669-670.

1040 Entrevista realizada por Xavier Castro a Pilar Blanco López (Mogor [Marín], 1965).

1041 Ibídem.

1042 Vale la pena reproducirla en lengua gallega: «Murmuraban as miñas veciñas / que eu andaba co crego nas viñas. / Iso é verdade, / eu non o nego, / que eu andiven nas viñas co crego» Canción popular que todavía es posible escuchar en la actualidad. Entrevista realizada por Xavier Castro a Pilar Blanco López, ya cit.

1043 Entrevista realizada por Xavier Castro a M.ª Jesús Fernández Fernández (Virxe do Carmo [Moaña], 1966).

de ejemplo, a las revelaciones de una informante, hemos podido saber que del grupo de personas que acudía de noche a la fiesta y verbena de la Virgen de los Milagros de Berducedo (Moaña), que se celebraba a principios de septiembre, cuando aún quedaban viñas por vendimiar, se desgajaban algunas parejas que se apartaban del camino. Cuando tal acontecía, nunca faltaba un romero presto a decir a su acompañante, guiñando un ojo: «esos van a por uvas».[1044] Se sobreentendía que iban a mantener relaciones sexuales.

SIMBOLISMO ERÓTICO DE LA HOJA DE PARRA, LAS UVAS Y RACIMOS

El sensual aroma de los racimos y la barroca desmesura de pámpanos y sarmientos se prestan para la roussoniana ensoñación de un paseante solitario bajo las parras. El placer báquico y tangible de acariciar los racimos caminando por entre las exuberantes vides, contemplando el esplendor manierista de las hojas moteadas por las primeras variedades cromáticas, ocres y amarillas, que el otoño pinta en ellas con su mano arrugada, comiendo las uvas que apetezcan. Y cavilar así, mientras el paseo dura, en el simbolismo erótico de parras y uvas.

La parra, los racimos, las uvas y también los pámpanos constituyen referentes de la sexualidad, un semillero de alusiones y metáforas de marcado cariz erótico que pueblan el imaginario colectivo. La hoja de parra ha sido un recurso habitual de la pintura al servicio del encubrimiento minimalista del sexo de los personajes desnudos. En la tradición iconológica encontramos el tema de la hoja que obra como pantalla en los personajes que encarnan por primera vez el sentimiento de pudor: Adán y Eva; también, en las representaciones plásticas de las divinidades de la mitología griega que se exhiben en el Olimpo.

Cabe resaltar un primer paralelismo con frecuencia establecido entre la fecundidad de la viña y la de la mujer, que era la cuestión relevante, pues hasta no hace mucho la sexualidad aparecía circunscrita a la reproducción.

[1044] Entrevista realizada por Xavier Castro a M.ª Jesús Fernández Fernández (Virxe do Carmo [Moaña], 1966).

La figura femenina se proyectaba benéfica sobre el universo de las vides ya antes de la recogida de los frutos. Una antigua creencia, de la que se hace eco Eliseo Alonso, sugería que los racimos mejoraban si paseaba entre los viñedos una mujer que estuviese por vez primera en estado de gravidez. Injerida en este mismo cuadro de referencias, existe otra tradición del mismo tenor, según la cual, si las viejas andaban en pícara procesión, «cuchicheando chistes y cuentos verdes», se excitaría la virilidad del vino que tendría que nacer.[1045]

El tiempo del amor, la primavera, es también el momento en que las viñas comienzan a dar su fruto. El florecimiento simultáneo de la vid y del sentimiento amoroso hace inevitables los paralelismos. Uno de los tropos que emplea el *Cantar de los cantares* para anunciar la llegada de la primavera y del amor, cuando «el tiempo de las canciones es llegado», hace precisamente hincapié en que en tal momento «las viñas en cierne exhalan su fragancia».[1046] También un viejo refrán castizo proclamaba que «La mujer y la viña dan al hombre alegría».[1047]

Las viñas y emparrados encubrían con su frondosidad los lances eróticos, como lo deja patente la citada obra de Otero Pedrayo *A Lagarada*, en la que traza un fresco social de la antigua realidad de las vendimias; surge de él la voz de una joven que increpa sañudamente a otra, algo «ligera de cascos», según parece, aprovechando el momento de la cena comunitaria celebrada después de la vendimia: «No estás tú mal, ¡montón de estiércol, perra ansiosa, diente de cobra! ¿O piensas que no te vieron acostada con los hombres en la zona de los parrales? ¡Chupasantos, hija de María! Y aún más, hasta los casados saben de las portezuelas usadas, ¡comadreja!».[1048] Cualquier residente en el medio rural sabe que las viñas eran un escenario privilegiado en el que se cometían deslices; un informante apuntaba así que «Debajo de las viñas se han hecho muchos hijos de soltera».[1049] Existe un

[1045] Eliseo Alonso: *Viños do Rosal e do Condado: denominación de orixe Rías Baixas*, o. cit., p. 80.

[1046] Primer poema del *Cantar de los cantares*. *Biblia de Jerusalén*, Bilbao: Desclée de Brouwer, 1984 [1.ª ed., 1975], p. 970.

[1047] Luis Martínez Kleiser (comp.): *Refranero general ideológico español*, 1.ª ed., Madrid, 1953, p. 488.

[1048] Ramón Otero Pedrayo: *A Lagarada*, Vigo: Galaxia, 1998, p. 68.

[1049] Entrevista realizada por Xavier Castro a José Gestido (c. 1940), carpintero de profesión, domiciliado en Bueu.

expresivo dicho popular que viene a subrayar este mismo hecho: «A San Andrés, fuimos dos y volvimos tres». Si el lance no llegaba tan lejos, por lo menos tenían lugar escarceos eróticos, como recuerda haber vivido de joven un hombre que reside en la aldea de Meiro (Bueu): «Cuando estábamos vendimiando había algunas chicas jóvenes y les metíamos mano, sí, hombre».[1050] Eugenio Carré Aldao hace una interesante observación en su trabajo *Prácticas y costumbres:* «mozos y mozas se dedican a escoger los racimos de las uvas maduras [...] dando de vez en cuando descanso a su trabajo para luchar los varones con las hembras y andar rodando, revueltos, por entre las cepas».[1051] Y añadía este autor, además, la apostilla siguiente: «Descánsase para el *xantar* y luego vuelta al trabajo, pero interrumpido con frecuencia, y aprovechando las distracciones del amo, para hacerse unos a otras mil diabluras».[1052] En efecto, solían aprovechar las idas y venidas por los senderos entre las vegas, los viñedos y la bodega, para realizar tentativas de cortejo y entretenerse cantando retrecheras coplas de desafío.[1053]

Uvas y racimos

El simbolismo erótico y sensual del racimo, y de las uvas mismas, guarda relación con su apariencia y propiedades. Desde una perspectiva poética, se le han atribuido siempre subidas cualidades estéticas y efluvios que se derraman con generosidad por cauces diversos, aportando sensaciones de placer a cuatro de los cinco sentidos del ser humano. Por esta razón, con facilidad se convierten en representaciones polisémicas del erotismo. Desmenuzando estas facetas, hallamos la pulpa que endulza el gusto, la suavidad y tersura de la piel, que complace al tacto, la evocadora y rotunda belleza de la pulida superficie del fruto, que sirve de recreo para la vista y, al cabo, el delicado perfume que regala el olfato.

El parecido físico de la uva, agudizado en ciertas variedades, con determinados elementos que conforman la parafernalia del amor, considerado

[1050] Entrevista realizada por Xavier Castro a Santiago Eiroa Vilas, vecino de Meiro (Bueu).

[1051] Eugenio Carré Aldao: «Prácticas y costumbres», en F. Carreras y Candi (dir.): *Geografía general del Reino de Galicia*, Barcelona: A. Martín, s. a. [probable 1936]; t. 2, p. 733.

[1052] Ibídem.

[1053] Eliseo Alonso: *Viños do Rosal e do Condado: denominación de orixe Rías Baixas*, o. cit., p. 86.

en su andamiaje corporal (pezón, labios, etcétera), es también un factor a considerar. Por ejemplo, algunas uvas presentan un forma similar a la de los testículos, como el tipo significativamente conocido por *cojón de gato*, que producía el vino *negrón;* así se ha venido denominando en tierras del municipio de Bueu.[1054] Parentesco de aspecto formal también con la víscera del amor, como se puede apreciar en la convocatoria que hace Claudio Rodríguez en su poema *Con media azumbre de vino:* «¡Todos, pisad todos la sola uva del mundo: el corazón del hombre!».[1055] La uva o su conjunto mayor, el racimo, es, por tanto, frecuente símil del corazón, como lo ilustran estos versos de Delgado Gurriarán: «Con la uva dulce de la boca / infúndeme hálito de amor, / que están aplastando, los celos, / el racimo de mi corazón».[1056] Ya vemos, al paso, que la *ars poetica* se sirve del fruto de la viña para dar cuenta también de los labios, o la boca en conjunto, del ser amado. En el *Cantar de los cantares*, la novia compara a su enamorado con un racimo de uvas: «Racimo de alheña es mi amado para mí, / en las viñas de engadí».[1057] También, en el caso de Otero Pedrayo, la atmósfera de erotismo que nimba la estampa del viñedo obra como un eficaz resorte capaz de activar el candente acervo de su retórica amatoria. Bajo el influjo de esta inspiración, el escritor de Trasalba hace que en una de sus obras, *O desengano do prioiro*, Pedro Madruga halague a una agraciada mocita con palabras evocadoras del erotismo de los viñedos: «Por la voz pareces linda moza, de aquellas hechas de renuevos pimpantes de vid y de labios gustosos como los racimos de la treixadura».[1058] Tal vez uno de los más hermosos piropos de la literatura galante.

Las uvas evocan además las caricias. Así lo vemos reflejado en una de las expresiones de la música popular, el «género chico», en una de cuyas piezas trasparece este rasgo del imaginario colectivo. Es dable percibir como quedó plasmada esta huella en la zarzuela *La galleguita*, de José R. Lence y Ra-

[1054] Entrevista realizada por Xavier Castro a Antonio Pereiro (Bueu, 1936), marinero.

[1055] Claudio Rodríguez: «Con media azumbre de vino», en Francisco Rico: *La poesía española. Antología comentada. III: Del Romanticismo a nuestros días*, Barcelona: Círculo de Lectores, 1991, p. 742.

[1056] Florencio Delgado Gurriarán: «Co bago doce da boca», *Bebedeira*, Santiago: Nós, 1934, p. 14.

[1057] Primer poema del *Cantar de los Cantares*. *Biblia de Jerusalén*, o. cit., p. 969.

[1058] Ramón Otero Pedrayo: *O desengano do prioiro*, o. cit., p. 176.

món Fernández Mato, estrenada, al parecer con gran éxito, en el Teatro de la Comedia de Buenos Aires la noche del 22 de octubre de 1914. Los autores concibieron unos galanes que rondaban a las mujeres para hacerlas caer en la trampa de sus besos, que se asemejaban a uvas traidoras.[1059] Y le hacían decir a los componentes del coro general —con música del maestro Padilla— lo siguiente: «Un beso por otro espera / y otros cien se abren camino; / sorbo tras sorbo de vino / se pesca una borrachera. // Son las viñas del Deseo / las de más dulces racimos; / saben las uvas a mimos / y el vino causa mareo».[1060] Podemos traer a colación otra copla que muestra cómo la «uva madura» simbolizaba también a la moza en buena disposición para atender los requerimientos amatorios del galán que la cortejaba, deseando comprobar si se hallaba propicia: «Debajo de tu balcón / hay una parra con uvas; / con licencia de tu padre / vine a ver si estaban maduras».[1061]

Por lo demás, tanto en Galicia como en toda la franja del norte peninsular que delimita la geografía del hórreo, la iconología del racimo de uva y la airosa planta de maíz, con la rubia espiga muy patente y bien granada, simbolizaban los fundamentos mismos de la existencia. Son el vino y el pan de borona. El sustento de las gentes del septentrión. Para el rodal restante de España, el racimo de la vid se mantiene como par semiótico del cereal, que en esta parte no es otro que la espiga de trigo.

EN TORNO A OTROS USOS DE LA HOJA DE LA PARRA: EL PÁMPANO

Las hojas de la vid se consideraban tradicionalmente como un buen abono para la tierra, por lo que el viticultor no consideraba necesario tomarse el trabajo de retirarlas cuando caían. Con los sarmientos se hacía buena leña. Cabanillas recomendaba hacer unas brasas competentes para asar sardinas a base de sarmientos y carozos.[1062] Cuando Valle-Inclán, en *Romance de lobos*, sitúa la acción teatral en la casa señorial de Flavia-Longa, decide que

[1059] José R. Lence y Ramón Fernández Mato: *La galleguita. Zarzuela en un acto*, Buenos Aires: Imprenta La Aurora, 1914, p. 7. Estrenada con gran éxito en el Teatro de la Comedia la noche del 22 de octubre de 1914.

[1060] Ibídem.

[1061] *Cantigas do viño: recollidas do pobo*, 3.ª ed., Vigo: Castrelos, 1974 [1.ª ed., 1968], p. 10.

[1062] Cit. por Pedro Rial López: *Pontevedra agrícola*, o. cit., p. 79.

sean justamente sarmientos los que ardan para alimentar la lumbre en la chimenea.[1063]

Existía aún otro aprovechamiento del follaje de las vides. Consistía en disponer un manto de estas hojas por encima del orujo, guardado en la cuba o en algún otro recipiente, formando una plataforma. Sobre ella se depositaba después una capa de tierra, con el propósito de impedir que pasara el aire. Así se conservaba protegido el bagazo hasta el momento en que el aguardentero hiciese su aparición.[1064]

Por lo demás, las hojas de las parras se empleaban para hacer con ellas una base sobre la que se disponía la masa del pan de maíz. Después se introducía todo ello en el horno. Es muy probable que no se lavasen previamente las hojas, con lo que llevarían adherido polvo y, lo que podría resultar más preocupante, sulfato. Había también zonas de Galicia, tal el Morrazo, donde se preferían para este menester las hojas de castaño y nunca se usaba la de parra.[1065] También en el terreno de la preparación culinaria, Álvaro Cunqueiro sugería el empleo de la hoja de la vid para asar ciertas aves, como el tordo, por vía de ejemplo.[1066] Ya puestos, lo mejor era preparar tal asado en algún día en que se realizara vendimia, a poder ser ribeirana o betancera, pues, a su entender —y nada cuesta compartir su opinión—, la belleza paisajística contribuía a la exaltación del placer del paladar. Y no solo tratándose de este condumio.

Llama la atención el hecho de que, ya no solo en Galicia, sino en todo el conjunto de España (hasta donde sabemos), no se considerasen comestibles las hojas de la vid, a diferencia de lo que sucede en la patria de Dionisio: Creta y la Hélade. Todavía en nuestros días, la gastronomía griega incluye en su repertorio los *dolmades*, que vienen a ser hojas de parra que envuelven granos de arroz. Puede resultar sorprendente que, dada la aviesa penuria en que ha vivido siempre la España rural, se haya desaprovechado un recurso tan abundante, en la oportuna estación. Pero ya es sabido que no existe ningún pueblo que coma de todo.

1063 Ramón M.ª del Valle Inclán: *Romance de lobos*, o. cit., p. 635.

1064 Entrevista realizada por Xavier Castro a Pilar Blanco López, ya cit.

1065 Entrevista realizada por Xavier Castro a Carmen da Cachadiña (Meiro [Bueu], 1927).

1066 Álvaro Cunqueiro: «La buena cocina», en José María Castroviejo y Álvaro Cunqueiro: *Viaje por los montes y chimeneas de Galicia. Caza y cocina gallegas*, 3.ª ed. rev. y amp., Madrid: Espasa-Calpe, 1978 (Austral), p. 189.

Nos queda, al cabo, la cestería. Y es que también se aprovechaban las varas secas de la vid para confeccionar útiles cestos de apreciable resistencia.

TIEMPO DE VENDIMIAS Y LAGARADAS

«[...] en los sarmientos de la noche
maduran racimos de estrellas.»[1067]

La vendimia concluía el ciclo de las cosechas agrícolas. En septiembre u octubre llega la vendimia, «que es la última cosecha», y, en pos de ella, «viene la mejor cosecha para el labrador, que es la matanza de los cerdos».[1068] Coincide con otra bendición: la recolección del maíz. Un poco más tarde se puede contar con las castañas y todavía queda por entonces buena provisión de las patatas recogidas en junio (las tempranas) y julio.

Desde la antigüedad remota, las autoridades, civiles y eclesiásticas, regulaban el calendario de las vendimias en muchos municipios del área vitícola de Galicia, si no en todos ellos. En el polo civil, es claro el intervencionismo de los Ayuntamientos y hasta de la misma Audiencia. Consta así que el Ayuntamiento de Betanzos, en el siglo XVI, tenía como norma que no se habría de iniciar la recolección hasta que se viese «que el vino esta en las viñas maduro para se vendimiar»,[1069] estipulando multas para los contraventores. Pardo Bazán testimonia la vigencia de esta práctica reguladora de la cosecha en el siglo XIX: «¡Gran día en las Vides aquel que el Ayuntamiento señala para la vendimia!»,[1070] apunta en *El cisne de Vilamor-*

1067 Florencio Delgado Gurriarán: «Cantiga da vindima», *Bebedeira*, Santiago: Nós, 1934, p. 14.

1068 Augusto Pérez Alberti: *Xeografía de Galicia*, t. 1: *Viaxes I*, Santiago: Gran Enciclopedia Gallega, 1993, p. 26. (Conversación con Herminia y Antonio, de unos setenta años, vecinos de la aldea de Chandrexa, en el ayuntamiento de Parada de Sil.)

1069 Disposición 17. Ordenanzas generales de la ciudad de Betanzos, redactadas por el regimiento y aprobadas por el Consejo Real. Madrid, 7 de mayo de 1591. AGS, RGS, V-1591. Reproducido por José García Oro: Ordenanzas municipales de Betanzos de los siglos XV y XVI. Estudio y edición diplomática», *Anuario Brigantino* (Betanzos), núm. 10 (1987), p. 30.

1070 Emilia Pardo Bazán: *El cisne de Vilamorta*, o. cit., p. 245.

ta. Podemos mencionar otros casos en los que tenemos constancia de que la iniciativa individual no se podía ejercer libremente en este orden de cosas: las ordenanzas de los Ayuntamientos del Salnés, de mediados del siglo XIX, como por ejemplo el de O Grove,[1071] eran muy expeditivas al respecto. En el caso de Cambados, es posible verificar que la disposición restrictiva subsistía todavía en la época de la guerra civil.[1072]

Por lo que se refiere al polo eclesiástico, encontramos un reflejo literario de esta práctica intervencionista en la comarca del Salnés: Ramón Cabanillas alude en uno de sus poemas más célebres, *Ante una taza de vino espadeiro*, a los antiguos abades del monasterio («de Xan Daval») de la villa de Cambados, «aquellos priores alegres e hidalgos» que sabían «cantar la misa, ahuyentar las brujas, / acoger y amparar huérfanos y pobres, reir con las mozas, aconsejar a las viejas, / darle lecho y yantar a los peregrinos, / cerrar por fuero las puertas de su iglesia / a la justicia del Rey, cobrar los diezmos / y disponer vendimias y trasiegas».[1073]

No admite duda que, en muchos casos, los frailes disponían las vendimias, las reglamentaban. Su preocupación no solo era evitar la recolección prematura, sino también ejercer un eficaz control para que no resultaran lesionados sus intereses como perceptores de rentas. Con este fin, establecieron el obligado requisito de que los cosecheros que llevaban sus viñas en foro tuviesen que solicitar su autorización para poder vendimiar. Estos solían pagar sus cargas forales en proporción a la cosecha, generalmente la cuarta o quinta parte de esta. Los campesinos tenían, así, que dar aviso y solicitar licencia del prior del monasterio, el cual enviaba entonces a su mayordomo con el cometido de supervisar.[1074] Por cierto que, como indican las *Advertencias* de 1611, redactadas por el prior de Beiro (dependiente de la jurisdicción de San Martín Pinario) en muchos contratos de foro se estipu-

[1071] AHDPP. Disposición 2.ª. *Ordenanzas municipales acordadas por el Ayuntamiento de O Grove*, 1854, AHDPP, caja 343/17.

[1072] *Bando de Don Manuel Silva Núñez, Alcalde del Ilmo. Ayuntamiento de Cambados*. Cambados, 31 de agosto de 1937, II Año triunfal, AMC, 1.2. núm. 19/3 (Bandos).

[1073] Ramón Cabanillas: «Diante dunha cunca de viño espadeiro», en *Da terra asoballada*, en *Poesías. Escolma*, Vigo: Galaxia, 1976, pp. 99-100.

[1074] Pegerto Saavedra : «Idade Moderna. O Ribeiro. Historia», en Xosé Carlos Sierra Rodríguez (coord.): *O Ribeiro: o viño da cultura, a cultura do viño*, Vilagarcía de Arousa: Mirabel, 2001, p. 119.

laba que cuando el forero iba a «pedir vendimia» debía entregar, «sin dispensación», una gallina, «o dos buenos pollos, o dos reales, u otro cualquiera servicio que les valga».[1075]

FIJACIÓN DE LA FECHA. VENDIMIAS ANTES DE SAN FRANCISCO

En la obra de Álvaro Cunqueiro resuena otro eco de la arraigada costumbre que tenían los poderes públicos de fijar el momento para cosechar las vides. Precisemos que las obras de ficción de este autor rezuman atmósfera galaica, incluso cuando su asunto tiene en apariencia poco que ver con Galicia. Concretamente en una de ellas, en *Un hombre que se parecía a Orestes*, a propósito de Egisto, refiere el escritor mindoniense «[...] un viaje que había hecho a Sicilia, donde lo confundieron con un príncipe secreto que esperaban para levantarse contra los Altavilla de Aragón, y lo quería poner a él de tirano, diciendo cuándo había que vendimiar y si el eclipse era fasto o nefasto».[1076]

En relación con este asunto, conviene abrir el compás de visión recurriendo también a la documentación de carácter netamente histórico. Una real provisión de la Audiencia de La Coruña, datada en septiembre de 1795,[1077] establecía que no se debería permitir la realización de las vendimias hasta después de San Francisco (4 de octubre) y, llegado ese momento, era menester nombrar «peritos inteligentes» con la encomienda de verificar si la uva había madurado convenientemente. Además, la justicia de cada pueblo de Galicia tendría que señalar el día en que diesen comienzo las labores de la vendimia «para que ninguno se anticipe».

En efecto, la justicia debía publicar la licencia para vendimiar en los lugares y cotos de su jurisdicción por medio de un edicto público, así como sancionar con una multa de cincuenta ducados a los infractores y de cien a los que delinquiesen por segunda vez. Los que reincidiesen todavía una

[1075] Pegerto Saavedra : «Idade Moderna. O Ribeiro. Historia», o. cit., p. 120.

[1076] Álvaro Cunqueiro: *Un hombre que se parecía a Orestes*, 7.ª ed., Barcelona: Destino, 1981 [1.ª ed., 1969], p. 216.

[1077] Real provisión, fechada en La Coruña el 9 de septiembre de 1795. Cit. en «La vendimia en el siglo XVIII», Pablo Pérez Costanti: *Notas viejas galicianas*, Santiago: Xunta de Galicia, 1993, p. 81.

tercera vez pagarían cien ducados y serían además sancionados con la pena de veinte días de cárcel. Esto en el caso de que se tratase de plebeyos; si ostentaban noble o privilegiada condición, se les excusaba de la degradante pena de prisión, pero pagarían, a cambio, cincuenta ducados más.[1078]

En términos generales, las vendimias se llevaban a cabo cuando la uva alcanzaba la madurez requerida, lo que normalmente sucedía entre la segunda quincena de septiembre y la primera de octubre. Así, en la zona de Betanzos, «[...] la vendimia, en un año normal, generalmente es en la última quincena de septiembre y la primera de octubre. En años malos ha llegado hasta casi noviembre porque el vino no maduraba, pero, afortunadamente, llevamos unos años en que no ocurre esto».[1079] Como es bien sabido, la plenitud de las vides no se alcanzaba en idénticas fechas en las comarcas interiores que en las del litoral, y aún variaba en función de las modulaciones orográficas locales, dependiendo, por lo tanto, del diferente grado de insolación a que hubiesen estado expuestas las viñas. Las «prudentes providencias» de la Audiencia de La Coruña del año 1795 establecieron una progresión en el proceso de recogida de la uva, para asegurar su correcta madurez, a tenor de la altitud de los terrenos; primero se permitía la vendimia en las riberas de los ríos, después en las zonas de altitud media y al cabo en las de montaña. Se preveía, así, que las justicias de los diferentes pueblos estipularían las fechas para la realización de la vendimia, primero «en los bajos, después en las faldas de las montañas, y lo último en las alturas de estas».[1080] También se decía que había cosecheros de Betanzos, Ourense, Ribadavia y Amandi que se atenían a dichas disposiciones y lograban de este modo «vinos exquisitos que pueden equivocarse con los buenos de las Castillas y la Mancha...».[1081]

Los enólogos de hoy en día, a tenor del actual estado de los conocimientos, señalan que el momento preciso para la realización de la vendimia depende de la variedad de uva y del tipo de vino que se quiera elaborar. Es menester encontrar un punto de equilibrio entre la acidez y el azúcar. Si la

1078 Pablo Pérez Costanti: *Notas viejas galicianas*, o. cit., p. 82.

1079 Augusto Pérez Alberti: *Xeografía de Galicia*, o. cit., p. 168. (Conversación que mantuvo el autor, en la villa de Betanzos, con Tomás, dueño de una bodega.)

1080 Real provisión, fechada en La Coruña el 9 de septiembre de 1795. Cit. en «La vendimia en el siglo XVIII», art. cit., p. 82.

1081 Ibídem, p. 81.

uva todavía está verde, dará vinos ácidos, astringentes, con escaso grado de alcohol y poco aroma. Si, por el contrario, madura en exceso, generará vinos muy alcohólicos, con tendencia al desequilibrio y poco frescos.[1082]

En 1908, un «viticultor ilustrado» consideraba conveniente que se efectuase la recogida de la uva cuando se hallaba en perfecto estado de madurez, en tiempo seco y habiendo esperado a que el rocío de la mañana desapareciese, «porque éste arrastra gérmenes nocivos y debilita los vinos».[1083] La preocupación cardinal consistía en evitar las lluvias durante los días de la recolección, porque entendían que el agua lavaba los fermentos alcohólicos que se adherían por la parte externa de los granos de las uvas maduras, en forma de polvo blanquecino. Consideraban también que esta agua debilitaba al mosto y, por consiguiente, al futuro vino. En un *furancho* (taberna provisional) de los alrededores de Vigo, Eliseo Alonso oyó decir este refrán: «Uva mojada, para el vino no vale nada».[1084] Otra paremia proclamaba esto mismo con meridiana claridad: «Cogerás vino mosto si vendimias en seco».[1085]

VENDIMIAS Y SAZONES

> «San Migueliño de las uvas maduras,
> qué tarde vienes y que poco duras.»

Reinaba gran inquietud entre los viticultores cuando resultaba inminente la hora de cosechar los racimos, pues era mucho lo que estaba en juego. Había desazón por ver llegar las uvas a su punto óptimo de maduración antes de que las inclemencias, «un fuerte pedrisco, las lluvias excesivas ú

[1082] Xunta de Galicia: *Elaboración dos viños galegos*, La Coruña: Consellería de Agricultura, Xunta de Galicia, 1991(Serie Manuais Prácticos, núm. 6), p. 20.

[1083] M. S. T., viticultor: «Vinicultura práctica. Recolección de la uva. II», *Prácticas modernas é industrias rurales* (La Coruña), año VI (1 de octubre de 1908), p. 293.

[1084] Cit. por Eliseo Alonso: *Viños do Rosal e do Condado: denominación de orixe Rías Baixas*, Vigo, o. cit., p. 124. Reproduce también este refrán Xosé Posada: *Os viños de Galicia*, Orense: Diputación Provincial de Orense, 1978, p. 65.

[1085] Refrán reproducido por Eladio Rodríguez González: «Viño», en *Diccionario enciclopédico gallego-castellano*, 3 t., Vigo: Galaxia, 1961, p. 421.

otros accidentes»,[1086] diesen al traste con el fruto. El folclore popular expresa en un cantar la ansiedad por la sazón de las uvas, que bien podría aplicarse también a las cosas buenas de la vida en general: «San Miguelito de las uvas maduras, / mucho me tardas, poco me duras».[1087]

La preocupación que gravitaba habitualmente sobre los viñedos era particularmente acentuada una vez que se iniciaban las labores de la vendimia. Otero Pedrayo refleja en *A Lagarada* el temor que suscitaba la amenaza de la lluvia. El patrón apremiaba a la gente contratada a jornal para que acabara lo antes posible; lo hacía de este modo: «¿Tenéis intención de demoraros hasta que llueva en las viñas nuevas de la Corredoira? No, lo que es comer, coméis el jornal como si lo robarais, ¡hatajo de vagos...! Ahora todos sois señoritos... Las mujeres tendrán el culo posado en los cercados... Estoy viendo que mi yerno predica en la viña como un cura en el altar. ¡Me va a oír cuatro frescas!».[1088]

Los testimonios orales revelan que el clima parecía ser el factor que más se tenía en cuenta a la hora de proceder a vendimiar. Dada la variedad de microclimas existentes en Galicia, distintos a veces en zonas colindantes, las condiciones meteorológicas presentaban grandes contrastes. Un informante del valle del Ulla señalaba que la vendimia «aquí es en el mes de septiembre o octubre, depende de como venga el año, y más hacia arriba, más tarde, porque allí el vino viene más tarde».[1089]

Existen evidencias históricas que inducen a pensar que en tiempos pretéritos la uva maduraba y se recogía más pronto que hogaño. De hecho, son muchas las personas que advierten un cierto retardo en el cumplimiento del fruto de las vides. Tal vez se podría conceder crédito a la meteorología mítica de Otero Pedrayo, cuando señalaba que, frente a la decadencia actual, en la centuria del romanticismo «Tenía fuerza el sol de agosto y la

1086 Cf. Buenaventura Castellet: *Enología española ó tratado sobre los vinos de España y su bonificación*, Barcelona: Imprenta de Gómez é Inglada, 1865, p. 136.

1087 Cantar reproducido por Gonzalo Navaza: «Cantares», en *Libra*, Vigo: Galaxia, 2000, p. 12. En la parroquia de Couso (A Estrada), en los años cuarenta, había esta variante: «San Migueliño de las uvas maduras, qué tarde vienes y qué poco duras». (Entrevista realizada por Xavier Castro Pérez a José Ribeira, su mujer Fina Varela y su hermana Jesusa, residentes en Couso [ayuntamiento de A Estrada]. Todos ellos nacieron en torno a 1930.)

1088 Ramón Otero Pedrayo: *A Lagarada*, o. cit., p. 54.

1089 Augusto Pérez Alberti: *Xeografía de Galicia*, o. cit., p. 148. (Conversación que mantuvo el autor, en la aldea de Merín, en tierras del Ulla, con Manuel, viejo aldeano.)

tierra savia de sangre».[1090] En Bueu, en los años 1940-1950, se vendimiaba antes que en la actualidad: «Ya se vendimiaba a últimos de agosto», señalaba un marinero de la localidad.[1091] En las comarcas del interior, los frutos solían ser de más tardía sazón, pero también en ellas parece observarse idéntico fenómeno. Así, en Mourazos, situado en la zona de Verín, a comienzos de la década de 1990, un vecino del pueblo relataba al geógrafo Augusto Pérez Alberti[1092] que la vendimia se solía hacer siempre a partir del ocho de septiembre, celebrándose una fiesta, pero desde «hacía una partida de años» pasó a realizarse en octubre, acabando sobre el doce. Tenía la impresión de que la vegetación parecía ir en la época actual con un mes de retraso. Por razones de este tenor, la vendimia podía demorarse hasta los días finales de octubre, o incluso adentrarse en los albores de noviembre, como acontecía, en algunas añadas recientes, en la comarca betancera.[1093]

Desde las páginas de la revista *Prácticas modernas*,[1094] Darío F. Crespo defendía a comienzos del siglo XX la conveniencia de retrasar algo más las fechas en las que se venía haciendo la vendimia en Galicia. Justificaba tal cambio invocando una razón que consideraba de fuste: se conseguiría una rebaja del elevado nivel de acidez de los vinos, con la confesada pretensión de que se adaptasen mejor al paladar del consumidor inglés y se facilitara así su exportación. En este mismo sentido, en 1913 el director del Laboratorio Municipal de Orense, tras examinar las diferentes opiniones científicas, se resolvió a aceptar la de Pollaci, quien sostenía que se debería vendimiar lo más tarde que fuera posible, con el propósito de obtener vinos de mayor graduación alcohólica y de menguada acidez.[1095] A propósito de esta cuestión, Xosé Posada indica que si la vendimia se realiza tempranamente, por miedo al tiempo, las uvas, al estar verdes, contienen poco azúcar y mucha acidez.[1096] El vino resultante tendrá menos grados. Los enólogos actuales

1090 Ramón Otero Pedrayo: *A Lagarada*, o. cit., p. 72.

1091 Entrevista realizada por Xavier Castro a Antonio Pereiro, ya cit.

1092 Augusto Pérez Alberti: *Xeografía de Galicia*, o. cit., p. 112.

1093 Ibídem, p. 168. (Conversación que mantuvo el autor, en la villa de Betanzos, con Tomás, dueño de una bodega.)

1094 Darío F. Crespo: «Asociaciones viti-vinícolas: los vinos del Norte de España y el mercado de Inglaterra», *Prácticas modernas* (La Coruña), año III (15 de septiembre de 1905), p. 201.

1095 José Fernández Martínez: *Prácticas vinícolas*, Orense: Imprenta y Papelería de La Región, 1913, pp. 14-15.

1096 Xosé Posada: *Os viños de Galicia*, o. cit., p. 65.

consideran que lo adecuado es dar comienzo a las operaciones de la recolección de la uva cuando los racimos tienen el nivel de azúcar en el punto más elevado y estacionario, en tanto que el grado de acidez empieza a bajar.[1097] Para determinar la cota de azúcar de la uva se utiliza el refractómetro, mediante la toma de muestras. Los paisanos se valen de un procedimiento a ojo de buen cubero, consistente en comer cada día unos racimos para saber en que momento se encuentran en el punto de dulzura ideal.[1098]

Como ya hemos indicado, era frecuente antaño que las vendimias se realizaran antes. Añadamos que, además, era bastante común que se llevasen a cabo prematuramente. La causa primordial de esta actitud era el temor a que cuanto más tiempo se tardase en realizar la vendimia, mayores serían las probabilidades de que las lluvias dañasen el fruto. Pero no era este el único motivo. Un enólogo del siglo XIX, Buenaventura Castellet, esbozaba sintéticamente cual era la índole de estas motivaciones: «[...] esas hermosas y abundantes vendimias son desgraciadamente raras en nuestro país; la mayor cantidad del producto, la impaciencia, la codicia, ó la necesidad»[1099] parecían inducir a muchos a seguir el ejemplo del «primer ignorante cosechero que vendimia su viña, ó el del vecino que hace lo propio, son las causas que inducen á muchos viticultores á recoger prematuramente los racimos, y á elaborar sin norte vinos de calidad inferior».[1100]

Comenzaremos por referirnos a la incidencia de la climatología, que revestía una particularidad muy enojosa en las comarcas más húmedas. Sucedía, en efecto, que algunas variedades de cepas viníferas gallegas poseían exigua resistencia a la putrefacción y sus racimos se veían muy afectados por las lluvias desde el momento en que daba comienzo su proceso de maduración. De este modo, cuando sobrevenían años lluviosos parecía indispensable realizar prestamente las vendimias, según hacía notar un cualificado observador en 1905.[1101] Tal acontecía, por ejemplo, con la cepa de uva

1097 Xosé Posada: *Os viños de Galicia*, o. cit.

1098 Ibídem.

1099 Cf. Buenaventura Castellet: *Enología española ó tratado sobre los vinos de España y su bonificación*, o. cit., p. 56.

1100 Ibídem.

1101 Darío F. Crespo: «Viticultura Americana. Variedades viníferas, porta-injertos más importantes y productores directos (Continuación)», *Prácticas modernas* (La Coruña), año III (1 de noviembre de 1905), p. 250.

negra llamada *mouratón* en Valdeorras y *negreda* en las demás provincias de Galicia (denominada *malbec* por los franceses). Cepas de esta clase predominaban notablemente en los viñedos propios de las tierras «de vino llevar» de Valdeorras, Monforte y Quiroga.

VENDIMIAS PRECOCES Y VINOS DE PALADAR DESAPACIBLE

En la determinación del tiempo de la vendimia no influían solamente consideraciones de índole meteorológica, señaladamente el nivel de insolación y el temor a que las lluvias pudiesen ocasionar estropicios en los racimos. En algunas ocasiones —en realidad, no muy abundantes— se realizaba precozmente la vendimia con el propósito deliberado de obtener racimos de maduración incompleta, que se consideraban apropiados para elaborar vinos secos y ligeros.[1102] Ahora bien, el factor más decisivo, el que ejercía un influjo de verdad relevante en la decisión de anticipar la recolección de la uva, era la expectativa de conseguir mejores precios. En efecto, algunos viticultores vendimiaban prematuramente, espoleados por el afán de elaborar muy pronto sus caldos para conseguir colocarlos en el mercado cuando la competencia era todavía escasa, de suerte que pudiesen obtener rendimiento mayor y alcanzasen por añadidura a vender con rapidez toda su cosecha.

Esta problemática suscitó reiteradas intervenciones de las autoridades, como aconteció en la ciudad de Pontevedra, de lo que tenemos constancia documental para el año 1723. En efecto, los procuradores generales de la villa del Lérez «y su arrabal» declaraban en tal fecha que «[...] en este paraje, han anticipado las vendimias algunos naturales solo con el fin de negociar sus vinos con utilidad, antes de que se recoja lo general del todo de la cosecha pasando a venderlo atavernado a todo genero de personas».[1103] A tenor de lo cual, dichos procuradores instaban a la publicación de un bando prohibiendo que se impidiese tanto a los cosecheros como a cual-

1102 Eduardo Abela y Sainz de Andino: *El libro del viticultor: Breve resumen de las prácticas más útiles para cultivar las viñas y fabricar buenos vinos*, Madrid: Tipografía de Manuel Hernández, 1885, p. 57.

1103 «Autos hechos a petición del Procurador general de la villa Simón Pérez de Pavia, por los que se prohibe la venta del vino nuevo hasta pasado el mes de Octubre siguiente, so pena de diez ducados». Septiembre 1723. Abastos. Vinos. Fol. 1 r. y v. Caja 3 (23). AHPP-AMP.

quier otra persona poner a la venta el vino nuevo antes del día de San Martín[1104] (se referían a San Martín de Tours, que es el que se celebra el día 11 de noviembre, y no al de Porres, que se conmemora el 3, según se ilustra, por ejemplo, en el pintoresco y muy popular calendario O *Mintireiro Verdadeiro*.[1105]) Consiguieron, de este modo, convencer al alcalde Joseph Antonio Carrera, quien publicó y mandó difundir un bando[1106] por todos los lugares acostumbrados, a fin de que no hubiese personas que «pretendan ignorancia». Prohibió en él que viñateros, mercaderes y otros particulares anticipasen las vendimias para vender antes y con mayor provecho el vino nuevo «sin estar cozido ni capaz de beberse». Para reforzar la medida, desautorizó su venta hasta «pasado el San Martín de Noviembre en que sera el tiempo en que estaran echos dichos vinos», estableciendo para los contraventores de la disposición una sanción de diez ducados.

A fines del siglo XVIII, tenemos constancia de que tales prácticas no solo subsistían, sino que incluso parece que afectaban a todos los pagos de la Galicia vitícola. El fiscal de la Audiencia de La Coruña señalaba en 1795[1107] que, en los diez años que llevaba en el desempeño de su ministerio, había observado que los propietarios de las viñas se obstinaban en realizar prematuramente la vendimia, transgrediendo los repetidos autos de un real acuerdo en el que se mandaba que, por punto general, un perito nombrado por la Justicia procediese al reconocimiento del estado de maduración de la uva antes de conceder licencia para vendimiar, y precisara el día en que debería dar comienzo. En función de las evidencias que había podido reunir el fiscal, llegaba a la conclusión de que en toda Galicia se producían tales incumplimientos, pero era en la provincia de A Coruña donde tenían lugar en mayor medida.[1108]

[1104] «Autos hechos a petición del Procurador general de la villa Simón Pérez de Pavia, por los que se prohibe la venta del vino nuevo hasta pasado el mes de Octubre siguiente, so pena de diez ducados», o. cit.

[1105] Calendario O *Mintireiro Verdadeiro pro ano 2003*. No consta el editor, solo quienes distribuyen este folleto.

[1106] Bando asignado por Joseph Antonio Carrera, Pontevedra, 17 de septiembre de 1723. Abastos. Vinos. Fol. 2 r. y v. Caja 3 (23) AHPP-AMP.

[1107] Real provisión, fechada en La Coruña el 9 de septiembre de 1795. Cit. en «La vendimia en el siglo XVIII», art. cit., p. 81.

[1108] En efecto, señalaba el informe del fiscal que «Estas proposiciones son demostrables y las conocemos todos los que habitamos en Galicia, donde no se pone a la venta, singularmente en

«PEGUJALEROS DE CORTA COSECHA»

El mencionado informe del fiscal afinaba lo bastante como para permitirnos reseñar cuáles eran los sectores sociales más propensos a desacatar los autos del real acuerdo. Censuraba, en primer lugar, a los «pequeños cosecheros» y «pegujaleros que tienen corta cosecha» y obraban de este modo «[...] a pretexto de que Galicia abunda en aguas, y que esperando a que maduren, se le pudre mucha parte del grano».[1109] Su dedo acusatorio recaía también sobre «algunos curas perceptores de rentas», movidos «porque sea mayor el diezmo» y también para convertirlo en dineros lo más prontamente posible.[1110] Como consecuencia de tal práctica, producían unos vinos «agrios y picantes, desapacibles al paladar». Por el contrario, «algunos caballeros y religiosos y muchos labradores hacendados»[1111] dejaban madurar el fruto y obtenían así buenos vinos, que vendían a mayor precio, con lo que conseguían «de esta granjería mayores utilidades».[1112] Mencionaba el fiscal varios ejemplos de probos cosecheros del término de Betanzos: don Antonio Pedrosa, don José Norberto Moscoso y también un eclesiástico, el padre prior de Bergondo. Significa esto, por lo tanto, que se constata la existencia por aquel entonces de una élite integrada por sectores de la hidalguía, campesinos viticultores acomodados y algunas capas del clero, que realizaban apropiadamente la vendimia y cumplían con el primer requisito indispensable para producir vinos de calidad.

El documento de la Audiencia coruñesa, glosado por Pérez Costanti, señala asimismo el modus operandi de los «pegujaleros», que por codicia solían anticipar las operaciones de la vendimia. Estos recogían la «uva en agraz» y después, para disimular su acritud, añadían al mosto diferentes sustancias que se consideraban nocivas para la salud y que, si bien hacían más presentables los vinos, acababan por deteriorarlos.[1113] Juzgaba el fiscal

la Coruña, un racimo de uvas que puedan servir de alimento al hombre, sin causarles estragos prejudiciales en su salud». Real provisión, fechada en La Coruña el 9 de septiembre de 1795. Cit. en «La vendimia en el siglo XVIII», art. cit., p. 81.

1109 Ibídem.

1110 Ibídem.

1111 Ibídem.

1112 Ibídem.

1113 Ibídem, p. 80.

que esto resultaba perjudicial para los propios infractores, porque (exceptuando, lógicamente —precisemos por nuestra parte—, a quienes conseguían vender de inmediato toda su cosecha): «De esto se sigue la precisa consecuencia de que mas de la mitad de su cosecha se les pierde, volviéndose una pócima de color de materia, que tienen que derramar por inservible»,[1114] no sin antes ocasionar cuantiosos daños para la salud de los bebedores y notables gastos para los hospitales. Abundando en la cuestión, razonaba el fiscal que no calculaban cuerdamente sus intereses, puesto que lo mismo les tendría que dar desperdiciar la mitad de la cosecha de uva, podrida por el exceso de lluvias, como perderla en vino. Si obraran de otro modo, y dejaran madurar la uva, con solo la mitad que aprovechasen ya obtendrían tanto o más vino del que lograban «con duplicada uva en agraz». Barruntamos que este argumento no resultaría muy persuasivo para quienes iba dirigido, puesto que muy probablemente considerarían que, si aguardaban a que los racimos estuviesen plenamente maduros, correrían el riesgo de perder toda la cosecha.

CRÓNICO ENTUERTO DE LA ACIDEZ DE LOS VINOS

Ateniéndonos al hilo de la cronología, iremos examinado la persistencia del problema de la anticipación de la vendimia y, a la vez, trataremos de poner de manifiesto algunas otras causas que la motivaban. Las autoridades municipales de O Grove prohibieron, en sus ordenanzas de 1854,[1115] que se realizase la vendimia antes del 31 de septiembre, cuando se consideraba que la uva estaba en sazón. El problema parecía particularmente grave en ese año, por temerse que el espectro del hambre impulsaría a muchos cosecheros a tratar de remediar sus carencias recogiendo la uva antes de tiempo para disponer del vino lo más pronto posible.

Ahora bien, el problema no parece que se hubiese logrado resolver por medio de bandos y disposiciones legales. En la segunda mitad del siglo XIX, cualificados observadores seguían diagnosticando la persistencia de este en-

1114 «La vendimia en el siglo XVIII», art. cit., p. 81.

1115 Disposición 2.ª. *Ordenanzas municipales acordadas por el Ayuntamiento de O Grove*. Año 1854. Caja 343/17. AHDPP.

tuerto: «Que las uvas se hallen bien sazonadas al empezar la vendimia, es un punto que conviene a todos los cosecheros; sin embargo, y a pesar de conocer el momento en que aquellas han llegado á su verdadera sazón, muchos las recogen algún tiempo antes».[1116] Y aún apostillaba Castellet: «¡Extraña y singular inconsecuencia que depende de una especulación mal entendida!».[1117] Concedía este autor mucha importancia al efecto de contagio, la «¡[...]torpe imitación de los primeros colonos que anticipan la vendimia de sus racimos!».[1118] En efecto, «esta indiscreción lamentable, cometida á veces por un solo viticultor de un pueblo, es un contagio que se transmite electricamente á los demás cosecheros del mismo punto, y de aquí á los cosecheros de los pueblos inmediatos. No hay medio, al parecer, resistible para oponerse al contágio, y comenzada la vendimia de un distrito hay que empezar la del otro, y aquí como una comarca, un extenso radio de producción, una provincia toda, salvo ligeras excepciones, emprenden sus vendímias prematuras, comenzando ya una vinificación defectuosa, y comprometiendo el buen nombre de los productos del país».[1119]

También Buenaventura Aragó señalaba, en 1871, que todavía subsistía en tal fecha, en algunas provincias de España, la costumbre de decretar la época de la vendimia por medio de bandos que obligaban a todos los propietarios.[1120] El autor atribuía esta imposición a la «falta de seguridad en la propiedad territorial»[1121] (eufemismo que parece aludir a las precarias formas de tenencia de la tierra y menguada libertad para los más, que prevalecían en el Antiguo Régimen). Empero, «derogada en lo general, hoy ya se principia la vendimia cuando la mayoría de los cosecheros lo determina».[1122]

Aragó fundamentaba la conveniencia de tal libertad de vendimiar en el hecho de que el momento de maduración variaba según el tipo de uva, lo que obligaba a un escalonamiento flexible de las fechas de la vendimia.[1123]

1116 Buenaventura Castellet: *Enología española ó tratado sobre los vinos de España y su bonificación*, o. cit., p. 57.

1117 Ibídem.

1118 Ibídem.

1119 Ibídem, pp. 134-135.

1120 Buenaventura Aragó: *Tratado completo sobre el cultivo de la vid y elaboración de vinos de todas clases*, Madrid: Librería central de D. Mariano Escribano, 1871, p. 157.

1121 Ibídem.

1122 Ibídem.

1123 Ibídem.

Aunque, en verdad, este tipo de consideraciones se tenían en cuenta muchas veces en los bandos obligatorios. Por añadidura, desde unos planteamientos vinculados al liberalismo económico, el autor daba cuenta con cierto detalle del panorama, que no estaba exento de cierta complejidad. *Grosso modo*, tenía tal obligación por perjudicial, puesto que «Cuando estaba en pleno uso el que las autoridades ó ayuntamientos fijasen por medio de bandos la época de la vendimia, no podian menos de experimentar graves perjuicios los cosecheros, tanto en la cantidad y calidad de sus uvas, cuanto en los vinos obtenidos».[1124] Con todo y con ello, no dejaba de admitir cierta racionalidad en tal compulsión, aunque en un marco de acción restringido: «Esta costumbre, sin embargo, podia estar justificada en aquellos países donde el cultivo de la viña es poco importante; entónces cada uno se apresuraba á vendimiar para no quedar solo expuesto á los estragos de las aves, de los animales salvajes, de los rebuscadores, etcétera, etcétera, cuyas consecuencias eran todavía más fatales que el coger la uva verde y obtener vinos ácidos; pero donde la vid es un cultivo general, tales inconvenientes no son de temer: es prohibir la plantacion de especies precoces; es impedir la fabricacion de vinos ligeros; es querer que las partes del territorio mejor expuestas retrasen el punto de madurez, y las que lo están mal lo adelanten».[1125]

En los albores del siglo xx, Amador Montenegro Saavedra retomaba la cuestión insistiendo en que las vendimias se solían anticipar, muchas veces con el ya indicado propósito de conseguir mejores precios con la venta temprana de los vinos.[1126]

En el término municipal de Cambados, a finales del mes de agosto de 1937, algunos vecinos habían dado comienzo a la vendimia. El alcalde Manuel Silva Núñez, alarmado ante este hecho, dictó un bando (fechado el día 31 del «II Año triunfal») en el que expresaba su temor de que se generalizara la recolección prematura de la uva, en función del «efecto de contagio», ya señalado, y prohibía «terminantemente» que se realizase antes del día 15 de septiembre. Amenazaba con graves sanciones a los infracto-

[1124] Buenaventura Aragó: *Tratado completo sobre el cultivo de la vid y elaboración de vinos de todas clases*, o. cit.

[1125] Ibídem.

[1126] Amador Montenegro Saavedra: «Una bodega cooperativa en Monforte. A los viticultores del valle», *Prácticas modernas* (La Coruña), año III (15 de mayo de 1905), p. 115.

res y exigía la colaboración ciudadana para que la gente los denunciara: «Exijiré [sic] responsabilidad a los Srs. Alcaldes de barrio de las parroquias que, una vez publicado este bando, no me denuncien a los transgresores del mismo. Igual obligación de denunciar incumbe a todo vecino, y, por consiguiente, también incurren en sanción los que no lo hagan».[1127] Sin embargo, el alcalde hacía una salvedad en determinados casos de imperiosa penuria: «Por excepción y a petición de los vecinos, se autorizará la recogida de la uva en los casos de absoluta necesidad, comprobada por mis Delegados».[1128]

Para concluir, conviene señalar que había aún otros factores de segundo orden, aunque de no poca enjundia, que provocaban la anticipación de la cosecha de uva. Señalemos que los sectores populares rurales, hace todavía pocas décadas, se las habían con un problema que no resultaba fácil de solventar: no solían disponer de otro vino que no fuese el que se producía localmente. Para poder consumir vino en las fiestas y romerías de los meses de agosto (como la de San Roque, celebrada el día 16) y septiembre, algunos cosecheros hacían madrugar la vendimia para apresurarse a preparar, mal que bien, un mosto, elaborado en algunas zonas del Salnés a base de híbridos, que se vendía como vino nuevo.[1129] A ello hay que añadir la prevendimia que se veían obligados a realizar algunos cosecheros, cortos de provisión de vino, para poder disponer de alguna suerte de mosto con el que refrescar los gaznates de los jornaleros que se afanaban en la recogida de las uvas. No hace falta recordar que vino, comida y tabaco solían formar parte, a título de retribución en especie, del salario del trabajador.

ABASTO DE VENDIMIADORES Y MAYORDOMOS

En el Antiguo Régimen, los campesinos foreros estaban obligados a dar al mayordomo que supervisaba la vendimia y cobraba la renta en nombre del cenobio «de comer et beber comunalmente, mentres con vos esteber a re-

1127 *Bando de Don Manuel Silva Núñez, Alcalde del Ilmo. Ayuntamiento de Cambados*. Cambados, 31 de agosto de 1937, II Año triunfal, AMC, 1.2. núm. 19/3 (Bandos).

1128 Ibídem.

1129 Entrevista realizada por Xavier Castro a Herminio Barreiro Calvete (Sisán [Ribadumia], 1910), maestro jubilado y pequeño bodeguero.

ceber o quiñón do dito mosteiro».[1130] Ahora bien, no eran pocos los colonos que trataban de aliviar el pago del gravamen recurriendo a prácticas fraudulentas diversas, como «hurtar alguna cantidad de çestos, o no [llenarlos] tan bien para la granja [del monasterio] como para su lagar, o no dar la uva tan buen, tan madura y sana como lleva para sí».[1131] También trataban de ganarse el favor de los agentes eclesiásticos ofreciéndoles regaladas pitanzas aderezadas con vinos de buena estimación y dándoles cuartos o algún pipote. Con la idea de obstaculizar el posible acuerdo entre campesinos y encargados, aconchabados en detrimento y mengua de la bodega de los frailes, estos, amostazados y escarmentados, trataban de impedir que los mayordomos se quedasen a dormir en las casas de los labradores, puesto que «puede haber mucho engaño, porque comiendo y bebiendo y durmiendo en sus casas, sin venir a la granja, pueden conçertarse unos con otros y recibir algunos sobornos para por el día hacer lo que quisieren en sus viñas, hurtándonos nuestro fuero y diezmo, como yo lo he visto en algunas granjas».[1132]

OBLIGACIÓN DE RECOMPENSAR LA AYUDA CON UNA BUENA COMIDA

Ya en nuestra época, la necesidad imperiosa de realizar con rapidez la vendimia obligaba al bodeguero artesanal a recurrir a todo el grupo familiar, y cuando este no resultaba suficiente, tenía que completar su contribución con la contratación de jornaleros. Del mismo modo que se hacía para afrontar otros muchos trabajos agrícolas, también se ponía en práctica aquí el régimen de ayuda mutua vecinal. El agricultor procuraba reservar recursos de su menguada despensa, que tendría que durarle todo el año, a fin de disponer de una alimentación reparadora cuando llegaba la hora de acometer los trabajos agrícolas de mayor envergadura, como era desde luego la vendimia, pero también la siega o la malla. La familia que poseía escasos predios se ocupaba directamente de las labores de la recolección de la uva

1130 P. Samuel Eiján: *Historia de Ribadavia y sus alrededores*, ed. facsímil, Lugo: Alvarellos, 1981 [1.ª ed., 1920], p. 662.

1131 «Advertencias» de 1611, redactadas por el prior de Beiro. Cit. por Pegerto Saavedra: «Idade Moderna. O Ribeiro. Historia», en Xosé Carlos Sierra Rodríguez (coord.): *O Ribeiro: o viño da cultura, a cultura do viño*, o. cit., p. 120.

1132 Ibídem, p. 121.

y solía recompensarse con una buena comida que reparase las energías consumidas en tal esfuerzo. Se puede sostener con fundamento que en el caso de los cosecheros que poseían pocas viñas, que muy bien podían estar situadas en comarcas vitícolas, o bien, y con más razón, cuando se encontraban radicadas en áreas preferentemente consagradas a otros cultivos y, por lo tanto, la vid se cultivaba en escasa medida, la propia familia era quien se ocupaba de su vendimia, en algún caso «con un poco de ayuda de algún vecino».[1133] Al vendimiar cada cual para sí, la recolección de los racimos era una simple tarea más, que no revestía un carácter de fiesta agrícola. Así sucedía en Couso (A Estrada), en la década de 1940, donde se recogía corta cantidad de uva,[1134] y también en algunas tierras de Viana do Bolo, en las que las viñas eran escasas y la vendimia se hacía en régimen familiar, reforzado a veces con alguna contribución vecinal de menor cuantía.[1135] La manutención, con cierta largueza, devenía inexcusable obligación en el caso de que el viticultor recibiera la aportación laboral de parientes que no formaban parte del núcleo familiar que residía en «la casa», o de algunos vecinos o amigos.[1136] Así sucedía en toda la Galicia de las vides, como lo hemos podido constatar en Barbantes, donde muchos pequeños cosecheros hacían su vendimia en un solo día, con la ayuda de los miembros de la familia que residían en la casa y algunos parientes.[1137] Pero el arco de posibilidades diferentes resulta extremadamente amplio y variado. Se daba también el caso, por vía de ejemplo, de un cosechero fuerte que empleaba cinco días en efectuar la vendimia, contando exclusivamente con la cooperación de siete hijos que ya estaban independizados.[1138] Para examinar esta

[1133] Entrevista realizada por Xavier Castro Pérez a José Ribeira, su mujer Fina Varela y su hermana Jesusa, residentes en Couso (Ayuntamiento de A Estrada). Todos ellos nacieron en torno a 1930, ya cit.

[1134] Ibídem.

[1135] Entrevista realizada por Xavier Castro Pérez a Catalina Cotado Galán (Viana do Bolo [Orense], 1957).

[1136] En una aldea de Chantada, muchos cosecheros procuraban realizar la vendimia en un día, e invitaban a los amigos a colaborar en las labores, en las décadas de 1960-1970. Entrevista realizada por Xavier Castro Pérez a Alfonso Eyré López (Riopedroso [parroquia de Laxe, ayuntamiento de Chantada], 1955).

[1137] Entrevista realizada por Xavier Castro a un pequeño cosechero a tiempo parcial en Barbantes.

[1138] Ibídem.

cuestión por lo menudo, aplicaremos una lente de aumento sobre las franjas costeras de la comarca del Morrazo. La vendimia solía realizarse aquí merced a la ayuda familiar, constituyéndose por lo común una cuadrilla mediante la adición de miembros de tres o cuatro núcleos familiares habitualmente vinculados, como hemos indicado, por lazos de parentesco. Eran las mujeres quienes sobre todo se ocupaban de realizar la labor, habida cuenta de que la mayoría de los hombres «trabajaba en la mar». Acostumbraban a reunirse seis o siete mujeres y, muy de tarde en tarde, algún hombre también (el abuelo, el marido o el hijo de alguna de ellas) que estuviese disponible en ese momento. En ocasiones cooperaba además, complementariamente, alguna casa vecina.[1139] Por el contrario, en las tierras del interior, era frecuente que los hombres desempeñaran un relevante papel en las faenas de la recolección de la vid, de lo que constituye un ejemplo Mourazos, en la comarca de Verín; a comienzos de la década de 1990, un vecino de la zona relató a Pérez Alberti[1140] que la vendimia antes se hacía con el concurso de los hombres, en régimen de ayuda familiar recíproca que se establecía entre las diferentes casas de la localidad.

La invitación a comer era también inexcusable en el marco del régimen de las ayudas mutuas entre casas vecinas que «hacían intercambio»,[1141] siguiendo un turno rotatorio, como dejó plasmado M. García Barros. Era esta la manera en que las explotaciones campesinas resolvían el dilema de carecer de recursos pecuniarios con que poder contratar mano de obra a jornal cuando se hallaban en el brete de tener que solventar la labor en curso con mucha presteza. Ante todo había que evitar que la aparición súbita de la lluvia perjudicase seriamente la uva, que debería llegar seca y con todos los microorganismos adheridos a su piel. Estos, en ningún caso deberían resultar barridos por el agua, puesto que su papel resulta indispensable para que se pueda obrar el prodigio de la fermentación del vino. La cooperación mutua permitía llevar a término con mayor rapidez cada una de las vendimias, disminuyendo individualmente el riesgo de que sobreviniese un percance pluvial.

[1139] Entrevista realizada por Xavier Castro a M.ª Jesús Fernández Fernández, ya cit.

[1140] Augusto Pérez Alberti: *Xeografía de Galicia*, o. cit., p. 112.

[1141] La expresión en gallego, *verbatim*, es «andaban ó trocado».

La vendimia en Valdeorras era un trabajo colectivo, todo un acontecimiento en el pueblo, que «reúne a las familias y amigos, que se ayudan unos a otros».[1142] Desde muy temprano, se agavillaban grupos de hombres y mujeres dedicados a cortar los racimos con cuchillos, navajas y tijeras. En todo el conjunto de la provincia de Ourense, las vendimias solían hacerse preferentemente por medio de ayudas, según indica Eladio Rodríguez González.[1143] Estas prácticas sobrevivieron, bien que con un perfil parcialmente desdibujado, hasta una época muy reciente en toda Galicia. Así, en Campo Lameiro, en 1980, se recurría a los intercambios recíprocos de trabajo para la vendimia.[1144] En Meiro (Bueu) se hacía también la vendimia y otras faenas —para las cuales, las casas que no tenían bueyes se «arrimaban» a otras más fuertes que disponían de ellos y compensaban con su trabajo la aportación de los animales— recurriendo a la ayuda mutua vecinal. «Antes había más cooperación», señalaba con tono de lamento un informante.[1145] La situación no era muy distinta en otras partes de la península del Morrazo.[1146] Un estudio de Luis Ángel Fajardo sobre el vino albariño revela que en las parroquias del Salnés a comienzos de los años ochenta, aún pervivía el régimen de cooperación comunitaria para afrontar con la necesaria rapidez los apremios de la vendimia.[1147]

Por lo demás, si el bodeguero disponía de extensos viñedos y no era posible, o deseable, recurrir a la cooperación comunitaria, y disponía además de dinero, solía completar la mano de obra de la compañía familiar con jornaleros, a los que debía pagar el jornal y ocuparse además de su manutención. Pero, en cualquier caso, en esta forma de organización productiva, no dejaban de participar y supervisar los trabajos todos los miembros útiles de la familia. Así lo vemos ejemplificado en a *A Lagarada*, de Otero Pedra-

[1142] Antonio Castro Voces: *Viños de Valdeorras*, Vigo: Nigra Imaxe, 1994, p. 82.

[1143] Eladio Rodríguez González: «Los pueblos que saben vivir su vida», *Galicia. Revista del Centro Gallego de Buenos Aires*, 226 (octubre de 1931), p. 8.

[1144] Paz Sofía Moreno Feliú: «Inda che axuda calquera! Análise do sistema de axudas en Campo Lameiro», *Traballos comunais no mundo rural. Boletín Auriense*, Museo Arqueolóxico Provincial (Orense), anexo 7 (1987), pp. 19, 29 y 35.

[1145] Entrevista realizada por Xavier Castro Pérez al marido de Victoria Martínez Barreiro, presidenta de la Asociación Socio-Cultural, Deportiva e Xuvenil de Meiro.

[1146] Entrevista realizada por Xavier Castro a M.ª Jesús Fernández Fernández, ya cit.

[1147] Miguel Ángel Fajardo Sebastián: *Albariño: cultivo, implantación, vinificación*, Pontevedra: Diputación Provincial de Pontevedra, 1984, p. 96.

yo, donde se recrea la tradición de las vendimias en el Ribeiro: el patrón recurría al grupo familiar y ajustaba también jornales con vendimiadoras y acarreadores.[1148]

Naturalmente, las familias hidalgas o los propietarios muy acomodados, no se ocupaban directamente de la recolección. Solo el cabeza de familia intervenía para dirigir los trabajos personalmente o por mediación de su mayordomo. Así lo retrató Pardo Bazán en *El cisne de Vilamorta:* la acción discurre en una importante explotación rural, donde «Ni Primo Genday, ni Méndez se dan punto de reposo. Hay que atender a las cuadrillas de vendimiadoras y vendimiadores que vienen de distantes parroquias a alquilarse, distribuirles la labor, organizar el movimiento de la recolección para que resulte armónico y fructuoso».[1149]

Ya hemos indicado que era usual pagar a los jornaleros su salario y atender a su mantenimiento mientras durase el trabajo de recolección de la uva, denominado también *ceifa*.[1150] Añadamos que no era infrecuente que la vendimia se prolongase más de un día. Algunos de los que trabajaban a jornal dormían generalmente en el pajar de la explotación a la que dedicaban sus sudores (en el mes de septiembre la buena temperatura permitía dormir con poco abrigo); en *A Lagarada* se nos ofrece una escena de literatura costumbrista en la que el viejo patrón despierta a las vendimiadoras y acarreadores apostrofándoles de este modo: «¡Al trabajo perezosos, arriba! ¿O pensáis empalmar la parva con el almuerzo? Todos a la viña».[1151] En efecto, tratándose de zonas vitícolas era normal que se incluyese el vino en las parvas y comidas que se ofrecía a los jornaleros. Según muestran José R. Lence y Ramón Fernández Mato, el patrón ordenaba que se le diese a los vendimiadores «un cántaro de vino viejo a cada uno de vosotros y la cena blanca como es de costumbre».[1152] Esto se tenía por tan indispensable que, en algunos casos, cuando ya no restaba vino de la pasada cosecha, se hacía

[1148] Ramón Otero Pedrayo: *A Lagarada*, o. cit., p. 80 y pássim.

[1149] Emilia Pardo Bazán: *El cisne de Vilamorta*, o. cit., p. 245.

[1150] Por vía de ejemplo, en la zona de Bueu, donde se pronuncia con seseo: *seifa*. Entrevista realizada por Xavier Castro a Jesús Pallal, pequeño bodeguero de Beluso, donde nació en 1942.

[1151] Ramón Otero Pedrayo: *A Lagarada*, o. cit., p. 77. La *parva* es el desayuno y el *almorzo*; aunque en general se emplea para referirse a la primera comida del día, también significa, en algunas zonas, el *xantar* o comida del mediodía, que es el sentido en que emplea el término este autor.

[1152] José R. Lence; Ramón Fernández Mato: *La galleguita. Zarzuela en un acto*, o. cit., p. 31.

primero acopio de las uvas que habían madurado con más anticipación, para poder elaborar un vino que no pasaba de ser un mosto de urgencia, con el que los trabajadores pudiesen llenar la panza cuando llevasen a cabo un poco más tarde el grueso de la vendimia.[1153]

Los integrantes de un grupo familiar de modestos cultivadores de Mogor (Marín), cuando iban a vendimiar o a realizar cualquier otro trabajo en el campo y recurrían a una jornalera para que los ayudase, llevaban una cesta con comida y vino. Se consideraba que la comida con vino constituía una parte del jornal y había que cuidar a la jornalera. En cambio, cuando únicamente participaban los miembros de la familia, prescindían de la cesta de comida, y en ocasiones también del vino; se conformaban con un simple bocadillo.[1154]

Al margen de muy contadas salvedades, se puede afirmar que del vino no se podía prescindir, y de hecho no faltaba prácticamente nunca. Los jornaleros tomaban también vino entre horas, mientras cosechaban y transportaban los racimos, en especial los hombres y, con más derecho, aquellos que realizaban el trabajo más esforzado y penoso, acarreando grandes cestos con racimos. De nuevo en *A Lagarada*, encontramos una vendimiadora que entra en la bodega avisando al patrón de que venía a por otra jarra de vino para llevársela a los hombres que transportaban los *culeiros* (cestos grandes). El patrón da a entender que también bebían las mujeres.[1155] Pero lo más sólito era que estas se conformasen con tomar uvas mientras cortaban los racimos. No sin ciertas restricciones, a veces. Para ilustrar este particular podemos recurrir al testimonio de la abuela de una informante que, de joven, solía vendimiar a jornal. Recordaba que los patronos mandaban cantar a todas las mujeres que iban a trabajar como asalariadas para que no pudiesen aprovechar para comer demasiadas uvas.[1156] Menciona también este tema Eliseo Alonso, quien puntualiza que había amos tacaños que obligaban a las vendimiadoras a cantar, sabedores de que boca que canta no come uvas.[1157] Trataban así de impedir que las mujeres saciasen su hambre

[1153] Xosé Posada: *Os viños de Galicia*, o. cit., p. 66.

[1154] Entrevista realizada por Xavier Castro a Pilar Blanco López, ya cit.

[1155] Ramón Otero Pedrayo: *A Lagarada*, o. cit., p. 56.

[1156] Entrevista realizada por Xavier Castro a M.ª Jesús Fernández Fernández, ya cit.

[1157] Eliseo Alonso: *Viños do Rosal e do Condado: denominación de orixe Rías Baixas*, o. cit., p. 84.

atrasada con la única cosa que tenían a mano. Esta situación de penuria la refleja una canción popular: «Vendimiad, vendimiadoras, / en la vendimia de mi padre: / vendimiad y comed uvas / que otra cosa no hay».[1158] La referida táctica de los precavidos y avaros patrones debió de haber estado muy difundida por los pagos gallegos, pues el comentario salta a poco que se interrogue al respecto: una persona entrevistada, de Mogor (Marín) en este caso,[1159] señalaba que la exhortación, o más bien orden, de cantar que recibían las vendimiadoras que «andaban a jornal» la daban ciertamente muchos de los propietarios de viñas de esta zona, pero puntualizaba que no todos los hacían, sino solo los más cicateros. Eran tiempos de mucha escasez. Después, cuando se hacía una pausa en el trabajo, también se ofrecía vino a las mujeres con la comida, pero por lo común siguiendo un patrón de menor cantidad que los varones. Los vendimiadores de Valdeorras, a comienzos del siglo XX, recibían como pago complementario en especie cuatro litros de vino al día.[1160] Las mujeres solían conformarse con uno, cosa que se advierte por doquier; por ejemplo, en Francia: en la época de la vendimia en el Languedoc, un jornalero cobraba cinco francos al día, además de tres litros de vino, como complemento del jornal. Por el mismo trabajo, una mujer percibía tres francos (que, si estaba casada, se solían entregar a su marido) y un litro de vino.[1161] Esta discriminación de las mujeres en el pago en especie en bebida tenía una doble significación: por una parte, era usual que las mujeres cobrasen menos salario, entre la mitad y la tercera parte, y por otra, se suponía que no bebían tanto.

MENÚ MÁS ABUNDANTE Y UN POCO MEJOR QUE LA COMIDA ORDINARIA

La calidad del menú dependía de los «posibles» del patrón, amén de su liberalidad, pero la tradición imponía unas pautas que exigían una pitanza más abundante y un poco mejor que la comida ordinaria. El fuerte esfuerzo laboral parecía reclamar una buena reparación mediante una alimenta-

[1158] Eliseo Alonso: *Viños do Rosal e do Condado: denominación de orixe Rías Baixas*, o. cit.

[1159] Entrevista realizada por Xavier Castro a Pilar Blanco, ya cit.

[1160] Santiago Álvarez: *Memorias I. Recuerdos de infancia y de juventud (1920-1936)*, Sada [La Coruña]: Ediciós do Castro, 1985, p. 20.

[1161] Didier Nourrisson: *Le buveur du XIXe siècle*, o. cit., pp. 26, 34 y 151.

ción copiosa: «Y es que el trabajo de la vendimia se asemeja algo a una gran batalla, donde se exige al soldado extraordinario desarrollo de energía, despilfarro de músculos y sangre, pero en desquite es preciso tenerle siempre prevenido lo necesario para reparar sus fuerzas en los momentos de descanso».[1162] La abundancia de pan, vino y compango resultaba obligada. La mujer del patrón no podía arriesgarse a que la comida se considerara escasa, sabiendo que en tal caso se exponía a ser severamente criticada. Los parientes, vecinos y jornaleros debían quedar «bien hartos». Era muy consciente de esto un modesto cosechero de Barbantes que tuvo ocasión de ver cómo, con motivo de la vendimia realizada en años recientes, eran muchos los que en la localidad solían hacer un cocido abundantísimo («Siempre tienes miedo de que no llegue»); antes de pasar vergüenza, preferían excederse en la cantidad. Las sobras se volvían a tomar al día siguiente, «cuando ya no tienes gana». Lo que no se acababa de comer se guardaba en el congelador.[1163]

Ahora bien, el menú no siempre era idéntico para todos. En algunos casos se hacía una discriminación en función de la dureza de la tarea, lo cual tenía implicaciones de género. Se subraya este hecho en este breve esbozo documental referido a la alimentación de los vendimiadores en el Ribeiro, recabado por Pérez Alberti: «A la vendimia antes salíamos por la mañana temprano hacia los campos [...]. A media mañana había que comer en el campo. Se llevaba bacalao rebozado y vino para los que trabajaban en el campo, y unas costilletas para los acarreadores porque, claro, no era lo mismo vendimiar que acarrear».[1164] Resultaba que los que se ocupaban del acarreo eran hombres, prácticamente siempre.

A través de un perfil social esbozado por Emilia Pardo Bazán, se puede apreciar que también en la distribución de las raciones de vino se aplicaba un criterio discriminatorio. Este consistía en adjudicar una dosis mayor a quien se estimaba que lo había merecido más, por su mayor denuedo en el trabajo. Y eran, claro está, los hombres quienes se beneficiaban: «Para que la gente vendimiadora estuviese dispuesta y animada a la penosa faena, impor-

1162 Emilia Pardo Bazán: *El cisne de Vilamorta*, o. cit., p. 245.

1163 Entrevista realizada por Xavier Castro a un pequeño cosechero a tiempo parcial en Barbantes, ya cit.

1164 Augusto Pérez Alberti: *Xeografía de Galicia*, o. cit., p. 233. (Conversación de Pérez Alberti en Laias, en las tierras del Ribeiro, con Manuel, de 86 años.)

taba que encontrasen a punto, en la bodega, la ancha vasija llena de mosto donde bebiesen a discreción los *carretones*, al llegar exhaustos de subir el pesado *coleiro* o cestón henchido de uva por las cuestas agrias».[1165]

Veamos un testimonio sobre el modo en que reparaban sus fuerzas los vendimiadores con posterioridad a los años cincuenta, teniendo en cuenta que a estas alturas la alimentación campesina ya había comenzado a mejorar. Al inicio de la jornada, los hombres solían beber aguardiente en tanto que muchas mujeres tomaban uvas, aprovechando que eran abundantes. Hacían un alto después para «tomar las dieces», lo que consistía en algo de chorizo, jamón, queso o torrezno. Se comía sobre la una, dependiendo de la marcha del trabajo. Era una comida de *endeita* (trabajo comunal), que normalmente se hacía en la bodega o antebodega, aunque también podía celebrarse en el lagar,[1166] si se disponía de él. No era infrecuente que con tal propósito se hubiesen dispuesto el pote sobre unas piedras, como sabemos que se hacía en Chantada.[1167] Otra opción consistía en que no se preparase la comida *in situ*. En la zona de Trasariz (Cenlle), las mujeres hacían la comida en casa y después se la llevaban a los vendimiadores: la consabida fuente de bacalao con patatas, aliñado después con aceite, o de carne con patatas (más propiamente, de patatas con carne, para hacer que el orden de las palabras resulte expresivo de la desigual presencia de ambos ingredientes).[1168] En efecto, el plato que más sólitamente se servía antaño era el bacalao, como ya hemos podido ver. Así acontecía en lugares como Barbantes, donde se ofrecía a los que vendimiaban una gran fuente de este popular pescado en salazón. Eladio Rodríguez refiere que, por lo general, lo que la tradición imponía, tras la *lagarada*, era servir unas buenas fuentes de bacalao guisado con patatas, que comían las mozas y mozos jornaleros «a la redonda».[1169] También se preparaba carne de cabra cocida, aliñada con ajo, perejil y cebolla (la piel del animal se aprovechaba, después, para hacer un

[1165] Emilia Pardo Bazán: *El cisne de Vilamorta*, o. cit., p. 245.

[1166] Eladio Rodríguez González: «Lagarada», en *Diccionario enciclopédico gallego-castellano*, o. cit., t. II, p. 506.

[1167] Entrevista realizada por Xavier Castro Pérez a Alfonso Eyré López, ya cit.

[1168] Entrevista realizada por Xavier Castro a la mujer que despachaba en el bar O Cuberto, en Trasariz (Cenlle)

[1169] Eladio Rodríguez González: «Lagarada», en *Diccionario enciclopédico gallego-castellano*, o. cit., t. II, p. 506.

odre). En décadas ya muy recientes, se pasó a servir un cocido de carne que más bien pecaba de abundante.[1170]

Una familia de pequeños cosecheros de Mogor (Marín) vendimiaba auxiliada por una jornalera. A la hora de comer o merendar, se situaban todos a la sombra de un árbol y depositaban la comida —hecha previamente en casa— sobre la cesta que utilizaban para transportarla, a la que daban la vuelta para que hiciera las veces de improvisada mesa.[1171]

En una explotación orensana de señorial prestancia se preparaba el condumio en la cocina: «importaba que el espeso caldo de calabazo, condimentado con sebo de carnero, las sardinas arenques y el pan de centeno abundasen cuando los reclamaba el apetito devorador de las cuadrillas; a cuyo fin, ni se apagaba el hogar de las Vides, ni nunca se veían desocupados los calderos enormes donde hervía el rancho».[1172]

Cuando se cocinaba en la bodega, a falta de mejor acomodo, se vertía el pote con la comida sobre unos haces de pajas y seguidamente cada cual tomaba directamente con la mano su ración, apoyándola en una rebanada de pan de trigo, que se compraba especialmente para ese día. Algunos hacían *forquitos* con vides, a guisa de tenedores. Se merendaba alrededor de las 6 de la tarde, de modo parecido a las dieces. La cena tenía lugar hacia las ocho, sin que difiriese gran cosa del yantar.[1173]

Como ya hemos anticipado, en las comidas de vendimia se servía vino del que también participaban las mujeres, pero en medida menor. Había también algunas mujeres que solo tomaban gaseosa o una mezcla.[1174]

En las explotaciones de reducidas dimensiones, la vendimia se despachaba en media jornada, frecuentemente por la tarde, a partir de las tres. Cuando promediaba la tarde, hacían un alto para merendar: pan, queso con membrillo, chorizo y *alcriques* solían ser las viandas más habituales.[1175] En el supuesto de que fuesen las mujeres quienes se encargaban de beneficiar las viñas, como pasaba a menudo en los pueblos del litoral, llevaban consigo

[1170] Entrevista realizada por Xavier Castro a un pequeño cosechador a tiempo parcial en Barbantes, ya cit.

[1171] Entrevista realizada por Xavier Castro a Pilar Blanco López, ya cit.

[1172] Emilia Pardo Bazán: *El cisne de Vilamorta*, o. cit., p. 245.

[1173] Entrevista realizada por Xavier Castro Pérez a Alfonso Eyré López, ya cit.

[1174] Ibídem.

[1175] Entrevista realizada por Xavier Castro a M.ª Jesús Fernández Fernández, ya cit.

botellas de vino mezclado con gaseosa, pero si participaba también algún hombre, adoptaban la cautela de separar convenientemente las dos bebidas que servirían de provisión, pues, como era de rigor, los varones bebían el vino sin rebaja alguna; la bebida mezclada era solamente para ellas.[1176]

Cuando finalizaba la vendimia, de regreso a casa por la noche, se acostumbraba a hacer fiesta por el camino, deteniéndose alguna que otra vez, aprovechando por ejemplo los *socalcos* (terrazas) en la zona de Chantada. Tiraban cohetes, había música de gaita y todos se sentían fatigados, pero contentos; habían bebido en las comidas y cuando hacían un alto echaban un trago del vino que llevaban en las botas, acompañado con un taco de queso.[1177]

ALEGRE FIESTA DE LA VENDIMIA

En el sistema de vida tradicional, el vino no solo era un recurso económico, sino un alimento para el cuerpo, un bien de inapreciable valor para la subsistencia, un remedio para las dolencias, un abrigo interior que preservaba del frío y un recurso que aportaba calidad de vida: servía para contentar el ánimo, alegrar el corazón y ponerse a tono en los momentos de fiesta. Por eso la cosecha del vino era tan esperada. «El año entero transcurre en preparativos y expectación del hermoso tiempo de la cosecha», observaba Emilia Pardo Bazán.[1178] Una vendimia abundante permitía una aceptable travesía invernal hasta alcanzar el refugio portuario del estío. Un refrán del siglo XVI expresaba cierto ideal de la existencia en la concentrada fórmula de «Ramo corto y vendimia larga».[1179] El vino era tan necesario para la supervivencia como el pan; era otra forma de sustento básico. Carré Aldao, refiriéndose al conjunto de Galicia en los años veinte, calificaba la vendimia como «fiesta de otoño, riente y regocijada».[1180] En efecto, la vendimia era una época alegre que culminaba un año de desvelos y trabajos, de incer-

[1176] Entrevista realizada por Xavier Castro a M.ª Jesús Fernández Fernández, ya cit.

[1177] Entrevista realizada por Xavier Castro Pérez a Alfonso Eyré López, ya cit.

[1178] Emilia Pardo Bazán: *El cisne de Vilamorta*, o. cit., p. 245.

[1179] Pedro Vallés: : *Libro de refranes*, Zaragoza: Juana Milian, 1549; reeditado por Felipe C. R. Maldonado: *Refranero clásico español y otros dichos populares*, 8.ª ed., Madrid: Taurus, Madrid, 1981 [1.ª ed. 1965], p. 46.

[1180] Eugenio Carré Aldao: «Prácticas y costumbres», art. cit., p. 733.

tidumbres y temores: a que las lluvias excesivas, las heladas o una repentina granizada pudiesen arrebatar un fruto que, transformado, desempeñaba una función imprescindible. Y ello no solo para el confortamiento y la sociabilidad, sino que revestía además un valor inestimable como alimento y, en no pocos casos, también comercial, para obtener el dinero con el que pagar los impuestos o bien comprar en la feria algún artículo indispensable.

En muchas ocasiones, las gentes se representaban la existencia como un «áspero mundo», expresión que Ángel González tuvo por título conveniente para su reconocido libro de poesía. Ahora bien, desde luego no en los días de la vendimia. Estos eran muy dulces. El momento apropiado para levantar el espíritu y disipar la inseguridad y la desazón. A esta sensación se sumaba el gozo de conseguir el fruto ansiado: «Es el tiempo de la cosecha / que ansía el labriego ribereño. / Es la canción de la esperanza satisfecha / que viene siempre envuelta / en ovillo del afán. // La tierra desecada / exhala un agobiante perfume, / en un olor de abundancia trabajada, / que ha sido ya esperada / en un año de labor».[1181] La autora de *El cisne de Vilamorta* recordaba que en esta época «Era imposible resistir a la expansión báquica, a la embriaguez que se respiraba en el aire. Entre los espectáculos deleitosos que la naturaleza ofrece, no cabe otro más grato que el de su fecundidad en la vendimia: aquellos cestos colmados de racimos rubios o del color de la cuajada sangre, que hombres fornidos, casi desnudos, semejantes a faunos, suben y vacían en la cuba o en el lagar».[1182] Llegaba, por lo tanto, la hora de la compensación por las arduas labores ejecutadas por el campesino durante meses, el momento en que aguardaba que la viña «pagase su trabajo».[1183] Quizá el mejor ejemplo de denodado esfuerzo humano —incomprensible en términos pragmáticos de mero rendimiento económico— aplicado a la obtención de vides fructuosas nos lo suministran las comarcas en las que la orografía constituye un reto difícil, casi imposible, superado no obstante mediante los ban-

[1181] «É o tempo da colleita / que cobiza o labrego ribeirán. / E a cántiga da espranza satisfeita / que vèn sempre envolveita / no novelo do afán. // A terra deloirada / arrecende, abafante de lentor, / n'un cheiro de fartura traballada, / que estivo xa esperada / n'un ano de labor». Eladio Rodríguez González: «A Vendima», en *Oraciós campesiñas: versos galegos*, Vigo: Galaxia, 2001 [1.ª ed., 1927], p. 223.

[1182] Emilia Pardo Bazán: *El cisne de Vilamorta*, o. cit., p. 245.

[1183] Amador Montenegro Saavedra: «Por el país del vino. Desde Monforte», *Prácticas modernas* (La Coruña), año I (15 de octubre de 1903), p. 232.

cales (*socalcos*). En estas zonas de terrazas, la mayoría de los propietarios de las viñas residían en las aldeas «perchés sur le rebord du plateau».[1184] Sin embargo, el geógrafo francés Huetz de Lemps subraya que había también propietarios de pequeñas parcelas de *ribeira* que residían en las montañas y no dudaban en recorrer largas distancias para cultivar y vendimiar sus vides. Todo con tal de tener la inmensa satisfacción de elaborar su propio vino. De este modo, el autor francés tuvo la oportunidad de constatar que en Acibeiro, situado al oeste de Poboa de Trives, durante la época de vendimia se podía ver cómo se formaban largas cohortes de chirriantes carretas tiradas por bueyes, que remontaban lentamente las cargas de uvas hasta las aldeas de la montaña.[1185]

Consideradas en términos estrictamente economicistas, sin duda muchas viñas no eran rentables. Consumían más energías humanas que beneficios económicos reportaban. Pero no fueron por ello abandonadas. Tardaron mucho en ser descepadas. No lo fueron hasta que aquellos obstinados cultivadores pudieron comprar el vino de otras procedencias que les llegó con el avance de las comunicaciones y el incremento de su capacidad adquisitiva. Así se explica la tardía pervivencia de vides casi imposibles por razones de inadecuación climática, como podían ser las de la comarca de Viveiro.

En suma, en lo que concierne a algunas zonas vitícolas de Galicia, pasablemente ruinosas, se podría decir lo que proclama el dicho popular sobre Morales de Valverde (provincia de Zamora): «La viña de Valverde / El que más tiene, más pierde».[1186] Ahora bien, medido con otro rasero, en función de su contribución a la calidad de vida, el vino merecía la consideración de un bien de sobresaliente valor cualitativo, un artículo que hacía más llevadera y grata la existencia.

AROMA DE VENDIMIA

En el tiempo de la vendimia, cuando las avispas se encarnizaban con los racimos y zumbaban extasiadas de pulpa dulce, las casas se impregnaban

[1184] Alain Huetz de Lemps: *Vignobles et vins du Nord-Ouest de l'Espagne*, 2 vols., Burdeos: Féret & Fils, 1967, p. 141.

[1185] Ibídem.

[1186] Ibídem, p. 134.

del exultante aroma de las uvas fermentadas. En el aire del zaguán de la casa de Octavia, por obra de la púrpura y oro de las vides, «erraba un aroma de vendimias y de siegas seculares, parecía elevarse la tibieza del mosto fermentando y del grano envejeciendo»,[1187] según la rememoración de Francisco Camba, en su novela *La revolución de Laíño*. En la comarca del Ribeiro, en el primer tercio del siglo XX, como evocaba Otero Pedrayo en *A Lagarada*, se notaba «por el aire el barullo de las vendimias que llenan el valle».[1188] Se percibía gran animación y mucho movimiento de gentes y trasiego de carros «en la parte anchurosa e inculta del valle del Ribeiro, una retahíla de carros y de gentes, que van pasando como discurren sobre el espejo del Avia las nubes, los brotes tiernos de los alisos, a las horas rubias y a las horas ceniza, las hojarascas marchitas y caducas de los emparrados por el otoño».[1189] Completan esta estampa unos versos de Eladio Rodríguez: «Arde en bulla el Ribeiro; / hierven en ebullición los campos / en una algazara triunfante y bullanguera; / se llena el valle entero / de alegre animación».[1190]

Reinaba, efectivamente, esperanzada inquietud, y una inconfundible atmósfera de alegría envolvía los campos pintados con el verde dulzor de los viñedos. El farmacéutico Buenaventura Castellet, en su tratado de *Enología española*, resaltaba «[...] la animación y alegria generales que se manifiestan en los distritos vitivinícolas cuando la recolección de las uvas».[1191] Eladio Rodríguez reflejaba, por su parte, la satisfacción que imperaba cuando la recolección había resultado propicia, sirviéndose de estos trazos poéticos: «Una agitación de faena / por doquier se ve brincar, / triunfadora, jaranera y sin sosiego, / como un himno labriego / que la tierra no cesa de cantar».[1192]

[1187] Francisco Camba: *La revolución de Laíño*, o. cit., pp. 244-245.

[1188] Ramón Otero Pedrayo: *A Lagarada*, o. cit., p. 54.

[1189] Ramón Otero Pedrayo: *O desengano do prioiro*, o. cit., p. 139.

[1190] Eladio Rodríguez González: «A Vendima», en *Oraciós campesiñas: versos galegos*, o. cit., p. 223.

[1191] Cf. Buenaventura Castellet: *Enología española ó tratado sobre los vinos de España y su bonificación*, o. cit,. p. 56.

[1192] Eladio Rodríguez González: : «A Vendima», en *Oraciós campesiñas: versos galegos*, o. cit., p. 223.

ALGAZARA Y CANCIONES EN LA VENDIMIA

A despecho de los sudores del cuerpo que provocaba el trabajo realizado bajo el efecto de unas temperaturas todavía altas de final de verano, campaban las bromas entreveradas con risas. Cualquier peripecia que parecería irrelevante en otro momento menos jovial, se tornaba en pretexto para la alegría y la juerga. Se advierte esto muy cumplidamente en un pasaje de A *Lagarada*, cuando una moza vendimiadora le contaba al patrón: «la tía Chinta estaba cogiendo racimos y dio con los dientes en un terrón duro como un canto rodado.¡Nos partíamos de risa!».[1193] La siguiente evocación de Ramón Cabanillas deja bien patente también esta atmósfera de alborozada risa: «En el carro viene la tinaja, llenita a más no poder; / detrás, las vendimiadoras, riendo, cogidas las manos».[1194] A la bodega riberana llegaban retazos de las canciones de las vendimias: «Ahí viene, ahí viene, / Ahí va, ahí viene / El carro americano / Que corre más que el tren».[1195]

Alcanzaban primacía en la vendimia los sentimientos expansivos, de alegría y júbilo; los *aturuxos*,[1196] sus manifestaciones más impetuosas, se desataban a veces: «Estallaban los viñedos / en risas y *aturuxos* a montones, / porque los vindimiadores están alegres, / pensando en los enredos / de sus diversiones».[1197] En Barbantes, al finalizar la recogida de la uva, lanzaban los vendimiadores un *aturuxo* atronador que se escuchaba en la parroquia vecina;[1198] grito en que se entreveraban la alegría con la jactancia, motivadas por el hecho de haber terminado la labor... antes que los otros, pues es de saber que se solía entablar competencia con la aldea vecina o la parroquia próxima: se trataba de ver quien concluía más prestamente la tarea y conseguía poner más pronto a salvo su mosto.

[1193] Ramón Otero Pedrayo: A *Lagarada*, o. cit., p. 56.

[1194] Ramón Cabanillas: «Vendima en Salnés», en *Poesías ventureiras*, en *Poesías. Escolma*, Vigo: Galaxia, 1976, p. 102.

[1195] Ramón Otero Pedrayo: A *Lagarada*, o. cit., p. 5.

[1196] Grito gutural de alegría.

[1197] Eladio Rodríguez González: «A Vendima», en *Oraciós campesiñas: versos galegos*, o. cit., p. 223.

[1198] Entrevista realizada por Xavier Castro a un pequeño cosechador a tiempo parcial en Barbantes, ya cit.

La realización de cantos y danzas era algo inherente a la cultura laboral tradicional. Muchos de los bailes y canciones populares se realizaban en la propia faena o al hacer un alto para descansar. Con esto acabó la moderna cultura laboral: los reglamentos de las fábricas prohibían terminantemente, con expeditivas multas y penalizaciones, silbar o cantar, y moverse del puesto de trabajo (¡no digamos ya bailar!), así como tampoco permitían en general comer ni beber. Pero en los viejos buenos tiempos en que ocio y negocio se confundían, los cantos animaban la regocijada actividad de los grupos de trabajadores: «Entre las hojas marchitadas / parece que las gentes forman jubileos / junto a las cepas retorcidas y enjutas».[1199] Pardo Bazán apuntaba que señores y campesinos participaban de la «pagana sensación de bienestar, el rústico regocijo, el contentamiento de vivir, se comunicaban a los espectadores de tan lindos cuadros; y por la noche, mientras los coros de faunos y bacantes bailaban al son de la flauta y la pandereta; el señorío se divertía tumultuosamente, con pueriles retozos, en el caserón».[1200] Doña Emilia, buena observadora de las costumbres sociales de su época, constataba que «al júbilo de los vendimiadores respondía como un eco el de los huéspedes, venidos para la ocasión a la casa señorial».[1201] Música de piano y alguna pandereta tal vez, baile, juegos varios, incluidos los naipes, etcétera, alegraban las veladas de la gente distinguida, y así «se comprenderá el bullicio del caserón solariego en tan incomparables días». Encerraban sus paredes un breve compendio del mundo elegante de aquella provincia: «atraídos los curas por Primo Genday, los radicales por el diputado, y la aristocracia por el mayorazgo Méndez. Y toda esta gente de tan diversa condición, al encontrarse reunida, se dio a divertirse y gozar en la mejor armonía y concordia».[1202] Eran sobre todo los jóvenes quienes se mostraban sólitamente más jubilosos, como lo testimonian unos versos de Eladio Rodríguez: «Por las viñas adelante, / sueltos en desordenada libertad, / corren formando algarabía / los cantos de la regocijada / y recia mocedad».[1203] Otra cosa no se podía admitir.

1199 Eladio Rodríguez González: ««A Vendima», en *Oraciós campesiñas: versos galegos*, o. cit., p. 223.

1200 Emilia Pardo Bazán: *El cisne de Vilamorta*, o. cit., p. 245.

1201 Ibídem.

1202 Ibídem.

1203 Eladio Rodríguez González: «A Vendima», en *Oraciós campesiñas: versos galegos*, o. cit., p. 223.

Otero Pedrayo muestra en una de sus obras cómo el coro de las vendimiadoras se quejaba ante el «señor amo» de la escasa jovialidad de los jóvenes; le decían que los majuelos habían rendido bien, «Pero para otro año, si Dios quiere, nos tiene que mandar mozos más juerguistas. La verdad es que tiene unos hijos más tristes que la salmodia del abad en los responsos».[1204] Las jóvenes cantaban y pedían que los mozos cantaran con ellas. Sin embargo, conviene hacer una salvedad en relación con el canto femenino en las vendimias, pues no todo era espontaneidad. Recordemos que en algunos casos los patrones hacían cantar a las jornaleras mientras vendimiaban para que no pudiesen comer demasiadas uvas.[1205]

Risas y canciones se escanciaban a lo largo de toda la jornada por los diferentes espacios en los que se desarrollaban los trabajos. Eladio Rodríguez describe cuáles eran los principales escenarios de la bulla: «En los campos de cultivo, ¡qué alegría! / en las bodegas, ¡qué bullas y qué afanes! / en los lagares, ¡qué loca algarabía! / ¡Qué sana locura / en las horas de los atardeceres!».[1206] Sin duda era la noche, al finalizar la tarea, el momento estelar de la diversión: «Con la noche entra en el corral un estruendo de gente ruidosa. Vienen en grupo las vendimiadoras, quemadas las gargantas de cantar y reír, oliendo al mosto de las uvas y a la tierra otoñal. Vienen los hombres ensuciados, aspirando con un aire cansado y resplandeciente a un tiempo todo el hechizo sensual del otoño y de la mujer».[1207] Pardo Bazán evoca certeramente «aquella risa de las vendimiadoras escondidas entre el follaje, disputando, desafiándose a cantar desde una viña a otra, desafíos que concluían al anochecer como concluyen todas las expansiones violentas en que se gasta mucho vigor muscular; por desahogos melancólicos, por algún prolongado gemido céltico, algún quejumbroso *a-laá-laá*...».[1208] Y a la par que se cantaban coplas, acompañadas por algún instrumento musical, se bailaba también: «De noche, en las calles, / todo son cantos y juerga y diversión; / golpéanse

1204 Ramón Otero Pedrayo: *A Lagarada*, o. cit., p. 61.

1205 Entrevista realizada por Xavier Castro a M.ª Jesús Fernández Fernández, ya cit.

1206 Eladio Rodríguez González: «A Vendima», en *Oraciós campesiñas: versos galegos*, o. cit., p. 225.

1207 Ramón Otero Pedrayo: *A Lagarada*, o. cit., p. 61.

1208 Emilia Pardo Bazán: *El cisne de Vilamorta*, o. cit., p. 245.

las *ferreñas*[1209] y los panderos, / y se trastocan las plazuelas / en loca confusión».[1210] La vendimia tenía su fuero, en virtud del cual «Por orden de Baco y del rey don García / que calle sus cantos toda la clerecía: / abades, *capuchos*, priores, oradores. / ¡Son horas canónicas de los vendimiadores! / [...] / acatad todos nuevo señorío... / Ya no es Sarmento, ni Roque, ni Rey: / reina de las vendimias impondrá por ley / un fuero *rateado* de alegres muiñeiras / y serán las damas las presidentas...».[1211] Muiñeiras, desde luego, pero también baile «agarrado», que los abades tenían por pecaminoso.

PLACERES DIONISÍACOS

Se aprecia en el imaginario colectivo, con inequívoca nitidez, que las horas de la vendimia parecían muy propicias para la alegría y la expresión del erotismo, como también lo eran las consagradas a la cosecha del cereal y, muy particularmente, el momento en que se discriminaba la paja del grano, en la malla. Y también, por supuesto, las hiladas. Conviene, no obstante, establecer varias salvedades. En primer lugar, no se puede predicar esto de la Galicia que se proveía esencialmente de centeno, sino exclusivamente de la que se beneficiaba del maíz y del vino. En esta, las faenas agrícolas primordiales, y a la par que ellas los ciclos de grandes fiestas, se concentraban en el período que abarca de septiembre a noviembre.[1212] Por ende, la vendimia revestía un carácter de fiesta singular, con fuerte impregnación erótica, tan solo en las comarcas vitícolas, donde se cultivaba intensivamente la vid, y se daba además la circunstancia de que trabajaban en ella un número importante de personas, ya fuese en régimen de *endeita*[1213] o en la modalidad de jornal. En cambio, como acontecía dondequiera que las

[1209] *Ferreñas:* pandereta; instrumento de la música tradicional gallega que consta de un aro de madera en el que van sujetos unos pequeños platos metálicos que suenan al ser agitados.

[1210] Eladio Rodríguez González: «A Vendima», en *Oraciós campesiñas: versos galegos*, o. cit., p. 226.

[1211] Ramón Otero Pedrayo: *O desengano do prioiro*, o. cit., p. 141.

[1212] Pegerto Saavedra: *La vida cotidiana en la Galicia del Antiguo Régimen*, Barcelona: Crítica, 1995, p. 180.

[1213] Trabajo en común.

explotaciones y la producción de uvas resultaban muy reducidas, al vendimiar cada cual para sí, de modo familiar, la vendimia carecía de un carácter de fiesta agrícola. Así se aprecia, pongamos por caso, en algunas parroquias de A Estrada[1214] o de Viana do Bolo, en las que el festejo era menguado; bastante menor que el que se celebraba con ocasión de la matanza.[1215]

Ciñéndonos, pues, a la Galicia vitícola, señalemos que al llegar la magna ocasión de la vendimia, la pulsión libidinal de las personas, de cariz francamente erótico, asociada a la cosecha del vino, parecía cobrar una fuerza singularísima. Quizás dicha inclinación sensual se viese condicionada por el paralelismo, fraguado en el inconsciente colectivo, entre las propiedades generatrices de la naturaleza y las de los seres humanos. Lévi-Strauss sostiene que la arquitectura de la mente suele operar mediante estructuras binarias, que parecen ser un reflejo activo de las dicotomías básicas que se presentan en la realidad misma. Da a entender así que todo lo que importa viene en conjuntos de dos. La correlación entre naturaleza y cultura, entre el ciclo reproductivo de la tierra y la conducta sexual del género humano («género», por cierto, que abriga poco, nos dice el poeta Miguel Mingotes) podría ser uno de los «grandes emparejamientos» a los que se refiere la teoría del antropólogo y que al crítico George Steiner parece bien.[1216] Podría haber acontecido esto, en un tiempo en que la sexualidad se circunscribía a la reproducción, las relaciones sexuales se encaminaban a cosechar hijos, de la misma manera que las vides producían unos racimos que eran la expresión de la fecundidad de la madre tierra.

La fuerte impregnación sexual que aureolaba el universo del viñedo y que se hacía extensiva al tiempo festivo de la recolección de su fruto se observa ya en la antigüedad grecorromana.

En el mundo clásico, Dionisos, hijo de una mujer mortal y de un dios, funge como encarnación divina de la fecundidad, de la vegetación en general y de la viña en particular y, por consiguiente, de la vendimia y el vino. Se le consideraba el dios de los placeres y del delirio místico. Dionisos coronaba su cabeza con pámpanos y portaba un tirso en calidad de cetro: ve-

1214 Entrevista realizada por Xavier Castro Pérez a José Ribeira, su mujer Fina Varela y su hermana Jesusa, ya cit.

1215 Entrevista realizada por Xavier Castro Pérez a Catalina Cotado Galán, ya cit.

1216 George Steiner: *Nostalgia del absoluto*, 4.ª ed. (1.ª ed., 2001), Madrid: Siruela, 2004, p. 65.

nía a ser una vara enramada, cubierta con hojas de hiedra y parra, culminada en un símbolo fálico, que representaba la germinación de la naturaleza y la fuerza indomeñable del deseo.

FIESTAS BÁQUICAS

Los griegos celebraban las fiestas dionisíacas para pedir a Dionisos la fecundidad de los campos. En estos festejos, una procesión de danzantes dionisíacos, que representaban a los sátiros —compañeros de Dionisos—, desfilaba por las calles de la Grecia primitiva, seguida por jóvenes ansiosos de alcanzar el éxtasis dionisíaco. La estatua del dios se paseaba encaramada sobre un carro, mientras los ciudadanos danzaban, se disfrazaban y se embriagaban. Se suele considerar que en esta escenificación tiene su origen el teatro griego.

Los misterios dionisíacos griegos entraron en Roma en la época etrusca. Dionisos se transformó en Baco y su culto, las bacanales, fue condenado por licencioso y atentatorio para la preservación del orden. A pesar de ello, el culto sincrético a Baco o Dionisos no tardó en extenderse por la Romania, incluida la antigua Hispania.[1217] El calendario festivo de la Iglesia católica recogió la celebración pagana asociada al vino nuevo, pero imprimiéndole un sesgo cristianizado que desvirtuaba su prístina significación presuntamente impía. Con todo, algo del viejo paganismo siguió estando presente en la celebración popular de la vendimia en toda la cultura occidental del vino (sin excluir las áreas por las que se propagó, como México; y basta para confirmarlo con ver el film *Un paseo por las nubes*), a pesar del recelo de las autoridades eclesiásticas.

Los poetas han resaltado el carácter báquico de las vendimias; así, Xosé María Castroviejo cantó en una rima «el momento dionisiaco de las vendimias». Los literatos, también: Otero Pedrayo escoge precisamente el tiempo de la vendimia, en la pieza teatral A *Lagarada*,[1218] para situar un drama de pasiones amorosas protagonizado por un viejo patrón que pretende a una

[1217] Demetrio E. Brisset: «Las fiestas de la vendimia», *La aventura de la Historia*, 12 (octubre de 1999), p. 44.

[1218] Ramón Otero Pedrayo: *A Lagarada*, o. cit.

moza interesada, la cual tiene un amante que acaba con la vida del *petruccio*. Como no podía por menos, el mundo de la cinematografía nos ha legado, asimismo, testimonios muy elocuentes acerca de la atmósfera de erotismo que impregnaba las faenas de la vendimia. La conocida película *Sempre Xonxa*, del realizador Chano Piñeiro, constituye un buen ejemplo de ello.

La mentalidad popular propendía a establecer un paralelismo entre uvas y amores, vendimias y favores eróticos. Veamos un ejemplo de esta asociación, que en este caso se emplea para expresar la decepción amorosa: «Llegué a la viña por uvas / y con hojas solo me encontré. / Dijiste ayer: —Seré tuya; / y dices hoy: —No me acuerdo».[1219] Hallamos otra muestra en la siguiente copla, en cuyo trasfondo late la subestima de la mujer que no supo preservarse y concedió imprudentemente sus favores, tal vez con falsas promesas de matrimonio. Era bien sabido que un varón que se preciara no debía acercarse a una joven que ya hubiese mantenido relaciones íntimas con otro hombre: «Los amores que tú tienes / son los que yo olvidé: / ¡andas recogiendo las uvas / de la viña que yo vendimié!».[1220] La vendimia aparece, pues, en la literatura popular como un terreno propicio para la metaforización resueltamente sexual, y así se aprecia de nuevo en este cantar: «Ai, viudita, confía en mí / que nadie lo ha de saber, / que en la viña vendimiada / nadie puede ir a escoger».[1221]

La Iglesia conocía bien, mediante la información privilegiada que obtenía a través de los confesionarios, el desafío que para la recta observancia de la moral suponían las charlas y devaneos eróticos que tenían lugar en los campos, singularmente en la época de los gozos de la vendimia. Ya en el Antiguo Régimen, un clérigo denunciaba que, en la vendimia y otras ocasiones festivas, menudeaban «los tocamientos torpes y otras monstruosidades indignas», siendo numerosos los «ayuntamientos de sexos» y los embarazos extramatrimoniales.[1222]

Además, un manual para uso de confesores, de 1844, contenía un apartado dedicado a los curas párrocos, en el que se reseñaban las principales materias que «deben recordar más a menudo a su pueblo» en sus sermones.

[1219] *Cantigas do viño: recollidas do pobo*, o. cit., p. 10.

[1220] Ibídem, p. 12.

[1221] Ibídem, p. 9.

[1222] Pegerto Saavedra: *La vida cotidiana en la Galicia del Antiguo Régimen*, o. cit., p. 180.

En la jerarquía de admoniciones, establecidas en función de la trascendencia que revestían en orden a una vida pía, aparecía la cuestión que nos ocupa en una posición preferente. En relación con ella se preceptuaba lo que sigue: «Que predique y clame á menudo contra la costumbre generalmente difundida, sobre todo en los pueblos, de tener conversaciones deshonestas en los campos, en las tiendas y en los talleres, mucho mas si es delante de niños, de doncellas y de personas del otro sexo. ¡Oh! ¡Cuántos jóvenes se han pervertido con semejantes pláticas! Cuide el párroco de amonestar á los padres y maestros que sean zelosos para corregir y castigar á sus hijos ú operarios que se atreven á usar tal lenguaje, sobre todo en tiempo de vendimia».[1223]

Tampoco a Emilia Pardo Bazán se le ocultaba que era este un tiempo propicio a los deslices, en el que se podían cumplir las expectativas de las mujeres que deseaban concebir un hijo (aún siendo solteras), eran simplemente incautas o se dejaban arrastrar por la báquica franquicia que parecía exhalar el hirviente borboteo de los mostos. Veamos, en efecto, cómo se desarrollaba la escena, ambientada en una casa mayorazga: «Entretanto, los señores de la mesa de tresillo, hablaban de las vendimias y de sus consecuencias... Las pobres muchachas del país ganaban bastante en aquella labor: pero ¡bah!, murmuró *Tropiezo* riéndose: no ganaban sólo dinero... Ganaban a veces otras cosas... Con esto de andar las cuadrillas mezcladas, y de retirarse de noche, por los caminos oscuros, resultaba que... Ya era axiomático en el país que los hijos del carnaval y de la vendimia no tienen padres conocidos».[1224]

Parece claro que la vendimia inflamaba la imaginación erótica de Álvaro Cunqueiro, cuyo gusto se diría coincidente, por cierto, con la afición popular por la piernas femeninas de buena traza. En efecto, en su fantasía afloran las pasiones asociadas a la vendimia cuando contempla las viñas del país, «aquéllas que vendimiarán mozas de piernas gordas, mozas a las que quizá besemos una vez, con las que bailemos en la fiesta del patrón, con las que hemos brincado y retozado...».[1225]

[1223] J. Gaume *Manual de los confesores*, Madrid: Imprenta de D. José Félix Palacios, 1844; vol. 2, pp. 337-338.

[1224] Emilia Pardo Bazán: *El cisne de Vilamorta*, o. cit., p. 257.

[1225] Álvaro Cunqueiro: *La cocina cristiana de Occidente*, Barcelona: Tusquets, 1981, p. 101.

EROTISMO VERBAL

La referida alusión a las pláticas «deshonestas» nos previene acerca de la importancia que revestía la seducción ejercida a través del uso de la palabra. Carré Aldao apuntaba que entre los jóvenes «se cruzan de viña a viña *regueifas* y *enchoyadas*, parrafeos sentimentales o satíricas *pullas*, cantadas en alta voz y como resentimiento al o a los que están poco distantes».[1226] Eran frecuentes en Galicia los *parrafeos* llenos de intención, los desafíos y *loias* (cantos improvisados) que se entablaban entre mozos y mozas. Recordaba Eliseo Alonso que tales desafíos[1227] eran la expresión de un protocolo amoroso en el que la palabra era un factor importante de conquista.[1228] Dichas controversias se atenían casi siempre a unas fórmulas rimadas, a las que se ajustaban de cierto las coplas que se cantaban con frecuencia, como lo subrayaba Eladio Rodríguez González: «Campean los joviales engaños / de la mocedad en enloquecidos brincos / y las aguas del río Avia, sosegadas, / se resuelven en desahogos / de líricas canciones».[1229] Por cierto que los cánticos, exclamaciones y gritos subidos de tono estaban ya presentes en los antiguos ritos dionisíacos.

Las coplas populares que expresan sentimientos amorosos, cuitas, alegrías, desdenes, «donaires de plazuela», etcétera, en Galicia han sido mayoritariamente compuestas por mujeres, en opinión del padre Sarmiento, de manera que, por lo común, iban dirigidas a los hombres.[1230] La iniciativa de las mujeres se expresaba a menudo también en su resolución de dar comienzo a la *regueifa*[1231] o iniciar la copla. Un informante conserva el recuerdo de que todavía recientemente (en las décadas de 1960 y 1970), en la vendimia realizada en una aldea de Chantada, se entablaban *regueifas*,

[1226] Eugenio Carré Aldao: «Prácticas y costumbres», *Reino de Galicia*, en Carreras Candi: *Geografía general del Reino de Galicia*, art. cit., p. 733.

[1227] Eliseo Alonso: *Viños do Rosal e do Condado: denominación de orixe Rías Baixas*, Vigo, o. cit., p. 86.

[1228] Ibídem.

[1229] Eladio Rodríguez González: «A Vendima», en *Oraciós campesiñas: versos galegos*, o. cit., p. 225.

[1230] J. L. Pensado: *El gallego, Galicia y los gallegos a través de los tiempos*, La Coruña, 1985, pp. 191-196. Cit. por. Pegerto Saavedra: *La vida cotidiana en la Galicia del Antiguo Régimen*, o. cit., pp. 225-226.

[1231] Conjunto de coplas improvisadas entre personas que disputan fingidamente.

que empezaban las mujeres y seguían los hombres.[1232] Como quiera que fuese, resulta posible sostener que en ningún caso las mozas se quedaban atrás, como bien lo muestra Balbanera da Costeira, joven a la que da vida Ramón Otero Pedrayo en O *desengano do prioiro*, haciéndole decir: «Guardo la regalía del reír y la voz alegre y llena de intención de las vendimiadoras, de vieja fama. He luchado con la copla y la risa».[1233] También Florencio Delgado Gurriarán, en su composición «Cantiga da vendima» (Canción de la vendimia), subrayaba la inclinación femenina al canto: «Quiebran el aire los alalás: / quejas de las vides torcidas / llorando por los racimos; / sonrisas de las niñas rubias / cantando sus amores».[1234]

ESCENARIOS Y MOMENTOS PROPICIOS

Los cantos, alegres juegos y picardías se producían en los diversos ámbitos en que se desarrollaban las diligencias propias de la vendimia, a los que ya hemos aludido: por entre las viñas, en los senderos por los que deambulaban carros, mujeres con cestas y hombres cargados con *culeiros*, en la bodega y en el lagar. Tales expansiones tendían a aflorar en las horas de comer y de cenar, en la fiesta nocturna y, al fin y a la postre, en el tiempo que transcurría mientras se hacía, con el cuerpo fatigado pero con el ánimo retozador, el camino de retorno a casa.

Como ya hemos apuntado, la labor de vendimiar solía ser una tarea más bien propia de mujeres (lo que no excluye que algún que otro rapaz pudiese echarles una mano también), en tanto que los hombres acarreaban los grandes cestos que las mujeres colmaban. Había ya, de este modo, un primer escenario de encuentro entre los diferentes sexos, cuando los mozos hacían el trasiego con los *culeiros* que portaban a hombros, protegidos por un saco.

Unas evocadoras pinceladas, referidas a la vendimia en una aldea de Chantada, en una época reciente, podrán ayudarnos a evocar la *démarche* que tenía lugar entre las viñas: al agacharse una moza para cortar un racimo,

1232 Entrevista realizada por Xavier Castro Pérez a Alfonso Eyré López, ya cit.

1233 Ramón Otero Pedrayo: O *desengano do prioiro*, o. cit., p. 162.

1234 Florencio Delgado Gurriarán: «Cantiga da vindima», art. cit., p. 13.

o bien en un momento en que se disponía a orinar, un hombre, que acarreaba las uvas, coreado tal vez por algún chico que también vendimiaba, le decía en son de chanza: «que se te ve la pierna, María»; o bien le cantaba aquello de: «María tiene buenas piernas, / que se las vi en el corredor. / Nunca vi piernas tan bellas, / en la hija de un labrador».[1235] Acontecía, por lo demás, que las dulces uvas maduras atraían a las avispas, abejas y otros golosos insectos, como lo evoca esta estrofa de Delgado Gurriarán: «Se mezclan los alalás / a la polvareda de los caminos; / libando están las abejas / la sustancia de la moza fresca/ y los labios de las niñas rubias».[1236] Esto podía dar pie a situaciones del tenor de este otro retazo, igualmente vívido, que puede completar el anterior testimonio: habiendo avispas entre las viñas, se aprovechaba el momento en que alguna enredaba en la ropa o en el cuerpo de una moza. Si le entraba por el pecho, la chica revolvía el sostén, y allí acudía un joven galán en su ayuda, con la jocunda pretensión de palparle las carnes, diciéndole: «espera que te refriego con las uvas, María».[1237]

En el marco de este deambular, las incursiones en la bodega parecían ser ocasiones propicias para las picardías; esta atmósfera quedó reflejada en *A Lagarada*: «Hay risas y charlas en la bodega. Sale el carretón con cara maliciosa. Inmediatamente después, la Basilisa con la jarra de vino, que llevaba para los hombres atareados en la vendimia».[1238] Las bodegas tenían, pues, un ambiente desenfadado y jovial, particularmente en las horas en que se comía y cenaba en grupo. En la misma bodega estaba frecuentemente emplazado el lagar. Pero las explotaciones que se preciaban tenían un lagar independiente, que parece haber sido el escenario privilegiado del festejo y las relaciones lisonjeras, en consonancia con la preceptiva tácita de los usos amorosos —según la feliz expresión acuñada por Carmen Martín Gaite— vigente en los buenos viejos tiempos. Resulta a este respecto ilustrativa la evocación que hace Eliseo Alonso de «[...] el alegre tiempo de las vendimias, con cantos de las vendimiadoras, ayudas mutuas y abrazos de lagar».[1239]

[1235] Cantiga popular aportada por Alfonso Eyré. Entrevista realizada por Xavier Castro Pérez a Alfonso Eyré López, ya cit.

[1236] Florencio Delgado Gurriarán: «Co bago doce da boca», art. cit., p. 14.

[1237] Entrevista realizada por Xavier Castro Pérez a Alfonso Eyré, ya cit.

[1238] Ramón Otero Pedrayo: *A Lagarada*, o. cit., p. 57.

[1239] Eliseo Alonso: *Viños do Rosal e do Condado: denominación de orixe Rías Baixas*, o. cit., p. 79.

Es muy posible que el embriagador aroma exhalado por el mosto en fermentación potenciase las endorfinas que inducían a la alegría y al erotismo. Para dibujar más cumplidamente la estampa social del discurrir de la práctica amorosa en el recinto del lagar, merece la pena apelar a Lence y Fernández Mato, quienes en una zarzuela hacían cantar a un coro de labradores la siguiente copla: «Nunca tuvo mi cantar / la picardia de ahora: / ¡que linda vendimiadora! / ¡qué obscuro estaba el lagar! // Me diste un beso en la frente / otro me diste en la boca / y después te has vuelto loca... / que era lo más conveniente».[1240] Se llevaba a cabo la *lagarada* para pisar las uvas y trasladar el mosto del pilón a la cuba, entre cantos y «pullas» de alegría. Se solía proceder a pisar las uvas conforme iban llegando a la bodega o al lagar. Pisaban hombres, mozalbetes o bien chavales. En algunos casos esta operación carecía de implicaciones sensuales, según la impresión que nos ha trasladado un informante de la zona de Chantada, inferida de su propia experiencia.[1241] Pero en otros sí parecía tenerlas, en opinión de Eliseo Alonso, quien fue testigo del pisado en bodegas y lagares del Rosal y O Condado: en ellas tenía lugar una suerte de danza del vino, poniéndose cuatro o cinco personas en cada cuba, cogidas de la mano. Pateaban las uvas con los pies desnudos, acompasándose con pasos de danza y acompañando la operación con el canto de coplas picarescas.[1242] El citado autor interpreta esta tradición como una práctica simbólica, revestida de implicaciones mágicas y operativas, previstas para dar mayor viveza al mosto.[1243]

La atmósfera erótica fue decayendo progresivamente con la propagación de las prensas que estrujaban las uvas, que resultaban más rápidas y requerían menos trabajo. Pero el proceso no fue tan drástico. Aun en aquellos casos en que el bodeguero disponía de estrujadora, seguían faenando en el lagar hombres y mujeres, entre los que no dejaría de haber lances de amor: cuando el carro de la vendimia entraba triunfante por el *quinteiro*,[1244] mozos y mozas se aprestaban a turnarse en hacer girar la manivela que volteaba los rodillos que estrujaban las uvas, refiere Eliseo Alonso.[1245]

1240 José R. Lence y Ramón Fernández Mato: *La galleguita. Zarzuela en un acto*, o. cit., p. 31.

1241 Entrevista realizada por Xavier Castro Pérez a Alfonso Eyré López, ya cit.

1242 Eliseo Alonso: *Viños do Rosal e do Condado: denominación de orixe Rías Baixas*, o. cit., p. 86.

1243 Eliseo Alonso: *Viños do Rosal e do Condado: denominación de orixe Rías Baixas*, o. cit., p. 80.

1244 Patio cubierto que mediaba entre la vivienda campesina y las instalaciones anejas.

1245 Eliseo Alonso: *Viños do Rosal e do Condado: denominación de orixe Rías Baixas*, o. cit., p. 84.

Por lo demás, la *lagarada* no era solo la operación productiva de pisar las uvas en el lagar, que en sí misma poseía ribetes de socialización entre los sexos, como hemos ido viendo. Más específicamente, la *lagarada* era a la vez una forma particular de relación social: como ha señalado Eladio Rodríguez, se denominaba de esta forma al encuentro de los mozos y mozas contratados para las operaciones de la vendimia, cuando concluían la faena. Después de la *lagarada* y tras haber despachado unas buenas fuentes de bacalao en la bodega, los jornaleros hacían baile y panderetada. Así lo describe el autor citado: «[...] ya confortados los estómagos, cogían las mozas los panderos y las conchas, y en el corral de la casa o en el *quinteiro*[1246] del lugar sonaban los alalás, quebrábanse en el aire los *aturuxos*, adquiría la panderada su animación, y el improvisado baile y la jarana juvenil, se prolongaban hasta la media noche».[1247] Esta escena guarda estrecho parentesco con la estampa que ofrecían las gentes en la vendimia en Andalucía: en los cortijos, grupos de familias de vendimiadores se reunían en algún local suficientemente amplio para interpretar y aplaudir unas rústicas comedias provistas de fuerte intención procaz y sexual.[1248]

¡QUE NO ME ECHEN A PERDER LA HIERBA!

Las noches eran la gran ocasión festiva en las vendimias, como revelaba el gran jolgorio y algarabía que armaba el tropel de los vendimiadores cuando, al anochecer, penetraba en el patio de la casa, cansados unos y otras del trabajo, pero excitados todos por los requiebros, las canciones y las risas.[1249] Tan propicias para tales «barrabasadas» parecían ser las horas nocturnas que mediaban entre dos jornadas de trabajo, como la noche en que terminaban la brega y todos emprendían el camino de retorno a sus casas. En relación con el primer supuesto, nuevamente Otero Pedrayo sugiere, en A *Lagarada*, el ambiente festivo y erótico que reinaba por la noche, tras haber sudado la vendimia a base de bien. El patrón le daba el siguiente recado a un acarreador que acababa de descargar el *culeiro* en la bodega: «Diles que

[1246] *Quinteiro:* terreno alrededor de la casa en el que están el corral, el alpendre, etcétera.

[1247] Eladio Rodríguez González: «Lagarada», *Diccionario enciclopédico gallego-castellano*, o. cit., t. II, p. 506.

[1248] Demetrio E. Brisset: «Las fiestas de la vendimia», art. cit., p. 45.

[1249] Ramón Otero Pedrayo: A *Lagarada*, o. cit., p. 61.

apuren; después no quiero que las mujeres se queden por la noche para la juerga. Me echan a perder la hierba... Date prisa».[1250]

En lo concerniente al segundo supuesto, cuando volvían a sus casas, «Al retirarse, si bien parecen cansados de la labor, del canto y del comer tantas uvas, aun les quedan ánimos»; y, a fuer de jóvenes, aún les sobraban energías para proseguir con sus lúdicos escarceos por el camino de retorno hasta llegar a sus casas.[1251] Este otro testimonio añade nuevos ribetes a la descripción del ambiente de jocundidad que solía imperar: al acabar la vendimia, tras el crepúsculo, iban contentos de vuelta a casa y con el ánimo festivo, «había risas con las mujeres y cierta agitación erótica»;[1252] se percibía más permisividad que en la fiesta del patrón, concluye el entrevistado.[1253]

Al alejarse los vendimiadores con no poco contentamiento, dejaban atrás la «viña vendimiada». Expresión provista de un doble sentido: además del más obvio, se empleaba también para referirse a la moza que no había sabido guardarse, trance en que quedaban algunas de las vendimiadoras. Bien se comprende, a tenor de cuanto queda expuesto, que la referida expresión «las viñas vendimiadas» era una tópica imagen popular para dar cuenta de una práctica social cruel, en lo que concierne a los usos amorosos: la joven que dispensaba sus favores, perdía gran parte de su crédito y quedaba mancillada su honra, como tuvo ocasión de constatar Gerald Brenan,[1254] que es algo que todas —y todos— tenían, fuesen pobres o ricos (tanto en Galicia como en otras partes de España: Brenan refleja de manera apodíctica en sus escritos de reminiscencias este rasgo de la mentalidad popular). Resulta una ingenuidad pensar que en el medio campesino existían gran liberalidad de costumbres y desprejuiciadas relaciones entre los sexos.

1250 Ramón Otero Pedrayo: A *Lagarada*, o. cit., p. 58.

1251 Eugenio Carré Aldao: «Prácticas y costumbres», art. cit., p. 733.

1252 Entrevista realizada por Xavier Castro Pérez a Alfonso Eyré López, ya cit.

1253 Ibídem.

1254 Gerald Brenan señalaba que para que una mujer llegase a encontrar marido era muy importante que cuidase su reputación de modestia y reserva. En efecto, «Una chica de la que se sospechara que había sido algo libre con su novio —por ejemplo, por haberle dado un beso— podía tener dificultades en encontrar otro si perdía el que tenía. Había pequeños campesinos que exigían de sus mujeres un grado de intangibilidad casi oriental. En su opinión, una muchacha de la que se supiera que había bailado con un hombre o que había tenido un *novio*, incluso en los términos más distantes, se había descalificado a sí misma». Gerald Brenan: *Al sur de Granada*, 3.ª ed., Barcelona: Tusquets, 2001, pp. 299-300.

Distintas expresiones de la cultura popular y la literatura costumbrista nos ilustran acerca de la pervivencia de vigorosos prejuicios relacionados con la preservación de la honra de la mujer. De ellos se derivaban muchos e importantes condicionantes de la conducta que deberían observar las mujeres respetables. La preservación de la virginidad y cierto grado de intangibilidad corporal era una de las exigencias que más imperiosamente debían atender las jóvenes si querían evitar la «deshonra». De hecho, la moza *vendimiada* perdía toda o buena parte de sus oportunidades en el mercado matrimonial: «Para lo que quiero yo, / ¡mi viña vendimiada!, / para lo que quiero yo / ya no me sirves de nada», advertía inequívocamente el derogatorio juicio de un joven, valiéndose para ello de una copla.[1255]

Lo que sucedía en la época de la vendimia —como en algunas otras ocasiones festivas— era un simple relajamiento del control y de la represión de la sexualidad. Únicamente se registraba una mayor permisividad. Pensar otra cosa, en una licenciosidad amplia y de validez general, es una absoluta quimera. Bien sabían los aldeanos por experiencia que era oportuna cautela, si no obligada norma, guardar prudente recato y dar cauce de expresión a los deseos recurriendo a cierto disimulo: «Por la viña vendimiada / cualquiera puede correr; / dame un abrazo, rapaza, / nadie lo ha de saber».[1256]

ASPECTOS SOCIALES DE LA VENDIMIA

El *rabusco*: la vendimia del pobre

Existía una forma de solidaridad de los propietarios con los desposeídos, a la que conviene referirse. Se trata de la práctica del *rabusco* o *rebusco*, consistente en que los propietarios de las viñas permitían a los menesterosos y los muchachos *rabuscar* los racimos olvidados después de la vendimia. Esto mismo también resultaba de aplicación con otra suerte de frutos, tales como las castañas, patatas, maíz, nueces, manzanas, etcétera.[1257] Como apoyo

[1255] *Cantigas do viño: recollidas do pobo*, o. cit., p. 12.

[1256] Ibídem, p. 13.

[1257] Eladio Rodríguez González: «Rabuscar», *Diccionario enciclopédico gallego-castellano*, o. cit., t. III, p. 223.

económico a los pobres, el *rabusco* no parecía ser en realidad gran cosa: «Con el *rabusco* no se medra», «El *rabusco* no enriquece»,[1258] denunciaban sendos refranes. De todos modos, las cosas antes se veían de otra forma y un fruto modesto podía resultar un pequeño lujo. Para los más pobres, cualquier remedio, por más pequeño que fuese, era siempre bienvenido. Por añadidura, la costumbre es bien conocida en todo Occidente: nos lo revelan las investigaciones históricas y también, de manera plástica, el filme documental *Los espigadores y la espigadora*, de Agnès Varda. Esta directora repara en las mujeres que recogían las espigas dejadas por los segadores en los rastrojos y alude, por extensión, a los modernos rebuscadores de vestigios del consumismo urbano. Este «estilo consuetudinario», estudiado de manera particular por Alfredo García Ramos,[1259] ha contado con gran arraigo en Galicia. De hecho, resulta muy significativo que la costumbre haya tenido una vigencia efectiva en todas las comarcas vitivinícolas del país.[1260]

Tenemos constancia de la existencia de un proverbio que recuerda el derecho a aprovechar las uvas que restasen después de realizada la vendimia: «En la viña vendimiada, cualquiera puede vendimiar».[1261] A mayor abundamiento, los propietarios consentían que se pudiese recoger lo que quedó olvidado tras la recolección, permitiendo incluso en algunos casos (no en todos, como veremos) la entrada en sus fincas cerradas. Lo consideraban una forma de limosna indirecta. Precisaba Eladio Rodríguez que la costumbre se limitaba en los viñedos de Galicia al *cencerrón* o *redrojo*. Con estas expresiones se aludía a los racimos pequeños que iban dejando atrás los vendimiadores. También podían los *rabuscadores* aprovechar los escasos racimos y *cangallas* (cada una de las ramificaciones que componen un racimo) que por descuido quedaran pendientes en los sarmientos.[1262]

[1258] Eladio Rodríguez González: «Rabuscar», *Diccionario enciclopédico gallego-castellano*, o. cit., p. 224.

[1259] Alfredo García Ramos: *Estilos consuetudinarios y prácticas económico-familiares y marítimas de Galicia*, Madrid: Imprenta del Asilo de Huérfanos del S. C. de Jesús, 1909, pp. 53-54.

[1260] Eladio Rodríguez González: «Rabuscar», *Diccionario enciclopédico gallego-castellano*, o. cit., t. III, p. 224.

[1261] Eladio Rodríguez González: «Viña», *Diccionario enciclopédico gallego-castellano*, o. cit., t. III, p. 420.

[1262] Eladio Rodríguez González: «Rabuscar», *Diccionario enciclopédico gallego-castellano*, o. cit., t. III, p. 224.

Según un testimonio oral,[1263] la gente de Armenteira, en especial los *rapaces* pertenecientes a familias que no tenían nada más que un poco de vino «catalán», solían desplazarse hasta la localidad vecina de Sisán, en la que abundaban los viñedos, en pos de los *rabuscos*. Pero no se trataba solamente de los racimos dejados por descuido o bien relegados por estar verdes o porque tenían muchas uvas podridas. Había algo más. En dicha zona se cultivaban en buena proporción algunas variedades, tales como el espadeiro, que producían *rabuscos*, es decir, racimos que maduraban más tarde, y que podían aprovechar también los menos pudientes, ya fuese para comer las uvas, ya para hacer incluso una minucia de vino. En cambio, había otras variedades en las que el *rabusco* no era apenas practicable, por circunstancias derivadas del régimen de propiedad vigente en la comarca. En efecto, las vides de albariño también producían *rabuscos*, pero como solía tratarse de un cultivo propio de cosecheros ricos, muchas veces se encontraban en espacios cercados por muros de piedra «y allí no se metía nadie»,[1264] señalaba un informante. Por lo demás, las ordenanzas municipales solían dejar especificada la cuestión con claridad: estaba estrictamente prohibido entrar a «espigar y racimar» en los campos y viñas sin permiso de sus dueños, como lo hacía saber el ayuntamiento de Pontevedra en 1880.[1265] Al fin y a la postre, había también casos de abuso por parte de los que se beneficiaban de dicha práctica consuetudinaria: en un tratado acerca de cuestiones enológicas, del año 1871, se denunciaba el problema que constituían los rebuscadores que operaban ya antes de la vendimia.[1266]

Niños descuidados

La vendimia reclamaba un esfuerzo intensivo de trabajo que, como también sucedía con la maja, había que realizar con la máxima celeridad. Apremiados por el temor de que sobreviniese la lluvia, tenían que acudir a la

[1263] Entrevista realizada por Xavier Castro a Herminio Barreiro Calvete, ya cit.

[1264] Ibídem.

[1265] *Ordenanzas Municipales*. *Pontevedra*. 1880. (Manuscritas) Gobernación Municipal. Ordenanzas. Caja 150, legajo 4, sección 8.ª, art. 403. AHPP-AMP.

[1266] Buenaventura Aragó: *Tratado completo sobre el cultivo de la vid y elaboración de vinos de todas clases*, o. cit., p. 157.

faena todos los miembros útiles de la familia, de manera que los bebés y niños pequeños no siempre podían quedar debidamente atendidos. Esta copla popular refiere lo que pasaba en momentos de apuro en muchos hogares populares: «Mi niñita pequeña, / ¿quién te va a dar de mamar? / Tu madre está en la vendimia, / tu padre ha salido al mar».[1267]

En tales momentos de agobio laboral, muchas madres dejaban a sus hijas pequeñas al frente de las tareas domésticas, incluida la absolutamente ineludible de cocinar: cuando menos debían atender el fuego, que había que mantener vivo para que hirviera el pote durante el tiempo necesario en el lar. Por lo regular, las preparaciones culinarias ordinarias —caldo o cocido, por ejemplo— requerían varias horas de cocción.

En la comarca catalana del Vallés Occidental, de marcada orientación vitícola, hacia finales del siglo XIX se registraba en el mes de septiembre un alza notable del absentismo en la escuela a causa de que los niños tenían que colaborar —en especial a partir de los once años— en las labores de la vendimia. Las topografías médicas realizadas a comienzos del siglo XX registran también este hecho.[1268] Los estudios sobre absentismo escolar en Galicia[1269] revelan esto mismo, no solo en la vendimia, claro está, sino también en las restantes faenas agrícolas intensivas que debía ejecutar la compañía familiar gallega.

[1267] Xaquín Lorenzo Fernández: *Cantigueiro popular da Limia Baixa*, Vigo: Galaxia, 1973, cantiga 1294, p. 98.

[1268] Información facilitada por José María Borrás, a quien agradezco su contribución.

[1269] Narciso de Gabriel: *Leer, escribir y contar. Escolarización popular y sociedad en Galicia (1875-1900)*, La Coruña: Ediciós do Castro, 1990, p. 284.

Bibliografía y artículos recientes

À table au XIXe *siècle: Catalogue de la exposition organisée par le musée d'Orsay de Paris*, París: Flammarion, 2001.

Abuso de alcohol y violencia doméstica: interacción, problemas y sugerencias para la intervención, Valencia: Consellería de Benestar Social, Generalitat Valenciana, 2002.

Aguirre Baztán, Ángel: «Entre la anorexia y la bulimia», *Anthropologica. Revista de Etnopsicología y Etnopsiquiatría* (Barcelona), 13-14 (1993), pp. 167-189 [ejemplar dedicado a la «Antropología de la cocina y de la alimentación»].

Alberdi, Inés, y Natalia Matas: *La violencia doméstica. Informe sobre los malos tratos a mujeres en España*, Barcelona: Fundación La Caixa, 2002.

Aldecoa, Josefina: «1930-1940. Esperanza y derrota», en *Retrato de un siglo. La mirada de 10 escritores*, Madrid: Temas de Hoy, 1999, p. 106.

Alonso, Eliseo: *Viños do Rosal e do Condado: denominación de orixe Rías Baixas*, Vigo: Nigra Imaxe, 1992.

Aparicio Casado, Buenaventura: *A tradición oral en Poio*, Pontevedra: Diputación Provincial de Pontevedra, 1992.

Aramburu, Javier : «De cómo el mejor champagne francés se hace con vino de Galicia y de otras cosas sobre el buen yantar galaico», *Boletín de la Cofradía Vasca de Gastronomía*, cuaderno 1, año II (1968).

Aron, Jean-Paul: *Essai sur la sensibilité alimentaire à Paris au* XIXe *siècle*, París: Armand Colin, 1967.

— *Le mangeur du* XIXe *siècle*, París: Payot, 1989.

Barea, Consuelo: *Manual para mujeres maltratadas (que quieran dejar de serlo): detectar y prevenir la violencia de género*, Barcelona: Océano, 2004.

Bologne, Jean Claude: *Histoire morale et culturelle de nos boissons*, París: Robert Laffont, 1991.

Boudot, François: «Boissons et buveurs aux XIXe et XXe siècles», *Orientations de Recherche (Bulletin d'histoire moderne et contemporaine)* (París), 13 (1982).

Bourdieu, Pierre: *La distinction. Critique sociale du jugement*, París: Les Éditions de Minuit, 1979.

Brisset, Demetrio E.: «Las fiestas de la vendimia», *La aventura de la Historia*, 12 (octubre de 1999).

Burgo López, Concepción: «El consumo alimenticio del clero regular femenino en el Antiguo Régimen: el ejemplo de San Payo de Antealtares», *Studia Historica*, vol. v (1987).

CASTILLA DEL PINO, Carlos: *Casa del olivo: autobiografía (1949-2003)*, Barcelona: Tusquets, 2004.

CASTRO PEÑA, Inmaculada de, Josefa POLONIO ARMADA y M.ª Dolores RAMÍREZ PONFERRADA: *Retrato de mujer. La imagen de la mujer montillana*, Montilla: Ayuntamiento de Montilla, 2005.

CASTRO VOCES, Antonio: *Viños de Valdeorras*, Vigo: Nigra Imaxe, 1994.

CIRLOT, Juan-Eduardo: *Diccionario de símbolos*, 6.ª ed., Barcelona: Labor, 1985.

CRUZ CRUZ, Juan: *Dietética medieval*, Huesca: La Val de Onsera, 1997.

DEFENSOR DEL PUEBLO: *La violencia doméstica contra las mujeres*. Informes, estudios y documentos. Madrid, 1998.

DELGADO, Carlos: *El libro del vino*, Madrid: Alianza, 1985.

DEMERSON, Paula de, y Jorge DEMERSON: «Una pionera: la Academia de Agricultura de Galicia, decana de las Sociedades Económicas de España», en *Homenaje a Pedro Sainz Rodríguez*, t. III, Madrid: Fundación Universitaria Española, 1986.

DOMÍNGUEZ CASTRO, Luís: «Os viñedos do Ribeiro no primeiro tercio do século XX». Comentario histórico-crítico al folleto de Álvaro das Casas: *Manifesto da Unión de Colleiteiros do Ribeiro do Avia*, editado por la Asociación Álvaro das Casas, Orense, 2004.

— *Transformacions agrarias na comarca do Ribeiro nos séculos XIX e XX*, Santiago: Universidad de Santiago, 1991.

DURÁN, José Antonio: *Aldeas, aldeanos y labriegos en la Galicia tradicional*, Madrid: Ministerio de Agricultura, Pesca y Alimentación (Centro de Publicaciones), 1984.

DUTTON, D., y S. L. PAINTER: *Male domestic violence and its effects on the victim*, Ottawa [Canadá]: Ottawa Health and Welfare, 1980.

FAJARDO SEBASTIÁN, Miguel Ángel: *Albariño: cultivo, implantación, vinificación*, Pontevedra: Diputación Provincial de Pontevedra, 1984.

FERNÁNDEZ, Carlos: *El franquismo en Galicia*, La Coruña: La Voz de Galicia, 1992.

FLANDRIN, Jean-Louis: «Vins d'hier, Fonctions et usages sociaux», *La vigne et le vin*, La Manufacture, Lyon & Cité des Sciences et de l'Industrie de la Villette, París, septiembre de 1988, pp. 295-303.

— *Chronique de Platine. Pour une gastronomie historique*, París: Odile Jacob, 1992.

GABRIEL, Narciso de: *Leer, escribir y contar. Escolarización popular y sociedad en Galicia (1875-1900)*, La Coruña: Edicións do Castro, 1990.

GANZENMÜLLER ROIG, C., J. F. ESCUDERO MORATALLA y J. FRIGOLA VALLINA: *La violencia doméstica: regulación legal y análisis sociológico y multidisciplinar*, Barcelona: Bosch, 1999.

GARCÍA CAMPOS, Juana, y Ana BARELLA: *Diccionario de refranes*, Madrid: Espasa-Calpe, 1993.

GARCÍA GUERRA, Delfín: *El Hospital Real de Santiago (1499-1804)*, La Coruña: Fundación Pedro Barrié de la Maza, 1983.

GARRIDO, Gustavo: «Alimentación e enfermedade: o viño e as uvas», *Ingenium: Cadernos de Historia das Ciencias e das*

Técnicas [publicación del Seminario de Estudos Galegos], 6 (1999), pp. 125-138.

Gelabert González, Juan Eloy: «Problemas de comercialización de los vinos del Ribero de Avia en los siglos xvii y xviii», *Estudios Compostelanos*, 4 (1976), pp. 151-169.

Giráldez Rivero, Jesús: *El movimiento obrero en Vigo (1890-1914)* [tesina presentada en la Universidad de Santiago, 1984. Existe un libro que recoge su contenido].

Gondar Portasany, Marcial: *Romeiros do alén*, Vigo: Edicións Xerais de Galicia, 1989.

Hall, James: «Cuatro temperamentos», en *Diccionario de temas simbólicos y artísticos*, Madrid: Alianza, 1987.

Hernández de Frutos, Teodoro: *Para comprender las estructuras sociales*, Estella [Navarra]: Verbo Divino, 1997.

Huetz de Lemps, Alain: *Vignobles et vins d'Espagne*, Burdeos: Presses Universitaires de Bordeaux, 1993.

— *Vignobles et vins du Nord-Ouest de l'Espagne*, 2 vols., Burdeos: Féret & Fils, 1967.

Junceda, Luis: *Diccionario de refranes: 2500 refranes comentados*, Madrid: Espasa-Calpe, 1997.

Jurado, Augusto (rec.): *Las voces del vino y la vid*, Madrid: Comunicación Gráfica, 2001.

Kristeller, Paul Oskar: *Studi sulla scuola medica salernitana*, Nápoles: Istituto italiano per gli studi filosofici, 1986.

Laqueur, Thomas: *La Fabrique du sexe: essai sur le corps et le genre en Occident*, París: Gallimard, 1992.

Lis Quibén, Víctor: *La medicina popular en Galicia*, Madrid: Akal, 1980.

Lisón Tolosana, Carmelo: *Antropología cultural de Galicia*, Madrid: Siglo XXI, 1971.

López Rejo, Azucena: «Notas para el estudio de los precios del vino del Ribeiro en los siglos xvii a xix (1630-1844)», *Boletín Auriense*, XVII (1987), pp. 205-241.

Loux, François, y Philippe Richard: *Sagesses du corps. La santé et la Maladie dans les proverbes français*, París: G. P. Maisonneuve et Larose, 1978.

Mariño Ferro, Xosé Ramón: *La medicina popular interpretada*, Vigo: Edicións Xerais de Galicia, 1985.

— «Antropoloxía da alimentación», en *Galicia. Antropología*, t. xxiii [cap. 6, «Bibliografía»], La Coruña: Hércules, 1997.

— y Carlos L. Bernárdez: *Romanceiro en lingua galega*, Vigo: Edicións Xerais de Galicia, 2002.

Marsillach, Adolfo: *Tan lejos, tan cerca: mi vida*, Barcelona: Tusquets, 1998.

Martínez Llopis, Manuel M.: *Historia de la gastronomía española*, Madrid: Alianza, 1989.

Mause, Lloyd de: *Historia de la infancia*, Madrid: Alianza, 1991.

Méndez, Fernando: *Historia dun crime. O caso do metílico*, Vigo: Galaxia, 1998.

Moreno Feliú, Paz Sofía: «Inda che axuda calquera! Análise do sistema de axudas en Campo Lameiro», *Traballos comunais no mundo rural. Boletín Auriense*, Museo Arqueolóxico Provincial (Orense), anexo 7 (1987).

Navaza, Gonzalo: *Libra*, Vigo: Galaxia, 2000.

Nourrisson, Didier: *Le buveur du* xixe *siècle*, París: Alvin Michel, 1990.

Oliver, Esther, y Rosa Valls: *Violencia de género: investigación sobre quiénes, por qué, y cómo superarla*, Barcelona: El Roure, 2004.

O'Donnell, Mike: *A new introduction to sociology*, Hong Kong: Nelson and Sons, 1992.

Porrúa, M.ª del Carmen: *La Galicia decimonónica en las comedias de Valle-Inclán*, Sada [La Coruña]: Ediciós do Castro, 1983.

Posada, Xosé: *Os viños de Galicia*, Orense: Diputación Provincial de Orense, 1978.

Posada, José: *Metafísica del vino*, Orense: Irmandade dos Vinhos Galegos, 2001.

Ritchie, Carson I. A: *Comida y civilización*, Madrid: Alianza, 1986.

Rodríguez, C. V., Y. Caride, M. C. Giráldez, B. Fernández y B. Santiso: «De paternidades y parteras en Galicia Sur. Siglo xix», *Pontenova. Revista de investigación xove* (Vigo), 2 (1996), pp. 55-61.

Rodríguez, Claudio: «Con media azumbre de vino», en Francisco Rico: *La poesía española. Antología comentada. III: Del Romanticismo a nuestros días*, Barcelona: Círculo de Lectores, 1991.

Roig, Montserrat: *Dime que me quieres aunque sea mentira*, Barcelona: Península, 2002.

Rosenhow, G. A., y D. J. Marlatt: «Cognitive processes in alcohol use: expectancy and the balanced placebo design», en N. K. Mello: *Advances in Substance abuse: Behavioral and biological research*, Greenwich (Connecticut): JAI Press, 1980; vol. 1.

Saavedra, Pegerto: *A vida cotiá en Galicia de 1550 a 1850*, Santiago: Universidad de Santiago de Compostela, 1992.

— «Idade Moderna. O Ribeiro. Historia», en Xosé Carlos Sierra Rodríguez (coord.): *O Ribeiro: o viño da cultura, a cultura do viño*, Vilagarcía de Arousa: Mirabel, 2001.

— «La economía vitícola en la Galicia del Antiguo Régimen», *Agricultura y sociedad* (Madrid) (enero-marzo de 1992).

— *La vida cotidiana en la Galicia del Antiguo Régimen*, Barcelona: Crítica, 1995.

Savater, Fernando: *Mira por dónde: autobiografía razonada*, Madrid: Taurus, 2003.

— *Misterios gozosos*, Madrid: Espasa-Calpe, 1995.

Serrano Cuadrillo, José: «El vino, pasado, presente y futuro», en VIII Xornadas Area de Ciencias Agrarias: *Os viños galegos no umbral do novo milenio*, Sada [La Coruña]: Ediciós do Castro, 1997, pp. 121-122.

Steiner, George: *Nostalgia del absoluto*, 4.ª ed. (1.ª ed., 2001), Madrid: Siruela, 2004.

Trapiello, Andrés: *Una caña que piensa*, Valencia: Pre-Textos, 1998.

Vázquez Rial, Horacio: *Frontera sur*, Madrid: Alfaguara, 1994.

Weber, Eugen: *La fin des terroirs: la modernisation de la France rurale 1870-1914*, París: Fayard, 1983.

— *France, Fin de siècle*, Cambridge (Massachusetts): Belknap Press/Harvard University Press, 1986.

Xunta de Galicia: *Elaboración dos viños galegos*, La Coruña: Consellería de Agricultura, Xunta de Galicia, 1991(Serie Manuais Prácticos, núm. 6).

Zeldin, Theodore: *Histoire des passions françaises 1848-1945*, t. 3: *Goût et corruption*, París: Editions du Seuil, 1981 (1.ª ed. inglesa, 1973).

BIBLIOGRAFÍA ANTIGUA

(Se incluyen también algunos libros y artículos recientes susceptibles de aportar textos de época.)

ALAS, CLARÍN, Leopoldo: *La Regenta*, Madrid: Sarpe, 1984 [1.ª ed., 1884].

ABELA Y SAINZ DE ANDINO, Eduardo: *El libro del viticultor: Breve resumen de las prácticas más útiles para cultivar las viñas y fabricar buenos vinos*, Madrid: Tipografía de Manuel Hernández, 1885.

ÁLVAREZ, Santiago: *Memorias I. Recuerdos de infancia y de juventud (1920-1936)*, Sada [La Coruña]: Ediciós do Castro, 1985.

— *Memorias II. La guerra civil de 1936-1939*, Sada [La Coruña]: Ediciós do Castro, 1986.

ÁLVAREZ LIMESES, Gerardo: «Provincia de Pontevedra», en F. CARRERAS Y CANDI (dir.): *Geografía general del Reino de Galicia*, Barcelona, 1936.

AMAT, Vicente: *Manual de higiene de las bebidas (Librito de enseñanza antialcohólica)*, Barcelona: Industrias Gráficas Seix y Barral, s. a. [c. 1912].

ARAGÓ, Buenaventura: *Tratado completo sobre el cultivo de la vid y elaboración de vinos de todas clases*, Madrid: Librería central de D. Mariano Escribano, 1871.

ARANGUREN, Tomás de: *Carta físico-médica, en la que se explica que es vino, sus principios elementales, su variedad, los efectos que causa...*, Madrid: Joachîn Ibarra Impresor de Cámara de S. M., 1784.

BALZAC, Honoré de: *Los campesinos*, Barcelona: Planeta, 1984.

BAROJA, Pío: *Familia, infancia y juventud*, en *Desde la última vuelta del camino: memorias*, Madrid: Caro Raggio, 1982; t. II.

— *La sensualidad pervertida*, Madrid: Caro Raggio, 1993 (Las ciudades).

BELL, Aubrey F. G.: *Galicia vista por un inglés*, La Coruña: La Voz de Galicia, 2005 [ed. original: *Spanish Galicia*, Londres: John Lane, 1922].

BAEZA, Antonio: *La vid, el vino y los vinagres*, 2.ª ed., Madrid: Ediciones Ibéricas, s. a. [c. 1940].

BELLO, Luis: *Viaje por las escuelas de Galicia*, Madrid: Akal, 1973. [Selección de artículos publicados en el periódico madrileño *El Sol*, entre los años 1929 y 1930, recopilados y prologados por Gonzalo Anaya.]

BLANCO AMOR, Eduardo: *A medosa Blandina*, en *Teatro pra xente*, Vigo: Galaxia, 1974.

— «Falsa e certa morte de Estoraque o indiano», en *Obra en galego completa*, vol. II, Vigo: Galaxia, 1992.

BOLINAGA, Josefina: *Yo tendré un hogar*, Madrid: Librería de Victoriano Suárez, 1943.

— *La catedral y el niño*, 4.ª ed., Vigo: Galaxia, 1997 [1.ª ed., Buenos Aires, 1948].

BRENAN, Gerald: *Al sur de Granada*, 3.ª ed., Barcelona: Tusquets, 2001.

CABANILLAS, Ramón: *Da terra asoballada*, en *Poesías. Escolma*, Vigo: Galaxia, 1976.

— «Rimas», en *No desterro*, en *Obra completa*, Madrid: Akal, 1979; vol. 1 [1.ª ed., 1944].

— «Vendima en Salnés», en *Poesías ventureiras*, en *Poesías. Escolma*, Vigo: Galaxia, 1976.

CAMBA, Francisco: *La revolución de Laíño*, Madrid: Editorial Pueyo, 1919.

CAMBA, Julio: *La casa de Lúculo o el arte de comer (Nueva fisiología del gusto)*, 8.ª ed., Madrid: Espasa-Calpe, 1979 [1.ª ed., 1937].

Cantar de los cantares. *Biblia de Jerusalén*, Bilbao: Desclée de Brouwer, 1984 [1.ª ed., 1975].

Cantigas do viño: recollidas do pobo, 3.ª ed., Vigo: Castrelos, 1974 [1.ª ed., 1968].

Cantigas sociales: recollidas do pobo, Vigo: Castrelos, 1969.

CARRÉ ALDAO, Eugenio: «Prácticas y costumbres», en F. CARRERAS Y CANDI (dir.): *Geografía general del Reino de Galicia*, Barcelona: A. Martín, s. a. [probable 1936]; t. 2.

CASARES, Antonio: *Observaciones sobre el cultivo de la vid en Galicia*, Santiago: Imprenta de la Viuda e Hijos de Compañél, 1843.

— y César FERNÁNDEZ GARRIDO: *Método para descubrir la adulteración de los vinos por la Fuchsina*, Santiago: Establecimiento tipográfico de El Diario, 1876.

CASTELLET, Buenaventura: *Enología española ó tratado sobre los vinos de España y su bonificación*, Barcelona: Imprenta de Gómez é Inglada, 1865.

CASTILLO DE LUCAS, Antonio: *Refranero médico*, Madrid: CSIC, 1944.

CASTRO, Federico de: *Vigo puerto de escala y centro industrial*, Bilbao, 1956.

CASTRO, Rosalía de: *Follas novas*, Vigo: Galaxia, 1993.

CASTRO, Xavier: *Ayunos y yantares: usos y costumbres en la historia de la alimentación*, Madrid: Nivola, 2001 (versión en gallego: *A lume manso*, Vigo: Galaxia, 1998).

CASTROVIEJO, José María, y Álvaro CUNQUEIRO: *Viaje por los montes y chimeneas de Galicia. Caza y cocina gallegas*, 3.ª ed. rev. y amp., Madrid: Espasa-Calpe, 1978 (Austral).

CERVANTES SAAVEDRA, Miguel de: *Don Quijote de la Mancha*, Madrid: RAE / Santillana, 2004.

CHAO, Ramón: *El lago de Como*, Vigo: Edicións Xerais de Galicia, 2004.

CHAO REGO, Xosé: *O demo meridiano: lembranzas dun transgresor*, Vigo: Edicións Xerais de Galicia, 2004.

COVARRUBIAS, Sebastián de: *Tesoro de la lengua castellana o española*, 1611 (con adiciones de Benito Remigio Noydens, 1674). Cito por la ed. de Martín de Riquer, 3.ª ed., Barcelona: Alta Fulla, 1993 [1.ª ed., 1987].

COMBES, Paul: *El libro del ama de casa*, Barcelona: Herederos de Juan Gili, s. a. [1913].

COMÍN, M.ª del Pilar: *Enciclopedia del Hogar Feliz*, Barcelona: Gassó Hermanos, 1962.

CORREAS, Gonzalo: *Vocabulario de refranes y frases proverbiales (1627)*, Madrid: Castalia, 2000.

CRESPO, Darío F.: «Asociaciones viti-vinícolas: los vinos del Norte de España y el mercado de Inglaterra», *Prácticas modernas* (La Coruña), año III (15 de septiembre de 1905).

— «Laudable iniciativa. Bodega y destilería cooperativa de la Rúa de Valdeorras», *Prácticas modernas é industrias rurales* (La Coruña), año IV (1 de julio de 1906).

— «Los Alcoholes», carta al director de *Prácticas modernas* (La Coruña), año III (1 de diciembre de 1905).

— «Viticultura Americana. Variedades viníferas, porta-injertos más importantes y productores directos (Continuación)», *Prácticas modernas* (La Coruña), año III (1 de noviembre de 1905).

CUNQUEIRO, Álvaro: *La cocina cristiana de Occidente*, Barcelona: Tusquets, 1981.

— *A cociña galega*, 3.ª ed., Vigo: Galaxia, 1980.

— *Merlín e familia*, Vigo: Galaxia, 1991.

— «Retratos y vidas. Las gulas del clérigo que leía etrusco», en *Vida y fugas de Fanto Fantini*, Barcelona: Orbi, 1984.

— *Un hombre que se parecía a Orestes*, 7.ª ed., Barcelona: Destino, 1981 [1.ª ed., 1969].

— *Xente de aquí e de acolá*, Vigo: Galaxia, 1971.

DECREF RUIZ, Joaquín: *El vino y su valor alimenticio e higiénico* [Memoria presentada al Office International du Vin, por el Comité Científico Español para la Defensa del Vino, en la reunión celebrada en París el 12 de diciembre de 1928], Madrid: Dirección General de Agricultura, Ministerio de Economía Nacional, Imprenta de Julio Cosano, s. a., p. 21.

DELGADO, Carlos: *El libro del vino*, Madrid: Alianza, 1985.

DELGADO GURRIARÁN, Florencio: *Bebedeira*, Santiago: Nós, 1934.

DOCTOR SAIMBRAUM: *Tratado popular de medicina*, Barcelona: Hymsa, s. a. [1935].

DORADO MONTERO, Pedro: *Asilos para bebedores*, Madrid: Hernández, 1901.

EIJÁN, P. Samuel: *Historia de Ribadavia y sus alrededores*, ed. facsímil, Lugo: Alvarellos, 1981 [1.ª ed., 1920].

ESPEJO Y BECERRA, Ramón M.: *Cartilla del cosechero*, Madrid: Imprenta á cargo de Manuel G. Hernández,1871.

FERNÁNDEZ DEL RIEGO, Francisco: *Camiño andado*, Vigo: Galaxia, 2003.

— *O río do tempo, unha historia vivida*, Sada [A Coruña]: Ediciós do Castro, 1994.

FERNÁNDEZ MARTÍNEZ, José: *Prácticas vinícolas*, Orense: Imprenta y Papelería de La Región, 1913.

FERRO RUIBAL, Xesús: *Refraneiro galego básico*, Vigo: Galaxia, 1987 (Biblioteca Básica). Este recopilador se basa en la colección paremiológica acopiada, antes de 1949, por Eladio RODRÍGUEZ GONZÁLEZ, Eladio: *Diccionario enciclopédico gallego-castellano*, 3 t., Vigo: Galaxia, 1958-1961.

— «Los pueblos que saben vivir su vida», *Galicia. Revista del Centro Gallego de Buenos Aires*, 226 (octubre de 1931).

— *Oraciós campesiñas: versos galegos*, Vigo: Galaxia, 2001 [1.ª ed., 1927].

FILGUEIRA VALVERDE, Xosé: *Estudios sobre lírica medieval*, Vigo: Galaxia, 1992.

FLAUBERT, Gustave: *La educación sentimental*, 2.ª reimp., Madrid: Alianza, 1987 [1.ª ed., 1981].

FRANCO, Ginés: *Manual de falsificaciones de sustancias alimenticias, bebidas, licores... útil a los Municipios, Inspectores de Mercados y de Revendedores de Comestibles*, Barcelona: Manuel Saurí, 1886.

GARCÍA LORCA, Federico: *Romancero gitano*, Madrid: Alianza, 1983.

GHERSI, I., y A. CASTOLDI: *Recetario doméstico. 6690 recetas prácticas. Enciclopedia de las familias de la ciudad y el campo*, 6.ª ed., Barcelona: Gustavo Gili, 1923.

O FIDALGO DE MONTERREY (José Alonso Obregón): *N-a miña aldea*, Orense: Imprenta La Industrial, s. a.

FUCO D'A CHANCRA: «Haxa pas... e veña un neto» [firmado en Madrid, octubre de 1934], *Galicia Nueva* (15 de octubre de 1934).

García Ramos, Alfredo: *Estilos consuetudinarios y prácticas económico-familiares y marítimas de Galicia*, Madrid: Imprenta del Asilo de Huérfanos del S. C. de Jesús, 1909.

Garnier, Julio, y C. Harel: *Falsificaciones de las sustancias alimenticias y medios de reconocerlas*, Barcelona: Imprenta de Pedro Fullá, 1846.

Gaume, J.: *Manual de los confesores*, Madrid: Imprenta de D. José Félix Palacios, 1844; vol. 2.

Giné y Partagás, Juan: *Curso elemental de higiene privada y pública*, t. i: *Higiene Privada*, 2.ª ed., Barcelona: Imprenta de Narciso Ramírez y Compañía, 1871.

Hernández, L.: «Vitivinicultura americana», *Primer Congreso de Economía Gallega* (celebrado en Lugo, octubre de 1925), Lugo: Talleres Gráficos La Voz de la Verdad, 1926.

Insúa, Alberto: *Memorias I. Mi tiempo y yo*, Madrid: Tesoro, 1952.

Jerónimo Feijóo, Fray Benito: *Cartas eruditas y curiosas*, t. iv, carta xvii. Cito por la selección de Eduardo Blanco Amor: *Antología popular*, Buenos Aires: Ed. Galicia, del Centro Gallego, 1966.

Jiménez de Asúa, Luis: *Derecho Penal*, 3.ª ed., Madrid: Reus, 1924.

Lence, José R., y Ramón Fernández Mato: *La galleguita. Zarzuela en un acto*, Buenos Aires: Imprenta La Aurora, 1914.

León, María Teresa: *Memoria de la melancolía*, Barcelona: Bruguera, 1982.

Lilliestierna, Christina: *Vivir no fin do mundo*, Vigo: Edicións Xerais de Galicia, 1983.

López Barja de Quiroga, Jacobo, Luis Rodríguez Ramos y Lourdes Ruiz de Gordejuela López (comps.): *Códigos Penales españoles. Recopilación y concordancias*, Madrid: Akal, 1988.

López, Beatriz: *Hasta la victoria siempre... Testimonio de Carmen Cornes, emigrante gallega y militante de la vida*, Sada [La Coruña]: Ediciós do Castro, 1992.

López de la Vega, Dr. D. José: *Lo necesario a las madres (Modo de evitar una muerte segura)*, Madrid: Imprenta de la Viuda é Hijos de M. Álvarez, 1870.

Lorenzo Fernández, Xaquín: *Cantigueiro popular da Limia Baixa*, Vigo: Galaxia, 1973.

Lucas Labrada, José: *Descripción económica del Reino de Galicia*, Vigo: Galaxia, 1971 [1.ª ed., 1804].

Madoz, Pascual: *Diccionario Geográfico-Estadístico-Histórico de España y sus posesiones de ultramar*, Madrid, 1845; vol. ii.

Maldonado, Felipe C. R.: v. Vallés.

Mandianes Castro, Manuel: *Loureses. Antropoloxía dunha parroquia galega*, Vigo: Galaxia, 1984.

Mann, Thomas: *La montaña mágica*, Madrid: Edhasa, 2005.

Man Ray: *Autorretrato*, Barcelona: Alba, 2004.

Masma, Xan de: *¡A besta!*, Vigo: Galaxia, 1993.

María, Manuel (ed.): *Sursum corda. Poesía galego-portuguesa ao viño*, Santiago: Laiovento, 2000.

Martínez Kleiser, Luis (comp.): *Refranero general ideológico español*, 1.ª ed., Madrid, 1953.

Meijide Pardo, Antonio: «La viticultura gallega en el siglo xviii», *Revista de economía de Galicia*, 23-24 (septiembre-diciembre de 1961), pp. 52-62.

— «Noticia de un brote epidémico ocurrido en la comarca viguesa en 1793», *Medicina Galaica*, 22 (julio-septiembre de 1983), p. 6.

MONLAU, Pedro Felipe: *Elementos de higiene privada ó arte de conservar la salud del individuo*, 4.ª ed., Madrid: Imprenta de Rivadeneyra, 1870 [1.ª ed., 1846].

— *Elementos de higiene pública*, 2 vols., Barcelona: Imprenta de D. Pablo Riera, 1847.

— *Higiene del matrimonio*, París: Garnier Hermanos, s. a. [c. 1865].

MONTENEGRO SAAVEDRA, Amador: «Por el país del vino. Desde Monforte», *Prácticas modernas* (La Coruña), año I (15 de octubre de 1903).

— «Una bodega cooperativa en Monforte. A los viticultores del valle», *Prácticas modernas* (La Coruña), año III (15 de mayo de 1905).

MUÑOZ SECA, Pedro: *La venganza de don Mendo*, Madrid: Cátedra, 1986 [1.ª ed., Madrid: Pueyo, 1919].

MURO, Ángel: *Diccionario de cocina*, Madrid: José María Faquineto, 1892; t. II.

Nacemento, casamento e morte en Galicia. Respostas á enquisa do Ateneo de Madrid (1901-1902), La Coruña: Consello da Cultura Galega, 1990.

NEIRA CANCELA, Juan: *Montaña de Orense*, Madrid: Imprenta de Idamor Moreno, 1905.

NIETO RODRÍGUEZ, Pastor: *Memoria acerca de las condiciones higiénicas y estado sanitario de El Ferrol*, El Ferrol: Imprenta de El Departamento, 1895.

NÓVOA SANTOS, Roberto: *Manual de patología general*, 5.ª ed. revisada y puesta al día, Santiago: Tipografía El Eco de Santiago, 1930; t. 1.

O'SHEA, Henry: *Guide to Spain and Portugal*, 11.ª ed., Londres: John Lomas, Adam and Charles Black, 1899.

OTERO PEDRAYO, Ramón: *A Lagarada*, Vigo: Galaxia, 1998.

— *O desengano do prioiro*, Vigo: Galaxia, 1998 [1.ª ed., 1952].

— *Os camiños da vida*, Vigo: Galaxia, 1990.

PALLÁS VALLS, Pedro: *Topografía médica de Manresa*, Barcelona: F. Cuesta, impresor, 1906.

PAN-MONTOJO, Juan: *La bodega del mundo: la vid y el vino en España (1800-1936)*, Madrid: Alianza Universidad, 1994.

PÁRAMO BARBEITO, Luis: «Las cepas del país», *Prácticas modernas* (La Coruña), año I (15 de abril de 1903).

PARDO BAZÁN, Emilia: «La advertencia», en *Cuentos de la tierra*, en *Cuentos y novelas de la tierra*, Santiago: Sálvora, 1894; t. I.

— *El cisne de Vilamorta*, en *Obras completas (Novelas y cuentos)*, 3.ª ed., Zaragoza: Aguilar, 1964; t. II.

— *Insolación*, 7.ª ed., Madrid: Espasa-Calpe, 2002 (Colección Austral).

— *La madre naturaleza*, en *Cuentos y novelas de la tierra*, Santiago: Sálvora, 1894; t. II.

— *La mujer española y otros escritos*, Madrid: Cátedra / Universitat de València / Instituto de la Mujer, 1999.

— *Los pazos de Ulloa*, Barcelona: Bruguera, 1967. (En algún caso, se emplea también la edición de *Los pazos de Ulloa*, en *Cuentos y novelas de la tierra*, Santiago: Sálvora, 1984; t. II.)

— *La Tribuna*, Madrid: Cátedra, 1978.

PARDO DE FIGUEROA, Mariano (*Dr. Thebussem*): *La mesa moderna. Cartas sobre el comedor y la cocina cambiadas en-*

tre el Doctor Thebussem y un Cocinero de S. M., 2.ª ed., Madrid: Tipografía de los Huérfanos, 1888.

PÉREZ ALBERTI, Augusto: *Xeografía de Galicia*, t. 1: *Viaxes I*, Santiago: Gran Enciclopedia Gallega, 1993. [Contiene fragmentos de entrevistas transcritas.]

PÉREZ BALLESTEROS, José: «O Bebedor», *Foguetes*, La Coruña: Andrés Martínez, 1888.

— *Cancionero popular gallego*, 3 t., ed. facsímil, Madrid: Akal, 1979 [1.ª ed., 1886].

PÉREZ COSTANTI, Pablo: *Notas viejas galicianas*, Santiago: Xunta de Galicia, 1993 [1.ª ed., Imprenta de los Sindicatos Católicos, 1925 y 1927].

PÉREZ GALDÓS, Benito: *Cánovas*, en *Obras completas*, 9.ª ed., Madrid: Aguilar, 1968; t. III.

PÉREZ PLACER, Heraclio: *Contos da terriña*, La Coruña: Andrés Martínez, 1895 (Biblioteca gallega).

PLA, Josep: *Dietarios (Volumen II. Notas para Sílvia / Notas del crepúsculo)*, Madrid: Espasa, 2002.

PUGA Y PARGA, Manuel M.ª: *La cocina práctica*, 15.ª ed., Santiago: Librería Editorial Gali, 1972 [1.ª ed., 1905].

PUSALGAS, Ignacio: *Compendio de higiene*, 2.ª ed. corr. y aum., Barcelona: Librería de José Solá, 1839.

RAMÓN Y CAJAL, Santiago: *El mundo visto a los ochenta años*, Madrid: Espasa-Calpe, 2000 (Austral Summa).

RIAL LÓPEZ, Pedro: *Pontevedra agrícola*, Vigo: Obra Cultural de la Caja de Ahorros Provincial de Pontevedra, 1969.

Refraneiro do viño, Vigo: Castrelos, 1968.

RIQUER, Martín de: v. COVARRUBIAS.

RISCO, Vicente: «Etnografía. Cultura espiritual», en Ramón OTERO PEDRAYO (dir.): *Historia de Galiza*, v. I: *A Terra, O Home-I*, Buenos Aires: Nós, 1962.

— *El Orense perdurable* (42 dibujos de Conde Corbal comentados por Vicente Risco), Orense: Gráficas Tanco, 1961.

RODRÍGUEZ GONZÁLEZ, Eladio: *Diccionario enciclopédico gallego-castellano*, Vigo: Galaxia, 1960-1961; t. II y III.

RODRÍGUEZ MARÍN, Francisco: *Más de 21.000 refranes castellanos no contenidos en la copiosa colección del Maestro Gonzalo Correas. Allególos de la tradición oral y de sus lecturas durante más de medio siglo (1871-1926)*, Madrid: Tip. de la *Revista de Archivos, Bibliotecas y Museos*, 1926.

ROMERO DE LA VEGA, Antonio: *Diccionario manual de las falsificaciones de los principales productos en la economía doméstica*, Barcelona: Román Gil, 1900.

ROVIRALTA BORREL: *Sofisticaciones de los artículos de primera necesidad y medios fáciles para descubrirlas*, Barcelona: F. Altés, 1893.

RUÍZ, Juan, y MUNCUNILL, M.ª de los Ángeles: *Breves nociones de higiene y fisiología humana*, 3.ª ed., Barcelona: Ruíz y Felíu, 1909.

SANDE Y LAGO, Fernando: *Compendio de albeytería*, Sada [La Coruña]: Ediciós do Castro, 1989 [1.ª ed., Madrid, 1729].

SAZ Y ÁLVAREZ, Felisa R: *Apuntes de economía doméstica para uso de las Escuelas Normales*, 2.ª ed., Pontevedra: Imprenta de Celestino Peón Villar, 1929.

SCHUBARTH, Dorothé, y Antón SANTAMARINA (transcr. y com.): *Cantigas populares*, Vigo: Galaxia, 1983 (Biblioteca básica da cultura galega).

SERRES, Olivier de: *Théatre d'agriculture et Mesnage des champs*, París, 1600.

SORAPÁN DE RIEROS, Juan: *Medicina española contenida en Proverbios vulgares de nuestra lengua*, cit. por Juan CRUZ CRUZ: *Dietética medieval*, Huesca: La Val de Onsera, 1997.

SOUBEIRAN, J. Léon: *Nouveau Dictionaire des Falsifications et Altérations des Aliments, des Médicaments et de quelques produits employés dans las Arts, l'Industrie et l'Économie*, 1.ª ed., París: Librairie J.-B. Baillière et Fils, 1874.

SURÓS, Antonio: *Lecciones de higiene y economía doméstica. Para uso de las maestras de 1.ª enseñanza y madres de familia*, reed. Barcelona: Plaza y Janés, 1998 [1.ª ed., 1892].

TABOADA CHIVITE, Xesús: *Etnografía galega: cultura espiritual*, Vigo: Galaxia, 1972.

TENORIO, Nicolás: *La aldea gallega*, Vigo: Edicións Xerais de Galicia, 1982.

Le Thrésor de santé ou Mesnage de la vie humaine, Lyon: Huguetan, 1607.

TORRENTE BALLESTER, Gonzalo: *Dafne y ensueños*, Madrid: Alianza, 1998.

— *Filomeno, a mi pesar*, Barcelona: Planeta, 1988.

TORRES VILLARROEL, Diego de: «Visión y visita decimatercia. Las comidas y cenas», *Visiones y visitas de Torres con don Francisco de Quevedo por la Corte*, Madrid: Espasa-Calpe, 1976 [1.ª ed., 1743].

VALLADARES NÚÑEZ, Marcial: *Maxina ou a filla espúrea*, Vigo: Galaxia, 1970.

VALLE-INCLÁN, Ramón M.ª del: *Águila de blasón: comedia bárbara*, 10.ª ed., Madrid: Espasa-Calpe, 1996 [1.ª ed., 1946].

— *Cara de plata: comedia bárbara*, 5.ª ed., Madrid: Espasa-Calpe, 1980 [1.ª ed., 1946].

— *Divinas palabras*, en *Obras escogidas*, 5.ª ed., Madrid: Aguilar, 1976; t. II.

— *La guerra carlista: los cruzados de la causa*, 4.ª ed., Madrid: Espasa-Calpe, 1969 [1.ª ed., 1944].

— *Luces de bohemia*, en *Obras escogidas*, 5.ª ed., Madrid: Aguilar, 1976; t. II.

— *Romance de lobos*, en *Obras escogidas*, 5.ª ed., Madrid: Aguilar, 1976; t. I.

— *La rosa de papel*, en *Obras escogidas*, 5.ª ed., Madrid: Aguilar, 1976; t. I.

— *Sonata de otoño*, 6.ª ed., Madrid: Espasa-Calpe, 1969 [1.ª ed., 1944].

VALLÉS, Pedro: *Libro de refranes*, Zaragoza: Juana Milian, 1549; reeditado por Felipe C. R. MALDONADO: *Refranero clásico español y otros dichos populares*, 8.ª ed., Madrid: Taurus, Madrid, 1981 [1.ª ed. 1965].

VAÑÓ, Federico: *La crisis del vino y la fabricación de alcoholes industriales*, Madrid: Imprenta de Ricardo Rojas, 1899.

VENTURA DE PUGA, Pedro: «Un plan de desarrollo para Galicia en 1832», *Boletín Auriense* (Orense) (1973), pp. 154-169.

VICENTI, A.: «A orillas del Ulla (Perfiles gallegos)», en DURÁN, José Antonio: *Aldeas, aldeanos y labriegos en la Galicia tradicional*, Madrid: Ministerio de Agricultura, Pesca y Alimentación (Centro de Publicaciones), 1984.

VIDAL Y MARTÍ, Juan: *Ensayo de los vinos al alcance de todos*, Madrid: Biblioteca de Conocimientos Prácticos II, 1913.

VILANOVA, Arnaldo de: *Regimen Sanitatis*, c. 1470. Versión publicada por Jerónimo de Mondragón en 1606, con el título *Maravilloso regimiento y orden de vivir*, actualizada ortográficamente y anotada por Juan CRUZ CRUZ: «Régimen de Salud», apéndice de *Dietética medieval*, Huesca: La Val de Onsera, 1997.

Woolf, Virginia: *Un cuarto propio*, Madrid: Júcar, 1991.

Zola, Émile: *L'assommoir*, París: Le Livre de Poche, 1996.

FUENTES VARIAS

Acta de la reunión de la Sala de Corte celebrada el 9 de septiembre de 1789, Sección de Consejos, Sala de Gobierno, AHN, legajo 3597, núm. 3, fol. 31 v.

Anuario General de España, Bailly-Baillière, año 1905; año 1908; año 1915; año 1930.

Apuntes para una geografía médica de Villamantilla. Villa de la provincia de Madrid, RANMM, 1917, s. p.

Bando de Don Manuel Silva Núñez, Alcalde del Ilmo. Ayuntamiento de Cambados. Cambados, 31 de agosto de 1937, II Año triunfal, AMC, 1.2. núm. 19/3 (Bandos).

Boletín de la Comisión de Monumentos de Orense.

Casares, Carlos: «Vendima», *La Voz de Galicia* (24 de septiembre de 1999), p. 96.

Chao, Ramón: «Violencia masculina», *La Voz de Galicia* (27 de febrero de 2004), p. 18.

Código penal y leyes penales especiales, 7.ª ed., Elcano [Navarra]: Aranzadi, 2001.

Compostela y su Año Santo. Programa Oficial de las Fiestas Patronales. Programa Oficial dispuesto por la Liga de Amigos de Santiago y por el Excmo. Ayuntamiento, segunda quincena de julio de 1923, BPenzol, 9/21.

Coplas Nuevas de La Cogorza. Letrilla. Segunda Parte, Madrid: Imprenta de D. José María Marés, 1850; BXUS, RSE Foll 12. 66.

La crisis agrícola y pecuaria, Madrid: Establecimiento Tipográfico Sucesores de Rivadeneyra, Impresores de la Casa Real, 1887. [Publicación oficial]

Diccionario de la lengua castellana (compuesto por la Real Academia Española), Madrid: D. Joaquin Ibarra, Impresor de Cámara de S. M. y de la Real Academia, 1758.

Encuesta realizada por la Vicepresidencia da Igualdade e do Benestar de la Xunta de Galicia, *La Voz de Galicia* (28 de diciembre de 2005).

Escrito firmado por el alcalde de Bueu, Camilo Davila, firmado a 15 de febrero de 1926. *Bandos, decretos y resoluciones de la Alcaldía*, AMB, estantería 26 D, caja 689.

Escritos preparatorios del Sínodo Eclesial del Arzobispado de Santiago del año 1735, AHDS, Fondo General, carpetas 1214 y 1214 A.

Espinós, David, y Fiona Forde: «Muchos maltratadores siguen invisibles», *El País* (Madrid) (25 de noviembre de 2003), p. 25.

Estados de las mugeres. Vida de las casadas, Madrid: Imprenta de J. Marés, 1851; BXUS, RSE Foll 12. 81.

La Farmacia Moderna (Madrid) año 3, núm. 9 (1892).

Fiestas Patronales Compostela, celebradas en la segunda quincena de julio de 1918, edición de Jesús Rey Alvite, Santiago: Imprenta de El Eco Franciscano, 1918. BPenzol, 9/21.

Fiestas Patronales Compostelanas, 1924, monografía de Jesús Rey Alvite, Santiago:

Tipografía Suc. Paredes, BPenzol, 9/21.

Galicia. Diario de Vigo, Vigo, 8 de febrero de 1923; 24 de marzo de 1923; 28 de marzo de 1923;18 de mayo de 1923; 31 de diciembre de 1922.

García García, M.ª Ángeles: «Moras y cristianas», *El País* (Madrid) (6 de marzo de 2006), p. 21.

Guía Campsa de los mejores vinos de España, Barcelona: Repsol, 1999.

The Handbook of Spain, 1.ª ed. y reimp. revisada, Madrid: The Times of Spain y Editorial Biográfica Española, 1949.

Horacio: *Odas*, Barcelona: Nuevas Ediciones de Bolsillo, 2000.

Instrucción suscrita por Juan Diego Martinez, Madrid, 26 de marzo de 1795, Sección de Consejos, Sala de Gobierno, AHN, leg. 3597, núm. 3-4-5.

El libro de la casa: consejos para la mujer, 1.ª ed., Madrid: Talleres Gráficos EASO-Wad-Ras, s. a. [c. 1960].

Nós, núm. 131-132, noviembre-diciembre de 1934.

Neira de Mosquera, Antonio: «Galicia pintoresca. Romerías y cuentos populares», *Eco de la Revista, Periódico Judicial, Mercantil, Literario y de Variedades* (La Coruña) (domingo, 8 de agosto de 1852).

Orden de la Sala de Gobierno del Consejo de Castilla, dada en Madrid, 30 de noviembre de 1803, asignada por D. Ignacio Antonio Martinez, Sección de Consejos, Sala de Gobierno, AHN, leg. 3594, fol. 112.

Ordenanza de Ribadavia, 1564, ARG, leg. 26 362, núm. 31.

Ordenanza de Ribadavia, 1579, ARG, leg. 644, núm. 20, fol. 243.

Ordenanzas municipales acordadas por el Ayuntamiento de O Grove, 1854, AHDPP, caja 343/17.

Ordenanzas Municipales del Excmo. Ayuntamiento de Pontevedra, Pontevedra: Tipografía Joaquín Poza Cobas, 1922, APP.

Ordenanzas de Valladolid. Siglos XVI al XIX, Valladolid: Ámbito, 1988.

«Ordenanzas de la villa de Vigo, 1560», *Colección de documentos históricos, Boletín de la Real Academia Gallega*, La Coruña: Litografía e Imprenta Roel, 1931.

Ordenanzas de Policía Urbana, 1780-1900, AHUS.

«Ordenanzas Generales de Valladolid de 1549», en *Ordenanzas de Valladolid. Siglos XVI al XIX*, Valladolid: Ámbito, 1988.

Ordenanzas municipales de La Coruña, La Coruña: Establecimiento Tipográfico Gutenberg, 1898.

Ordenanzas Municipales de la villa de Villagarcía de Arosa y su término. Aprobadas por el pleno de este Excmo. Ayuntamiento en sesión de 10 de junio de 1927, Villagarcía: Tipografía de Galicia Nueva, s. a. [situable en 1927].

Ordenanzas Municipales para la Villa de Villagarcía acordadas por el Ayuntamiento de la misma, aprobadas en 1854, caja 343/18, AHDPP.

Ordenanzas Municipales de Santiago de Compostela, 1907, AMS.

Ordenanza número 47. Arbitrio Municipal sobre Bebidas Espirituosas y sobre Alcoholes, aprobado por el Ayuntamiento de Santiago el 24 de marzo de 1941, AMS, fol. 119 v. Expediente: Ordenanzas, Reglamentos. Años 1941-1952.

Ordenanzas sobre el trato de vinos propios en la ciudad de Betanzos y sus arrabales, confirmadas en 1490 por el corregidor, Licenciado Antonio Cornejo, y el contador Juan de Arévalo, y el 20 de octubre de 1599, por Felipe III. Art. 1. AGS, RGS, X-1599. Reproducido por José García Oro: «Ordenanzas municipales de Betanzos de los siglos XV y XVI. Estudio y edición diplomática», *Anuario Brigantino* (Betanzos), núm. 10 (1987).

Ortega Dolz, Patricia: «El peor cómplice de la violencia familiar», *El País* (Madrid), suplemento *Domingo* (13 de octubre de 2002), p. 6.

Prácticas modernas é industrias rurales (La Coruña), año VI. Consultados varios números de esta revista pertenecientes al año 1908.

Requejo, Ventura: «O costume», [portada de] *Vida Gallega*, núm. 82 (20 de febrero de 1917).

Ribadavia. ARG, leg. 26 362, núm. 31, 1564.

Romance Nuevo del infernal Testamento..., Valladolid: Imprenta de Santaren, 1830.

Sermón de las Modas. Sermón satírico burlesco..., Madrid: Imprenta de J. Marés, 1849.

Sociedad Económica de Amigos del País de la Ciudad de Santiago: *Informe acerca del modo de descubrir la adulteracion de los vinos por la Fuchsina, emitido por una Comision compuesta de los Socios Excmo. Sr. D. Antonio Casares y Sr. D. César Fernandez Garrido, y aprobado en sesion de 31 de Enero de 1877*, Santiago: Establecimiento tip. de El Diario, 1876.

Sociedad Económica de Amigos del País de la Ciudad de Santiago: *Informe dado sobre el modo y medios que pueden emplearse para promover y elevar al grado de que es susceptible la industria agricolo-mercantil de los Vinos y Aguardientes*, Santiago: Imprenta de la V. e H. de Compañél, 1838.

O Tío Marcos d'a Portela: «Os Meus compañeiros de Monteira», *Parrafeos c'o pobo gallego*, Ano primero, Parrafeo Trece. Ourense 22 de Agosto de 1876; «Dez horas pol-as nubes. Viaxando en grobo», *Parrafeos c'o pobo gallego*, Ano Primeiro. Parrafeo Dezanove. Ourense, 12 de Novenbre de 1876; «O Preiteante», *Parrafeos c'o pobo gallego*, Ano sesto. Parrafeo décimo. Ourense, 6 de Xaneiro de 1884; «Casos e cousas», *O Tío Marcos d'a Portela. Parrafeos c'o pobo gallego*, Ano sesto. Parrafeo catorce. Ourense, 17 de Febreiro de 1884.

Vida Gallega, núm. 219 (10 de marzo de 1923).

FUENTES ORALES

Entrevistas

(indexadas según el orden alfabético de los apellidos de los informantes)

Entrevista realizada por M.ª Teresa García Domínguez a M.ª Angélica Domínguez Bujeiro (Fisterre, 1930).

Entrevista realizada por Antonio Mayo Ardións a Benilde Caamaño (San Martiño de Broño [Negreira], 1907). Fondo HISTORGA.

Entrevista realizada por Isabel Mondragón Lueiro a Celina Castro Pérez (Portas, 1914). FH-AHUS.

Entrevista realizada por X. R. Veiga Alonso a José Díaz Méndez (Foz [Lugo], 1925). Fondo HISTORGA.

Entrevista realizada por Eva Liñares Fernández a Josefa Domínguez Beade (Bentín [Viduido, en el ayuntamiento de Ames], 1918). Fondo HISTORGA.

Entrevista realizada por Teresa García Domínguez a Rosa y Nieves Fernández Buján (Corcubión, 1921 y 1919 respectivamente).

Entrevista realizada por Rosa Luengo Castrillejo a Carmen González Soto (Francelos [cerca de Ribadavia], 1932).

Entrevista realizada por Carmen Pereira Pazos a María Iglesias Rey (Campolameiro [en las inmediaciones de Pontevedra], c. 1920), quien se trasladó a vivir a San Juan de Filgueira, en los arrabales de Ferrol, cuando contaba 18 años de edad.

Entrevista realizada por Antonio Mayo Ardións a José López Carballo (San Martiño de Broño [Negreira], 1909). Fondo HISTORGA.

Entrevista realizada por Alejandro de Arce Andratschke a Jaime López López (Guitiriz [Lugo], 1929). Fondo HISTORGA.

Entrevista realizada por Isabel Mondragón Lueiro a Francisco Lueiro Fontán (Portas, 1914). Familia labriega de mediano nivel. FH-AHUS.

Entrevista realizada por Fernando García Gonzalez a Eugenio Martínez Rey (Ares [La Coruña], 1895). Fondo HISTORGA.

Entrevista realizada por Jesús López Moure a Ramiro Moure López (Tomonde [Vedra], 1918).

Entrevista realizada por Margarita Vergara Viudez a Rosalía Otero Martínez (Vincios [Gondomar], 1913). Fondo HISTORGA.

Entrevista realizada a Teresa Pedrós en la Residencia Torrente Ballester para la serie documental *O Mundo de Celavella*, realizada por Voz Audiovisual para la TVG, en noviembre del 2003.

Entrevista realizada por Carlos Morais Álvarez a Lina Puente Ruibal (Oca [A Estrada], 1932). FH-AHUS.

Entrevista realizada por Guadalupe Prieto Ribeiro a Guadalupe Ribeiro Silva (Vigo, 1935).

Entrevista realizada por Carlos Morais Álvarez a Virginia Ruibal Puente (Berres [A Estrada], 1911).

Entrevista realizada por M.ª Teresa García Domínguez a Dosinda Vázquez (Cabanas [Vimianzo], 1940). Fondo HISTORGA.

Entrevista realizada por Andrés Domínguez Almansa a Santiago Vila Álvarez (Sobreira [Valadares, Vigo], 1910). Fondo HISTORGA.

Entrevista realizada por Uxía Rubianes a Fina Vilas en Santiago el 11 de diciembre de 1992. Fondo HISTORGA.

Entrevista realizada a Fina Vilas, en Xosé Cermeño: *A cociña dos Vilas*, Vigo: Edicións Xerais de Galicia, 1993.

Entrevista realizada por Margarita Vergara Viudez a Antonio Viudez Hernández (San Miguel de Tabagón [O Rosal, Pontevedra], 1910). FH-AHUS.

Entrevistas realizadas por Zelia García y Uxía Rubianes a mujeres que no desean que se revele su nombre; regentaron sendas tabernas compostelanas entre la década de los treinta y 1976.

Efectuadas en Santiago el 23 de julio de 1992. Fondo HISTORGA.

Entrevista realizada por Juan A. González a una informante que no desea que se revele su nombre (Tebra [Tomiño], 1928). Fondo HISTORGA.

Entrevistas realizadas por el autor a los informantes cuya relación se expresa

(indexadas según el orden alfabético de los apellidos de los informantes)

ALONSO TESTA, M.ª Jesús (Caldelas de Tui [Pontevedra], 1958).

BARCIA GARCÍA, Juan. Terapeuta experto en medicinas alternativas. Residente en Coiro (Cangas).

BARREIRO CALVETE, Herminio (Sisán [Ribadumia], 1910). Maestro jubilado y pequeño bodeguero.

BARREIRO FERNÁNDEZ, Xosé Ramón. Catedrático de Historia Contemporánea y en la actualidad presidente de la Real Academia Galega.

BARREIRO RODRÍGUEZ, Herminio (Dorrón [Sanxenxo], 1937). Profesor de Pedagogía.

BLANCO, Pilar (Mogor [Marín], 1965).

CAAMAÑO BARREIRO, Francisca (Merelle [Lousame], 1907). La familia se dedicaba a la agricultura y a la fabricación artesanal de zuecos, por lo que su nivel económico era bastante aceptable.

CAMAÑO XESTIDO, Camilo (Coiro [Cangas], c. 1950).

CACABELOS DOMÍNGUEZ, Angustias (1919). Participaron también en la entrevista sus hermanas Mercedes (1926) y Ramona (1931). Las tres son originarias de Cambados, localidad en la que residen.

CACHADIÑA, Carmen da (Meiro [Bueu], 1927).

CAMPOS, Guillermo. Periodista especializado en cuestiones gastronómicas y enológicas. Elabora también su propio vino.

CASTRO PÉREZ, Lola (Vigo, 1953).

CONDE-PUMPIDO TOURÓN, M.ª Teresa. Magistrada residente en Vigo.

COTADO GALÁN, Catalina (Viana do Bolo [Orense], 1957).

DEVESA TURIA, Enrique (Fonsagrada, finales de la década de 1920). Médico anestesista, residente en Santiago.

EIROA VILAS, Santiago. Vecino de Meiro (Bueu).

ESTÉVEZ, Celso. Albañil, constructor y pequeño bodeguero. Residente en Cela (Bueu).

EYRÉ LÓPEZ, Alfonso (Riopedroso [parroquia de Laxe, ayuntamiento de Chantada], 1955).

FERNÁNDEZ FERNÁNDEZ, M.ª Jesús (Virxe do Carmo [Moaña], 1966).

FERNÁNDEZ GESTIDO, Merchi (Coiro [Cangas], 1963).

GÁLVEZ PAZOS, Adolfo (Arnois [A Estrada], 1952).

GESTIDO, José (c. 1940). Carpintero de profesión, domiciliado en Bueu.

GONZÁLEZ Y FRAGA, Ramón (Cuba, 1927). A los cinco años lo llevaron a Foz, en donde residió hasta 1955, desempeñando el oficio de pescador. Retornó a Cuba en 1955.

GONZÁLEZ SOTELO, Josefa (Cangas del Morrazo, 1931).

GONZÁLEZ RÚA, Josefa (Banda do Río [Bueu], 1914).

JAIME (A Franqueira [municipio de A Cañiza, Pontevedra], 1934). Trabajador jubilado. Desde mediados de los años sesenta reside en Cangas.

LOUREIRO, José Ramón. Trabajador residente en el ayuntamiento de Trabada (Lugo).

MARTÍNEZ RODRÍGUEZ, María Teresa (La Coruña, 1971).

OTERO, Jesús (Bandeira [A Estrada], c. 1940).

PALLAL, Jesús (Beluso [Bueu], 1942). Pequeño bodeguero en su localidad natal.

PEREIRO, Antonio (Bueu, 1936). Marinero.

PÉREZ BOBILLO, María de los Ángeles (Santiago, c. 1926).

REBOLO. Dueño del bar Os Faroles, de Laias (Orense).

RIBEIRA, José. Participaron también en la entrevista su mujer Fina Varela y su hermana Jesusa, residentes en Couso (Concello de A Estrada). Todos ellos nacieron alrededor de 1930.

SANTAMARINA, Antón (San Martín de Suarna, 1942).

VIDAL FRAILE, Marián. Efectuada en Vigo el 26 de julio de 1999.

Entrevista en contexto informal realizada a la propietaria de una céntrica droguería y ferretería de Bueu.

Entrevista realizada a una informante nacida en O Courel que desea permanecer en el anonimato.

Entrevista realizada a un pequeño cosechero a tiempo parcial en Barbantes que desea permanecer en el anonimato.

Índice onomástico y temático